Java并发编程

深度解析与实战

谭锋（Mic）◎著

電子工業出版社
Publishing House of Electronics Industry
北京•BEIJING

内 容 简 介

本书涵盖 Java 并发编程体系的核心库和核心类的使用及原理分析，具体包括线程、synchronized、volatile、J.U.C 中的重入锁和读写锁、并发中的条件等待机制、J.U.C 并发工具集、深度探索并发编程不得不知的工具、阻塞队列、并发安全集合、线程池、异步编程特性等。书中针对每一个技术点，纵向分析与其相关的所有内容，并且对相关知识点进行了非常详细的说明，同时从架构实践的角度来看待并发，通过大量实战案例让读者理解各类技术在实际应用中的使用方法。

作者花费了 4 年时间，投入了大量精力对并发编程领域进行了深入的研究，将自己 13 年的 Java 开发及架构经验融入了书中，对各位读者来说，这应该是一本非常值得阅读的图书。

图书在版编目（CIP）数据

Java 并发编程深度解析与实战 / 谭锋著. —北京：电子工业出版社，2021.10
（咕泡教育 Java 架构师成长丛书）
ISBN 978-7-121-42136-5

Ⅰ. ①J… Ⅱ. ①谭… Ⅲ. ①JAVA 语言－程序设计 Ⅳ. ①TP312.8

中国版本图书馆 CIP 数据核字（2021）第 197552 号

责任编辑：董　英
印　　刷：北京雁林吉兆印刷有限公司
装　　订：北京雁林吉兆印刷有限公司
出版发行：电子工业出版社
北京市海淀区万寿路 173 信箱　　邮编：100036
开　　本：787×980　1/16　　印张：31.75　　字数：746.7 千字
版　　次：2021 年 10 月第 1 版
印　　次：2021 年 10 月第 1 次印刷
定　　价：118.00 元

凡所购买电子工业出版社图书有缺损问题，请向购买书店调换。若书店售缺，请与本社发行部联系，联系及邮购电话：（010）88254888，88258888。

质量投诉请发邮件至 zlts@phei.com.cn，盗版侵权举报请发邮件至 dbqq@phei.com.cn。
本书咨询联系方式：010-51260888-819，faq@phei.com.cn。

前　　言

笔者在以前的工作中很少使用并发编程，大部分应用场景都用一个线程池去异步执行一个任务，对线程的理解和研究确实不多。

2017 年笔者创业的时候，从一名开发工程师转成一名讲师，当时的课程设计中包含并发编程这部分内容，因为在很多一二线互联网公司的面试中，并发编程几乎是必然会问的问题，而绝大部分学员对并发编程的理解也都停留在使用阶段。

为了讲好并发编程这块内容，笔者不得不深入研究和学习，以便更好地输出高质量的内容。从那以后，笔者买了市面上几乎所有有关并发编程的书，通过搜索引擎查找了几乎所有的并发编程学习资料，惊讶地发现并发编程这个领域知识体系非常庞大。同时，随着对并发编程的深入研究，笔者发现里面有大量的设计思想（比如**分而治之**）非常值得学习和研究，这也使得笔者迷恋上了并发程序设计。

这 4 年来，笔者几乎把核心组件的设计思想、源码和原理全部细致地分析了一遍，收获颇丰。笔者原本计划在 2019 年时写并发编程相关的书，把自己的收获写下来分享给读者，但是当时感觉对并发编程的理解还不够成熟，而且市面上有写得非常不错的书，笔者在课程中也强烈推荐过。

今年决定写这本书，一方面是因为笔者认为自己对并发编程的理解已经足够输出一些有价值的内容，另一方面是因为从学员中了解到，市面上的相关图书要么内容太松散，要么太高深，初学者看起来费劲，有经验的读者学起来又总觉得少了些什么。写这本书应该是一个水到渠成的过程，笔者想弥补市面上这类书在编写上的不足，同时想把这 4 年来对并发编程的理解和自己的并发程序设计经验分享出来，让各位读者都能轻松地掌握晦涩难懂的并发编程知识。

另外，笔者在写书之前，自认为对并发编程的理解足够深刻，但是在整理成书的时候，还是有很多收获，特别是当把一些复杂的内容转换为图形的时候，不仅仅需要理解当前技术，还需要更进一步地理解相关的理论基础和关联技术的原理。

本书涵盖 Java 整个并发编程体系的核心库和核心类的使用及原理分析，有六大特色。

特色一：每一个知识点都是以垂直化设计的方式进行分析和展开的，以 synchronized 关键字为例：

- 首先从并发编程的原子性问题引入，了解为什么需要 synchronized 及怎么使用 synchronized。
- synchronized 作为独占锁的实现必然存在互斥变量，所以深入讲解了 synchronized 锁的存储原理。
- 接着从锁存储延展到 Mark Word 对象头，以及从对象头继续延展到缓存行及其填充机制。
- 另外，从 synchronized 锁的性能方面切入，了解锁升级的实现及原理。

在很多技术类图书中都存在这样一个问题，就是对一些技术的分析只关注当前技术本身的广度，对深度及关联技术的说明不够，导致很多读者在阅读的时候因为一个不明白的问题而影响对知识点的理解。

特色二：内容聚合度较高。针对一个技术点，纵向分析这个技术点的所有相关内容，并且对相关知识点进行了非常详细的说明。读者在阅读的时候，不会因为对部分扩展知识不理解而导致对技术理解得不够深刻。

特色三：站在架构实践的角度来看待并发。本书对很多技术点的分析，都站在一个设计者的视角来展开。比如在线程池章节中，笔者会分析线程池的特性，以及如果自己来设计应该如何考虑和实现，这对开发者来说能够开拓技术思维和提升技术高度。

特色四：大量的图形设计简化了对复杂技术的理解，平均每个章节的图片数量在 30 张左右，非常有利于读者对技术点的理解。

特色五：本书涵盖的内容非常全面，并且由浅入深地进行递进性的分析，读者在学习的时候，能够自然形成对并发编程的体系化积累。

特色六：考虑到很多读者在实际工作中很少使用并发编程，本书涵盖了大量实战案例，可以帮助读者理解各类技术在实际应用中的使用方法。

笔者花费了 4 年时间，虽然投入了大量精力对并发编程进行了深入的研究，但在写这本书的时候，仍然有不少收获。在写作过程中，笔者希望把自己对并发编程的理解和收获全部写进来。当然，笔者也确实尽力这么做了，因此对各位读者来说，这应该是一本非常值得阅读的书。本书提供所有源码，具体下载方式可以参考下方（或封底）的“读者服务”。

由于并发编程体系涉及的技术面非常广，书中难免会存在一些错误，恳请各位读者在阅读本书的时候，如果发现错误，及时反馈给出版社，笔者会及时纠正。

谭锋（Mic）

2021 年 8 月 1 日

读者服务

微信扫码回复：42136

- 获取本书配套源码
- 加入本书读者交流群，与作者互动
- 获取【百场业界大咖直播合集】（持续更新），仅需 1 元

目　　录

1

第 1 章 Java 线程的实践及原理揭秘

并发编程在整个 Java 中的重要性是不言而喻的，很多中间件及应用框架底层大量采用了异步线程。

在开始了解并发编程体系之前，先来搞懂两个问题。

- 并发到底是什么？
- 系统如何支撑高并发或者说决定并发量多少的因素有哪些？

1.1 如何理解系统并发

一般来说，系统能够承载的并发数就是整个系统同时能够处理的请求数量。并发的价值就是系统同时具有处理多个任务的能力。平时我们说的“系统的并发量”是指系统同时处理的请求数（这个请求数就是用户在访问这个网站时每一次操作向后端发起的请求数）。对于并发量指标的描述通常使用 TPS/QPS 来表示。

- TPS 表示每秒处理的事务数。
- QPS 表示每秒处理的查询数。

那么一个系统的并发数是由哪些因素决定的呢？或者说，如何让系统支持更大的并发数呢？

1.2 系统如何支撑高并发

从一个完整的架构来考虑，一个架构整体支撑的并发数无非就是由硬件和软件两个方面来决定的，当然最根本的还是硬件性能，软件的本质是最大限度地利用硬件资源来完成计算工作。

而硬件的组成无非就是 CPU、网卡、带宽、内存、磁盘等。所以对性能提升来说，关键是要提升硬件的基础性能，比如 CPU 核心数由 16 核增加到 32 核、网卡升级到万兆字节、使用更高效的 SSD 硬盘、扩大内存等。

有了硬件作为基础，软件方面就可以有更多的发挥空间，比如对于 I/O 性能要求较高的场景，可以尽可能使用内存来存储，而内存足够大的情况下，可以把更多的数据存到内存，减少和磁盘的交互以提升 I/O 性能。对于运算性能较高的场景，可以采用多线程的方式来处理。CPU 核心数越多，并行计算的性能就越高。

当单个计算机的硬件资源达到瓶颈时，就可以采用水平扩展的方式来提升性能。所谓水平扩展就是横向增加服务器，利用多个计算机资源组成一个分布式计算机，也就是我们熟知的分布式架构体系。但是架构由单体变成分布式之后，整个系统的复杂度会增加，比如涉及服务治理、服务监控、服务高可用等。

对于一个高并发的应用，系统架构最核心的问题就是如何让更多用户在最短的时间内获得想要的信息及完成想要的操作，对于这个过程一般用 RT（Response-Time）作为衡量指标，RT 的数值大小反映了整个系统的快慢，因此本质上还是和硬件资源瓶颈有关系。

当然，在软件系统层面还有一些其他优化方案。

- 使用集群化部署，通过多个计算机节点来分摊请求流量，从而降低单节点的计算瓶颈，最终达到提升性能的目的。
- 对于某些特定场景，采用多线程异步执行的方式进行优化，简单来说就是服务端针对当前请求先返回一个正在处理中的标识，让用户先收到返回结果，然后服务端这边异步运行该任务，当任务处理完成后再发给用户一个通知。

- 引入缓存机制，减少应用直接和数据库之间的交互及计算工作，提升 I/O 性能，使得客户端能够更快地收到任务的执行结果。
- 通过 CDN（内容分发网络）让用户访问最近的节点来获得需要的内容。

总之，系统支撑多少并发的决定因素非常多，而线程是最基础、最重要的机制，因为它能够利用多核 CPU 机制来提升程序的计算速度。

1.3　线程的前世今生

线程是操作系统能够进行运算和调度的最小单元，在一个进程中可以创建多个线程，每个线程可以并行执行多个任务，并行执行的线程数量是由 CPU 的核心数量决定的。

1.3.1　大白话理解进程和线程

可能大家对这句话的理解还比较抽象，笔者将从进程到线程的整个过程做一个简单的分析。

我们平时使用 Java 语言写出来的程序是由一系列.java 结尾的文件组成的，这些文件是存储在硬盘上的静态文件，通过 Java 虚拟机编译成和平台无关的字节码，也就是变成了.class 结尾的文件。

当我们通过 main()方法运行这个程序后，这些.class 文件会被加载到内存中等待被执行，接着 CPU 开始执行这些程序的每一行指令，然后基于这些指令产生相应的结果，我们把这个运行中的程序称为进程。

假设在这个程序中，有一段逻辑是从磁盘上解析一个文件进行持久化操作，当 CPU 执行到从磁盘读取数据这个指令时，由于磁盘的 I/O 速度相比 CPU 的运算速度来说要慢很多，所以 CPU 在等待磁盘 I/O 返回的过程中一直处于闲置状态。CPU 作为计算机的核心资源，被闲置显然是不合理的。

分时系统的出现解决了这个问题，分时系统是计算机对资源的一种共享方式，它利用多道程序和 CPU 时间片调度的方式使得多个用户可以同时使用一台计算机。

什么是多道程序呢？由于单个程序无法让 CPU 和 I/O 设备始终处于忙碌状态，所以操作系统允许同时加载多个程序到内存，也就是说可以同时启动多个进程，系统给这些进程分配独立的地址空间，以保证每个进程的地址不会相互干扰。

当 CPU 在执行某个进程中的指令出现 I/O 或其他阻塞时，为了提高 CPU 的利用率，操作系统会采用 CPU 调度算法把闲置的 CPU 时间片分配给第二个进程，当前进程运行结束后又会把 CPU 时间片分配给之前阻塞的进程来执行，从而保证 CPU 一直处于忙碌状态，整个调度过程如图 1-1 所示。

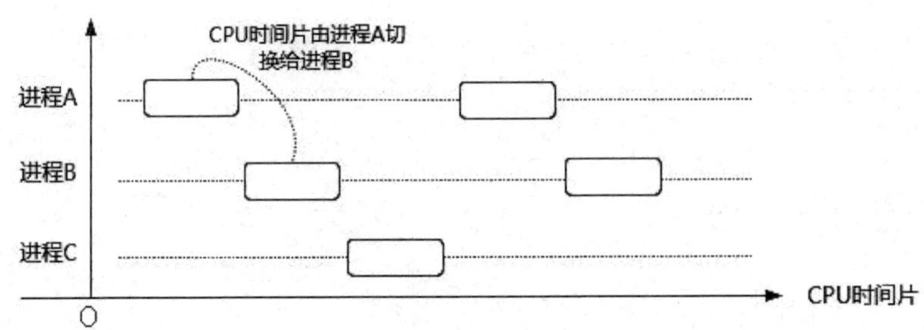

图 1-1　CPU 时间片的切换

在多核 CPU 架构中运行多个进程，从而实现多个进程的并行执行，一切看起来很美好，那么为什么又要有线程这种设计呢？

原因是进程本身是一个比较重的设计。首先，每个进程需要有自己的地址空间，并且每次涉及进程切换时，需要保存当前 CPU 指令的上下文，这使得资源的消耗及性能的损耗比较大。其次，对一个独立的进程来说，该进程内同一时刻只能做一件事，如果在这个进程中想实现同时执行多个任务并行执行，很显然是做不到的。最重要的是，当进程中某个代码出现阻塞时，会导致整个进程挂起，即便有些逻辑不依赖于该阻塞的任务也会无法执行。为了解决这个问题，人们把进程的资源分配和进程中任务调度的执行分开处理，因此形成了线程的概念。

引入线程的设计后，CPU 的最小调度和分配单元就变成了线程，在一个进程中可以创建多个线程。因此，当出现上面描述的情况，即一个进程中存在多个任务时，我们可以针对每个任务分配独立的线程来执行，当其中一个任务因为阻塞无法执行时，其他任务不会受到影响。

除此之外，线程的好处还有很多。

- 由于线程不需要分配操作系统资源，所以它相对进程来说是比较轻的。
- 线程的切换只需要保存少量的寄存器内容，相比进程来说，资源耗费更小，因此效率更高。
- 一个进程中可以创建多个线程，同一个进程中多个线程的 CPU 时间片的切换并不会导致进程切换，而且还能实现单进程中多个任务的并行执行。

总结一下，进程和线程的主要区别是，操作系统的资源管理方式不同，进程有独立的地址空间，当一个进程崩溃后，不会影响其他进程。而线程是一个进程中不同的执行路径，它有自己的堆栈和局部变量，但是没有单独的地址空间。

1.3.2　线程的核心价值

在影响服务端的并发数中有两个指标是 CPU 核心数和应用中的线程数，它们是如何影响整体并发的呢？

我们知道，同一时刻能够同时运行多少个线程是由 CPU 的核心数来决定的，对同一个任务来说，单线程的执行和多线程同时执行相比，多线程同时执行的效率更高，这就意味着从用户发起请求到收到服务端的返回结果的耗时会大大缩短。这样，一方面能够提升用户的响应速度，另一方面能够快速释放资源，使得整体架构的并发性能得到一定的提高。

如图 1-2 所示，假设在一个用户注册的流程中，会涉及保存用户信息到数据库，以及发送注册成功的邮件通知，前者需要耗时 3 秒才能执行完成，后者需要耗时 2 秒，那么整个流程执行完成并返回结果给用户一共需要 5 秒，显然这个时间相对来说是比较长的。

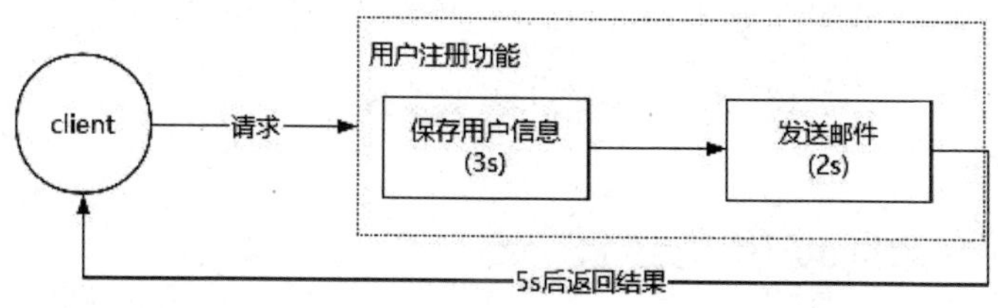

图 1-2　用户注册

如图 1-3 所示，我们使用线程优化了图 1-2 中的注册流程，当用户信息保存到数据库之后，直接返回给用户一个注册成功的结果，由于发送邮件这个流程和注册没有直接的关联性，所以可以采用异步线程来执行邮件发送。使用线程优化后，用户就可以在 3 秒内收到注册成功的通知。

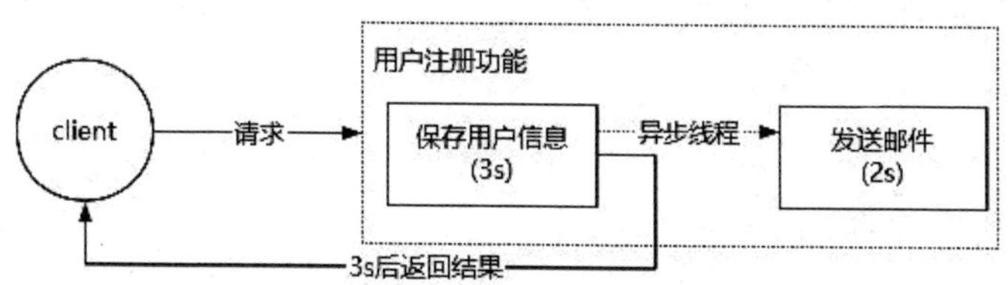

图 1-3　使用线程优化后的注册流程

上述这个案例，就利用了线程异步执行的特性。所谓异步，就是调用者发送一个任务执行指令后，不需要等待该指令的返回结果，而是可以继续执行后续的流程。这种异步特性本质上说也是一种并行处理方式，就是在一个进程中可以同时处理多个任务。

1.3.3 如何理解并发和并行

从操作系统层面来说，并发和并行可以表示 CPU 执行多个任务的方式。

- **并发**：并发是指两个或多个任务在同一时间间隔内发生，比如在 4 核 CPU 上运行 100 个线程，由于核数限制，这 100 个线程无法在同一时刻运行，所以 CPU 只能采用时间片切换的方式来运行，如果这 100 个线程能够在 1s 内全部处理完成，那么我们可以认为当前的并发数是 100。
- **并行**：当有多个 CPU 核心时，在同一个时刻可以同时运行多个任务，这种方式叫并行。比如，4 核 CPU 可以同时运行 4 个线程。

从宏观层面来说，一个系统能够处理的请求数即当前系统的并发数，但是这个并发数是由很多因素决定的，其中最主要的因素就是当前进程最多允许同时打开的连接数，在 Linux 系统中可以通过命令 ulimit -n 查看，假如得到的结果是 1024，那么该进程能够并行处理的连接数就是 1024。

总的来说，并行和并发的区别就是，多个人做多件事情和一个人做多件事情的区别。

1.4 在 Java 中如何使用多线程

在 Java 中实现线程的方式有很多：继承 Thread 类、实现 Runnable 接口、使用 ExecutorService 线程池、使用 Callable/Future 实现带有返回值的多线程，等等。因此，在 Java 中开发一个多线程应用非常简单，本节将介绍具体方法

1.4.1 实现 Runnable 接口创建线程

Runnable 是声明一个线程的接口，使用方法如下。

```
@Slf4j
public class RunnableThreadExample extends OtherClass implements Runnable {
   public void run() {
     log.info("RunnableThreadExample.run")
   }
  public static void main(String[] args){
```

```
        Thread thread=new Thread(new ThreadExample());
        thread.start();
    }
}
```

注意： 线程是通过 thread.start()来启动的，线程启动后，会异步执行 RunnableThreadExample 中的 run()方法。

1.4.2　继承 Thread 类创建线程

Thread 是一个类，可以直接继承该类来创建线程，使用方法如下。

```
@Slf4j
public class ThreadExample extends Thread {
    public void run() {
        log.info("ThreadExample.run")
    }
   public static void main(String[] args){
        ThreadExample example=new ThreadExample();
        example.start();
    }
}
```

Runnable 和 Thread 的区别在于，前者是接口，后者是类。如果当前需要实现线程的类已经集成了另外一个类，就无法再通过集成 Thread 类来实现线程，只能通过 Runnable 接口来完成。

Thread 类也实现了 Runnable 接口，即一个线程实例。启动线程的方法仍然是通过 Thread 类的 start()实例方法来完成的。

1.4.3　实现 Callable 接口并创建带返回值的线程

在有些场景中，我们可能需要让一个异步执行的任务在执行完成后返回一个结果。而前面使用的线程中，run()方法是一个 void 修饰的无返回值的方法，很显然无法达到我们的要求。因此在 Java 中提供了 Callable 和 Future 来创建有返回值的线程，实现代码如下。

```
@Slf4j
public class CallableExample implements Callable<String> {
    public static void main(String[] args) throws ExecutionException,
```

```
InterruptedException {
        CallableExample callableExample=new CallableExample();
        FutureTask<String> futureTask=new FutureTask<>(callableExample);
        Thread thread=new Thread(futureTask);
        thread.start();
        log.info("result:{}",futureTask.get());
    }
    @Override
    public String call() throws Exception {
        return "执行结果:SUCCESS";
    }
}
```

从上述代码中可以看到，Callable 接口提供了一个带有返回值的 call()方法，接着定义了一个 FutureTask，来表示一个获取未来执行结果的任务，并使用 Thread 线程来执行，最后通过 futureTask.get()方法来获得执行结果。

这种方式并不是目前最好的选择，在后续章节中笔者会详细说明它的原理及最佳实践方案。

1.5 多线程如何应用到实际场景

线程本质上是一个工具，它必须依托于相关的业务场景来使用。就像 Java 中的集合，我们会在涉及数据存储的地方用到。

而线程的使用场景，是根据线程异步和并行执行的特性来决定的，这些特性可以提升程序的处理性能，比如：

- 网络请求分发场景：针对每个请求连接，可以通过分配一个线程去处理，从而提升服务端处理的连接数，比如 Tomcat 就是采用线程来处理客户端请求的。
- 文件导入的场景：当有较大的文件导入时，我们可以先对文件进行解析，然后以每 10000 条数据作为一个任务给线程来处理，这样可以提升文件处理的效率。
- 异步业务场景：如支付场景中，客户端发起支付请求，服务端收到支付请求后，先不直接调用渠道进行支付，而是先返回给用户一个处理成功的结果，再通过异步线程的方式触发这个支付请求。

为了更好地理解线程的应用，笔者通过一个案例来演示线程在网络通信中的实际应用，该案例的整体流程如图 1-4 所示。

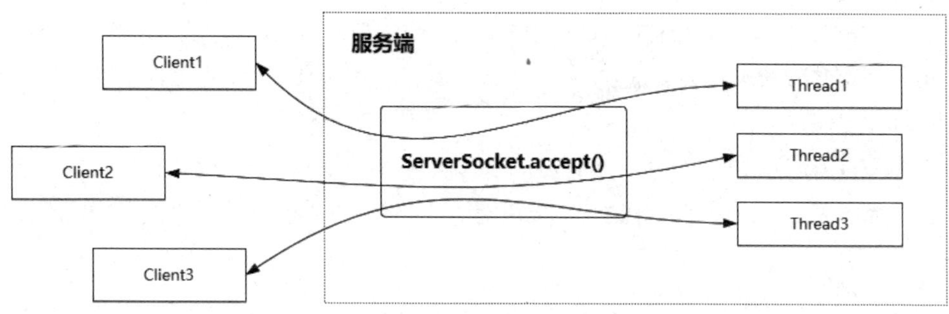

图 1-4　线程在网络通信中的实际应用

在 BIO（阻塞 I/O）模型中，服务端基于 ServerSocket.accept()方法来接收客户端的请求，当客户端发起一次请求后，在等待服务端返回执行结果前，ServerSocket 无法处理其他请求。也就是说，服务端同一时刻只能处理一个请求，在多用户访问的系统中，这样显然会产生不好的用户体验。

如果使用多线程的方式来实现，那么服务端可以针对每个请求，分配一个专门的线程去处理，然后服务端继续接收下一个请求。通过这种方式的优化可以大大提升服务端同时处理的客户端请求数量，下文详细介绍具体的实现。

1.5.1　ServerSocket

ServerSocket 的代码如下。

```
public class ServerSocketExample {
    public static void main(String[] args) throws IOException, InterruptedException {
        final int DEFAULT_PORT=8080;
        ServerSocket serverSocket=null;
        serverSocket=new ServerSocket(DEFAULT_PORT);
        System.out.println("启动服务，监听端口："+DEFAULT_PORT);
        while(true) {
            Socket socket = serverSocket.accept();
            //针对每个请求，分配一个线程来处理，提升服务端的处理效率，从而能够处理更多的客户端
请求
            new Thread(new SocketThread(socket)).start();
        }
    }
}
```

上述代码的请求处理逻辑说明如下。

- ServerSocket 定义了一个监听端口 8080，当客户端访问 8080 时，服务端就会接收请求。
- Server 端接收请求是采用 accept()方法来实现的，当收到一个客户端请求时，会返回一个 Socket 实例。
- 当 Server 端收到请求后，采用 Thread 异步执行该请求，由于线程具有非阻塞性，因此可以快速进入第二次循环，继续监听客户端请求。

1.5.2 SocketThread

SocketThread 线程用来专门处理客户端发送过来的请求，代码如下。

```
public class SocketThread  implements Runnable{
    Socket socket;

    public SocketThread(Socket socket) {
        this.socket = socket;
    }
    @Override
    public void run() {
        System.out.println("客户端：" + socket.getPort() + "已连接");
        try {
            BufferedReader bufferedReader = new BufferedReader(new
InputStreamReader(socket.getInputStream()));
            String clientStr = null;
            clientStr = bufferedReader.readLine();
            System.out.println("客户端发了一段消息：" + clientStr);
            BufferedWriter bufferedWriter = new BufferedWriter(new
OutputStreamWriter(socket.getOutputStream()));
            bufferedWriter.write("我已经收到你的消息了\n");
            bufferedWriter.flush(); //清空缓冲区，触发消息发送
        } catch (IOException e) {
            e.printStackTrace();
        }
    }
}
```

在 Tomcat 7 中，针对请求的处理默认就是使用线程池改造后的 BIO 模式来实现的。在 Zookeeper、Nacos、Dubbo 等中间件中，也都大量采用了异步线程。

1.6　多线程的基本原理

当我们通过 new Thread().start()来启动一个线程时，底层到底做了什么呢？

如图 1-5 所示，笔者描述了在 Java 中从创建一个线程到最终执行的整体流程。

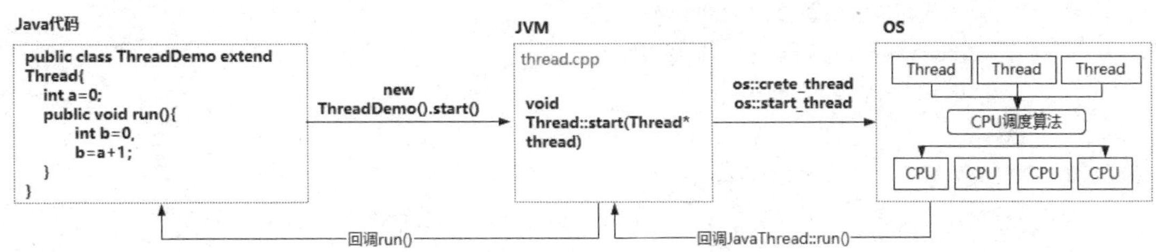

图 1-5　线程从创建到最终执行的整体流程

当执行 start()方法启动线程时，会先在 JVM 层面创建一个线程，JVM 具有跨平台特性，它会根据当前操作系统的类型调用相关指令来创建线程并启动。

线程启动后，并不会立刻运行，而是要等到操作系统层面的 CPU 调度算法，把当前线程分配给某个 CPU 来执行。线程被分配执行后，会回调线程中的 run()方法执行相关指令。

1.7　线程的运行状态

线程从启动到最终销毁，整个生命周期会经历不同的状态，在 Java 中，线程一共有 6 种状态。

- NEW，新建状态，也就是调用 new Thread()时的状态。
- RUNNABLE，运行状态，通过 start()方法启动线程后的状态。
- BLOCKED，阻塞状态，当线程执行 synchronized 代码，并且未抢占到同步锁时，会变成该状态。
- WAITING，调用 Object.wait()等方法，会让线程变成该状态。
- TIMED_WAITING，超时等待状态，如 sleep(timeout)，超时后会自动唤醒。
- TERMINATED，终止状态，线程的 run()方法中的指令执行完成后的状态。

1.7.1 线程运行状态演示

在本节中主要演示线程状态的转化。

TIMED_WAITING 状态

```
public class TimedWaitingStatusExample {
    public static void main(String[] args) {
        new Thread(()->{
            try {
                TimeUnit.SECONDS.sleep(10000);
            } catch (InterruptedException e) {
                e.printStackTrace();
            }
        },"TIME_WAITING").start();

    }
}
```

上述代码运行后，使用 jstack 工具查看线程的 dump 信息，会看到如下内容，可以很明显地看到，通过 sleep()方法阻塞的线程进入了 TIMED_WAITING 状态。

```
"TIME_WAITING" #12 prio=5 os_prio=0 tid=0x00000000292be800 nid=0xcf20 waiting on
condition [0x0000000029b0f000]
   java.lang.Thread.State: TIMED_WAITING (sleeping) //线程状态
        at java.lang.Thread.sleep(Native Method)
        at java.lang.Thread.sleep(Thread.java:340)
        at java.util.concurrent.TimeUnit.sleep(TimeUnit.java:386)
        at
com.concurrent.ThreadStatusExample.lambda$main$0(ThreadStatusExample.java:15) //进入
TIMED_WAITING 状态
        at com.concurrent.ThreadStatusExample$$Lambda$1/990368553.run(Unknown Source)
        at java.lang.Thread.run(Thread.java:748)
```

WAITING 状态

```
public class WaitingStatusExample {
    public static void main(String[] args) {
```

```
        new Thread(()->{
            synchronized (WaitingStatusExample.class){
                try {
                    WaitingStatusExample.class.wait();
                } catch (InterruptedException e) {
                    e.printStackTrace();
                }
            }
        },"WAITING").start();
    }
}
```

WAITING 状态采用 Object.wait()方法来实现，上述代码运行后，使用 jstack 工具查看到线程的 dump 日志，得到如下结果。

```
"WAITING" #12 prio=5 os_prio=0 tid=0x0000000029843800 nid=0xd240 in Object.wait()
[0x000000002a0af000]
    java.lang.Thread.State: WAITING (on object monitor)//表示当前线程的状态
        at java.lang.Object.wait(Native Method)//表示导致该状态的方法
        - waiting on <0x0000000715d95680> (a java.lang.Class for
com.concurrent.WaitingStatusExample)
        at java.lang.Object.wait(Object.java:502)
        at
com.concurrent.WaitingStatusExample.lambda$main$0(WaitingStatusExample.java:14)//调用
wait 方法
        - locked <0x0000000715d95680> (a java.lang.Class for
com.concurrent.WaitingStatusExample)
        at com.concurrent.WaitingStatusExample$$Lambda$1/990368553.run(Unknown Source)
        at java.lang.Thread.run(Thread.java:748)
```

BLOCKED 状态

```
public class BlockedStatusExample implements Runnable{
    public static void main(String[] args) {
        new Thread(new BlockedStatusExample(),"BLOCKED_T1").start();
        new Thread(new BlockedStatusExample(),"BLOCKED_T2").start();
    }
```

```
    @Override
    public void run() {
        synchronized (BlockedStatusExample.class){
            //一直不释放锁
            while(true){}
        }
    }
}
```

BLOCKED 状态只有在 synchronized 锁阻塞时存在。上述代码创建了两个线程 BLOCKED_T1 和 BLOCKED_T2 来执行如下任务。

```
"BLOCKED_T2" #13 prio=5 os_prio=0 tid=0x0000000027898800 nid=0xcff0 waiting for monitor
entry [0x00000000294ff000]
    java.lang.Thread.State: BLOCKED (on object monitor)
        at com.concurrent.BlockedStatusExample.run(BlockedStatusExample.java:19)
        - waiting to lock <0x0000000715d94f50> (a java.lang.Class for
com.concurrent.BlockedStatusExample)
        at java.lang.Thread.run(Thread.java:748)
"BLOCKED_T1" #12 prio=5 os_prio=0 tid=0x0000000027897800 nid=0xceb4 runnable
[0x00000000293fe000]
        java.lang.Thread.State: RUNNABLE
            at com.concurrent.BlockedStatusExample.run(BlockedStatusExample.java:19)
            - locked <0x0000000715d94f50> (a java.lang.Class for
com.concurrent.BlockedStatusExample)
            at java.lang.Thread.run(Thread.java:748)
```

了解这些状态有助于排查因 CPU 占用率较高导致的一些问题，后面会举案例来说明。

jstack 工具使用方法如下。

- 打开终端命令，输入“jps”（显示当前所有 Java 进程 pid）。
- 根据获取的 pid 可以打印指定 Java 进程 ID 的线程 dump 的信息。

1.7.2 线程运行状态流转图

图 1-6 表示 Java 线程的运行状态及触发状态变更的方法，该图对 RUNNABLE 状态进行了拆分描述，增加了 CPU 调度之前和调度之后的场景，实际上还是只有一种 RUNNABLE 状态。

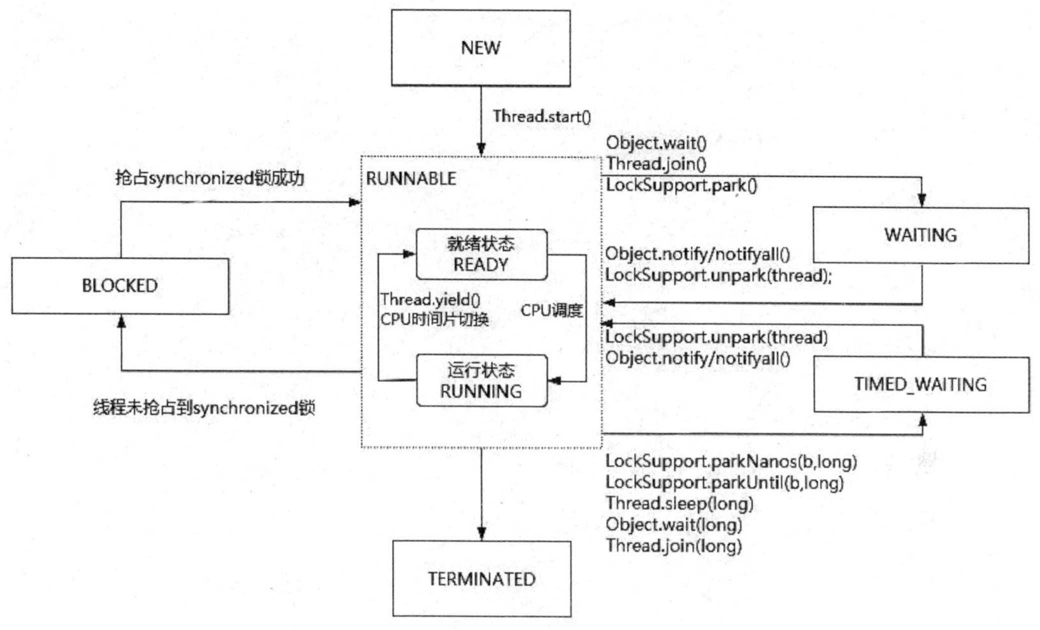

图 1-6　Java 线程的运行状态及触发状态变更的方法

1.8　如何正确终止线程

线程通过 start()方法启动后，会在 run()方法执行结束后进入终止状态。

那么我们如何终止一个正在运行的线程呢？大家应该都知道 stop()方法，这个方法是不安全的，因为该方法会导致两个问题。

- 立即抛出 ThreadDeath 异常，在 run()方法中任何一个执行指令都可能抛出 ThreadDeath 异常。
- 会释放当前线程所持有的所有的锁，这种锁的释放是不可控的。

下面来看一段示例代码：

```
public class ThreadStopExample extends Thread{
    @Override
    public void run() {
        try {
            //开始计数
```

```
        for (int i = 0; i < 100000; i++) {
            System.out.println("Running.." + i);
        }
        System.out.println("the code that it will be executed");
    } catch (Throwable e) {
        e.printStackTrace();
    }
}
public static void main(String[] args) throws InterruptedException {
    Thread t1=new ThreadStopExample();
    t1.start();
    Thread.sleep(100);
    t1.stop();
}
}
```

ThreadStopExample 演示了通过 stop()方法中断一个线程造成的问题，该代码的运行结果如下。

```
//省略部分输出结果
Running..17102
Running..17103java.lang.ThreadDeath
    at java.lang.Thread.stop(Thread.java:853)
    at com.concurrent.ThreadStopExample.main(ThreadStopExample.java:25)
```

从运行结果可以看出两个问题：

- 在 run()方法中，代码 System.out.println("the code that it will be executed");还未执行，就因为 ThreadDeath 异常导致线程中断了，造成业务处理的不完整性。
- 观察内容 Running..17103java.lang.ThreadDeath，我们使用的是 println()方法，但是这里并没有换行，为什么呢？我们来看一下 println()方法的代码。

```
public void println(String x) {
    synchronized (this) {
        print(x);
        newLine();
    }
}
```

println()方法包含两个操作，一个操作是输出 print(x)，另一个操作是换行，为了保证两个操作的原子性，增加了 synchronized 同步锁，理论上来说不应该出现问题。但是 stop()方法会释放 synchronized 同步锁，使得这两个操作不是原子的，从而导致 newLine()方法还没执行，线程就被中断了。

因此，在实际应用中，一定不能使用 stop()方法来中断线程，那么如何安全地实现线程的中断呢？

1.8.1　关于安全中断线程的思考

在 Thread 中提供了一个 interrupt()方法，从名字上来看表示中断线程，但是实际上它并没有像 stop()方法那样提供可以直接中断线程的功能，而是基于一个信号量来进行线程中断的通知。在了解 interrupt()方法之前，不妨来思考一下，如果我们想让一个线程安全中断，应该怎么做？

实际上，在线程异步运行过程中，该线程的执行情况只有自己知道，如果想要中断一个正在运行的线程，很显然不能直接从外部强制中断，只能由运行的线程自己来决定，这样才能保证中断过程的安全性。为了达到这个目的，我们需要做两件事情。

- 外部线程需要发送一个中断信号给正在运行的线程。
- 正在运行的线程需要根据这个信号来判断是否终止线程。

如图 1-7 所示，这是对线程安全中断模型的猜想，InterruptThread 线程向正在运行的线程 RunningThread 发送一个中断信号，RunningThread 线程收到该信号之后，在 run()方法中提供一个信号判断的逻辑，从而达到线程中断的目的。简单来说，只有把线程中断全力交给正在运行的线程，才能真正意义上达到安全中断的目的。

图 1-7　线程安全中断模型猜想

1.8.2　安全中断线程之 interrupt

在 Thread 中提供了一个 interrupt()方法，用来向指定线程发送中断信号，收到该信号的线程可以使用 isInterrupted()方法来判断是否被中断，具体代码如下。

```
public class InterruptExample extends Thread{
```

```
    @Override
    public void run() {
        int i=0;
        while(!Thread.currentThread().isInterrupted()){
            i++;
        }
        System.out.println("线程已被中断,i="+i);
    }
    public static void main(String[] args) throws InterruptedException {
        InterruptExample interruptExample=new InterruptExample();
        interruptExample.start();
        TimeUnit.SECONDS.sleep(1);
        System.out.println("before:InterruptExample 中断状态：
"+interruptExample.isInterrupted());
        interruptExample.interrupt();
        System.out.println("after:InterruptExample 中断状态：
"+interruptExample.isInterrupted());
    }
}
```

在上述代码中，创建了一个线程 InterruptExample，该线程使用 while()循环不断进行空转。while()循环的判断条件是 Thread.currentThread().isInterrupted()，它表示当前线程中断的标记状态，默认是 false，一旦其他线程通过 interrupt()方法对该线程进行中断，那么循环判断条件就会变成 true，这会导致 while()循环条件被破坏，从而使线程执行结束。

上述代码的输出结果如下。

```
before:InterruptExample 中断状态：false
after:InterruptExample 中断状态：true
线程已被中断,i=1492803109
```

从这个实例中可以发现，interrupt()方法并没有武断地把运行中的线程停止，而是通过传递标识的方式让运行的线程自己决定是否停止。这意味着该线程在收到该信号后，可以继续把 run()方法中的指令运行完成，最后让 run()方法安全执行结束，完成线程的中断功能。

1.8.3 如何中断处于阻塞状态下的线程

假设一个线程处于阻塞状态，通过 interrupt()方法可以中断吗？答案是可以的，那么怎么做呢？

如果线程因为 sleep()、Object.wait()等方法阻塞，而其他线程想通过 interrupt()方法对该线程进行中断，那么这个线程必须先被唤醒，否则无法响应中断信号。

在 BlockedThreadInterruptExample 这个案例中，演示了一个被 sleep()方法阻塞的线程的中断过程，代码如下。

```
public class BlockedThreadInterruptExample extends Thread{
    @Override
    public void run(){
        while(!Thread.currentThread().isInterrupted()){
            try {
                TimeUnit.SECONDS.sleep(500);
            } catch (InterruptedException e) {
                e.printStackTrace();
            }
        }
        System.out.println("线程被中断");
    }

    public static void main(String[] args) throws InterruptedException {
        BlockedThreadInterruptExample blocked=new BlockedThreadInterruptExample();
        blocked.start();
        TimeUnit.MILLISECONDS.sleep(100);
        System.out.println("before:InterruptExample 中断状态:
"+blocked.isInterrupted());
        blocked.interrupt();
        System.out.println("after:InterruptExample 中断状态:
"+blocked.isInterrupted());
    }
}
```

上述代码运行后，会输出如下结果，但是线程并没有结束，因为“线程被中断”这句话没有被打印出来。

```
before:InterruptExample 中断状态: false
after:InterruptExample 中断状态: false
java.lang.InterruptedException: sleep interrupted
    at java.lang.Thread.sleep(Native Method)
```

```
    at java.lang.Thread.sleep(Thread.java:340)
    at java.util.concurrent.TimeUnit.sleep(TimeUnit.java:386)
    at com.concurrent.BlockedThreadInterruptExample.run(BlockedThreadInterruptExample.
java:15)
```

也就是说，当调用 interrupt()方法中断 BlockedThreadInterruptExample 线程时，该线程抛出了 InterruptedException 异常，说明 interrupt()方法会先唤醒被阻塞的线程。

但是从运行结果来看，中断前后的标识都是 false，这是否意味着 interrupt()方法无法处理这种情况呢？其实不是，这里仍然涉及中断权问题，当被阻塞的线程被其他线程使用 interrupt()方法唤醒时，在抛出 InterruptedException 异常之前，会先把线程中断状态进行复位，也就是将中断标记变成 false。

注意，除 InterruptedException 被动触发线程复位外，还有一个 Thread.interrupted()方法可以主动触发线程中断标识的复位。

这样设计的目的，仍然是把线程中断的选择权交给正在运行的线程，我们可以在捕获的异常中实现一些后置操作，最终决定是否要中断该线程。

因此，我们继续来看 BlockedThreadInterruptExample 线程，如果在线程抛出 InterruptedException 异常后，仍然要坚持中断，则再次调用 Thread.currentThread().interrupt();即可，具体代码如下。

```
public class BlockedThreadInterruptExample extends Thread{
    @Override
    public void run(){
        while(!Thread.currentThread().isInterrupted()){
            try {
                TimeUnit.SECONDS.sleep(500);
            } catch (InterruptedException e) {
                e.printStackTrace();
                //省略代码
                Thread.currentThread().interrupt();
            }
        }
        System.out.println("线程被中断");
    }

    public static void main(String[] args) throws InterruptedException {
```

```
        BlockedThreadInterruptExample blocked=new BlockedThreadInterruptExample();
        blocked.start();
        TimeUnit.MILLISECONDS.sleep(100);
        System.out.println("before:InterruptExample 中断状态:
"+blocked.isInterrupted());
        blocked.interrupt();
        System.out.println("after:InterruptExample 中断状态:
"+blocked.isInterrupted());
    }
}
```

通过上述代码演示，我们发现对于涉及线程阻塞的方法如 Thread.join()、Object.wait()、Thread.sleep()等，都会抛出 InterruptedException 异常，之所以抛出这个异常，是因为如果需要让一个处于阻塞状态下的线程被中断，那么该线程必然需要先被唤醒并响应中断请求，而 InterruptedException 就是一种响应方式。

一旦开发者捕获这个异常，就说明当前线程收到了中断请求，我们可以在这个中断异常中，根据实际业务情况进行相应的资源回收及后置处理。需要注意的是，InterruptedException 在抛出之前会先对线程中断标识进行复位，目的是让运行的线程自己来决定何时中断。

因此，InterruptedException 异常的抛出并不意味着线程必须终止，而是提醒当前线程有中断的操作发生，至于接下来怎么处理取决于线程本身，比如：

- 直接捕获异常不做任何处理。
- 将异常往外抛出。
- 停止当前线程，并打印异常信息。

1.8.4　interrupt()方法的实现原理

在 interrupt()方法触发中断之后，从被中断的线程使用 Thread.currentThread().isInterrupted()方法来判断中断状态来看，似乎是基于共享一个 boolean 变量来实现通信的，但是我们通过 isInterrupted()方法的源码发现，isInterrupted()方法调用了一个 native()方法，返回一个 boolean 值，代码如下：

```
public boolean isInterrupted() {
    return isInterrupted(false);
}
private native boolean isInterrupted(boolean ClearInterrupted);
```

native()是一个本地方法，它是非 Java 语言实现的一个接口，使用 C/C++语言在其他文件中定义实现。简单地说，native()方法就是在 Java 中声明的可以调用非 Java 语言的方法。

下面我们来看 interrupt()方法，发现该方法中也调用了一个 interrupt()的本地方法，由此我们不难想象到，线程中断的信号标识是在 JVM 中实现的，具体代码如下：

```
public void interrupt() {
    if (this != Thread.currentThread())
        checkAccess();

    synchronized (blockerLock) {
        Interruptible b = blocker;
        if (b != null) {
            interrupt0();
            b.interrupt(this);
            return;
        }
    }
    interrupt0();
}
private native void interrupt0();
```

于是，笔者下载了 hotspot 的源码，在 Thread.cpp 文件中找到 interrupt()方法的实现，代码如下。

```
void Thread::interrupt(Thread* thread) {
  trace("interrupt", thread);
  debug_only(check_for_dangling_thread_pointer(thread);)
  os::interrupt(thread);
}
```

在 Thread::interrupt()方法中最终调用了 **os::interrupt()**方法，这个方法的实现在 **os_*.cpp** 文件中，其中“*”代表不同的操作系统，如图 1-8 所示。由于 JVM 是跨平台的，所以对于不同的操作系统，线程的调度方式是不一样的。

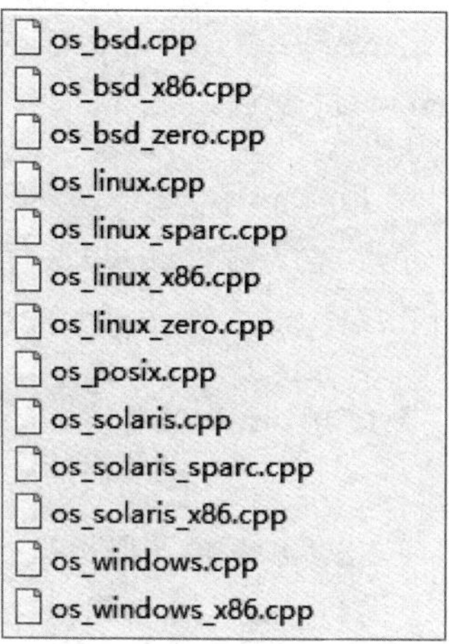

图 1-8　**os_*.cpp** 文件

我们以 **os_linux.cpp** 文件为例，找到 os::interrupt()方法的定义，代码如下：

```
void os::interrupt(Thread* thread) {
   assert(Thread::current() == thread || Threads_lock->owned_by_self(),
        "possibility of dangling Thread pointer");

   OSThread* osthread = thread->osthread(); //获取本地线程

   if (!osthread->interrupted()) { //判断本地线程对象是否为中断状态
      osthread->set_interrupted(true);//设置中断标识为 true
      OrderAccess::fence(); //内存屏障，用来解决可见性问题
      ParkEvent * const slp = thread->_SleepEvent ;//判断当前线程是否处于 sleep 状态，唤
醒该线程
      if (slp != NULL) slp->unpark() ;
   }
   //即使已经处于中断状态，也需要唤醒
   if (thread->is_Java_thread())
      ((JavaThread*)thread)->parker()->unpark();
   ParkEvent * ev = thread->_ParkEvent ;
   if (ev != NULL) ev->unpark() ;
}
```

上述代码是用 C++写的，有些地方读者不一定能看明白，我们主要关注以下两个部分。

- osthread->set_interrupted(true)，设置中断标识为 true。
- ((JavaThread*)thread)->parker()->unpark();，unpark()方法用来唤醒线程。

这两个部分正好印证了前面我们使用 interrupt()方法实现的效果，其中 set_interrupted()方法是在 OSThread 中定义的，于是我们定位到 osThread.hpp 文件，找到该方法的定义代码如下：

```
volatile jint _interrupted;
void set_interrupted(bool z)                    { _interrupted = z ? 1 : 0; }
volatile bool interrupted() const               { return _interrupted != 0; }
```

终于，我们在 JVM 的源码中看到了_interrupted 中断标记，它是使用 volatile 修饰的 int 类型的变量，该变量有两个值：1 和 0，其中 1 代表 true，0 代表 false。另外，这里还提供了一个 interrupted()方法，返回一个中断标识的结果。

如图 1-9 所示，该图表示 interrupt()方法的实现原理，当 Thread A 调用 interrupt()方法时，会调用一个 native()方法修改 JVM 中定义的一个 interrupted 变量，Thread B 通过 isInterrupted()方法来获得这个变量的值，进而判断当前的中断状态。注意，interrupted 字段使用了 volatile 修饰，表示它提供了可见性保障。

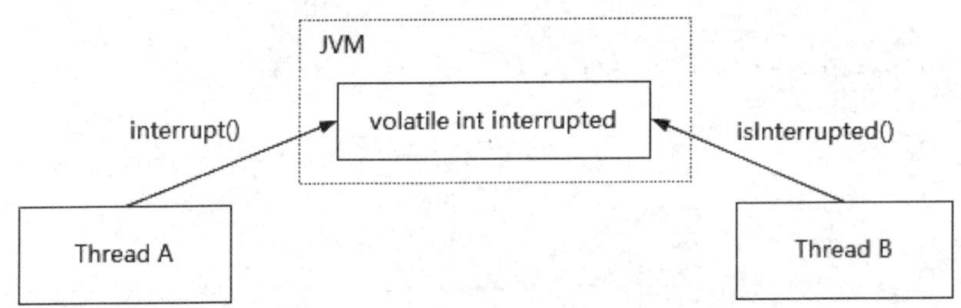

图 1-9 interrupt()方法的实现原理

1.9 理解上下文切换带来的性能影响

线程的上下文切换过于频繁会对性能造成影响，所以在实际应用中不建议大家设置过多的线程。

那么上下文切换到底是什么？以及上下文切换过于频繁为什么会产生性能问题呢？下面我们通过一个例子来看一下。

1.9.1　上下文切换带来的问题

在了解上下文切换之前，我们先来看一个例子。

```
public class ThreadConcurrentExample implements Runnable{

    private static final Long num=10000L;
    private int sum;
    public ThreadConcurrentExample(int sum) {
        this.sum=sum;
    }
    public static void runWithThread() throws InterruptedException {
        long start=System.currentTimeMillis();
        //执行两个任务
        //1.计算指定目标数的和
        int tempSum=0;
        ThreadConcurrentExample tce=new ThreadConcurrentExample(tempSum);
        Thread thread=new Thread(tce);
        thread.start();
        //2.同步计算遍历次数
        int count=0;
        for (int i = 0; i < num; i++) {
            count++;
        }
        thread.join(); //确保线程执行结束
        long totalFree=System.currentTimeMillis()-start;
        System.out.println("runWithThread: totalFree="+totalFree+",count="+count);
    }
    public static void runWithSerial() throws InterruptedException {
        long start=System.currentTimeMillis();
        //执行两个任务
        //1.计算指定目标数的和
        int tempSum=0;
        for (int i = 0; i < num; i++) {
            tempSum+=i;
        }
        //2.同步计算遍历次数
```

```
        int count=0;
        for (int i = 0; i < num; i++) {
            count++;
        }
        long totalFree=System.currentTimeMillis()-start;
        System.out.println("runWithSerial: totalFree="+totalFree+",count="+count);
    }
    @Override
    public void run() {
        for (int i = 0; i < num; i++) {
            sum += i;
        }
    }
    public static void main(String[] args) throws InterruptedException {
        runWithThread();
        runWithSerial();
    }
}
```

在上述代码中，当 num 的值等于 100 000 000 的时候，输出结果如下，可以很明显地看到，线程使执行效率提高很多。

```
runWithThread: totalFree=41,count=100000000
runWithSerial: totalFree=72,count=100000000
```

在 ThreadConcurrentExample 线程中，针对 sum+=i 操作，由于不是原子的，所以线程不安全，我们现在增加一个锁，代码如下。

```
public void run() {
    for (int i = 0; i < num; i++) {
        synchronized (this) {
            sum += i;
        }
    }
}
```

在同样进行 100 000 000 次计算时，得到的结果如下。

```
runWithThread: totalFree=1711,count=100000000
```

```
runWithSerial: totalFree=69,count=100000000
```

可以看到，增加同步锁之后，采用多线程执行的任务运行时长增加了 20 多倍。原因是增加 synchronized 锁会导致线程去竞争锁，这个竞争的过程会导致线程的上下文切换。即便不增加 synchronize 锁，当线程的创建数量远远超过 CPU 核数时，也会因为上下文切换导致性能下降。

导致线程上下文切换的原因总结如下。

- 多个任务抢占 synchronized 同步锁资源。
- 在线程运行过程中存在 I/O 阻塞，CPU 调度器会切换 CPU 时间片。
- 在线程中通过主动阻塞当前线程的方法释放 CPU 时间片。
- 当前线程执行完成后释放 CPU 时间片，CPU 重新调度。

实际上，对于上下文切换次数，在 Linux 中可以使用 vmstat 命令来查看，vmstat 命令是 Linux 中比较常见的针对 CPU、内存等信息的监控工具，下面是笔者利用 vmstat 命令打印的生产服务器的监控信息。

```
[root@iZwz9f0rp991o41w9po7wwZ ~]$ vmstat 1
procs -----------memory---------- ---swap-- -----io---- -system-- ------cpu-----
 r  b   swpd   free   buff    cache   si    so     bi    bo    in    cs us sy id wa st
 1  0      0 210012 135348 5762496    0     0      0    22     1     1  0  0  99  0  0
 0  0      0 209520 135348 5762508    0     0      0   144  1422  2163  0  1  99  0  0
 0  0      0 209772 135348 5762536    0     0      0     0  1194  2036  0  0  99  0  0
 0  0      0 209868 135348 5762536    0     0      0    96  1686  2853  1  0  99  0  0
 0  0      0 209716 135348 5762544    0     0      0     0  1432  2265  0  1  99  0  0
 0  0      0 209764 135348 5762544    0     0      0     0  1476  2368  0  0  99  0  0
 0  0      0 209776 135348 5762544    0     0      0     4  1517  2545  1  1  98  0  0
 0  0      0 210004 135348 5762556    0     0      0     0  1389  2123  0  0 100  0  0
```

vmstat 1 表示每隔 1s 打印一次数据。

在上述打印结果中，有一个 cs（Content Switch）字段，它表示每秒上下文切换的次数，这个值越小越好，如果过大，就要考虑降低线程或进程的数量。

1.9.2　什么是上下文切换

前面我们提到过，在多任务操作系统中，为了提高 CPU 的利用率，可以让当前系统运行远多于 CPU 核数的线程。但是由于同时运行的线程数是由 CPU 核数来决定的，所以为了支持更多线程运行，CPU 会把自己的时间片轮流分配给其他线程，这个过程就是上下文切换。

导致上下文切换的原因有很多，比如通过 wait()、sleep()等方法阻塞当前线程，这时 CPU 不会一直等待，而是重新分配去执行其他线程。当后续 CPU 重新切换到当前线程时，CPU 需要沿着上次执行的指令位置继续运行。因此，每次在 CPU 切换之前，需要把 CPU 寄存器和程序计数器保存起来，这些信息会存储到系统内核中，CPU 再次调度回来时会从系统内核中加载并继续执行。

简而言之，上下文切换，就是 CPU 把自己的时间片分配给不同的任务执行的过程。

根据任务类型的不同，上下文切换又分为三种类型：

- 进程上下文切换。
- 线程上下文切换。
- 中断上下文切换。

进程上下文切换

进程上下文切换，是指当前进程的 CPU 时间片分配给其他进程执行，进程切换有以下三种情况：

- CPU 时间片分配。
- 当进程系统资源（如内存）不足时，进程会被挂起。
- 当存在优先级更高的进程运行时，当前进程有可能会被挂起，CPU 时间片分配给优先级更高的进程运行。

进程的上下文切换和线程的上下文切换相同，进程切换之后，再恢复执行时，还是需要沿着上一次执行的位置继续运行，但是与线程相比，进程的上下文切换的损耗会更大。原因是进程在做上下文切换时，需要把用户空间中的虚拟内存、栈、全局变量等状态保存起来，还需要保存内核空间的内核堆栈、寄存器等状态（之所以要保存内核态的状态信息，是因为进程的切换只能发生在内核态）。同时在加载下一个进程时，需要再次恢复上下文信息，而这些操作都需要在 CPU 上运行。

笔者查阅相关资料发现，每次进程的上下文切换需要几十纳秒或几微秒的 CPU 时间，从我们的感官上看起来好像不算很长，但是如果进程上下文切换次数非常多，就会导致 CPU 把大量的时间耗费在寄存器、内核栈、虚拟内存、全局变量等资源的保护和恢复上，使得 CPU 真正工作的时间很少，这也是为什么我们常说上下文切换过于频繁会影响性能。

现在，相信读者能够理解为什么要设计线程，因为线程的上下文切换对资源的保存和恢复占用更少，从而使得线程的上下文切换的时间更短。

线程上下文切换

线程就是轻量级进程，它们最大的区别是，进程是 CPU 调度的最小单元，而线程是系统资源分配的基本单元。一个进程中允许创建多个线程，这些线程可以共享同一进程中的资源。

线程上下文切换需要注意两点：

- 当两个线程切换属于不同的进程时，由于进程资源不共享，所以线程的切换其实就是进程的切换。
- 当两个线程属于同一个进程时，只需要保存线程的上下文。

线程的上下文切换，需要保存上一个线程的私有数据、寄存器等数据，这个过程同样会占用 CPU 资源，当上下文切换过于频繁时，会使得 CPU 不断进行切换，无法真正去做计算，最终导致性能下降。

中断上下文切换

中断上下文切换是指 CPU 对系统发生的某个中断事件做出反应导致的切换，比如：

- CPU 本身故障、程序故障。
- I/O 中断。

为了快速响应硬件事件，中断处理会打断当前正常的进程调度和执行过程，此时 CPU 会调用中断处理程序响应中断事件。而这个被打断的进程在切换之前需要保存该进程当前的运行状态，以便在中断处理结束后，继续恢复执行被打断的进程。这里不涉及用户态中的资源保存，只需要包含内核态中必需的状态保存，如 CPU 寄存器、内核堆栈等资源。即便如此，中断导致的上下文切换仍然会消耗 CPU 资源。

1.9.3　如何减少上下文切换

既然频繁的上下文切换会影响程序的性能，那么如何减少上下文切换呢？

- 减少线程数，同一时刻能够运行的线程数是由 CPU 核数决定的，创建过多的线程，就会造成 CPU 时间片的频繁切换。
- 采用无锁设计解决线程竞争问题，比如在同步锁场景中，如果存在多线程竞争，那么没抢到锁的线程会被阻塞，这个过程涉及系统调用，而系统调用会产生从用户态到内核态的切换，这个切换过程需要保存上下文信息对性能的影响。如果采用无锁设计就能够解决这类问题。

- 采用 CAS 做自旋操作，它是一种无锁化编程思想，原理是通过循环重试的方式避免线程的阻塞导致的上下文切换。

总的来说，CPU 的切换本意上是为了提高 CPU 利用率，但是过多的 CPU 上下文切换，会使 CPU 把时间都消耗在上下文信息的保存和恢复上，从而使真正的有效执行时间缩短，最终导致整体的运行效率大幅下降。

1.10 揭秘守护线程

在 Java 中，线程可以分为两类：

- 用户线程。
- 守护线程。

从使用方法来说，它们两个唯一的区别在于，守护线程在启动之前，需要通过 setDaemon(true) 方法进行设置，代码如下。

```
Thread thread=new Thread();
thread.setDaemon(true);
thread.start();
```

从功能层面来说，守护线程和用户线程最大的区别在于，守护线程不会影响 JVM 进程的退出，而用户线程在有任务没有执行完成前，JVM 进程不会退出直到所有用户线程运行结束。

下面我们通过一个案例来分析，代码如下。

```
public class DaemonThreadExample {

    public static void main(String[] args) throws InterruptedException {
        Thread thread=new Thread(()->{
            while(true){
                try {
                    System.out.println("用户线程运行中...");
                    Thread.sleep(1000);
                } catch (InterruptedException e) {
                    e.printStackTrace();
```

```
                }
            }
        });
        thread.start();
        Thread.sleep(100);
        System.out.println("主线程执行完毕...");
    }
}
```

在 DaemonThreadExample 这个案例中，我们在 main()方法中创建了一个 thread 线程，该线程通过一个 while(true)循环不断运行，避免该线程执行结束（默认情况下主线程中创建的所有线程都是用户线程）。接着启动该线程让它执行，在 main()方法最后打印一段话表示主线程结束。

这段代码的输出结果如下，可以发现即便 main()方法运行结束，该 JVM 进程也是处于存活状态，而且用户线程一直处于运行中。也就是说**在一个 JVM 进程中，只要有一个用户线程在运行，该 JVM 进程就无法正常退出。**

```
用户线程运行中...
主线程执行完毕...
用户线程运行中...
用户线程运行中...
用户线程运行中...
用户线程运行中...
用户线程运行中...
...
```

于是我们对上述代码进行修改，把 thread 线程设置为守护线程，代码如下。

```
public class DaemonThreadExample {

    public static void main(String[] args) throws InterruptedException {
        Runtime.getRuntime().addShutdownHook(new Thread(()-> System.out.println("JVM进
程已结束")));
        Thread thread=new Thread(()->{
            while(true){
                try {
                    System.out.println("用户线程运行中...");
                    Thread.sleep(1000);
```

```
                } catch (InterruptedException e) {
                    e.printStackTrace();
                }
            }
        });
        thread.setDaemon(true);
        thread.start();
        Thread.sleep(100);
        System.out.println("主线程执行完毕...");
    }
}
```

Runtime.getRuntime().addShutdownHook()可以用来注册 JVM 关闭的钩子，这个钩子可以在程序正常退出、系统关闭、OOM 宕机时被回调。

上述程序运行结果如下，可以发现虽然 thread 线程没有运行完，但当 main()方法运行结束后，该 JVM 进程仍然退出了。

```
用户线程运行中...
主线程执行完毕...
JVM 进程已结束
```

1.10.1　守护线程的应用场景

可能读者会觉得守护线程看起来好像没什么用？但是实际上它的作用很大。

- 比如在 JVM 中垃圾回收器就采用了守护线程，如果一个程序中没有任何用户线程，那么就不会产生垃圾，垃圾回收器也就不需要工作了。
- 在一些中间件的心跳检测、事件监听等涉及定时异步执行的场景中也可以使用守护线程，因为这些都是在后台不断执行的任务，当进程退出时，这些任务也不需要存在，而守护线程可以自动结束自己的生命周期。

从这些实际场景中可以看出，对于一些后台任务，当不希望阻止 JVM 进程结束时，可以采用守护线程。

1.10.2　守护线程使用注意事项

平时我们用到的守护线程的场景不多，大部分场景都集成在各种中间件中。对业务开发来说一般会用线程池，而线程池默认都是非守护线程，并不需要我们专门去设置线程的守护类型，守护线程的使用需要注意以下两点。

- 在 Java 中，线程的状态是自动继承的。也就是说，如果一个线程是用户线程，那么它创建的子线程默认都是用户线程；如果一个线程是守护线程，那么它创建的子线程默认就是守护线程。
- thread.setDaemon(true)必须在 start()方法启动之前调用，因为通常我们会将一个正在运行的线程设置为守护线程。

1.11　快速定位并解决线程导致的生产问题

在使用多线程时，如果使用不当，就会产生一些问题，比如：

- 死锁导致请求无法响应。
- CPU 占用率很高，响应很慢。

学完本章的内容之后，是否能够解决这些问题呢？

我们先来创建一个 Spring Boot 应用，模拟一个死锁问题和 CPU 占用率过高的问题，核心代码如下。

```
@RestController
public class ThreadController {

    @GetMapping("/loop")
    public String dumpWhile(){
        new Thread(new WhileThread()).start();
        return "ok";
    }

    @GetMapping("/dead")
    public String dumpDeadLock(){
        Thread a = new ThreadRunA();
        Thread b = new ThreadRunB();
        a.start();
        b.start();
        return "ok";
```

```
    }
}
class WhileThread implements Runnable {
    @Override
    public void run() {
        while (true) {
            System.out.println("Thread");
        }
    }
}
class ThreadRunA extends Thread {
    @Override
    public void run() {
        System.out.println("================A===================");
        synchronized (A.A) {
            System.out.println("我要开始执行任务 A..." + Thread.currentThread().getName());
            try {
                Thread.sleep(5000);
            } catch (InterruptedException e) {
                e.printStackTrace();
            }
            synchronized (B.B) {
            }
            System.out.println("我在执行任务结束了 A..." +
Thread.currentThread().getName() + ":" + B.B.hashCode() + ":"
                    + A.A.hashCode());
        }
    }
}
class ThreadRunB extends Thread {
    @Override
    public void run() {
        System.out.println("================B===================");
        synchronized (B.B) {
            System.out.println("我要开始执行任务 B..." +
Thread.currentThread().getName());
```

```
            try {
                Thread.sleep(1000);
            } catch (InterruptedException e) {
                e.printStackTrace();
            }
            synchronized (A.A) {
            }
            System.out.println("我在执行任务结束了 B..." +
Thread.currentThread().getName() + ":" + B.B + ":" + A.A);
        }
    }
}
```

1.11.1　死锁导致请求无法响应

将上面的这段程序运行后，使用如下命令制造死锁场景：

```
curl  http://127.0.0.1:8080/dead
```

对于死锁问题的排查，具体操作步骤如下：

第一步，通过 jps 命令，查看 Java 进程的 pid。
第二步，通过 jstack <pid>命令查看线程 dump 日志。

当发现死锁时，可以在打印的 dump 日志中找到 **Found one Java-level deadlock:**信息，根据信息的内容分析问题出现的原因。

```
Found one Java-level deadlock:
=============================
"Thread-1":
  waiting to lock monitor 0x0000000026070c88 (object 0x00000007163b7d78, a
java.lang.Integer),
  which is held by "Thread-0"
"Thread-0":
  waiting to lock monitor 0x00000000260735c8 (object 0x0000000716649aa8, a
java.lang.Integer),
  which is held by "Thread-1"
```

jstack 是 Java 虚拟机自带的一种堆栈跟踪工具，它主要用于打印指定 Java 进程 ID 中当前时刻的线程 dump 日志，线程快照是当前 Java 虚拟机内每一条线程正在执行的方法堆栈的集合，生成线程快照的主要目的是定位线程出现长时间停顿的原因，如线程间死锁、死循环、请求外部资源导致的长时间等待等，语法格式如下。

```
Usage:
    jstack [-l] <pid>
        (to connect to running process) 连接活动线程
    jstack -F [-m] [-l] <pid>
        (to connect to a hung process) 连接阻塞线程
    jstack [-m] [-l] <executable> <core>
        (to connect to a core file) 连接 dump 的文件
    jstack [-m] [-l] [server_id@]<remote server IP or hostname>
        (to connect to a remote debug server) 连接远程服务器

Options:
    -F  强制打印线程 dump 信息，在 jstack <pid>没有响应的情况下使用
    -m  同时打印 Java 和 native 线程栈信息，m 是 mixed mode 的意思
    -l  打印关于锁的附加信息
    -h or -help 打印命令的使用帮助
```

1.11.2 CPU 占用率很高，响应很慢

为了演示 CPU 过高的场景，先执行如下命令，这个命令会让线程进入死循环状态。

```
curl  http://127.0.0.1:8080/loop
```

上述命令运行完后，通过 top -c 命令可以动态显示进程及其占用资源的排行榜，从该结果中可以找到占用 CPU 最高的进程 PID。

```
 PID USER      PR  NI    VIRT    RES    SHR S  %CPU %MEM     TIME+ COMMAND
 80972 root      20   0 7773456 296124  12904 S 100.2  1.8   0:38.83 java
```

可以看到，CPU 占用率 100%的 PID 是 80972，定位到该进程之后，我们再从线程的 dump 日志中去定位。

- 使用 top -H -p 80972 命令查找到该进程中消耗 CPU 最多的线程，从下面的打印结果中发现 PID=81122 的线程 CPU 占用率最高。

```
    PID USER      PR  NI    VIRT    RES    SHR S %CPU %MEM     TIME+ COMMAND
```

```
 81122 root      20   0 7773456 258504  12932 R 99.8  1.6   5:56.34 java
 80972 root      20   0 7773456 258504  12932 S  0.0  1.6   0:00.00 java
```

- 通过 printf "0x%x\n" 81122 命令把对应的线程 PID 转化为 16 进制进行打印，之所以要做这步操作是因为线程 dump 日志中是以 16 进制来显示线程 PID 的。

```
[root@localhost test]# printf "0x%x\n" 81122
0x13ce2
```

- 执行 jstack 命令，打印 PID=80972 进程的线程 dump 日志，然后通过管道命令 grep 从线程 dump 日志中查找到 CPU 占用率最高的线程。

```
jstack 80972 | grep -A 20 0x13ce2
```

-A 表示显示匹配行及其后面的 n 行。

通过上述操作后，得到的线程 dump 信息如下，从该信息中我们发现，在 WhileThread.run()方法中因为某个操作导致CPU 占用率过高，于是基于这个信息我们可以进行分析从而解决该问题。

```
[root@localhost test]# jstack 80972 | grep -A 20 0x13ce2
"Thread-3" #30 daemon prio=5 os_prio=0 tid=0x00007f84500ce000 nid=0x13ce2 runnable
[0x00007f84a78f7000]
   java.lang.Thread.State: RUNNABLE
    at java.io.FileOutputStream.writeBytes(Native Method)
    at java.io.FileOutputStream.write(FileOutputStream.java:326)
    at java.io.BufferedOutputStream.flushBuffer(BufferedOutputStream.java:82)
    at java.io.BufferedOutputStream.flush(BufferedOutputStream.java:140)
     - locked <0x00000006c812f1b0> (a java.io.BufferedOutputStream)
    at java.io.PrintStream.write(PrintStream.java:482)
     - locked <0x00000006c812f190> (a java.io.PrintStream)
    at sun.nio.cs.StreamEncoder.writeBytes(StreamEncoder.java:221)
    at sun.nio.cs.StreamEncoder.implFlushBuffer(StreamEncoder.java:291)
    at sun.nio.cs.StreamEncoder.flushBuffer(StreamEncoder.java:104)
     - locked <0x00000006c812f2d0> (a java.io.OutputStreamWriter)
    at java.io.OutputStreamWriter.flushBuffer(OutputStreamWriter.java:185)
    at java.io.PrintStream.newLine(PrintStream.java:546)
     - eliminated <0x00000006c812f190> (a java.io.PrintStream)
    at java.io.PrintStream.println(PrintStream.java:807)
```

```
  - locked <0x00000006c812f190> (a java.io.PrintStream)
at com.example.threaddemo.WhileThread.run(ThreadController.java:33)//问题原因
at java.lang.Thread.run(Thread.java:748)
```

上述代码内容其实可以分为三个部分。

- 线程的基本信息："Thread-3" #30 daemon prio=5 os_prio=0 tid=0x00007f84500ce000 nid=0x13ce2 runnable [0x00007f84a78f7000]。
    - Thread-3 表示线程名字，为了更好地辨别，建议大家在使用线程的时候自己进行命名。
    - #30，线程的编号。
    - daemon，表示守护线程。
    - prio，线程的优先级，Java 中的线程优先级分为 1～10 个级别，数字越高表示优先级越高，优先级高的线程能够有更高的概率优先得到 CPU 的执行。
    - os_prio，表示操作系统层面的线程优先级，Java 中配置的线程优先级最终会映射到操作系统中的线程优先级。
    - tid=0x00007f84500ce000，JVM 内部线程 ID。
    - nid，系统线程 ID
    - runnable，线程状态。
- 线程的运行状态，java.lang.Thread.State: RUNNABLE。
- 线程的堆栈信息，该信息可以用来快速定位具体的执行指令。

1.12 本章小结

在本章中，我们可以从线程的产生背景和线程的实际使用情况来理解线程在实际应用中的价值。为了更好地使用线程，我们从线程的生命周期、线程状态、线程的启动\停止等角度进行展开分析，理解线程的整个运行状态。在笔者看来，你只有站在设计者的角度去理解这些技术背后的原理，才能够更好地将线程应用在实际开发中。另外，我们通过线程使用可能出现的问题演示了具体的解决方法。

第 2 章 深度揭秘 synchronized 实现原理

在实际应用过程中使用多线程，可以给我们的程序带来性能上的极大提升，但同时，如果线程使用不合理，也会带来很多不可控的问题，最常见的问题就是线程安全问题。

什么是线程安全问题呢？简单地说，就是当多个线程同时访问某个方法时，这个方法无法按照我们预期的行为来执行，那么我们认为这个方法是线程不安全的。

导致线程不安全的原因主要有三个：

- 原子性。
- 有序性。
- 可见性。

本章重点围绕原子性展开讲解，并结合 synchronized 同步锁进行深度分析。

2.1 揭秘多线程环境下的原子性问题

什么是原子性呢？

在数据库事务的 ACID 特性中就有原子性，它是指当前操作中包含的多个数据库事务操作，要么全部成功，要么全部失败，不允许存在部分成功、部分失败的情况。而在多线程中的原子性与数据库事务的原子性相同，它是指一个或多个指令操作在 CPU 执行过程中不允许被中断。

下面我们来演示一个多线程中出现原子性问题的例子。

```
public class AtomicExample {
    volatile int i = 0;
    public void incr(){
        i++;
    }
    public static void main(String[] args) throws InterruptedException {
        AtomicExample atomicExample = new AtomicExample();
        Thread[] threads=new Thread[2];
        for (int j = 0;j<2;j++) {
            threads[j]=new Thread(() -> {
                for (int k=0;k<10000;k++) {
                    atomicExample.incr();
                }
            });
            threads[j].start();
        }
        threads[0].join();//保证线程执行结束
        threads[1].join();
        System.out.println(atomicExample.i);
    }
}
```

在上述代码中启动了两个线程，每个线程对成员变量 i 累加 10000 次，然后打印出累加后的结果。我们从结果中发现，原本期望的值是 20000，但是打印出来的 i 值都是一个小于 20000 的数，和预期的结果不一致，导致这个现象产生的原因就是原子性问题。

2.1.1　深入分析原子性问题的本质

从本质上说，原子性问题产生的原因有两个。

- CPU 时间片切换。
- 执行指令的原子性，也就是线程运行的程序或者指令是否具备原子性。

CPU 时间片切换

在第 1 章中，笔者详述了 CPU 时间片切换的原理，也就是当 CPU 不管因为何种原因处于空闲状态时，CPU 会把自己的时间片分配给其他线程来处理，整体过程如图 2-1 所示，CPU 通过上下文切换来提升资源利用率。

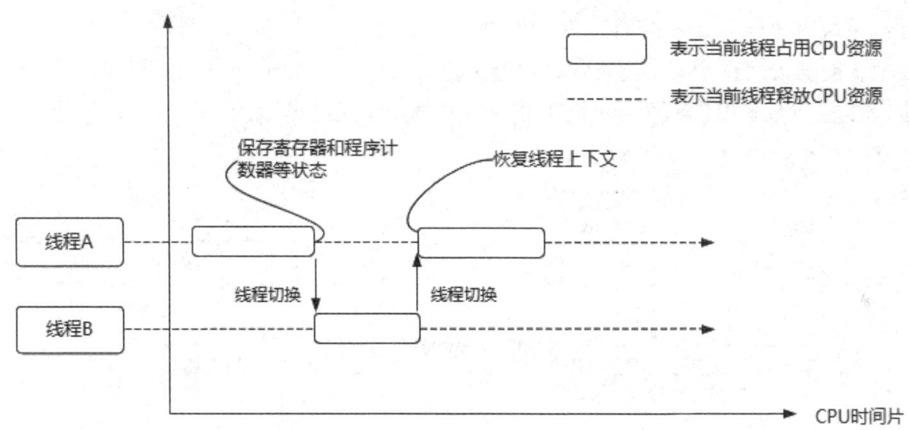

图 2-1　CPU 时间片切换

i++指令的原子性

在 Java 程序中，i++操作看起来是一个完整的不可分割的指令，但是实际上并不是这样的。我们通过 javap -v 命令来查看 AtomicExample 类中 incr()方法的字节码，运行结果如下。

```
0: aload_0
1: dup
2: getfield      #2                  // Field i:I
5: iconst_1
6: iadd
7: putfield      #2                  // Field i:I
10: return
```

可以发现，i++操作实际上是三个指令：getfield、iadd、putfield。

- getfield，把变量 i 从内存加载到 CPU 的寄存器中。
- iadd，在寄存器中执行+1 操作。
- putfield，把结果保存到内存。

需要注意，这三个指令并不具备原子性，也就是说，CPU 在执行的过程中会存在中断的情况，这种中断就会导致原子性问题。

如图 2-2 所示，假设有两个线程同时对变量 i 进行修改，那么可能的执行过程如下：

- 线程 1 先获得 CPU 的执行权，在 CPU 将 i=0 加载到寄存器中后出现线程切换，CPU 把执行权切换给线程 2 并保留当前的 CPU 上下文。
- 线程 2 同样去内存中将 i 加载到寄存器中进行计算，然后把计算结果写回内存。
- 线程 2 释放了 CPU 资源，线程 1 重新获得执行权后恢复 CPU 上下文，而这时 i 的值还是 0。
- 最终计算后 i 的结果比预期结果要小。

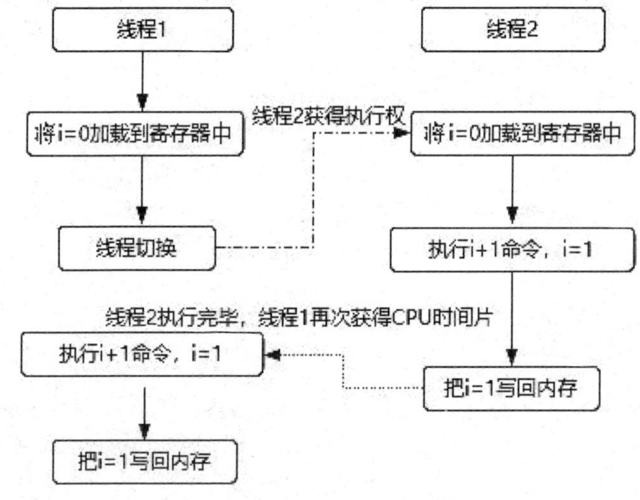

图 2-2　线程切换导致原子性问题

除上述这种情况外，在多核 CPU 中，线程的并行执行也会导致原子性问题。如图 2-3 所示，两个线程并行执行，同时从内存中将 i 加载到寄存器中并进行计算，最终导致 i 的结果小于我们的预期值。

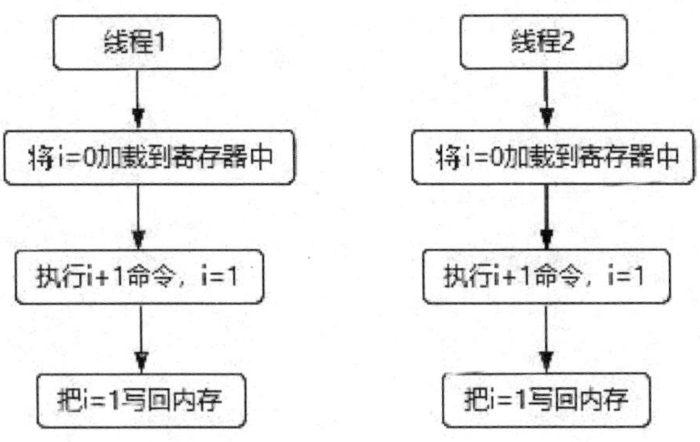

图 2-3　多线程并行执行导致原子性问题

2.1.2　关于原子性问题的解决办法

通过上述问题的分析，我们发现，多线程环境下线程的并行或切换导致最终执行结果不符合预期，解决问题的办法可以从两个方面考虑。

- 不允许当前非原子指令在执行过程中被中断，也就是说保证 i++操作在执行过程中不存在上下文切换。
- 多线程并行执行导致的原子性问题可以通过一个互斥条件来实现串行执行。

在 Java 中，synchronized 关键字提供了这样一个功能，在 incr()方法上增加 synchronized 关键字后，可以保证下面这段代码中 i 变量最终的输出结果必然是 20000。

```
public class AtomicExample {
    volatile int i = 0;
    public synchronized void incr(){
        i++;
    }
    public static void main(String[] args) throws InterruptedException {
        AtomicExample atomicExample = new AtomicExample();
        Thread[] threads=new Thread[2];
        for (int j = 0;j<2;j++) {
            threads[j]=new Thread(() -> {
                for (int k=0;k<10000;k++) {
                    atomicExample.incr();
                }
```

```
            });
            threads[j].start();
        }
        threads[0].join();
        threads[1].join();
        System.out.println(atomicExample.i);
    }
}
```

2.2 Java 中的 synchronized 同步锁

导致线程安全问题的根本原因在于，存在多个线程同时操作一个共享资源，要想解决这个问题，就需要保证对共享资源访问的独占性，因此人们在 Java 中提供了 synchronized 关键字，我们称之为同步锁，它可以保证在同一时刻，只允许一个线程执行某个方法或代码块。

synchronized 同步锁具有互斥性，这相当于线程由并行执行变成串行执行，保证了线程的安全性，但是损失了性能。下面我们先来看一下 synchronized 的使用方法。

2.2.1 synchronized 的使用方法

synchronized 的使用方法比较简单，修饰方式有如下两种。

- 作用在方法级别，表示针对 m1()方法加锁，当多个线程同时访问 m1()方法时，同一时刻只有一个线程能执行。

```
    public synchronized void m1(){
    //省略代码
}
```

- 作用在代码块级别，表示针对某一段线程不安全的代码加锁，只有访问到 synchronized(this)这行代码时，才会去竞争锁资源。

```
    public void m2(){
    synchronized(this){
        //省略代码
    }
}
```

了解了 synchronized 的基本使用语法之后，我们来看如图 2-4 所示的流程，它针对 2.1 节的案例增加了 synchronized 同步锁之后的执行流程。简单地说，当多个线程同时访问加 synchronized 关键字修饰的方法时，需要先抢占一个锁标记，只有抢到锁标记的线程才有资格调用 incr()方法。这就使得在同一时刻只有一个线程执行 i++操作，从而解决了原子性问题。

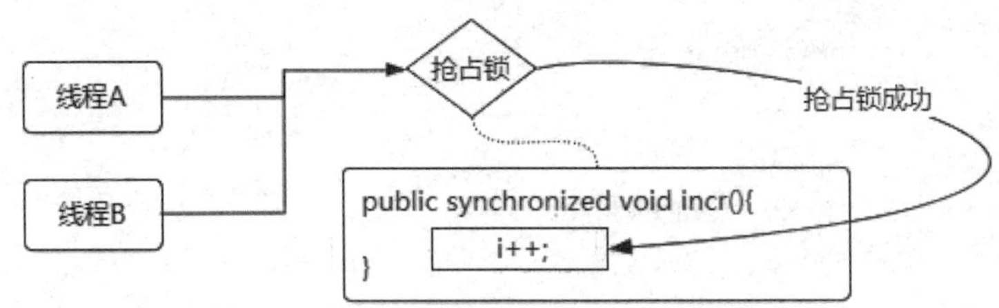

图 2-4　增加了 synchronized 同步锁之后的执行流程

2.2.2　了解 synchronized 同步锁的作用范围

我们对一个方法增加 synchronized 关键字后，当多个线程访问该方法时，整个执行过程会变成串行执行，这种执行方式很明显会影响程序的性能，那么如何做好安全性及性能的平衡呢？

实际上，synchronized 关键字只需要保护可能存在线程安全问题的代码，因此，我们可以通过控制同步锁的作用范围来实现这个平衡机制。在 synchronized 中，提供了两种锁，一是类锁，二是对象锁。

类锁

类锁是全局锁，当多个线程调用不同对象实例的同步方法时会产生互斥，具体实现方式如下。

- 修饰静态方法：

```
public static synchronized void m1(){
//省略代码
}
```

- 修饰代码块，synchronized 中的锁对象是类，也就是 Lock.class。

```
public class Lock{
public void m2(){
    synchronized(Lock.class){
```

```
            //省略代码
        }
    }
}
```

下面这段程序使用类锁来实现跨对象实例，从而实现互斥的功能。

```
public class SynchronizedExample {

    public void m1() {
        synchronized(SynchronizedExample.class) {
            while (true) {
                System.out.println("当前访问的线程：" + Thread.currentThread().getName());
                try {
                    Thread.sleep(1000);
                } catch (InterruptedException e) {
                    e.printStackTrace();
                }
            }
        }
    }
    public static void main(String[] args) {
        SynchronizedExample se1=new SynchronizedExample();
        SynchronizedExample se2=new SynchronizedExample();
        new Thread(()->se1.m1(),"t1").start();
        new Thread(()->se2.m1(),"t2").start();
    }
}
```

- 该程序中定义了一个 m1()方法，该方法中实现了一个循环打印当前线程名称的逻辑，并且这段逻辑是用类锁来保护的。
- 在 main()方法中定义了两个 SynchronizedExample 对象实例 se1 和 se2，又分别定义了两个线程来调用这两个实例的 m1()方法。

根据类锁的作用范围可以知道，即便是多个对象实例，也能够达到互斥的目的，因此最终输出的结果是：哪个线程抢到了锁，哪个线程就持续打印自己的线程名称。

对象锁

对象锁是实例锁，当多个线程调用同一个对象实例的同步方法时会产生互斥，具体实现方式如下。

- 修饰普通方法：

```
    public synchronized void m1(){
    //省略代码
}
```

- 修饰代码块，synchronized 中的锁对象是普通对象实例。

```
    public class Lock{
    Object lock=new Object();
    public void m2(){
        synchronized(lock){
            //省略代码
        }
    }
}
```

下面这段程序演示了对象锁的使用方法，代码如下。

```
public class SynchronizedForObjectExample {
    Object lock=new Object();
    public void m1(){
        synchronized (lock){
            while(true){
                System.out.println("当前获得锁的线程：
"+Thread.currentThread().getName());
                try {
                    Thread.sleep(1000);
                } catch (InterruptedException e) {
                    e.printStackTrace();
                }
            }
        }
    }
    public static void main(String[] args) {
```

```
        SynchronizedForObjectExample se1=new SynchronizedForObjectExample();
        SynchronizedForObjectExample se2=new SynchronizedForObjectExample();
        new Thread(()->se1.m1(),"t1").start();
        new Thread(()->se2.m1(),"t2").start();
    }

}
```

我们先来看一下打印结果。

```
当前获得锁的线程：t1
当前获得锁的线程：t2
当前获得锁的线程：t2
当前获得锁的线程：t1
当前获得锁的线程：t1
当前获得锁的线程：t2
当前获得锁的线程：t1
当前获得锁的线程：t2
```

从以上结果中我们发现，对于几乎相同的代码，在使用对象锁的情况下，当两个线程分别访问两个不同对象实例的 m1()方法时，并没有达到两者互斥的目的，看起来似乎锁没有生效，实际上并不是锁没有生效，问题的根源在于 synchronized(lock)中锁对象 lock 的作用范围过小。

Class 是在 JVM 启动过程中加载的，每个.class 文件被装载后会产生一个 Class 对象，Class 对象在 JVM 进程中是全局唯一的。通过 static 修饰的成员对象及方法的生命周期都属于类级别，它们会随着类的定义被分配和装载到内存，随着类被卸载而回收。

实例对象的生命周期伴随着实例对象的创建而开始，同时伴随着实例对象的回收而结束。

因此，类锁和对象锁最大的区别是锁对象 lock 的生命周期不同，如果要达到多个线程互斥，那么多个线程必须要竞争同一个对象锁。

在上述代码中，通过 Object lock=new Object();构建的锁对象的生命周期是由 SynchronizedForObjectExample 对象的实例来决定的，不同的 SynchronizedForObjectExample 实例会有不同的 lock 锁对象，由于没有形成竞争，所以不会实现互斥的效果。如果想要让上述程序达到同步的目的，那么我们可以对 lock 锁对象增加 static 关键字。

```
static Object lock=new Object();
```

2.3　关于 synchronized 同步锁的思考

经过前面的分析，我们大概对同步锁有了一些基本的认识，同步锁的本质就是实现多线程的互斥，保证同一时刻只有一个线程能够访问加了同步锁的代码，使得线程安全性得到保证。下面我们思考一下，为了达到这个目的，我们应该怎么做呢？

- 同步锁的核心特性是排他，要达到这个目的，多个线程必须去抢占同一个资源。
- 在同一时刻只能有一个线程执行加了同步锁的代码，意味着同一时刻只允许一个线程抢占到这个共享资源（锁），其余没抢占到的线程只能等待。
- 处于等待状态的线程不能一直占用 CPU 资源，如果没抢占到锁就要被阻塞等待，并且释放 CPU 资源。
- 如果非常多的线程都被阻塞了，那么我们要通过一个容器来存储线程，当获得锁的线程执行完任务并释放锁后，要从这个容器中唤醒一个线程，被唤醒的线程会再次尝试抢占锁。

根据这个猜想，可以形成如图 2-5 所示的流程图，synchronized 同步锁实际的实现比这个流程图要复杂，后面我们会详细讲解。大家可以根据这个图来理解 synchronized 同步锁，在脑海里形成一个初步的全局视角。

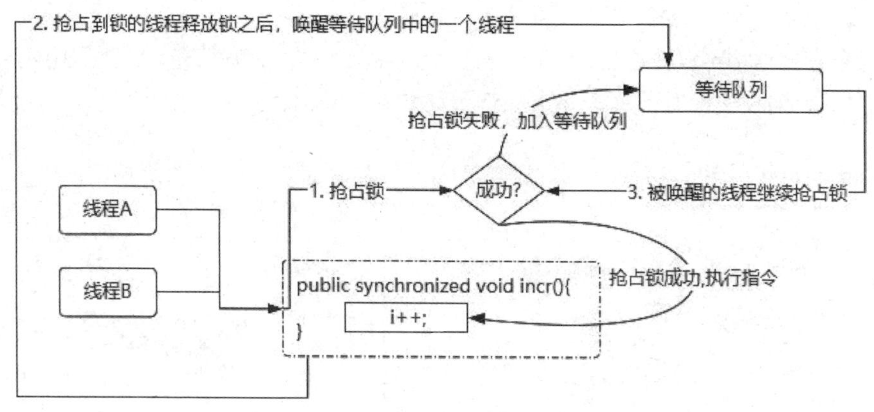

图 2-5　synchronized 同步锁的实现猜想

2.4　synchronzied 同步锁标记存储分析

如果 synchronized 同步锁想要实现多线程访问的互斥性，就必须保证多个线程竞争同一个资源，这个资源有点类似于生活中停车位上的红绿指示灯，绿灯表示车位闲置可以停车，红灯表示车位繁忙不能停车。在 synchronized 中，这个共享资源就是 synchronized(lock)中的 lock 锁对象。

这就是对象锁和类锁能够影响锁的作用范围的原因，如果多个线程访问多个锁资源，就不存在竞争关系，也达不到互斥的效果，就像生活中两个停车位上的两个红绿指示灯，此时如果有两辆车停车，这两辆车之间就不会有竞争关系。

所以，从这个层面来看，要实现锁互斥要满足如下两个条件。

- 必须竞争同一个共享资源。
- 需要有一个标记来识别当前锁的状态是空闲还是繁忙。

第一个条件通过 lock 锁对象来实现即可，第二个条件需要有一个地方来存储抢占锁的标记，否则当其他线程来抢占资源时，不知道当前是应该正常执行还是应该排队，实际上，这个锁标记是存储在对象头中的，下面来简单分析一下对象头。

2.4.1 揭秘 Mark Word 的存储结构

一个 Java 对象被初始化之后会存储在堆内存中，那么这个对象在堆内存中存储了哪些信息呢？

Java 对象存储结构可以分为三个部分：**对象头、实例数据、对齐填充**。当我们构建一个 Object lock=new Object()对象实例时，这个 lock 实例最终的存储结构就对应如图 2-6 所示的模型。

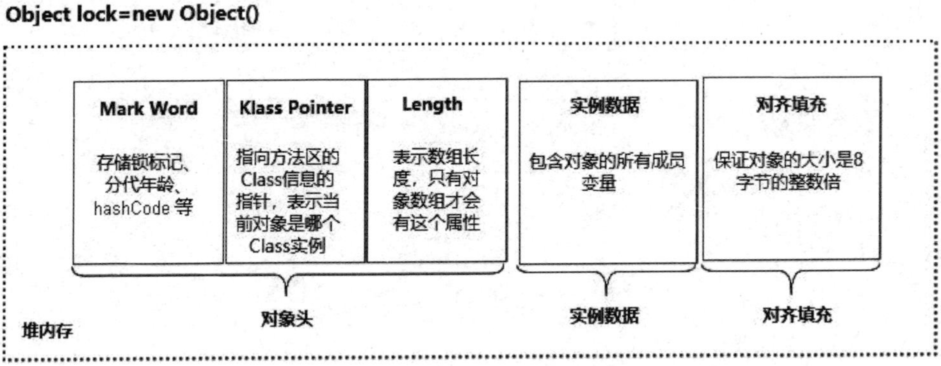

Object lock=new Object()

Mark Word
存储锁标记、分代年龄、hashCode 等
Klass Pointer
指向方法区的Class信息的指针，表示当前对象是哪个Class实例
Length
表示数组长度，只有对象数组才会有这个属性
实例数据
包含对象的所有成员变量
对齐填充
保证对象的大小是8字节的整数倍
对象头
实例数据
对齐填充
堆内存

图 2-6　对象在内存中的布局模型

下面分别针对对象头、实例数据、对齐填充的作用和存储结构进行详细的说明。

2.4.1.1　对象头

Java 中对象头由三个部分组成：Mark Word、Klass Pointer、Length。

Mark Word

Mark Word 记录了与对象和锁相关的信息，当这个对象作为锁对象来实现 synchronized 的同步操作时，锁标记和相关信息都是存储在 Mark Word 中的，具体的相关存储结构如图 2-7 所示。

锁状态	25bit		4bit	1bit	2bit
	23bit	2bit		是否偏向锁	锁标记位
无锁	对象的hashCode		分代年龄	0	01
偏向锁	线程ID	Epoch	分代年龄	1	01
轻量级锁	指向栈中锁记录的指针				00
重量级锁	指向重量级锁的指针				10
GC标记	空				11

图 2-7　32 位系统中 Mark Word 的存储结构

在 32 位系统中，Mark Word 的长度是 4 字节，在 64 位系统中，Mark Word 的长度是 8 字节，如图 2-8 所示。

锁状态	56bit		1bit	4bit	1bit	2bit
	25bit	31bit			是否偏向锁	锁标记位
无锁	unused	对象的hashCode	cmc_free	分代年龄	0	01
偏向锁	threadId(54bit)	Epoch(2bit)	cmc_free	分代年龄	1	01
轻量级锁	指向栈中锁记录的指针					00
重量级锁	指向重量级锁的指针					10
GC标记	空					11

图 2-8　64 位系统中 Mark Word 的存储结构

不管在 32 位还是 64 位系统中，Mark Word 中都会包含 GC 分代年龄、锁状态标记、hashCode、epoch 等信息。从图中可以看到一个锁状态的字段，它包含五种状态分别是无锁、偏向锁、轻量级锁、重量级锁、GC 标记。Mark Word 使用 2bit 来存储这些锁状态，但是我们都知道 2bit 最多只能表达四种状态：01、00、10、11，那么第五种状态如何表达呢？Mark Word 额外通过 1bit 来表达无锁和偏向锁，其中 0 表示无锁、1 表示偏向锁。

关于不同锁的状态，笔者在后续的内容中会详细说明。

Klass Pointer

Klass Pointer 表示指向类的指针，JVM 通过这个指针来确定对象具体属于哪个类的实例。

它的存储长度根据 JVM 的位数来决定，在 32 位的虚拟机中占 4 字节，在 64 位的虚拟机中占 8 字节，但是在 JDK 1.8 中，由于默认开启了指针压缩，所以压缩后在 64 位系统中只占 4 字节。

Length

表示数组长度，只有构建对象数组时才会有数组长度属性。

2.4.1.2 实例数据

实例数据其实就是类中所有的成员变量，比如，一个对象中包含 int、boolean、long 等类型的成员变量，这些成员变量就存储在实例数据中。

实例数据占据的存储空间是由成员变量的类型决定的，比如 boolean 占 1 字节、int 占 4 字节、long 占 8 字节。如果成员变量是引用类型，那么它的数据大小与虚拟机位数和是否开启压缩指针有关系。

2.4.1.3 对齐填充

对齐填充本身没有任何含义，其目的是使得当前对象实例占用的存储空间是 8 字节的倍数，所以如果一个对象的字节大小不是 8 字节的整数倍，会使用对齐填充来达到这一目的。

为什么要通过增加存储空间来做填充呢？其实，这类的设计基本上都离不开空间换时间的理念。深层次的原因在于减少 CPU 访问内存的频率，从而达到性能提升的效果，对于这部分的分析，笔者会在第 3 章中详细说明。

2.4.2 图解分析对象的实际存储

为了让读者更好地理解对象在内存中的布局，我们使用下面这个程序来进行详细说明。

```
public class MarkWordExample {
    private int id;
    private String name;
    public static void main(String[] args) {
        MarkWordExample example=new MarkWordExample();
    }
}
```

从上述代码中可以看到，在 main()方法中定义了 MarkWordExample 对象实例，并且该对象包含两个成员变量：id 和 name。在 main()方法运行之后，就会形成如图 2-9 所示的存储结构。

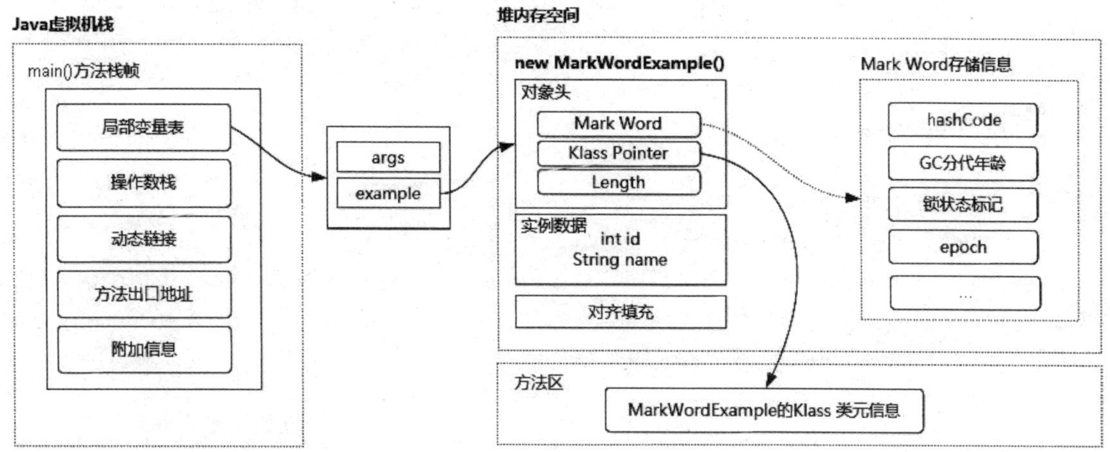

图 2-9　对象在内存中的存储结构

2.4.3　通过 ClassLayout 查看对象内存布局

为了更加直观地看到一个对象的内存布局信息，OpenJDK 官方提供了一个 JOL（Java Object Layout）工具，使用步骤如下。

第一步，通过 maven 依赖引入 JOL 工具。

```
<dependency>
    <groupId>org.openjdk.jol</groupId>
    <artifactId>jol-core</artifactId>
    <version>0.9</version>
</dependency>
```

第二步，创建一个普通对象。

```
    public class ClassLayoutExample {}
```

第三步，通过 JOL 工具打印对象的内存布局。

```
    public class ClassLayoutExample {
    public static void main(String[] args) {
        ClassLayoutExample example=new ClassLayoutExample();
        //使用 JOL 工具打印对象的内存布局
```

```
        System.out.println(ClassLayout.parseInstance(example).toPrintable());
    }
}
```

第四步，运行结果如下。

```
    org.example.ClassLayoutExample object internals:
 OFFSET  SIZE   TYPE DESCRIPTION          VALUE
      0     4    (object header)   01 00 00 00 (00000001 00000000 00000000 00000000) (1)
      4     4    (object header)   00 00 00 00 (00000000 00000000 00000000 00000000) (0)
      8     4    (object header)   05 c1 00 f8 (00000101 11000001 00000000 11111000)
(-134168315)
     12     4    (loss due to the next object alignment)
Instance size: 16 bytes
Space losses: 0 bytes internal + 4 bytes external = 4 bytes total
```

字段说明：

- OFFSET：偏移地址，单位为字节。
- SIZE：占用的内存大小，单位为字节。
- TYPE DESCRIPTION：类型描述，其中 object header 为对象头。
- VALUE：对应内存中当前存储的值。

上述内容的解读如下：

- TYPE DESCRIPTION 字段对应的部分表示对象头（object header），一共占 12 字节，前面的 8 字节对应的是对象头中的 Mark Word，最后 4 字节表示类型指针，它只占 4 字节是因为默认对指针进行了压缩。
- TYPE DESCRIPTION 字段对应的（loss due to the next object alignment）描述部分，表示对齐填充，这里填充了 4 字节，从而保证最终的内存大小是 8 字节的整数倍。最终输出的 Instance size: 16 bytes 表示当前对象实例占 16 字节。

由于 ClassLayoutExample 只是一个空对象定义，因此在打印结果中只有对象头和对齐填充，没有实例数据部分。

2.4.3.1　关于压缩指针

在默认打印的对象内存布局信息中，Klass Pointer 被压缩成 4 字节，如果我们不希望开启压缩指针功能，则可以增加一个 JVM 参数-XX:-UseCompressedOops。再次运行 ClassLayoutExample，得到的结果如下。

```
org.example.ClassLayoutExample object internals:
 OFFSET  SIZE   TYPE DESCRIPTION   VALUE
      0     4    (object header)   01 00 00 00 (00000001 00000000 00000000 00000000) (1)
      4     4    (object header)   00 00 00 00 (00000000 00000000 00000000 00000000) (0)
      8     4    (object header)   28 30 3c 26 (00101000 00110000 00111100 00100110)
(641478696)
     12     4    (object header)   00 00 00 00 (00000000 00000000 00000000 00000000) (0)
Instance size: 16 bytes
Space losses: 0 bytes internal + 0 bytes external = 0 bytes total
```

从结果来看，Klass Pointer 由 4 字节变成了 8 字节，而此时该对象的大小正好是 16 字节，是 8 字节的整数倍，因此不需要进行填充了。

2.4.3.2　详述对齐填充的作用

CPU 在访问内存读取数据时，并不是按照逐个字节来访问的，而是以字长（Word Size）为单位来访问的。简单地说，字长是指 CPU 一次能够并行处理的二进制位数，字长总是 8 字节的整数倍。

比如在 64 位的操作系统中，CPU 访问内存读取数据的单位就是 8 字节，在 32 位的操作系统中，CPU 访问内存读取数据的单位是 4 字节，这样设计的目的是减少 CPU 访问内存的次数，提升 CPU 的使用率。

假设一个变量在内存中的存储跨越两个字长，形成如图 2-10 所示的结构，比如一个 int 类型的变量 y 占 4 字节，图 2-8 左边表示未对齐填充的内存布局，它会存在跨字长存储，右边表示对齐填充后的内存布局，不存在跨字长存储的情况。

如图 2-11 所示，在未对齐填充的内存布局中，CPU 要读取变量 y，由于跨越了两个字长，所以需要访问两次内存，第一次读取第一个字长获得最后三个有效字节，第二次读取第二个字长获得第二个字长的第一个有效字节，然后在寄存器中进行拼接。

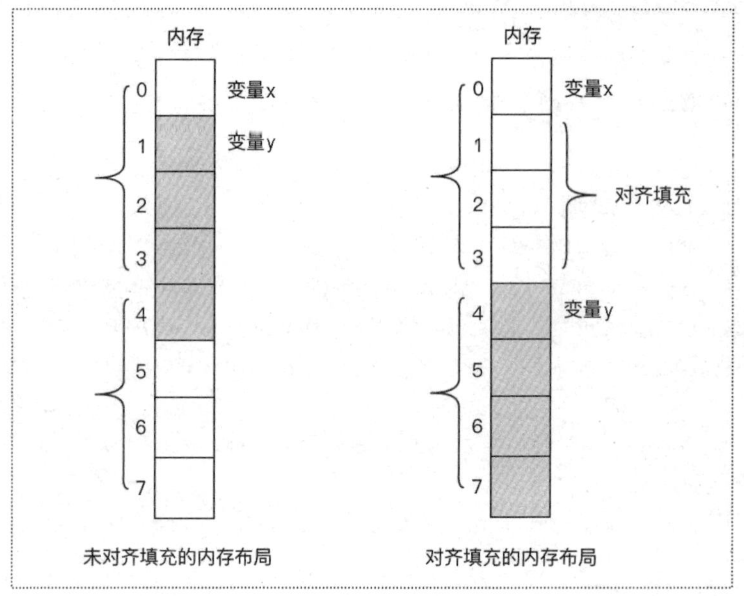

图 2-10　内存布局

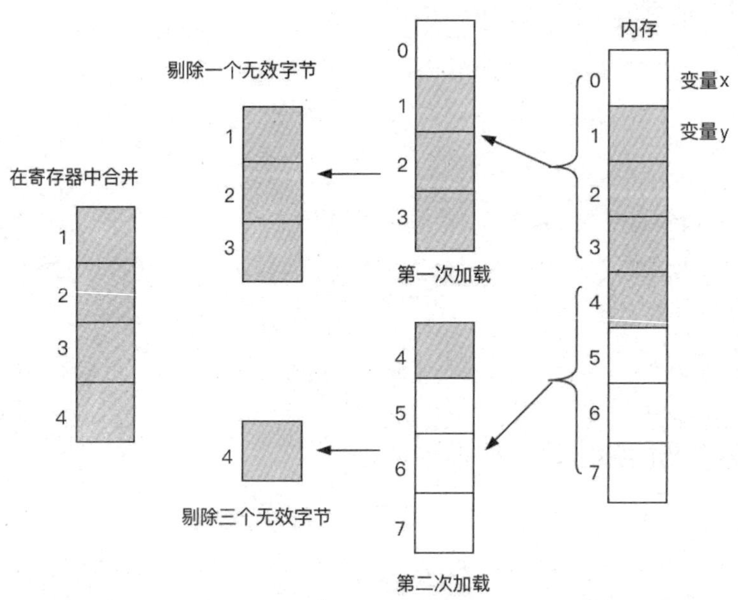

图 2-11　未对齐填充的数据读取方式

但是在对齐填充的内存布局中，CPU 读取变量 x 或者 y，都只需要一次内存访问，虽然做了无效填充，但是访问内存的次数减少了，这种方式的计算性能更高，因此本质上来说这就是一种空间换时间的设计方式。

2.4.4　Hotspot 虚拟机中对象存储的源码

在 Hotspot 虚拟机中，我们在使用 new 来创建一个普通对象实例的时候，实际上在 JVM 层面会创建一个 instanceOopDesc 对象，而如果对象实例是数组类型，则会创建一个 arrayOopDesc 对象。instanceOopDesc 对象的定义在 Hotspot 源码的 instanceOop.hpp 文件中，arrayOopDesc 对象定义在 Hotspot 源码的 arrayOop.hpp 文件中。

当在 Java 中实例化一个对象时，在 JVM 中会创建一个 instanceOopDesc 对象，该对象定义在 instanceOopDesc.hpp 文件中，核心代码如下。

```
class instanceOopDesc : public oopDesc {
 public:
  static int header_size() { return sizeof(instanceOopDesc)/HeapWordSize; }

  static int base_offset_in_bytes() {
    return (UseCompressedOops && UseCompressedClassPointers) ?
             klass_gap_offset_in_bytes() :
             sizeof(instanceOopDesc);
  }
  static bool contains_field_offset(int offset, int nonstatic_field_size) {
    int base_in_bytes = base_offset_in_bytes();
    return (offset >= base_in_bytes &&
            (offset-base_in_bytes) < nonstatic_field_size * heapOopSize);
  }
};

#endif // SHARE_VM_OOPS_INSTANCEOOP_HPP
```

instanceOopDesc 继承了 oopDesc，oopDesc 的定义在 **oop.hpp** 文件中，代码如下。

```
class instanceOopDesc : public oopDesc
class oopDesc {
  friend class VMStructs;
 private:
```

```
  volatile markOop  _mark; //对象头
  union _metadata { //元数据
    Klass*      _klass;
    narrowKlass _compressed_klass;
  } _metadata;
}
```

这种写法给出了 C++中的继承关系，在普通实例对象中，oopDesc 的定义包含两个成员，分别是_mark 和_metadata，Hotspot 虚拟机采用 OOP-Klass 模型来描述 Java 对象实例，OOP（Ordinary Object Point）指的是普通对象指针，Klass 用来描述对象实例的具体类型。

- _mark 表示对象标记，属于 markOop 类型，也就是前面提到的 Mark Word，它记录了对象和锁有关的信息。
- _metadata 表示类元信息，类元信息存储的是对象指向它的类元数据（Klass）的首地址。
    - Klass 表示普通指针，指向该对象的类元信息，也就是属于哪一个 Class 实例。
    - _compressed_klass 表示压缩指针，默认开启了压缩指针，在开启压缩指针之后，存储中占用的字节数会被压缩。

接着我们重点关注 markOop 这个对象属性，markOop 是一个 markOopDesc 类型的指针，它的定义在 **oopsHierarchy.hpp** 文件中。

```
typedef class   markOopDesc*                markOop;
```

在 Hotspot 中，markOopDesc 这个类的定义在 **markOop.hpp** 文件中，代码如下：

```
class markOopDesc: public oopDesc {
 private:
  //转换
  uintptr_t value() const { return (uintptr_t) this; }

 public:
  //常量
  enum { age_bits                      = 4, //分代年龄，占 4bit
         lock_bits                     = 2, //锁标记，占 2bit
         biased_lock_bits              = 1, //偏向锁标记，占 1bit
         max_hash_bits               = BitsPerWord - age_bits - lock_bits - biased_lock_bits,
//针对无锁计算的 hashCode 占用字节数
         hash_bits                   = max_hash_bits > 31 ? 31 : max_hash_bits,
```

```
//hashCode，对 64 位虚拟机来说，如果最大字节数大于 31，则取 31，否则取真实的字节数
        cms_bits                = LP64_ONLY(1) NOT_LP64(0),
//如果不是 64 位虚拟机，就占用 0 byte；如果是 64 位虚拟机，就占用 1byte
        epoch_bits              = 2  //保存偏向锁的时钟周期，占 2bit
  };
    //省略部分代码
}
```

实际上，在 markOop.hpp 文件的注释中，同样可以看到 Mark Word 在 32 位和 64 位虚拟机上的存储布局。

```
//  32 bits:
//  --------
//          hash:25 ------------>| age:4    biased_lock:1 lock:2 (normal object)
//          JavaThread*:23 epoch:2 age:4    biased_lock:1 lock:2 (biased object)
//          size:32 ------------------------------------------>| (CMS free block)
//          PromotedObject*:29 ---------->| promo_bits:3 ----->| (CMS promoted object)
//
//  64 bits:
//  --------
//  unused:25 hash:31 -->| unused:1   age:4    biased_lock:1 lock:2 (normal object)
//  JavaThread*:54 epoch:2 unused:1   age:4    biased_lock:1 lock:2 (biased object)
//  PromotedObject*:61 --------------------->| promo_bits:3 ----->| (CMS promoted object)
//  size:64 ----------------------------------------------------->| (CMS free block)
//
//  unused:25 hash:31 -->| cms_free:1 age:4    biased_lock:1 lock:2 (COOPs && normal object)
//  JavaThread*:54 epoch:2 cms_free:1 age:4    biased_lock:1 lock:2 (COOPs && biased object)
//  narrowOop:32 unused:24 cms_free:1 unused:4 promo_bits:3 ----->| (COOPs && CMS promoted
object)
//  unused:21 size:35 -->| cms_free:1 unused:7 ------------------>| (COOPs && CMS free block)
```

至此，我们从 JVM 的源码中完整地验证了与对象头相关的存储信息。

2.5 synchronized 的锁类型

根据前面我们对同步锁的理解，实现同步锁的方式无非是多个线程抢占一个互斥变量，如果抢占成功则表示获得了锁，而没有获得锁的线程则阻塞等待，直到获得锁的线程释放锁。

如图 2-12 所示，在 Mark Word 中，我们发现锁的类型有偏向锁、轻量级锁、重量级锁，那么这些锁有什么含义呢？

锁状态	56bit		1bit	4bit	1bit	2bit
	25bit	31bit			是否偏向锁	锁标记位
无锁	unused	对象hashCode	cmc_free	分代年龄	0	01
偏向锁	threadId(54bit)	Epoch(2bit)	cmc_free	分代年龄	1	01
轻量级锁	指向栈中锁记录的指针					00
重量级锁	指向重量级锁的指针					10
GC标记	空					11

图 2-12　64 位虚拟机的 Mark Word

其实，在 JDK 1.6 之前，synchronized 只提供了重量级锁的机制，重量级锁的本质就是我们前面对于锁的认知，也就是没有获得锁的线程会通过 park 方法阻塞，接着被获得锁的线程唤醒后再次抢占锁，直到抢占成功。

重量级锁依赖于底层操作系统的 Mutex Lock 来实现，而使用 Mutex Lock 需要把当前线程挂起，并从用户态切换到内核态来执行，这种切换带来的性能开销是非常大的。因此，如何在性能和线程安全性之间做好平衡，就是一个值得探讨的话题了。

在 JDK 1.6 之后，synchronized 做了很多优化，其中针对锁的类型增加了偏向锁和轻量级锁，这两种锁的核心设计理念就是如何让线程在不阻塞的情况下达到线程安全的目的。

2.5.1　偏向锁的原理分析

偏向锁其实可以认为是在没有多线程竞争的情况下访问 synchronized 修饰的代码块的加锁场景，也就是在单线程执行的情况下。

很多读者可能会有疑问，没有线程竞争，那为什么要加锁呢？实际上对程序开发来说，加锁是为了防范线程安全性的风险，但是是否有线程竞争并不由我们来控制，而是由应用场景来决定。假设这种情况存在，就没有必要使用重量级锁基于操作系统级别的 Mutex Lock 来实现锁的抢占，这样显然很耗费性能。

所以偏向锁的作用就是，线程在没有线程竞争的情况下去访问 synchronized 同步代码块时，会尝试先通过偏向锁来抢占访问资格，这个抢占过程是基于 CAS 来完成的，如果抢占锁成功，则直接修改对象头中的锁标记。其中，偏向锁标记为 1，锁标记为 01，以及存储当前获得锁的线程 ID。而偏向的意思就是，如果线程 X 获得了偏向锁，那么当线程 X 后续再访问这个同步方法时，只需要判断对象头中的线程 ID 和线程 X 是否相等即可。如果相等，就不需要再次去抢占锁，直接获得访问资格即可，其实现原理如图 2-13 所示。

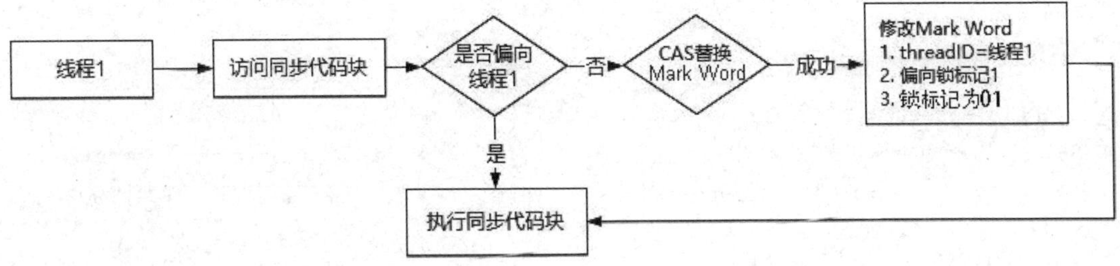

图 2-13　偏向锁的获得锁逻辑

结合前面关于对象头部分的说明及偏向锁的原理，我们通过一个例子来看一下偏向锁的实现。

```
public class BiasedLockExample {
    public static void main(String[] args) {
        BiasedLockExample example=new BiasedLockExample();
        System.out.println("加锁之前");
        System.out.println(ClassLayout.parseInstance(example).toPrintable());
        synchronized (example){
            System.out.println("加锁之后");
            System.out.println(ClassLayout.parseInstance(example).toPrintable());
        }
    }
}
```

在上述代码中，BiasedLockExample 演示了针对 example 这个锁对象，在加锁之前和加锁之后分别打印对象的内存布局的过程，来看一下输出结果。

```
加锁之前
org.example.BiasedLockExample object internals:
 OFFSET  SIZE   TYPE DESCRIPTION                               VALUE
      0     4        (object header)                           01 00 00 00 (00000001
00000000 00000000 00000000) (1)
      4     4        (object header)                           00 00 00 00 (00000000
00000000 00000000 00000000) (0)
      8     4        (object header)                           05 c1 00 f8 (00000101
11000001 00000000 11111000) (-134168315)
     12     4        (loss due to the next object alignment)
```

```
Instance size: 16 bytes
Space losses: 0 bytes internal + 4 bytes external = 4 bytes total

加锁之后
org.example.BiasedLockExample object internals:
 OFFSET  SIZE   TYPE DESCRIPTION                               VALUE
      0     4        (object header)                           78 f4 a7 02 (01111000
11110100 10100111 00000010) (44561528)
      4     4        (object header)                           00 00 00 00 (00000000
00000000 00000000 00000000) (0)
      8     4        (object header)                           05 c1 00 f8 (00000101
11000001 00000000 11111000) (-134168315)
     12     4        (loss due to the next object alignment)
Instance size: 16 bytes
Space losses: 0 bytes internal + 4 bytes external = 4 bytes total


Process finished with exit code 0
```

从上述输出结果中我们发现：

- 在加锁之前，对象头中的第一个字节 00000001 最后三位为**[001]**，其中低位的两位表示锁标记，它的值是**[01]**，表示当前为无锁状态。
- 在加锁之后，对象头中的第一个字节 01111000 最后三位为**[000]**，其中低位的两位是**[00]**，对照前面介绍的 Mark Word 中的存储结构的含义，它表示轻量级锁状态。

当前的程序并不存在锁竞争，基于前面的理论分析，此处应该是获得偏向锁，但是为什么变成了轻量级锁呢？

原因是，JVM 在启动的时候，有一个启动参数-XX:BiasedLockingStartupDelay，这个参数表示偏向锁延迟开启的时间，默认是 4 秒，也就是说在我们运行上述程序时，偏向锁还未开启，导致最终只能获得轻量级锁。之所以延迟启动，是因为 JVM 在启动的时候会有很多线程运行，也就是说会存在线程竞争的场景，那么这时候开启偏向锁的意义不大。

如果我们需要看到偏向锁的实现效果，那么有两种方法：

- 添加 JVM 启动参数-XX:BiasedLockingStartupDelay=0，把延迟启动时间设置为 0。
- 抢占锁资源之前，先通过 Thread.sleep()方法睡眠 4 秒以上。

最终得到如下输出结果。

```
加锁之前
org.example.BiasedLockExample object internals:
 OFFSET  SIZE   TYPE DESCRIPTION                               VALUE
      0     4        (object header)                           05 00 00 00 (00000101
00000000 00000000 00000000) (5)
      4     4        (object header)                           00 00 00 00 (00000000
00000000 00000000 00000000) (0)
      8     4        (object header)                           05 c1 00 f8 (00000101
11000001 00000000 11111000) (-134168315)
     12     4        (loss due to the next object alignment)
Instance size: 16 bytes
Space losses: 0 bytes internal + 4 bytes external = 4 bytes total

加锁之后
org.example.BiasedLockExample object internals:
 OFFSET  SIZE   TYPE DESCRIPTION                               VALUE
      0     4        (object header)                           05 38 bc 02 (00000101
00111000 10111100 00000010) (45889541)
      4     4        (object header)                           00 00 00 00 (00000000
00000000 00000000 00000000) (0)
      8     4        (object header)                           05 c1 00 f8 (00000101
11000001 00000000 11111000) (-134168315)
     12     4        (loss due to the next object alignment)
Instance size: 16 bytes
Space losses: 0 bytes internal + 4 bytes external = 4 bytes total


Process finished with exit code 0
```

从上面输出结果我们发现，加锁之后，第一个字节低位部分的 3 位变成了**[101]**，高位[1]表示当前是偏向锁状态，低位**[01]**表示当前是偏向锁状态，这显然达到了我们的预期效果。细心的读者会发现，加锁之前的锁标记位也是**[101]**——这里并没有加偏向锁呀？

我们来分析一下，加锁之前并没有存储线程 ID，加锁之后才有一个线程 ID（45889541）。因此，在获得偏向锁之前，这个标记表示当前是可偏向状态，并不代表已经处于偏向状态。

```
05 00 00 00 (00000101 00000000 00000000 00000000) (5)
05 38 bc 02 (00000101 00111000 10111100 00000010) (45889541)
```

2.5.2 轻量级锁的原理分析

在线程没有竞争时，使用偏向锁能够在不影响性能的前提下获得锁资源，但是同一时刻只允许一个线程获得锁资源，如果突然有多个线程来访问同步方法，那么没有抢占到锁资源的线程要怎么办呢？很显然偏向锁解决不了这个问题。

正常情况下，没有抢占到锁的线程肯定要阻塞等待被唤醒，也就是说按照重量级锁的逻辑来实现，但是在此之前，有没有更好的平衡方案呢？于是就有了轻量级锁的设计。

所谓的轻量级锁，就是没有抢占到锁的线程，进行一定次数的重试（自旋）。比如线程第一次没抢到锁则重试几次，如果在重试的过程中抢占到了锁，那么这个线程就不需要阻塞，这种实现方式我们称为自旋锁，具体的实现流程如图 2-14 所示。

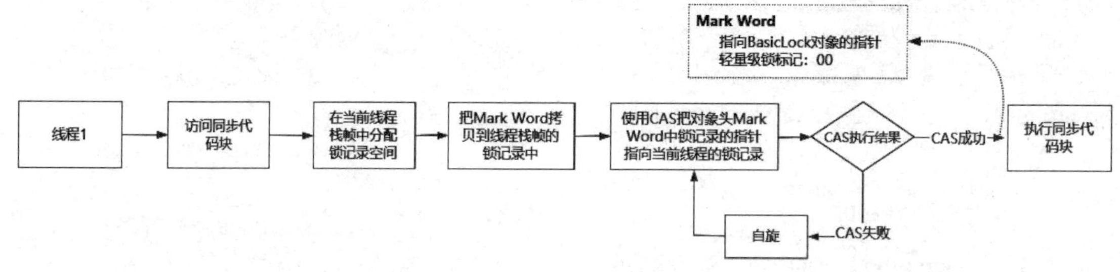

图 2-14　轻量级锁实现流程图

当然，线程通过重试来抢占锁的方式是有代价的，因为线程如果不断自旋重试，那么 CPU 会一直处于运行状态。如果持有锁的线程占有锁的时间比较短，那么自旋等待的实现带来性能的提升会比较明显。反之，如果持有锁的线程占用锁资源的时间比较长，那么自旋的线程就会浪费 CPU 资源，所以线程重试抢占锁的次数必须要有一个限制。

在 JDK 1.6 中默认的自旋次数是 10 次，我们可以通过-XX:PreBlockSpin 参数来调整自旋次数。同时开发者在 JDK 1.6 中还对自旋锁做了优化，引入了自适应自旋锁，自适应自旋锁的自旋次数不是固定的，而是根据前一次在同一个锁上的自旋次数及锁持有者的状态来决定的。如果在同一个锁对象上，通过自旋等待成功获得过锁，并且持有锁的线程正在运行中，那么 JVM 会认为此次自旋也有很大的机会获得锁，因此会将这个线程的自旋时间相对延长。反之，如果在一个锁对象中，通过自旋锁获得锁很少成功，那么 JVM 会缩短自旋次数。

轻量级锁的演示在 2.5.1 节中有，默认不修改偏向锁的延期开启参数，加锁得到的锁状态就是轻量级锁。

```
加锁之前
org.example.BiasedLockExample object internals:
//在未加锁之前，对象头中的第一个字节最后三位为 [001], 其中最后两位 [01]表示无锁，第一位[0]也
表示无锁
 OFFSET  SIZE   TYPE DESCRIPTION                               VALUE
      0     4        (object header)                           01 00 00 00 (00000001
00000000 00000000 00000000) (1)
      4     4        (object header)                           00 00 00 00 (00000000
00000000 00000000 00000000) (0)
      8     4        (object header)                           05 c1 00 f8 (00000101
11000001 00000000 11111000) (-134168315)
     12     4        (loss due to the next object alignment)
Instance size: 16 bytes
Space losses: 0 bytes internal + 4 bytes external = 4 bytes total

加锁之后
org.example.BiasedLockExample object internals:
//第一个字节最后三位都是[000]，其中后两位 00 表示轻量级锁
 OFFSET  SIZE   TYPE DESCRIPTION                               VALUE
      0     4        (object header)                           68 f8 ce 02 (01101000
11111000 11001110 00000010) (47118440)
      4     4        (object header)                           00 00 00 00 (00000000
00000000 00000000 00000000) (0)
      8     4        (object header)                           05 c1 00 f8 (00000101
11000001 00000000 11111000) (-134168315)
     12     4        (loss due to the next object alignment)
Instance size: 16 bytes
Space losses: 0 bytes internal + 4 bytes external = 4 bytes total
```

2.5.3　重量级锁的原理分析

轻量级锁能够通过一定次数的重试让没有获得锁的线程有可能抢占到锁资源，但是轻量级锁只有在获得锁的线程持有锁的时间较短的情况下才能起到提升同步锁性能的效果。如果持有锁的

线程占用锁资源的时间较长，那么不能让那些没有抢占到锁资源的线程不断自旋，否则会占用过多的 CPU 资源，这反而是一件得不偿失的事情。

如果没抢占到锁资源的线程通过一定次数的自旋后，发现仍然没有获得锁，就只能阻塞等待了，所以最终会升级到重量级锁，通过系统层面的互斥量来抢占锁资源。重量级锁的实现原理如图 2-15 所示。

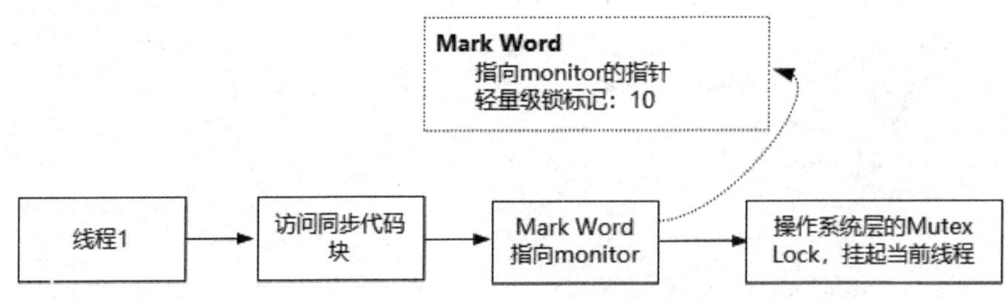

图 2-15　重量级锁的实现原理

整体来看，我们发现，如果在偏向锁、轻量级锁这些类型中无法让线程获得锁资源，那么这些没获得锁的线程最终的结果仍然是阻塞等待，直到获得锁的线程释放锁之后才能被唤醒。而在整个优化过程中，我们通过乐观锁的机制来保证线程的安全性。

下面这个例子演示了在加锁之前、单个线程抢占锁、多个线程抢占锁的场景中，对象头中的锁的状态变化。

```
public class HeavyLockExample {

    public static void main(String[] args) throws InterruptedException {
        HeavyLockExample heavy=new HeavyLockExample();
        System.out.println("加锁之前");
        System.out.println(ClassLayout.parseInstance(heavy).toPrintable());
        Thread t1=new Thread(()->{
            synchronized (heavy){
                try {
                    TimeUnit.SECONDS.sleep(2);
                } catch (InterruptedException e) {
                    e.printStackTrace();
                }
            }
```

```
        });
        t1.start();
        //确保 t1 线程已经运行
        TimeUnit.MILLISECONDS.sleep(500);
        System.out.println("t1 线程抢占了锁");
        System.out.println(ClassLayout.parseInstance(heavy).toPrintable());
        synchronized (heavy){
            System.out.println("main 线程来抢占锁");
            System.out.println(ClassLayout.parseInstance(heavy).toPrintable());
        }
    }
}
```

上述程序打印的结果如下。

```
加锁之前
org.example.HeavyLockExample object internals:
 OFFSET  SIZE   TYPE DESCRIPTION                               VALUE
      0     4        (object header)                           01 00 00 00 (00000001
00000000 00000000 00000000) (1)
      4     4        (object header)                           00 00 00 00 (00000000
00000000 00000000 00000000) (0)
      8     4        (object header)                           05 c1 00 f8 (00000101
11000001 00000000 11111000) (-134168315)
     12     4        (loss due to the next object alignment)
Instance size: 16 bytes
Space losses: 0 bytes internal + 4 bytes external = 4 bytes total

t1 线程抢占了锁
org.example.HeavyLockExample object internals:
 OFFSET  SIZE   TYPE DESCRIPTION                               VALUE
      0     4        (object header)                           d8 f5 66 2a (11011000
11110101 01100110 00101010) (711390680)
      4     4        (object header)                           00 00 00 00 (00000000
00000000 00000000 00000000) (0)
      8     4        (object header)                           05 c1 00 f8 (00000101
11000001 00000000 11111000) (-134168315)
```

```
    12     4        (loss due to the next object alignment)
Instance size: 16 bytes
Space losses: 0 bytes internal + 4 bytes external = 4 bytes total

main线程来抢占锁
org.example.HeavyLockExample object internals:
 OFFSET  SIZE   TYPE DESCRIPTION                               VALUE
      0     4        (object header)                           ca 14 4b 26 (11001010
00010100 01001011 00100110) (642454730)
      4     4        (object header)                           00 00 00 00 (00000000
00000000 00000000 00000000) (0)
      8     4        (object header)                           05 c1 00 f8 (00000101
11000001 00000000 11111000) (-134168315)
     12     4        (loss due to the next object alignment)
Instance size: 16 bytes
Space losses: 0 bytes internal + 4 bytes external = 4 bytes total


Process finished with exit code 0
```

从上述打印结果来看，对象头中的锁状态一共经历了三个类型。

- 加锁之前，对象头中的第一个字节是 00000001，表示无锁状态。
- 当 t1 线程去抢占同步锁时，对象头中的第一个字节变成了 11011000，表示轻量级锁状态。
- 接着 main 线程来抢占同一个对象锁，由于 t1 线程睡眠了 2 秒，此时锁还没有被释放，main 线程无法通过轻量级锁自旋获得锁，因此它的锁的类型是重量级锁，锁标记为 10。

注意，在这个案例演示中，笔者并没有开启偏向锁的参数，如果开启了，那么第一个加锁之后得到的锁状态应该是偏向锁，然后直接到重量级锁（因为 t1 线程有一个 sleep，所以轻量级锁肯定无法获得）。

由此可以看到，synchronized 同步锁最终的底层加锁机制是 JVM 层面根据线程的竞争情况逐步升级来实现的，从而达到同步锁性能和安全性平衡的目的，而这个过程并不需要开发者干预。

2.6 关于 CAS 机制的实现原理分析

在 synchronized 中很多地方都用到了 CAS 机制，它的叫法有很多，比如 CompareAndSwap、

CompareAndExchange、CompareAndSet，它是一个能够进行比较和替换的方法，这个方法能够在多线程环境下保证对一个共享变量进行修改时的原子性不变。

为了更好地理解 CAS 机制，我们来看下面这个例子，下面这个例子演示了一个对成员变量 i 进行累加的过程。

```
public class CasExample {

    public volatile int i;
    public synchronized void incr(){
        i++;
    }
}
```

在不增加 synchronized 同步锁的情况下，incr()方法一定不是线程安全的，也就是说它无法保证原子性，但是增加锁又会导致性能问题，有没有更好的方式呢？

这个时候我们想到了一种乐观锁机制：在线程调用 i++之前，先判断 i 的值和之前读取的 i 的预期值是否相等。如果相等，则说明 i 的值没有被其他线程修改过，这个时候可以正常修改；否则，表示修改过，就要重新读取最新的 i 的值进行累加。

按照乐观锁的思想修改后，大概就变成了下面这种结构，每次调用 incr()方法时，都传递一个之前读取的 i 的预期值 expect，如果相等就进行 i++操作。

```
public class CasExample {

    public volatile int i;
    public void incr(int expect){
        if(i==expect) {
            i++;
        }
    }
}
```

但是这里存在一个问题，if 语句的判断和 i++指令并不是原子的，也就是说当多个线程同时执行到 i==expect 这个判断条件时，初始加载的 expect 都是 0，这会导致多个线程同时满足条件，最终还是会导致原子性问题。

CAS 就是解决这个问题的方法，如图 2-16 所示，该图表示通过 CAS 对变量 V 进行原子更新操作。CAS 方法中会传递三个参数，第一个参数 V 表示要更新的变量，第二个参数 E 表示期望值，第三个参数 U 表示更新后的值。更新的方式是，如果 V==E，表示预期值和实际值相等，则将 V 修改成 U 并返回 true，否则修改失败返回 false。

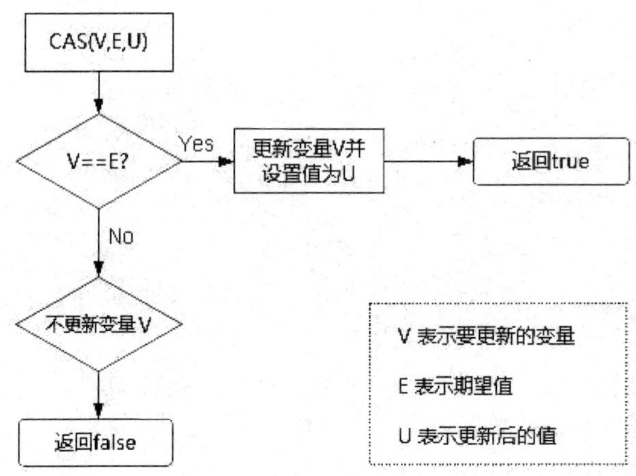

图 2-16　CAS 的工作原理

在 Java 中的 Unsafe 类中提供了 CAS 方法，针对 int 类型变量的 CAS 方法定义如下。

```
public final native boolean compareAndSwapInt(Object o, long offset, int expect, int update);
```

从方法定义中可以看到，它有四个参数：

- o，表示当前的实例对象。
- offset，表示实例变量的内存地址偏移量。
- expect，表示预期值。
- update，表示要更新的值。

expect 和 update 比较好理解，offset 表示目标变量 X 在实例对象 o 中内存地址的偏移量。简单来说，在预期值 expect 要和目标变量 X 进行比较是否相等的判断中，目标变量 X 的值就是通过该偏移量从内存中获得的。

2.6.1　CAS 在 AtomicInteger 中的应用

为了更好地理解 CAS，我们以 AtomicInteger 为例来进行说明，AtomicInteger 是一个能够保证原子性的 Integer 对象，也就是说，对于 i++类的操作，可以使用 AtomicInteger 来保证原子性，使用方法如下。

```
public AtomicInteger atomicInteger=new AtomicInteger(0);
public void add(){
    atomicInteger.getAndIncrement();
}
```

getAndIncrement()是用来实现原子累加的方法，每调用一次会在原来值的基础上+1，这个过程采用了 CAS 机制来保证原子性。

下面来看一下 getAndIncrement()方法的定义。

```
public final int getAndIncrement() {
    return unsafe.getAndAddInt(this, valueOffset, 1);
}
```

其中，valueOffset 表示 AtomicInteger 中的成员变量 value 在内存中的偏移量，后续会用它直接从内存中读取 value 属性当前的值，valueOffset 的初始化方法如下。

```
private static final Unsafe unsafe = Unsafe.getUnsafe();
private static final long valueOffset;

static {
    try {
        valueOffset = unsafe.objectFieldOffset
            (AtomicInteger.class.getDeclaredField("value"));
    } catch (Exception ex) { throw new Error(ex); }
}
private volatile int value;
```

valueOffset 用到了 unsafe.objectFieldOffset()方法，获取 value 字段在 AtomicInteger.class 中的偏移量。

结合这段代码的分析，对前面提到的 o 和 offset 这两个字段的含义就不难理解了。在 CAS 中，我们需要通过 expect 去和某个字段的值进行比较，而 expect 比较的目标值就是通过 offset 找到某个字段在内存中的实际值（在 AtomicInteger 中是指 value 字段），如果相等，就修改成 update 并返回 true，否则返回 false。

下面来看一下 unsafe.getAndAddInt 的定义代码。

```
public final int getAndAddInt(Object o, long offset, int n) {
    int v;
    do {
        v = this.getIntVolatile(o, offset),
    } while(!this.compareAndSwapInt(o, offset, v, v + n));
    return var5;
}
```

代码实现逻辑分析如下：

- “v = this.getIntVolatile(o, offset); ”表示根据 value 在对象 o 的偏移量来获得当前的值 v。
- 使用 compareAndSwapInt()方法实现比较和替换，如果 value 当前的值和 v 相等，说明数据没有被其他线程修改过，则把 value 修改成 v+n。
- 这里采用了循环来实现，原因想必大家能猜测到。如果 compareAndSwapInt()方法执行失败，则说明存在线程竞争，但是当前的方法是进行原子累加，所以必须要保证成功，为了达到这个目的，就只能不断地循环重试，直到修改成功后返回。

整体来说，CAS 就是一种基于乐观锁机制来保证多线程环境下共享变量修改的原子性的解决方案。前面分析的案例虽然是在 Java 中的应用场景，但是它本质上和 synchronized 同步锁中用到的 CAS 是相同的，我们来看一下 Unsafe 类中 CAS 的定义。

```
public final native boolean compareAndSwapInt(Object o, long offset, int expect, int update);
```

compareAndSwapInt()是一个 native 方法，该方法是在 JVM 中定义和实现的。

2.6.2 CAS 实现自旋锁

在本章中很多地方都会提到自旋锁，那么什么是自旋锁呢？

我们知道，在 synchronized 同步锁中，没有竞争到锁的线程必须要等待，直到获得锁资源的线程释放锁，才会唤醒处于锁等待的线程，而这个过程会涉及从用户态到内核态的切换带来的性能开销。在存在竞争的情况下，我们能否通过固定次数的重试，在线程进入锁等待状态之前占用锁资源呢？基于这个原因就产生了自旋锁。

所谓自旋锁就是当一个线程在抢占锁资源时，如果锁已经被其他线程获取，那么该线程将会循环不断地判断及尝试抢占锁资源，在这个过程中该线程一直保持运行状态，不会造成上下文切换带来的性能损耗。但是自旋锁也有缺点，如果获得锁资源的线程一直没有释放，那么当前线程就会一直重试从而造成 CPU 资源的浪费。因此，在 synchronized 中会用到固定次数的自旋和自适应自旋。

实现自旋锁的方式比较简单，需要满足如下两个条件。

- 通过 for(;;)循环不断循环重试。
- 通过一个线程安全的操作去尝试抢占资源，而 CAS 就是很好的方法，CAS 是一个满足原子操作的方法，它的返回值 true/false 可以很好地判断当前线程竞争的结果。

AtomicInteger 中的 getAndAddInt()方法其实就是一种自旋，通过一个 do...while 循环不断对 value 进行累加，直到累加成功便返回。

```
public final int getAndAddInt(Object o, long offset, int n) {
    int v;
    do {
        v = this.getIntVolatile(o, offset);
    } while(!this.compareAndSwapInt(o, offset, v, v + n));
    return var5;
}
```

在 JVM 的 synchronized 的重量级锁实现中，它的自旋实现采用的是 for(;;)循环，然后在该循环中通过 Atomic::cmpxchg_ptr 进行 CAS 来抢占锁资源。

```
int ObjectMonitor::TryLock (Thread * Self) {
   for (;;) {
      void * own = _owner ;
      if (own != NULL) return 0 ;
      if (Atomic::cmpxchg_ptr (Self, &_owner, NULL) == NULL) {
         assert (_recursions == 0, "invariant") ;
         assert (_owner == Self, "invariant") ;
         return 1 ;
      }
      if (true) return -1 ;
   }
}
```

2.6.3　CAS 在 JVM 中的实现原理分析

读者应该对 CAS 如何解决原子性的问题还存在比较多的疑惑。

举个例子，如果多个线程调用 CAS，并且多个线程都去执行预期值与实际值的判断，那么应该还存在原子性问题才对。除非当线程在执行 offset 偏移量的值和 expect 进行比较时加锁，保证在同一时刻只允许一个线程来判断。

带着这个疑惑，我们从源码层面做一个分析，由于源码是 JVM 层面的 C++代码实现，所以笔者会对核心逻辑做一个说明，以帮助读者理解。

基于 compareAndSwapInt()方法，在 JVM 源码中的 unsafe.cpp 文件中找到该方法的定义如下。

```
//UNSAFE_ENTRY 表示一个宏定义
//obj/offset/e/x 分别对应 Java 中定义的 compareAndSwapInt()方法的入参，这里不做复述
UNSAFE_ENTRY(jboolean, Unsafe_CompareAndSwapInt(JNIEnv *env, jobject unsafe, jobject obj,
jlong offset, jint e, jint x))
  UnsafeWrapper("Unsafe_CompareAndSwapInt");
  oop p = JNIHandles::resolve(obj);
  jint* addr = (jint *) index_oop_from_field_offset_long(p, offset);
  return (jint)(Atomic::cmpxchg(x, addr, e)) == e;
UNSAFE_END
```

代码解读如下。

- “oop p = JNIHandles::resolve(obj);”，这个方法是把 Java 对象引用转化为 JVM 中的对象实例。
- “jint* addr = (jint *) index_oop_from_field_offset_long(p, offset);”，根据偏移量 offset 计算 value 的地址。
- “(Atomic::cmpxchg(x, addr, e))”，比较 addr 和 e 是否相等，如果相等就把 x 赋值到目标字段，该方法会返回修改之前的目标字段的值。

Atomic::cmpxchg()方法的定义在 **atomic.cpp** 文件中，代码如下。

```
unsigned Atomic::cmpxchg(unsigned int exchange_value,
                         volatile unsigned int* dest, unsigned int compare_value) {
  assert(sizeof(unsigned int) == sizeof(jint), "more work to do");
  return (unsigned int)Atomic::cmpxchg((jint)exchange_value, (volatile jint*)dest,
                                       (jint)compare_value);
}
```

该方法并没有定义具体的实现。其实，对于 CAS 操作，不同的操作系统和 CPU 架构，其保

证原子性的方法可能会不一样，而 JVM 本身是跨平台的语言，它需要在任何平台和 CPU 架构下都保证一致性。因此，Atomic::cmpxchg()方法会根据不同的操作系统类型和 CPU 架构，在预编译阶段确定调用哪个平台下的重载，图 2-17 展示的是 JVM 源码中定义的多个平台的重载。

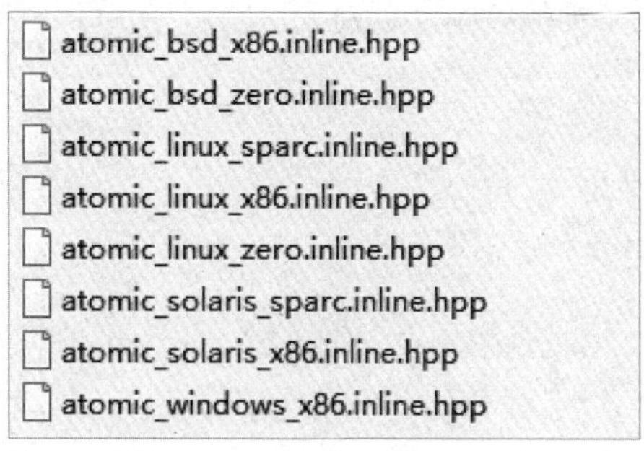

图 2-17　JVM 源码中定义的多个平台的重载

以 Linux 系统为例，当定位到 **atomic_linux_x86.inline.hpp** 文件时，Atomic::cmpxchg 的具体实现方法如下。

```
inline jint     Atomic::cmpxchg    (jint     exchange_value, volatile jint*     dest,
jint     compare_value) {
  int mp = os::is_MP();
  __asm__ volatile (LOCK_IF_MP(%4) "cmpxchgl %1,(%3)"
                  : "=a" (exchange_value)
                  : "r" (exchange_value), "a" (compare_value), "r" (dest), "r" (mp)
                  : "cc", "memory");
  return exchange_value;
}
```

代码说明如下。

- mp（multi-processor），os::is_MP()用于判断是否是多核 CPU。
- __asm__表示内嵌汇编代码。
    - volatile 用于通知编译器对访问该变量的代码不再进行优化。
    - LOCK_IF_MP(%4)表示如果 CPU 是多核的，则需要为 compxchgl 指令增加一条 Lock 指令。
- 具体的执行过程是，先判断寄存器中的 compare_value 变量值是否和 dest 地址所存储的值相等，如果相等，就把 exchange_value 的值写入 dest 指向的地址。

总的来说，上面代码的功能是基于汇编指令 cmpxchgl 从主内存中执行比较及替换的操作来实现数据的变更。但是，在多核心 CPU 的情况下，这种方式仍然不是原子的，所以为了保证多核 CPU 下执行该指令时的原子性，会增加一个 Lock 指令。Lock 翻译成中文就是锁的意思，按照前面的猜想，CAS 底层必然用到了锁的机制，否则无法实现原子性，因此这个猜想被证实是对的。

Lock 的作用有两个：

- 保证指令执行的原子性。
- 禁止该指令与其前后的读和写指令重排序。

关于 Lock 的实现原理，在第 3 章中还会详细分析，这里不做过多展开。

2.7 锁升级的实现流程

在 synchronized 中引入偏向锁、轻量级锁、重量级锁之后，当前具体会用到 synchronized 中的哪种类型锁，是根据线程的竞争激烈程度来决定的，这个过程我们称之为锁的升级，具体的升级流程如图 2-18 所示。

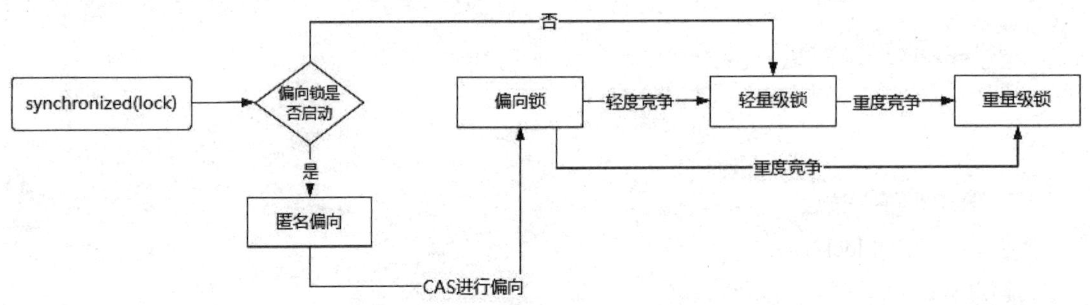

图 2-18 synchronized 锁的升级流程

当一个线程访问增加了 synchronized 关键字的代码块时，如果偏向锁是开启状态，则先尝试通过偏向锁来获得锁资源，这个过程仅仅通过 CAS 来完成。如果当前已经有其他线程获得了偏向锁，那么抢占锁资源的线程由于无法获得锁，所以会尝试升级到轻量级锁来进行锁资源抢占，轻量级锁就是通过多次 CAS（也就是自旋锁）来完成的。如果这个线程通过多次自旋仍然无法获得锁资源，那么最终只能升级到重量级锁来实现线程的等待。

为了更清晰地理解锁的升级流程，下面针对锁升级的过程及锁资源竞争的原理做一个更详细的分析。

注意： 本章内容是基于 Hotspot 1.8 中的 bytecodeInterpreter.cpp、biasedLocking.cpp、synchronizer.cpp、objectMonitor.hpp、markOop.hpp 等源码的实现分析。

2.7.1　偏向锁的实现原理

偏向锁的实现原理比较简单，就是使用 CAS 机制来替换对象头中的 Thread Id，如果成功，则获得偏向锁，否则，就会升级到轻量级锁。它的具体实现流程如图 2-19 所示，图比较长，建议读者结合文字解析一起看，方便理解。

2.7.1.1　获取偏向锁的流程

图 2-19 仅代表获取偏向锁的粗粒度流程图，整体的流程是基于 Hotspot 1.8 版本的源码实现来建立的，主要针对核心节点做了相对详细的说明，便于大家解读，以下是获取偏向锁的过程讲解。

注意： 偏向锁是在没有线程竞争的情况下实现的一种锁，不能排除存在锁竞争的情况，所以偏向锁的获取有两种情况。

没有锁竞争

在没有锁竞争并且开启了偏向锁的情况下，当线程 1 访问 synchronized(lock)修饰的代码块时：

- 从当前线程的栈中找到一个空闲的 BasicObjectLock（在图 2-19 中称为 Lock Record），它是一个基础的锁对象，在后续的轻量级锁和重量级锁中都会用到，BasicObjectLock 包含以下两个属性。
    - BasicLock，该属性中有一个字段 markOop，用于保存指向 lock 锁对象的对象头数据。
    - oop，指向 lock 锁对象的指针。

注意： Lock Record 是线程私有的数据结构，每个线程都有一个可用的 Lock Record 列表，并且每一个 LockRecord 都会关联到锁对象 lock 的 Mark Word。

- 将 BasicObjectLock 中的 oop 指针指向当前的锁对象 lock。
- 获得当前锁对象 lock 的对象头，通过对象头来判断是否可偏向，也就是说锁标记为 101，并且 Thread Id 为空。
    - 如果为可偏向状态，那么判断当前偏向的线程是不是线程 1，如果偏向的是自己，则不需要再抢占锁，直接有资格运行同步代码块。
    - 如果为不可偏向状态，则需要通过轻量级锁来完成锁的抢占过程。

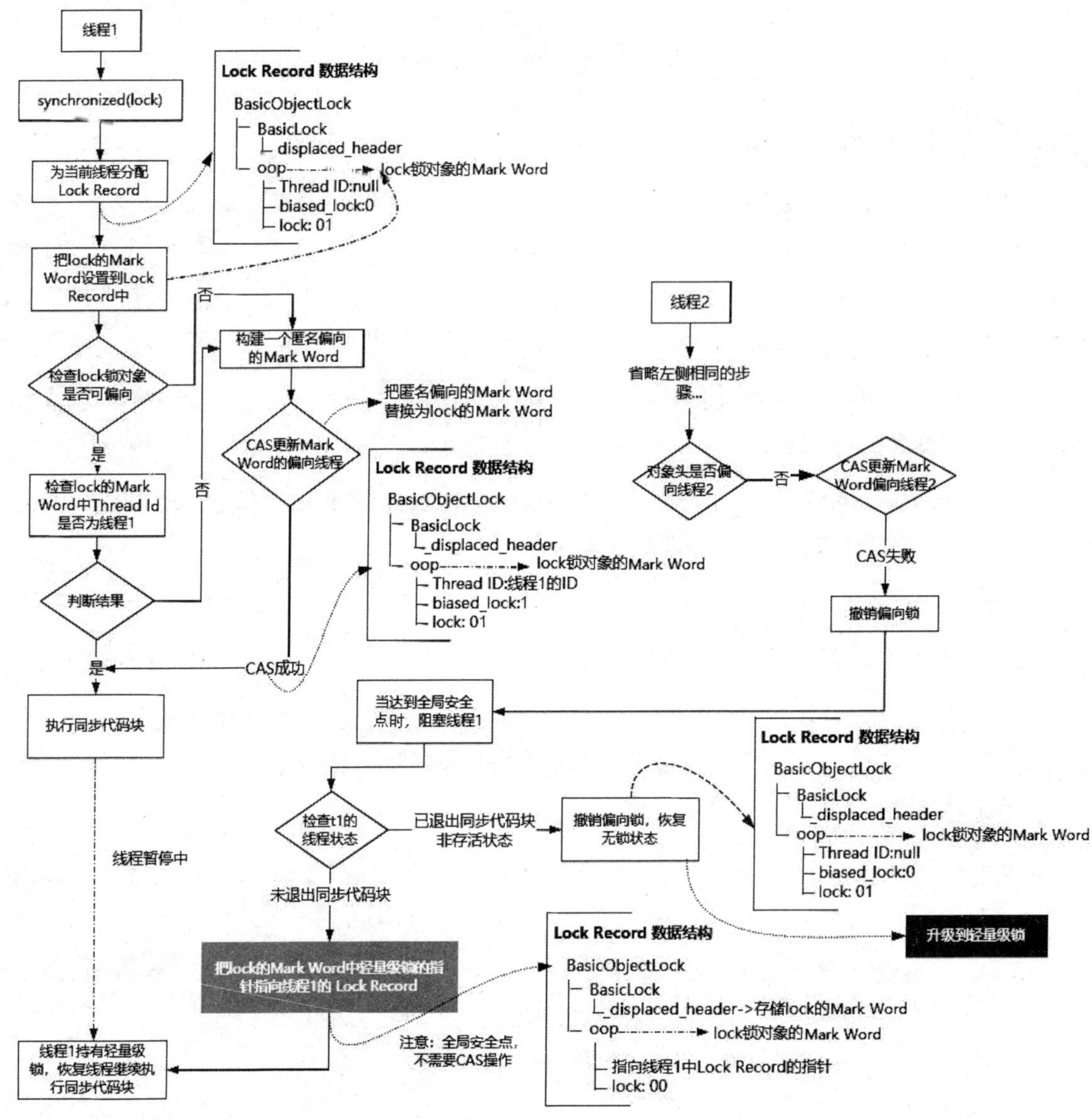

图 2-19　偏向锁的获取流程

- 如果对象锁 lock 偏向其他线程或者当前是匿名偏向状态（也就是没有偏向任何一个线程），则先构建一个匿名偏向的 Mark Word，然后通过 CAS 方法，把一个匿名偏向的 Mark Word 修改为偏向线程 1。如果当前锁对象 lock 已经偏向了其他线程，那么 CAS 一定会失败。

存在锁竞争

假设线程 1 获得了偏向锁，此时线程 2 去执行 synchronized(lock)同步代码块，如果访问到同一个对象锁则会触发锁竞争并触发偏向锁撤销，撤销流程如下。

第一步，线程 2 调用撤销偏向锁方法，尝试撤销 lock 锁对象的偏向锁。

第二步，撤销偏向锁需要到达全局安全点（SafePoint）才会执行，全局安全点就是当前线程运行到的这个位置，线程的状态可以被确定，堆对象的状态也是确定的，在这个位置 JVM 可以安全地进行 GC、偏向锁撤销等动作。当到达全局安全点后，会暂停获得偏向锁的线程 1。

第三步，检查获得偏向锁的线程 1 的状态，这里存在两种状态。

- 线程 1 已经执行完同步代码块或者处于非存活状态。在这种情况下，直接把偏向锁撤销恢复成无锁状态，然后线程 2 升级到轻量级锁，通过轻量级锁抢占锁资源（轻量级锁的逻辑在后面会分析）。
- 线程 1 还在执行同步代码块中的指令，也就是说没有退出同步代码块。在这种情况下，直接把锁对象 lock 升级成轻量级锁（由于这里是全局安全点，所以不需要通过 CAS 来实现），并且指向线程 1，表示线程 1 持有轻量级锁，接着线程 1 继续执行同步代码块中的代码。

至此，偏向锁的抢占逻辑和偏向锁的撤销逻辑就分析完了，读者可以对照图 2-19 进行梳理，在源码中偏向锁还有很多的逻辑，比如批量撤销、批量重偏向、撤销并重偏向等，有兴趣的读者可以下载相关源码去分析。

2.7.1.2　偏向锁的释放

在偏向锁执行完 synchronized 同步代码块后，会触发偏向锁释放的流程，需要注意的是，偏向锁本质上并没有释放，因为当前锁对象 lock 仍然是偏向该线程的。

从源码来看，释放的过程只是把 Lock Record 释放了，也就是说把 Lock Record 保存的锁对象的 Mark Word 设置为空。

2.7.1.3　偏向锁批量重偏向

当一个锁对象 lock 只被同一个线程访问时，该锁对象的锁状态就是偏向锁，并且一直偏向该线程。当有任何一个线程来访问该锁对象 lock 时，不管之前获得偏向锁线程的状态是存活还是死亡，lock 锁对象都会升级为轻量级锁，并且锁在升级之后是不可逆的。

假设一个线程 t1 针对大量的锁对象增加了偏向锁，之后线程 t2 来访问这些锁对象，在不考虑锁竞争的情况下，需要对之前所有偏向线程 t1 的锁对象进行偏向锁撤销和升级，这个过程比较耗时，而且虚拟机会认为这个锁不适合再偏向于原来的 t1 线程，于是当偏向锁撤销次数达到 20 次时，会触发批量重偏向，把所有的锁对象全部偏向线程 t2。

偏向锁撤销并批量重偏向的触发阈值可以通过 XX:BiasedLockingBulkRebiasThreshold = 20 来配置，默认是 20。下面的代码演示了批量重偏向的实现。

```
public class BulkRevokeExample {

    public static void main(String[] args) throws InterruptedException, IOException {
        //创造 100 个偏向线程 t1 的偏向锁
        List<BulkRevokeExample> bulks = new ArrayList<>();
        Thread t1 = new Thread(() -> {
            for (int i = 0; i <100 ; i++) {
                BulkRevokeExample a = new BulkRevokeExample();
                synchronized (a){
                    bulks.add(a);
                }
            }
        });
        t1.start();
        t1.join();
        System.out.println("打印 t1 线程，bulks 中第 20 个对象的对象头：");
        System.out.println((ClassLayout.parseInstance(bulks.get(19)).toPrintable()));
        Thread t2 = new Thread(() -> {
            for (int i = 0; i < 20; i++) {
                BulkRevokeExample a = bulks.get(i);
                synchronized (a) {
                    //分别打印第 19 次和第 20 次偏向锁的重偏向结果
                    if (i == 18 || i == 19) {
                        System.out.println("第" + (i + 1) + "次偏向结果");
                        System.out.println((ClassLayout.parseInstance(a).toPrintable()));
                    }
                }
            }
        });
```

```
        t2.start();
        System.in.read();
    }
}
```

注意，在这个案例中，偏向锁的延时启动设置为 0：XX:BiasedLockingStartupDelay=0。

代码分析如下：

首先，在 t1 线程中，创建 100 个锁对象 BulkRevokeExample，并且对每个对象都增加了偏向锁，这 100 个锁对象都偏向 t1 线程。下面的内容打印了第 20 个锁对象的对象头，锁标记为**[101]**，表示偏向锁状态。

```
打印 t1 线程，bulks 中第 20 个锁对象的对象头如下：
org.example.BulkRevokeExample object internals:
 OFFSET  SIZE   TYPE DESCRIPTION        VALUE
      0     4        (object header)    05 20 34 29 (00000101 00100000 00110100 00101001)
(691281925)
      4     4        (object header)    00 00 00 00 (00000000 00000000 00000000 00000000)
(0)
      8     4        (object header)    05 c1 00 f8 (00000101 11000001 00000000 11111000)
(-134168315)
     12     4        (loss due to the next object alignment)
Instance size: 16 bytes
Space losses: 0 bytes internal + 4 bytes external = 4 bytes total
```

然后，t2 线程尝试竞争锁，对 t1 线程中加了偏向锁的锁对象触发撤销并重偏向。理论上来说，t2 线程需要对每个锁对象的对象头通过 CAS 升级到轻量级锁，我们先来看一下打印结果。

```
//第 19 次偏向结果
org.example.BulkRevokeExample object internals:
 OFFSET  SIZE   TYPE DESCRIPTION             VALUE
      0     4        (object header)         70 ee 33 2a (01110000 11101110 00110011
00101010) (708046448)
      4     4        (object header)         00 00 00 00 (00000000 00000000 00000000
00000000) (0)
      8     4        (object header)         05 c1 00 f8 (00000101 11000001 00000000
11111000) (-134168315)
```

```
    12     4        (loss due to the next object alignment)
Instance size: 16 bytes
Space losses: 0 bytes internal + 4 bytes external = 4 bytes total

//第 20 次偏向结果
org.example.BulkRevokeExample object internals:
 OFFSET  SIZE   TYPE DESCRIPTION               VALUE
      0     4        (object header)           05 69 b3 27 (00000101 01101001 10110011
00100111) (666069253)
      4     4        (object header)           00 00 00 00 (00000000 00000000 00000000
00000000) (0)
      8     4        (object header)           05 c1 00 f8 (00000101 11000001 00000000
11111000) (-134168315)
     12     4        (loss due to the next object alignment)
Instance size: 16 bytes
Space losses: 0 bytes internal + 4 bytes external = 4 bytes total
```

在运行第 19 次之前，锁对象的状态都是轻量级锁，但是到了第 20 次以后，锁对象的状态又变成了偏向锁，而且偏向了线程 t2，说明触发了偏向锁的重新偏向。

在 JVM 中，以 class（这里指 BulkRevokeExample）为单位，为每个 class 维护了一个偏向锁撤销的计数器，当这个 class 的对象发生偏向撤销操作时，计数器会进行累加，当累加的值达到重偏向的阈值时，JVM 会认为这个 class 的偏向锁有问题，需要重新偏向。

2.7.2　轻量级锁的实现原理

如果偏向锁存在竞争或者偏向锁未开启，那么当线程访问 synchronized(lock)同步代码块时就会采用轻量级锁来抢占锁资源，获得访问资格，轻量级锁的加锁原理如图 2-20 所示。

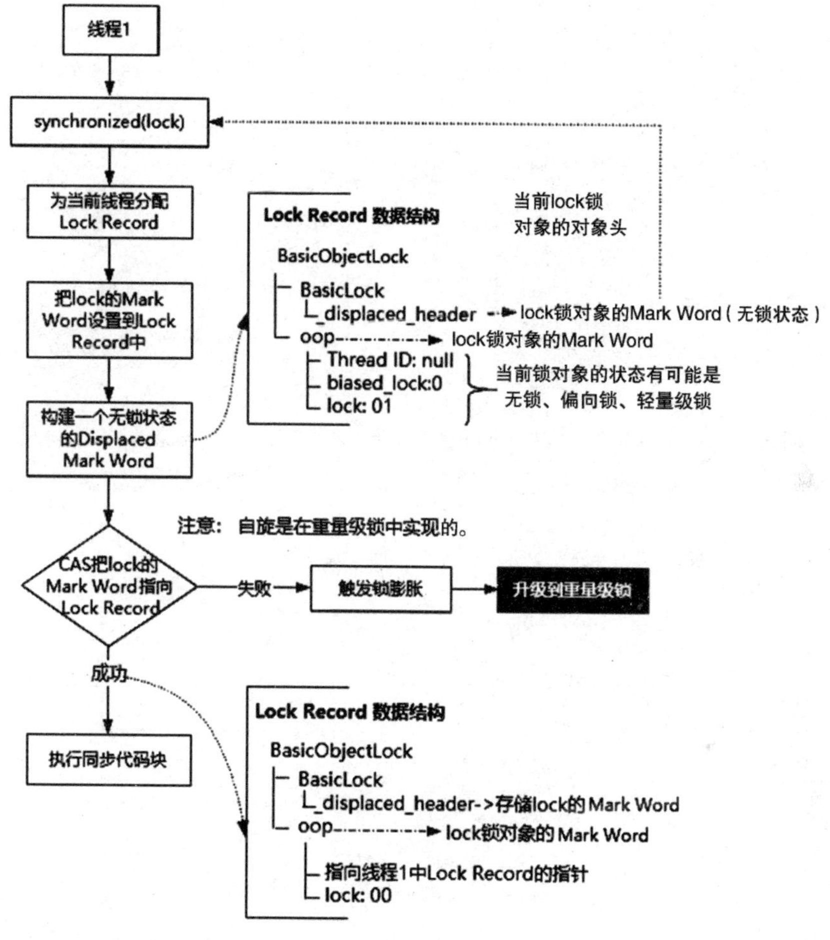

图 2-20　轻量级锁的加锁原理

2.7.2.1　获取轻量级锁的实现流程

下面我们详细分析一下图 2-20 中轻量级锁的获取实现流程。

第一步，在线程 2 进入同步代码块后，JVM 会给当前线程分配一个 Lock Record，也就是一个 BasicObjectLock 对象，在它的成员对象 BasicLock 中有一个成员属性 markOop _displaced_header，这个属性专门用来保存锁对象 lock 的原始 Mark Word。

第二步，构建一个无锁状态的 Mark Word（其实就是 lock 锁对象的 Mark Word，但是锁状态是无锁），把这个无锁状态的 Mark Word 设置到 Lock Record 中的_displaced_header 字段中，如图 2-21 所示。

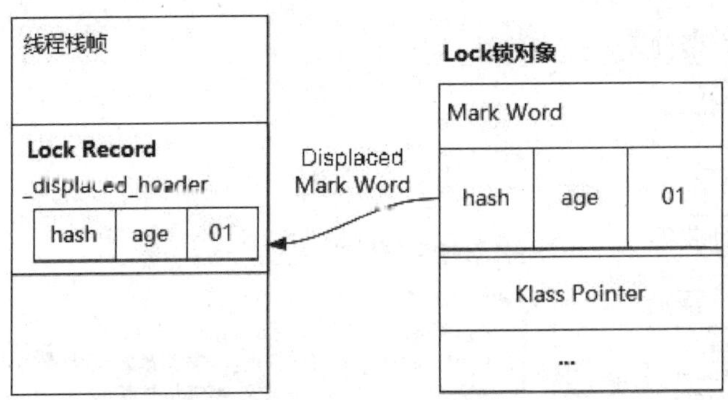

图 2-21　Displaced Mark Word

第三步，通过 CAS 将 lock 锁对象的 Mark Word 替换为指向 Lock Record 的指针，如果替换成功，就会得到如图 2-22 所示的结构，表示轻量级锁抢占成功，此时线程 2 可以执行同步代码块。

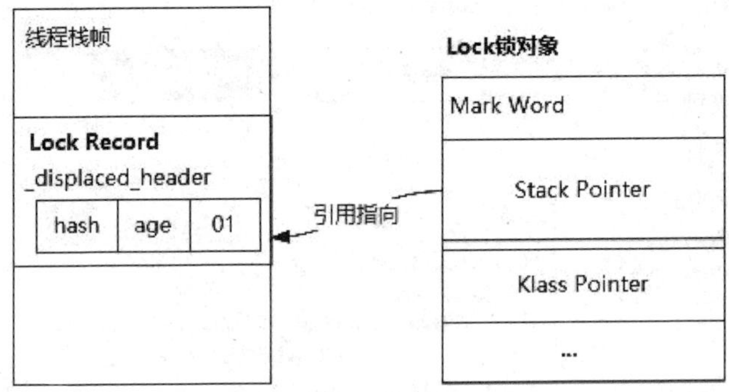

图 2-22　CAS 成功后的结构

第四步，如果 CAS 失败，则说明当前 lock 锁对象不是无锁状态，会触发锁膨胀，升级到重量级锁。

相对偏向锁来说，轻量级锁的原理比较简单，它只是通过 CAS 来修改锁对象中指向 Lock Record 的指针。从功能层面来说，偏向锁和轻量级锁最大的不同是：

- 偏向锁只能保证偏向同一个线程，只要有线程获得过偏向锁，那么当其他线程去抢占锁时，只能通过轻量级锁来实现，除非触发了重新偏向（如果获得轻量级锁的线程在后续的 20 次访问中，发现每次访问锁的线程都是同一个，则会触发重新偏向，20 次的定义属性为：XX:BiasedLockingBulkRebiasThreshold =20）。
- 轻量级锁可以灵活释放，也就是说，如果线程 1 抢占了轻量级锁，那么在锁用完并释放后，线程 2 可以继续通过轻量级锁来抢占锁资源。

可能有些读者会有疑问，轻量级锁中的 CAS 操作是先把 lock 锁对象的 Mark Word 复制到当前线程栈帧的 Lock Record 中，然后通过比较 lock 锁对象的 Mark Word 和复制到 Lock Record 中的 Mark Word 是否相同来决定是否获取锁，那么不是会导致每个线程进来都能 CAS 成功吗？实际上并非如此，因为每次在 CAS 之前都会判断锁的状态，只有在无锁状态时才会执行 CAS，所以并不会存在多个线程同时获得锁的问题。

2.6.2.2　轻量级锁的释放

偏向锁也有锁释放的逻辑，但是它只是释放 Lock Record，原本的偏向关系仍然存在，所以并不是真正意义上的锁释放。而轻量级锁释放之后，其他线程可以继续使用轻量级锁来抢占锁资源，具体的实现流程如下。

第一步，把 Lock Record 中_displaced_header 存储的 lock 锁对象的 Mark Word 替换到 lock 锁对象的 Mark Word 中，这个过程会采用 CAS 来完成。

第二步，如果 CAS 成功，则轻量级锁释放完成。

第三步，如果 CAS 失败，说明释放锁的时候发生了竞争，就会触发锁膨胀，完成锁膨胀之后，再调用重量级锁的释放锁方法，完成锁的释放过程。

为什么轻量级锁在释放锁的时候会CAS失败呢？读者不妨想想，假设t1 线程获得了轻量级锁，那么当 t2 线程竞争锁的时候，由于无法获得轻量级锁，所以会触发锁膨胀，在锁膨胀的逻辑中，会判断如果当前的锁状态是轻量级锁，那么 t2 线程会修改锁对象的 Mark Word，将其设置为 INFLATING 状态（这个过程是采用自旋锁来实现的，当存在多个线程触发膨胀时，只有一个线程去修改锁对象的 Mark Word）。

如果 lock 锁对象的 Mark Word 在锁膨胀的过程中发生了变化，那么持有轻量级锁的线程通过 CAS 释放时必然会失败，因为存储在当前线程栈帧中的 Lock Record 的 Mark Word 和锁对象 lock 的 Mark Word 已经不相同了。

并且，持有轻量级锁的线程 t1 在持有锁期间，如果其他线程因为竞争不到锁而升级到重量级锁并且被阻塞，那么线程 t1 在释放锁时，还需要唤醒处于重量级锁阻塞状态下的线程。

2.7.2.3　偏向锁和轻量级锁的对比

通过对偏向锁和轻量级锁的原理剖析，大家应该对这两种锁的触发场景的认知更加深刻。

偏向锁，就是在一段时间内只由同一个线程来获得和释放锁，加锁的方式是把 Thread Id 保存到锁对象的 Mark Word 中。

轻量级锁，存在锁交替竞争的场景，在同一时刻不会有多个线程同时获得锁，它的实现方式是在每个线程的栈帧中分配一个 BasicObjectLock 对象（Lock Record），然后把锁对象中的 Mark

Word 拷贝到 Lock Record 中，最后把锁对象的 Mark Word 的指针指向 Lock Record。轻量级锁之所以这样设计，是因为锁对象在竞争的过程中有可能会发生变化，但是每个线程的 Lock Record 的 Mark Word 不会受到影响。因此当触发锁膨胀时，能够通过 Lock Record 和锁对象的 Mark Word 进行比较来判定在持有轻量级锁的过程中，锁对象是否被其他线程抢占过，如果有，则需要在轻量级锁释放锁的过程中唤醒被阻塞的其他线程。

2.7.3 重量级锁的实现原理

如果线程在运行 synchronized（lock）同步代码块时，发现锁状态是轻量级锁并且有其他线程抢占了锁资源，那么该线程就会触发锁膨胀升级到重量级锁。因此，重量级锁是在存在线程竞争的场景中使用的锁类型。重量级锁的实现流程如图 2-23 所示。

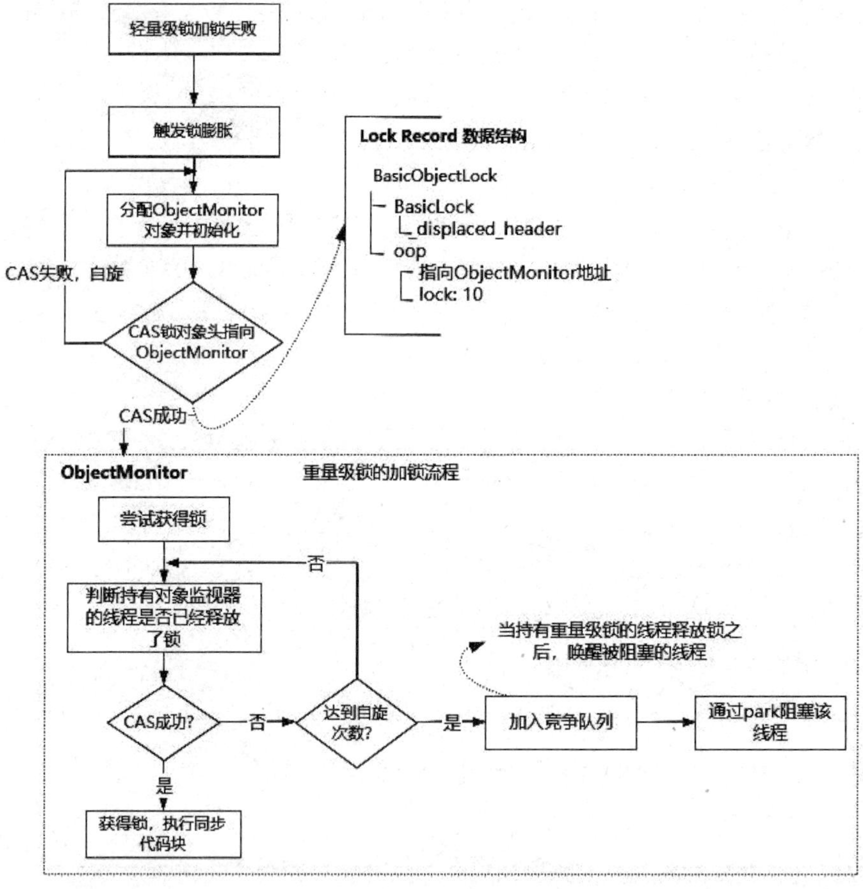

图 2-23　重量级锁的实现流程

在获取重量级锁之前，会先实现锁膨胀，在锁膨胀的方法中首先创建一个 ObjectMonitor 对象，然后把 ObjectMonitor 对象的指针保存到锁对象的 Mark Word 中，锁膨胀分为四种情况，分别如下。

- 当前已经是重量级锁的状态，不需要再膨胀，直接从锁对象的 Mark Word 中获取 ObjectMonitor 对象的指针返回即可。
- 如果有其他线程正在进行锁膨胀，那么通过自旋的方式不断重试直到其他线程完成锁膨胀（其实就是创建一个 ObjectMonitor 对象）。
- 如果当前有其他线程获得了轻量级锁，那么当前线程会完成锁的膨胀。
- 如果当前是无锁状态，也就是说之前获得锁资源的线程正好释放了锁，那么当前线程需完成锁膨胀。

以上这四种情况都是在自旋的方式下完成的，避免了线程竞争导致 CAS 失败的问题。

在锁膨胀完成之后，锁对象及 ObjectMonitor 的引用关系如图 2-24 所示，lock 锁对象的 Mark Word 会保存指向 ObjectMonitor 的指针，重量级锁的竞争都是在 ObjectMonitor 中完成的。在 ObjectMonitor 中有一些比较重要的字段，解释如下。

- _owner，保存当前持有锁的线程。
- _object，保存锁对象的指针。
- _cxq，存储没有获得锁的线程的队列，它是一个链表结构。
- _WaitSet，当调用 Object.wait()方法阻塞时，被阻塞的线程会保存到该队列中。
- _recursions，记录重入次数。

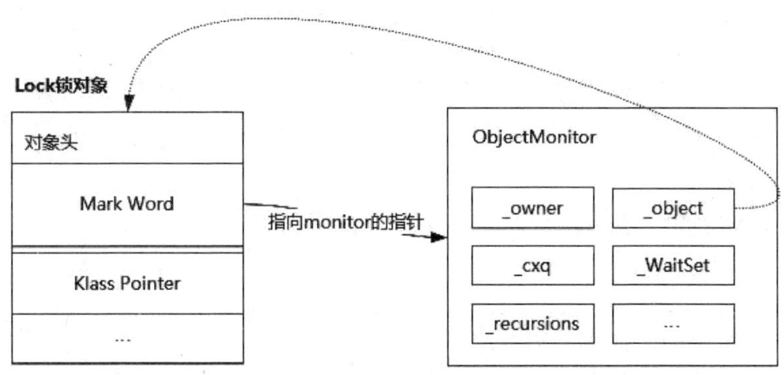

图 2-24　重量级锁的引用关系

锁膨胀完成之后，就开始在重量级锁中实现锁的竞争，下面分别从重量级锁的获取和释放两个环节进行说明。

2.7.3.1 重量级锁的获取流程

重量级锁的实现是在 ObjectMonitor 中完成的，所以锁膨胀的意义就是构建一个 ObjectMonitor，继续关注图 2-24 中 ObjectMonitor 的实现部分，在 ObjectMonitor 中锁的实现过程如下：

首先，判断当前线程是否是重入，如果是则增加重入次数。

然后，通过自旋锁来实现锁的抢占（这个自旋锁就是前面我们提到的自适应自旋），这里使用 CAS 机制来判断 ObjectMonitor 中的_owner 字段是否为空，如果为空就表示重量级锁已释放，当前线程可以获得锁，否则就进行自适应自旋重试。

最后，如果通过自旋锁竞争锁失败，则会把当前线程构建成一个 ObjectWaiter 节点，插入_cxq 队列的队首，再使用 park 方法阻塞当前线程。

很多参考资料上描述的自旋操作是在轻量级锁内完成的，但是笔者在 Hotspot 1.8 的源码中发现，轻量级锁中并没有使用自旋操作。

2.7.3.2 重量级锁的释放原理

锁的释放是在 synchronized 同步代码块结束后触发的，释放的逻辑比较简单。

- 把 ObjectMonitor 中持有锁的对象_owner 置为 null。
- 从_cxq 队列中唤醒一个处于锁阻塞的线程。
- 被唤醒的线程会重新竞争重量级锁，需要注意的是，synchronized 是非公平锁，因此被唤醒后不一定能够抢占到锁，如果没抢到，则继续等待。

2.7.3.3 简述内核态和用户态

在重量级锁中，线程的阻塞和唤醒是通过 park()方法和 unpark()方法来完成的，这是两个与平台相关的方法，对不同的操作系统有不同的实现，比如在 os_linux.cpp 中，park()方法的实现代码如下。

```
void os::PlatformEvent::park() {       // AKA "down()"
 //...
  if (v == 0) {
     // Do this the hard way by blocking ...
     int status = pthread_mutex_lock(_mutex);
    //...
     while (_Event < 0) {
        status = pthread_cond_wait(_cond, _mutex);
      //...
```

```
    }
    -- _nParked ;
   _Event = 0 ;
    status = pthread_mutex_unlock(_mutex);
    //...
   OrderAccess::fence();
  }
 //...
}
```

可以看到，park()方法实际上用到了 3 个方法。

- pthread_mutex_lock()方法，锁定_mutext 指向的互斥锁。如果该互斥锁已经被另外一个线程锁定和拥有，则当前调用该方法的线程会阻塞，直到互斥锁变为可用。
- pthread_cond_wait()方法，条件等待，类似于 Java 中的 Object.wait，与之配对的另外一个唤醒方法是 pthread_cond_signal()。
- pthread_mutex_unlock()方法，释放指定_mutex 引用的互斥锁对象。

在 Linux 中，系统的阻塞和唤醒是基于系统调用 sys_futex 来实现的，而系统调用是在内核态运行的，所以系统需要从用户态切换到内核态。在切换之前，首先要保存用户态的状态，包括寄存器、程序指令等；然后执行内核态的系统指令调用；最后恢复到用户态来执行。这个过程会产生性能损耗，笔者在第 1 章中做了详细的说明。

用户态（用户空间）和内核态（内核空间）表示的是操作系统中的不同执行权限，两者最大的区别在于，运行在用户空间中的进程不能直接访问操作系统内核的指令和程序，而运行在内核空间的程序可以直接访问系统内核的数据结构和程序。操作系统之所以要做权限划分，是为了避免用户在进程中直接操作一些存在潜在危险的系统指令，从而影响其他进程或者操作系统的稳定性。

park()方法需要通过系统调用来完成，而系统调用只能在内核空间实现，因此就会导致用户态到内核态的切换。

2.8 synchronized 使用不当带来的死锁问题

synchronized 同步锁虽然能够解决线程安全问题，但是如果使用不当，就会导致死锁，即请求被阻塞一直无法返回。

什么是死锁呢？如图 2-25 所示，简单来说就是两个或者两个以上的线程在执行过程中，由于争夺同一个共享资源造成的相互等待的现象，在没有外部干预的情况下，这些线程将会一直阻塞无法往下执行，这些一直处于相互等待资源的线程就称为死锁线程。

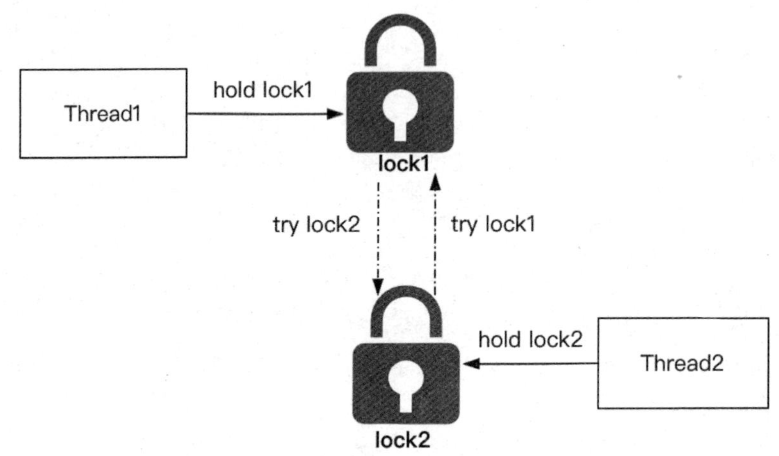

图 2-25　死锁的原理

2.8.1　死锁的案例分析

定义一个资源类，提供如下两个方法，这两个方法都加了 synchronized 对象锁。

- saveResource()方法，用于保存资源。
- statisticsResource()方法，用于统计资源数量。

笔者尽量让导致死锁的问题更加隐蔽，因为平时我们在工作中肯定不会写嵌套 synchronized 相互加锁的代码，只有不恰当地导致死锁才是最真实的。具体代码如下。

```
public class Resource {
  private String name;
  private int count;
  public Resource(String name) {
    this.name = name;
  }

  public void statisticsResource(){
```

```
    synchronized (this){
      System.out.println("statistics resource");
      count++;
    }
  }
  public void saveResource(Resource resource){
    synchronized (this){
      System.out.println("save resource");
      resource.statisticsResource();
    }
  }
}
```

我们通过 DeadLockExample 类来演示可能导致死锁的场景，代码如下。

```
public class DeadLockExample {

  public static void main(String[] args) {
    Resource res1=new Resource("resource1");
    Resource res2=new Resource("resources2");
    Thread t1=new Thread(()->{
      for (int i = 0; i < 100; i++) {
        res1.saveResource(res2); }
    });
    Thread t2=new Thread(()->{
      for (int i = 0; i < 100; i++) {
        res2.saveResource(res1); }
    });
    t1.start();
    t2.start();
  }
}
```

两个线程分别访问两个不同的 Resource 对象，每个 resource 对象分别调用 saveResource()方法保存 resource 对象的资源，这必然会导致死锁问题。由于两个线程持有自己的对象锁资源，在 saveResource()方法中访问对方的 statisticsResource()方法并占用对方的锁资源，所以产生互相等待造成死锁的现象。

2.8.2 死锁产生的必要条件

不管是线程级别的死锁，还是数据库级别的死锁，只能通过人工干预去解决，所以我们要在写程序的时候提前预防死锁的问题。导致死锁的条件有四个，这四个条件同时满足就会产生死锁。

- 互斥条件，共享资源 X 和 Y 只能被一个线程占用。
- 请求和保持条件，线程 T1 已经取得共享资源 X，在等待共享资源 Y 的时候，不释放共享资源 X。
- 不可抢占条件，其他线程不能强行抢占线程 T1 占有的资源。
- 循环等待条件，线程 T1 等待线程 T2 占有的资源，线程 T2 等待线程 T1 占有的资源，即循环等待。

2.8.3 如何解决死锁问题

按照前面说的四个死锁的发生条件，我们只需要破坏其中任意一个，就可以避免死锁的产生。其中，互斥条件我们不可以破坏，因为这是互斥锁的基本约束，其他三个条件都可以破坏。

- 对于请求和保持条件，我们可以一次性申请所有的资源，这样就不存在等待了。
- 对于不可抢占条件，当占用部分资源的线程进一步申请其他资源时，如果申请不到，则可以主动释放其占有的资源，这样不可抢占条件就被破坏掉了。
- 对于循环等待条件，可以通过按序申请资源来预防。所谓按序申请，是指资源是有线性顺序的，申请的时候可以先申请资源序号小的，再申请资源序号大的，这样线性化后自然就不存在循环了。

2.8.3.1 破坏请求和保持条件

要破坏占用资源所带来的等待，可以一次性申请所有资源，保证同时申请这个操作是在一个临界区中，然后通过一个单独的角色来管理这个临界区。这个角色有两个很重要的功能，就是同时申请资源和同时释放资源，并且这个角色一定是一个单例。

先定义一个 ApplyLock 类，用来实现统一锁资源的申请，该类中有两个方法，一个是 applyLock() 方法，用来申请锁，另一个是 free()方法，用来统一释放锁。

```
public class ApplyLock {

  private List<Object> list=new ArrayList<>();
  public synchronized boolean applyLock(Resource res1,Resource res2){
    if(list.contains(res1)||list.contains(res2)){
```

```
      return false;
    }else{
      list.add(res1);
      list.add(res2);
      return true;
    }
  }
  public synchronized void free(Resource res1,Resource res2){
    list.remove(res1);
    list.remove(res2);
  }
}
```

修改 Resource 类，定义一个全局唯一的 ApplyLock 实例，然后在 saveResource 中调用 applyLock()方法和 free()方法进行统一锁资源的获取和释放。

```
public class Resource {
  private String name;
  private int count;
  static ApplyLock applyLock=new ApplyLock();
  public Resource(String name) {
    this.name = name;
  }

  public void statisticsResource(){
    synchronized (this){
      System.out.println("statistics resource");
      count++;
    }
  }
  public void saveResource(Resource resource){
    applyLock.applyLock(this,resource);
    try {
      System.out.println("save resource");
      resource.statisticsResource();
    }finally {
```

```
      applyLock.free(this,resource);
    }
  }
}
```

由于当前涉及的相关资源都实现了一个统一的锁资源获取和释放，从而打破了请求和保持条件。

2.8.3.2 破坏不可抢占条件

破坏不可抢占条件的核心是当前线程能够主动释放尝试占有的资源，这一点 synchronized 无法实现，原因是 synchronized 在申请不到资源时会直接进入阻塞状态，一旦线程被阻塞就无法再释放已经占有的资源。

在 java.util.concurrent 包中的 Lock 锁可以轻松地解决这个问题。Lock 接口中有一个 tryLock() 方法可以尝试抢占资源，如果抢占成功则返回 true，否则返回 false，但是这个过程不会阻塞当前线程，实现代码如下。

```
public class Resource {
  private String name;
  private int count;
  ReentrantLock lock=new ReentrantLock();
  public Resource(String name) {
    this.name = name;
  }
  public void statisticsResource(){
    if(lock.tryLock()){
      try {
        System.out.println("statistics resource");
        count++;
      }finally {
        lock.unlock();
      }
    }else{
      System.out.println("抢占锁失败");
    }
  }
  public void saveResource(Resource resource){
```

```
    if(lock.tryLock()){
      try{
        System.out.println("save resource");
        resource.statisticsResource();
      }finally {
        lock.unlock();
      }
    }else{
      System.out.println("抢占锁失败");
    }
  }
}
```

2.8.3.3　破坏循环等待条件

破坏循环等待条件的基本思想是，把资源按照某种顺序编号，所有锁资源的申请都按照某种顺序来获取。比如，可以根据 hashCode 来确定加锁顺序，再根据 hashCode 的大小确定加锁的对象，实现代码如下。

```
public class Resource {
  private String name;
  private int count;
  public Resource(String name) {
    this.name = name;
  }
  public void statisticsResource(){
    synchronized (this){
      System.out.println("statistics resource");
      count++;
    }
  }
  public void saveResource(Resource resource){
    Resource lock=this.hashCode()> resource.hashCode()?this:resource;
    synchronized (lock) {
      System.out.println("save resource");
      resource.statisticsResource();
    }
  }
}
```

2.9 本章小结

本章围绕 synchronized 关键字进行分析，逐步展开了很多与锁有关的知识点。基于锁的存储展开分析了对象在内存的存储及布局，了解了对齐填充是如何通过空间换时间来提升程序性能的。对于锁的性能和安全性之间的平衡，synchronized 引入了偏向锁、轻量级锁类型，为不同线程竞争的场景提供了高性能的解决方案。各位读者除了要了解 synchronized 锁的原理，还需要掌握很多底层设计理念，见微知著，引申到实际开发和复杂架构的解决方案中。

3

第 3 章 volatile 为什么能解决可见性和有序性问题

线程安全性主要体现在三个方面，分别是原子性、可见性和有序性。在第 2 章中，我们讲了通过 synchronized 关键字可以解决原子性、可见性和有序性问题，从而保证线程的安全性，并且重点分析了原子性问题的本质，以及 synchronized 是如何解决原子性问题的。

那么对于可见性和有序性问题，该如何解决呢？除了 synchronized，还有其他方法可以解决吗？导致可见性和有序性问题的根本原因是什么？这就引出了本章的主题——volatile 关键字，它可以解决可见性和有序性问题。本章将围绕 volatile 关键字深度探索可见性、有序性问题的核心本质，以及 volatile 是如何解决可见性和有序性问题的。

3.1 关于线程的可见性问题分析

可见性和有序性是两个独立的问题，但是彼此又有关联，笔者将分别进行说明。

什么是可见性？如果一个线程对一个共享变量进行了修改，而其他线程不能及时地读取修改之后的值，那么我们认为在多线程环境下该共享变量存在可见性问题，举个具体的例子如下。

```
public class VolatileExample {

    public static boolean stop=false;
    public static void main(String[] args) throws InterruptedException {
        Thread t1=new Thread(()->{
            int i=0;
            while(!stop){
                i++;
            }
        });
        t1.start();
        System.out.println("begin start thread");
        Thread.sleep(1000);
        stop=true;
    }
}
```

代码的逻辑很简单，首先 t1 线程通过 stop 变量来判断是否应该终止循环，然后在 main 线程中通过修改 stop 变量的值来破坏 t1 线程的循环条件从而退出循环。但是，实际情况是 t1 线程并没有按照期望的结果执行，该线程一直处于运行状态。

3.1.1 思考导致问题的原因

上述程序的问题只有在 HotSpot 的 Server 模式中才会出现，在 HotSpot 虚拟机中内置了两个即时编译器，分别是 Client Compiler（C1 编译器）和 Server Compiler（C2 编译器），程序使用哪个编译器取决于 JVM 虚拟机的运行模式。

Server Compiler 是专门面向服务器端的、充分优化过的高级编译器。它有一些比较典型的优化功能，如无用代码消除（Dead Code Elimination）、循环展开（Loop Unrolling）、循环表达式外提（Loop Expression Hoisting）、消除公共子表达式（Common Subexpression Elimination）等。下面我们在 VolatileExample 这个例子中，通过 Server Compiler 中的循环表达式外提（Loop Expression Hoisting）进行代码优化，具体如下。

```
Thread t1=new Thread(()->{
```

```
    int i=0;
    if(!stop){
        while(true){
            i++;
        }
    }
});
```

从上面代码中我们发现，被优化的代码对 stop 变量不具备变化的能力，因此会导致当其他线程修改 stop 的值时，该线程无法读取。为了防止因 JIT 优化而产生问题，我们可以增加一个 JVM 参数：

```
-Djava.compiler=NONE,
```

再次运行 VolatileExample 程序，发现能够正常执行结束。但是通过 JVM 参数来禁止 JIT 优化是全局的操作，会影响整个程序的优化，代价有点大，有没有更好的方式呢？

3.1.2　volatile 关键字解决可见性问题

在 Java 中提供了一个 volatile 关键字，如果我们针对 stop 变量增加一个 volatile 关键字，并再次运行相同的代码，就会发现 t1 线程能够正常结束。

```
public class VolatileExample {

    public volatile static boolean stop=false;
    public static void main(String[] args) throws InterruptedException {
        Thread t1=new Thread(()->{
            int i=0;
            while(!stop){
                i++;
            }
        });
        t1.start();
        System.out.println("begin start thread");
        Thread.sleep(1000);
        stop=true;
    }
}
```

由此可见，volatile 可以禁止编译器的优化，在多处理器环境下保证共享变量的可见性。

3.2 深度理解可见性问题的本质

实际上，除编译器优化带来的可见性问题外，还有很多因素会导致可见性问题，比如 CPU 高速缓存、CPU 指令及重排序等，为了彻底搞懂可见性的本质，下面我们围绕硬件及操作系统层面的优化进行分析。

3.2.1 如何最大化提升 CPU 利用率

CPU 是计算机最核心的资源，它主要用来解释计算机指令及处理计算机软件中的数据。当程序加载到内存中后，操作系统会把当前进程分配给指定的 CPU 执行，在获得 CPU 执行权后，CPU 从内存中取出指令进行解码，并执行，然后取出下一个指令解码，再次执行。

CPU 在做运算时，无法避免地要从内存中读取数据和指令，CPU 的运算速度远远高于内存的 I/O 速度，比如一个支持 2.6GHz 主频的 CPU，每秒可以执行 $2.6\text{x}10^9$ 次，相当于每个指令只需要 0.38ns。而从内存中读写一个数据，每次寻址需要 100ns，很显然两者的速度差异非常大，CPU 和内存之间的这个速度瓶颈被称为冯诺依曼瓶颈。虽然计算机在不断地迭代升级（比如 CPU 的处理性能越来越快、内存容量越来越大、内存的 I/O 效率也在不断提升），但是这个核心的矛盾无法消除。

如图 3-1 所示，CPU 在做计算时必须与内存交互，即便是存储在磁盘上的数据，也必须先加载到内存中，CPU 才能访问。也就是说，CPU 和内存之间存在无法避免的 I/O 操作。

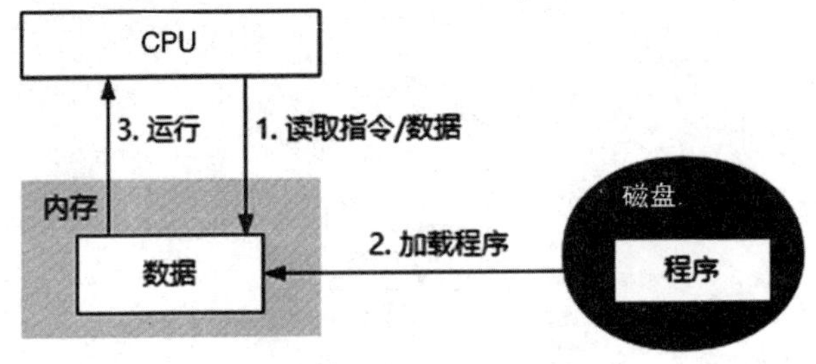

图 3-1 CPU 的执行过程

基于上述的分析可以看到，当 CPU 向内存发起一个读操作时，在等待内存返回之前，CPU 都处于等待状态，直到返回之后 CPU 继续运行下一个指令，这个过程很显然会导致 CPU 资源的浪费。为了解决这个问题，开发者在硬件设备、操作系统及编译器层面做了很多优化。

- 在 CPU 层面增加了寄存器，来保存一些关键变量和临时数据，还增加了 CPU 高速缓存，以减少 CPU 和内存的 I/O 等待时间。
- 在操作系统层面引入了进程和线程，也就是说在当前进程或线程处于阻塞状态时，CPU 会把自己的时间片分配给其他线程或进程使用，从而减少 CPU 的空闲时间，最大化地提升 CPU 的使用率。
- 在编译器层面增加指令优化，减少与内存的交互次数。

以上这些优化的目的是提升 CPU 利用率，但是恰恰也是这些优化导致了可见性问题的发生，下面我们进行展开分析。

3.2.2　详述 CPU 高速缓存

CPU 和内存的 I/O 操作是无法避免的，为了降低内存的 I/O 耗时，开发者在 CPU 中设计了高速缓存，用存储与内存交互的数据。CPU 在做读操作时，会先从高速缓存中读取目标数据，如果目标数据不存在，就会从内存中加载目标数据并保存到高速缓存中，再返回给处理器。

在主流的 X86 架构的处理器中，CPU 高速缓存通常分为 L1、L2、L3 三级，它的具体结构如图 3-2 所示。

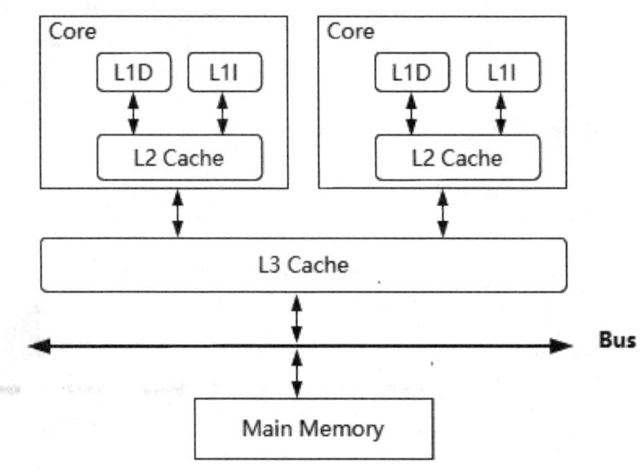

图 3-2　CPU 高速缓存的结构

图 3-2 展示了 CPU 高速缓存的结构，L1 和 L2 缓存是 CPU 核内的缓存，是属于 CPU 私有的。

L3 是跨 CPU 核心共享的缓存，其中 L1 缓存又分为 L1D 一级数据缓存、L1I 一级指令缓存，这三级缓存的大小和缓存的访问速度排列为 L1 > L2 > L3。

- L1 是 CPU 硬件上的一块缓存，它分为数据缓存和指令缓存（指令缓存用来处理 CPU 必须要执行的操作信息，数据缓存用来存储 CPU 要操作的数据），它的容量最小但是速度最快，容量一般在 256KB 左右，好一点的 CPU 可以达到 1MB 以上。
- L2 也是 CPU 硬件上的一块缓存，相比 L1 缓存来说，容量会大一些，但是速度相对来说会慢，容量通常在 256KB 到 8MB 之间。
- L3 是 CPU 高速缓存中最大的一块，也是访问速度最慢的缓存，它的容量在 4MB 到 50MB 之间，它是所有 CPU 核心共享的一块缓存。

当 CPU 读取数据时，会先尝试从 L1 缓存中查找，如果 L1 缓存未命中，继续从 L2 和 L3 缓存中查找，如果在缓存行中没有命中到目标数据，最终会访问内存。内存中加载的数据会依次从内存流转到 L3 缓存，再到 L2 缓存，最后到 L1 缓存。当后续再次访问存在于缓存行中的数据时，CPU 可以不需要访问内存，从而提升 CPU 的 I/O 效率。

3.2.2.1 关于缓存行的实现

如图 3-3 所示，CPU 的高速缓存是由若干缓存行组成的，缓存行是 CPU 高速缓存的最小存储单位，也是 CPU 和内存交换数据的最小单元。在 x86 架构中，每个缓存行大小为 64 位，即 8 字节，CPU 每次从内存中加载 8 字节的数据作为一个缓存行保存到高速缓存中，这意味着高速缓存中存放的是连续位置的数据，这是基于空间局部性原理的实现。

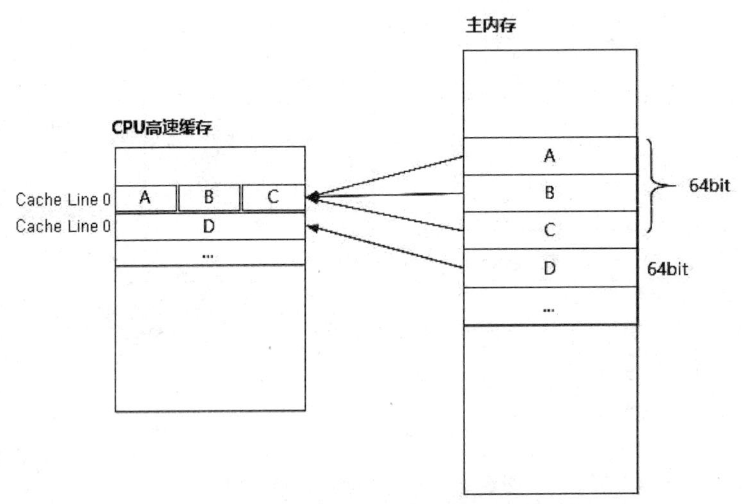

图 3-3 缓存行原理简图

空间局部性原理是指，如果一个存储器的位置被引用，那么将来它附近的位置也会被引用，这种缓存行读取的方式能够减少与内存的交互次数，提升 CPU 利用率，从而节省 CPU 读取数据的时间。

3.2.2.2　缓存行导致的伪共享问题

在缓存行的加载方式下，当 CPU 从内存加载数据到缓存行时，会把临近的 64 位数据一起保存到缓存行中。基于空间局部性原理，CPU 在读取第二个数据时发现该数据已经存在于缓存行中，因此不需要再去内存中寻址了，可以直接从缓存中获取数据。

比如，在 Java 中，一个 long 类型是 8 字节，因此一个缓存行中可以存 8 个 long 类型的变量，假设当前访问的是一个 long 类型数组，当数组中的一个值被加载到缓存中时，也会同步加载另外 7 个。因此，CPU 可以减少与内存的交互，快速完成这些数据的计算，这是缓存行的优势。

假设存在这样一种情况：有两个线程，分别访问上述 long 类型数组的不同的值，比如线程 A 访问 long[1]，线程 B 访问 long[4]，由于缓存行的机制使得两个 CPU 的高速缓存会共享同一个缓存行，为了保证缓存的一致性，CPU 会不断使缓存行失效，并重新加载到高速缓存。如果这两个线程竞争非常激烈，就会导致缓存频繁失效，这就是典型的伪共享问题。

如图 3-4 所示，CPU0 要从主内存中加载 X 变量，CPU1 要从主内存中加载 Y 变量，如果 X/Y/Z 都在同一个缓存行中，那么 CPU0 和 CPU1 都会把这个缓存行加载到高速缓存中。如果 CPU1 先

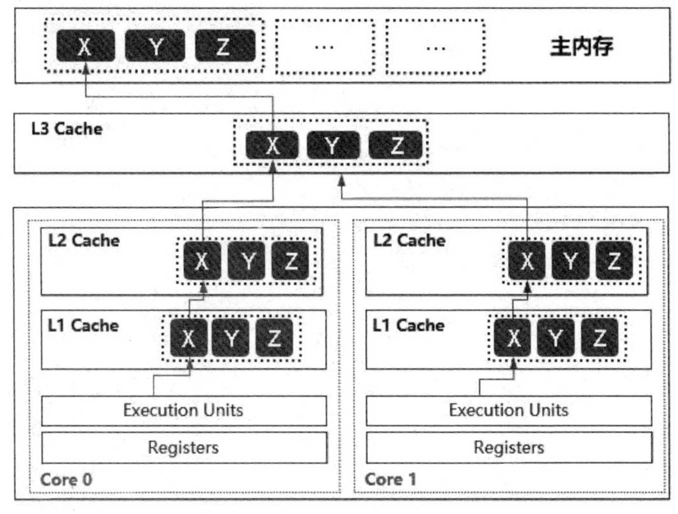

图 3-4　缓存行的伪共享问题

执行了对 X 变量的修改，那么基于缓存一致性协议，会使得 CPU1 中的缓存行失效。接着 CPU1 执行对 X 变量的修改，发现缓存行已经失效了，此时需要再次从主内存中加载该缓存行进行修改，而 CPU1 的这个修改也会导致 CPU0 中的缓存行失效，基于这样的方式不断循环运行。这个问题最终导致的结果就是程序的处理性能会大大降低。

为了更加直观地理解伪共享问题，我们来看下面这个例子。

```
public class FalseSharingExample implements Runnable{
    public final static long ITERATIONS = 500L * 1000L * 100L;
    private int arrayIndex = 0;

    private static ValueNoPadding[] longs;
    public FalseSharingExample(final int arrayIndex) {
        this.arrayIndex = arrayIndex;
    }
    public static void main(final String[] args) throws Exception {
        for(int i = 1; i < 10; i++){
            System.gc();
            final long start = System.currentTimeMillis();
            runTest(i);
            System.out.println(i + " Threads, duration = " + (System.currentTimeMillis()
- start));
        }
    }
    private static void runTest(int NUM_THREADS) throws InterruptedException {
        Thread[] threads = new Thread[NUM_THREADS];
        longs = new ValueNoPadding[NUM_THREADS];
        for (int i = 0; i < longs.length; i++) {
            longs[i] = new ValueNoPadding();
        }
        for (int i = 0; i < threads.length; i++) {
            threads[i] = new Thread(new FalseSharingExample(i));
        }
        for (Thread t : threads) {
            t.start();
        }
        for (Thread t : threads) {
```

```
            t.join();
        }
    }
    @Override
    public void run() {
        long i = ITERATIONS + 1;
        while (0 != --i) {
            longs[arrayIndex].value = 0L;
        }
    }
    public final static class ValuePadding {
        protected long p1, p2, p3, p4, p5, p6, p7; //前置填充
        protected volatile long value = 0L;
        protected long p9, p10, p11, p12, p13, p14, p15; //后置填充
    }
    public final static class ValueNoPadding {
        protected volatile long value = 0L;
    }
}
```

上述代码的核心功能就是，通过创建多个线程并对共享对象的值进行修改，来模拟伪共享的问题，代码中定义了如下两个静态类。

- ValuePadding，针对成员变量 value 做了对齐填充，其中 p1、p2、p3、p4、p5、p6、p7 作为前置填充，p9、p10、p11、p12、p13、p14、p15 作为后置填充。之所以要做前后置填充，就是为了使 value 不管在哪个位置，都能够保证它处于不同的缓存行中，避免出现伪共享问题。
- ValueNoPadding，没有做对齐填充。

运行上述代码，执行结果如下。

```
1 Threads, duration = 297
2 Threads, duration = 1704
3 Threads, duration = 1807
4 Threads, duration = 1865
5 Threads, duration = 2911
6 Threads, duration = 3292
```

```
7 Threads, duration = 3021
8 Threads, duration = 3061
9 Threads, duration = 2560
```

下面把实例对象改成 ValuePadding，代码如下。

```java
private static void runTest(int NUM_THREADS) throws InterruptedException {
    Thread[] threads = new Thread[NUM_THREADS];
    longs = new ValuePadding[NUM_THREADS];
    for (int i = 0; i < longs.length; i++) {
        longs[i] = new ValuePadding();
    }
    for (int i = 0; i < threads.length; i++) {
        threads[i] = new Thread(new FalseSharingExample(i));
    }
    for (Thread t : threads) {
        t.start();
    }
    for (Thread t : threads) {
        t.join();
    }
}
```

运行结果如下：

```
1 Threads, duration = 307
2 Threads, duration = 317
3 Threads, duration = 375
4 Threads, duration = 365
5 Threads, duration = 346
6 Threads, duration = 411
7 Threads, duration = 443
8 Threads, duration = 454
9 Threads, duration = 468
```

可以很明显地发现，做了缓存行填充的程序，其运行效率提高了近 10 倍。

3.2.2.3 @Contended

JDK 1.8 提供了@Contended 注解，该注解的作用是实现缓存行填充，解决伪共享的问题。

@Contended 注解可以添加在类上，也可以添加在字段上，当添加在字段上时，可以保证该字段处于一个独立的缓存行中。在使用时，为了确保@Contended 注解生效，我们需要配置一个 JVM 运行时参数：

```
-XX:-RestrictContended
```

类级别和字段级别修饰的使用方法如下。

```
@Contended
public final static class ValuePadding {
    protected volatile long value = 0L;
}
public final static class ValuePadding {
    @Contended
    protected volatile long value = 0L;
}
```

@Contended 注解还支持一个 contention group 属性（针对字段级别），同一个 group 的多个字段在内存上是连续存储的，并且能和其他字段隔离开来。

```
public final static class ValuePadding {
    @Contended("group0")
    protected volatile long value = 0L;
    @Contended("group0")
    protected volatile long value1=0L;
    protected volatile long value2=0L;
}
```

上述代码就是把 value 和 value1 字段放在了同一个 group 中，这意味着这两个字段会放在同一个缓存行，并且和其他字段进行缓存行隔离。而 value2 没有做填充，如果对 value2 进行更新，则仍然会存在伪共享问题。

3.2.3　CPU 缓存一致性问题

CPU 高速缓存的设计极大地提升了 CPU 的运算性能（从 FalseSharingExample 这个例子就可以看出来），但是它存在一个问题：在 CPU 中的 L1 和 L2 缓存是 CPU 私有的，如果两个线程同时加载同一块数据并保存到高速缓存中，再分别进行修改，那么如何保证缓存的一致性呢？

如图 3-5 所示，两个 CPU 的高速缓存中都缓存了 x=20 这个值，其中 CPU1 将 x=20 修改成了 x=40，这个修改只对本地缓存可见，而当 CPU0 后续对 x 再进行运算时，它获取的值仍然是 20，这就是缓存不一致的问题。

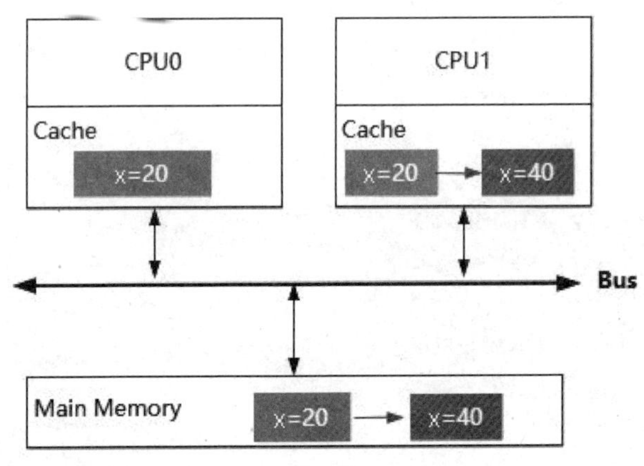

图 3-5　CPU 缓存一致性问题

3.2.3.1　总线锁和缓存锁机制

为了解决缓存一致性问题，开发者在 CPU 层面引入了总线锁和缓存锁机制。

在了解锁之前，我们先介绍一下总线。所谓的总线，就是 CPU 与内存、输入/输出设备传递信息的公共通道（也叫前端总线），当 CPU 访问内存进行数据交互时，必须经过总线来传输，那么什么是总线锁呢？

简单来说，总线锁就是在总线上声明一个 Lock#信号，这个信号能够确保共享内存只有当前 CPU 可以访问，其他的处理器请求会被阻塞，这就使得同一时刻只有一个处理能够访问共享内存，从而解决了缓存不一致的问题。但是这种做法产生的代价是，CPU 的利用率直线下降，很显然这是无法让人接受的，于是从 P6 系列的处理器开始增加了缓存锁的机制。

缓存锁指的是，如果当前 CPU 访问的数据已经缓存在其他 CPU 的高速缓存中，那么 CPU 不会在总线上声明 Lock#信号，而是采用缓存一致性协议来保证多个 CPU 的缓存一致性。

CPU 最终用哪种锁来解决缓存一致性问题，取决于当前 CPU 是否支持缓存锁，如果不支持，就会采用总线锁。还有一种情况是，当前操作的数据不能被缓存在处理器内部，或者操作的数据跨多个缓存行时，也会使用总线锁。

3.2.3.2　缓存一致性协议

缓存锁通过缓存一致性协议来保证缓存的一致性，不同的 CPU 类型支持的缓存一致性协议也有区别，比如 MSI、MESI、MOSI、MESIF 协议等，比较常见的是 MESI（Modified Exclusive Shared Or Invalid）协议。

具体来说，MESI 协议表示缓存行的四种状态，分别是：

- **M（Modify）**，表示共享数据只缓存在当前 CPU 缓存中，并且是被修改状态，缓存的数据和主内存中的数据不一致。
- **E（Exclusive）**，表示缓存的独占状态，数据只缓存在当前 CPU 缓存中，并且没有被修改。
- **S（Shared）**，表示数据可能被多个 CPU 缓存，并且各个缓存中的数据和主内存数据一致。
- 4.**I（Invalid）**，表示缓存已经失效。

这四种状态会基于 CPU 对缓存行的操作而产生转移，所以 MESI 协议针对不同的状态添加了不同的监听任务。

- 如果一个缓存行处于 M 状态，则必须监听所有试图读取该缓存行对应的主内存地址的操作，如果监听到有这类操作的发生，则必须在该操作执行之前把缓存行中的数据写回主内存。
- 如果一个缓存行处于 S 状态，那么它必须要监听使该缓存行状态设置为 Invalid 或者对缓存行执行 Exclusive 操作的请求，如果存在，则必须要把当前缓存行状态设置为 Invalid。
- 如果一个缓存行处于 E 状态，那么它必须要监听其他试图读取该缓存行对应的主内存地址的操作，一旦有这种操作，那么该缓存行需要设置为 Shared。

这个监听过程是基于 CPU 中的 Snoopy 嗅探协议来完成的，该协议要求每个 CPU 缓存都可以监听到总线上的数据事件并做出相应的反应，具体的通信原理如图 3-6 所示，所有 CPU 都会监听地址总线上的事件，当某个处理器发出请求时，其他 CPU 会监听到地址总线的请求，根据当前缓存行的状态及监听的请求类型对缓存行状态进行更新。

为了让大家更好地理解 MESI 协议的工作原理，我们在本书配套源码的 concurrent-chapter-3 模块的 resource 目录下放了一个针对 MESI 状态变更的动画，读者可以下载下来演示。

在基于嗅探协议实现缓存一致性的过程中涉及的消息类型如图 3-7 所示，CPU 根据不同的消息类型进行不同的处理，以实现缓存的一致性。

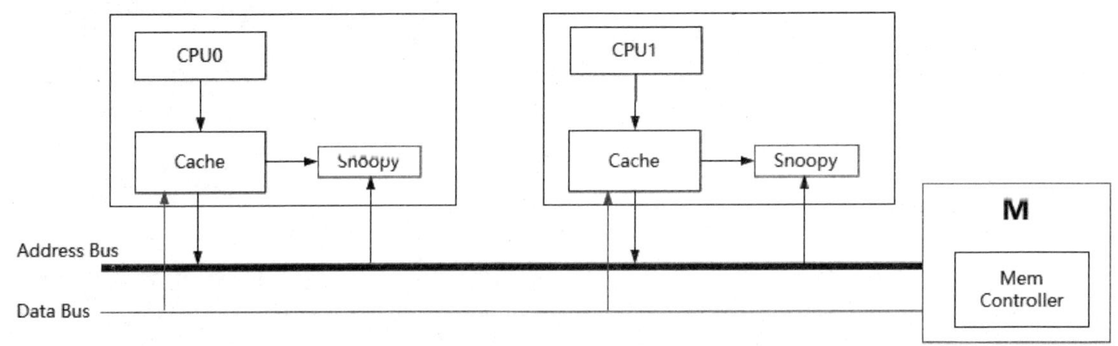

图 3-6 CPU 通信原理

消息名	消息类型	描述
Read	请求	该消息包含待读取的 Cache Line 的物理地址，也就是说通知其他处理器，当前处理器准备读取某个数据
Read Response	响应	该消息包含被请求的读取数据，这个消息可能是主内存返回的，也可能是嗅探到 Read 消息的其他处理器的 Cache Line 提供的，该消息究竟来自哪里取决于嗅探到 Read 消息的 Cache 中缓存行的状态
Invalidate	请求	通知其他处理器将其高速缓存中指定内存地址对应的缓存行状态置为 Invalid，也就是说通知其他处理器将指定缓存行的数据删除
Invalidate Acknowledge	响应	当 CPU 接收 Invalidate 消息时，必须回复 Invalidate Acknowledge，以表示删除了其高速缓存上的相应副本数据
Read Invalidate	请求	它是一个由 Read 消息和 Invalidate 消息组合而成的复合消息，作用是通知其他处理器，发送该消息的处理器准备更新一个数据，请求其他处理器删除其高速缓存中相应的副本数据。接收该消息的处理器必须回复两个响应消息——Read Response 和 Invalidate Acknowledge 消息，发送该消息的处理器期望收到一个 Read Response 及多个 Invalidate Acknowledge
Writeback	请求	该消息包含需要写入主内存的数据及其对应的内存地址

图 3-7 消息类型

理解了 MESI 协议的基本原理之后，我们通过一个简图来了解一下 MESI 协议是如何协助处理器来实现缓存一致性的。

如图 3-8 所示，当单个 CPU 从主内存中读取一个数据保存到高速缓存中时，具体的流程是，CPU0 发出一条从内存中读取 x 变量的指令，主内存通过总线返回数据后缓存到 CPU0 的高速缓存中，并且设置该缓存状态为 E。

如图 3-9 所示，此时如果 CPU1 同样发出一条针对 x 的读取指令，那么当 CPU0 检测到缓存地址冲突时就会针对该消息做出响应，将缓存在 CPU0 中的 x 的值通过 Read Response 消息返回给 CPU1，此时 x 分别存在于 CPU0 和 CPU1 的高速缓存中，所以 x 的状态被设置为 S。

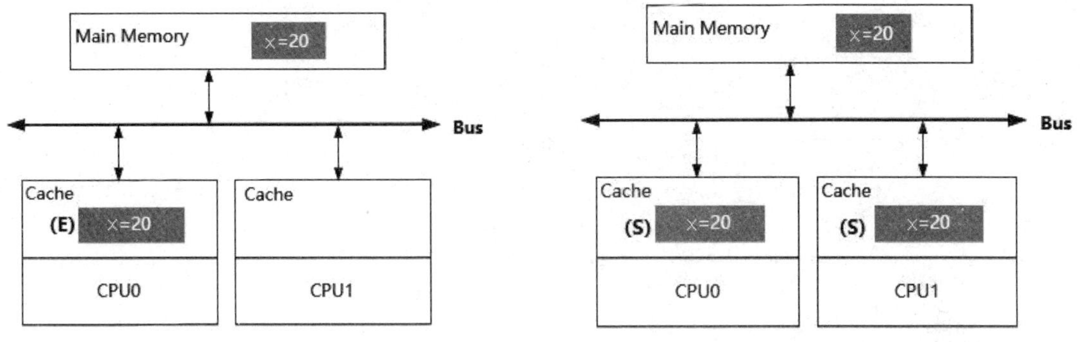

图 3-8　单个 CPU 读取内存数据　　图 3-9　多个 CPU 同时读取相同的数据

然后，CPU0 把 x 变量的值修改成 x=30，把自己的缓存行状态设置为 E。接着，把修改后的值写入内存中，此时 x 的缓存行是共享状态，同时需要发送一个 Invalidate 消息给其他缓存，CPU1 收到该消息后，把高速缓存中的 x 置为 Invalid 状态，最终得到如图 3-10 所示的结构。

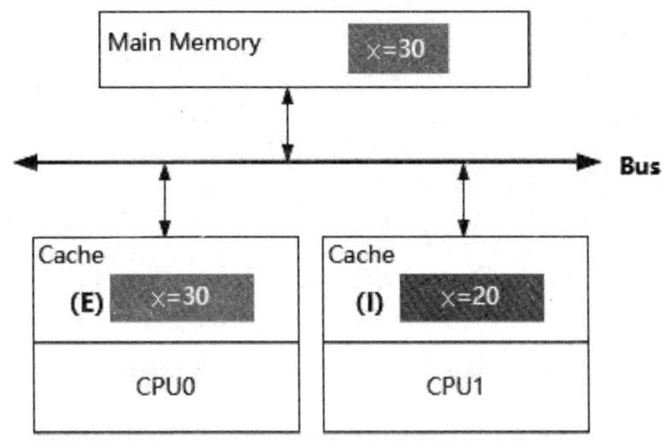

图 3-10　缓存行修改

3.2.4　总结可见性问题的本质

至此，我们基本上理解了部分可见性问题的本质，CPU 高速缓存的设计导致了缓存一致性问题，为了解决这一问题，开发者在 CPU 层面提供了总线锁和缓存锁的机制。

总线锁和缓存锁通过 Lock#信号触发，如果当前 CPU 支持缓存锁，则不会在总线上声明 Lock#信号，而是基于缓存一致性协议来保证缓存的一致性。如果 CPU 不支持缓存锁，则会在总线上声明 Lock#信号锁定总线，从而保证同一时刻只允许一个 CPU 对共享内存的读写操作。缓存一致性保证如图 3-11 所示。

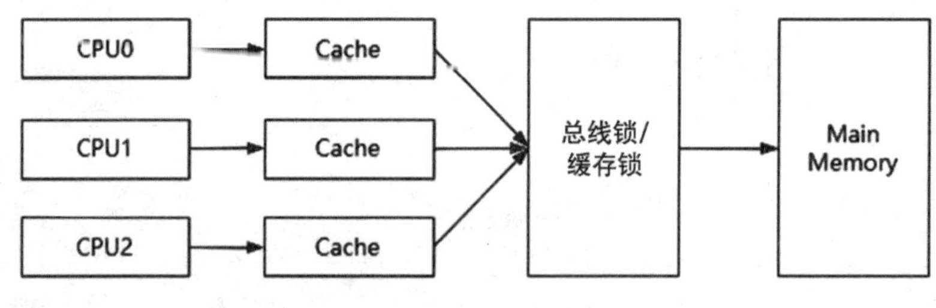

图 3-11　缓存一致性保证

3.3　volatile 如何解决可见性问题

下面我们来看一下 volatile 是如何解决可见性问题的呢？如果我们针对 stop 字段增加 volatile 关键字：

```
public static volatile boolean stop=false;
```

然后，使用 hsdis 工具获取 JIT 编译器生成的汇编指令来查看 volatile 写操作带来的影响和变化。

接着，设置 JVM 运行时参数：

```
-server -Xcomp -XX:+UnlockDiagnosticVMOptions -XX:+PrintAssembly -XX:CompileCommand =
compileonly,*VolatileExample.*
```

得到的结果如下：

```
0x00000000036864f3: lock add dword ptr [rsp],0h  ;*putstatic stop
                                                ; - org.example.VolatileExample::<clinit>@1 (line 10)
```

从上述结果中我们发现，在 main 线程中修改 stop 变量的值时，在修改命令前面会增加一个 Lock#信号，这使得基于缓存锁/总线锁的方式达到一致性，从而保证结果的可见。

关于 hsdis 工具的使用方法，笔者上传到本书配套的代码 concurrent-chapter-3 模块下的 resouce 目录中，感兴趣的读者可以自己学习。

导致可见性问题的根本原因的分析到这里并没有结束，因为除高速缓存带来的可见性问题外，指令重排序也会导致可见性问题。

3.4　指令重排序导致的可见性问题

什么是指令重排序呢？为了更加直观地理解，笔者还是通过一个案例来说明。

```
public class MemoryReorderingExample {
    private static int x=0,y=0;
    private static int a=0,b=0;
    public static void main(String[] args) throws InterruptedException {
        int i=0;
        while(true){
            i++;
            x=0;y=0;
            a=0;b=0;
            Thread t1=new Thread(()->{
                a=1;
                x=b;
            });
            Thread t2=new Thread(()->{
                b=1;
                y=a;
            });
            t1.start();
            t2.start();
            t1.join();
            t2.join();
            String result="第"+i+"次("+x+","+y+")";
            if(x==0&&y==0){
                System.out.println(result);
                break;
            }
        }
    }
}
```

上面这段程序的逻辑如下：

- 定义四个 int 类型的变量，初始化都为 0。
- 定义两个线程 t1、t2，t1 线程修改 a 和 x 的值，t2 线程修改 b 和 y 的值，分别启动两个线程。
- 正常情况下，x 和 y 的值，会根据 t1 和 t2 线程的执行情况来决定。
    - 如果 t1 线程优先执行，那么得到的结果是 x=0、y=1。
    - 如果 t2 线程优先执行，那么得到的结果是 x=1、y=0。
    - 如果 t1 和 t2 线程同时执行，那么得到的结果是 x=1、y=1。

我们来看一下运行结果：

```
第 136164 次(0,0)
```

读者看到这个结果是不是大吃一惊？在运行了 13 万次之后，竟然得到一个 x=0、y=0 的结果。

其实这就是所谓的指令重排序问题，假设上面的代码通过指令重排序之后，变成下面这种结构：

```
Thread t1=new Thread(()->{
    x=b; //指令重排序
    a=1;
});
Thread t2=new Thread(()->{
    y=a; //指令重排序
    b=1;
});
```

经过重排序之后，如果 t1 和 t2 线程同时运行，就会得到 x=0、y=0 的结果，这个结果从人的视角来看，就有点类似于 t1 线程中 a=1 的修改结果对 t2 线程不可见，同样 t2 线程中 b=1 的执行结果对 t1 线程不可见。

3.4.1 什么是指令重排序

指令重排序是指编译器或 CPU 为了优化程序的执行性能而对指令进行重新排序的一种手段，重排序会带来可见性问题，所以在多线程开发中必须要关注并规避重排序。

从源代码到最终运行的指令，会经过如下两个阶段的重排序。

第一阶段，编译器重排序，就是在编译过程中，编译器根据上下文分析对指令进行重排序，目的是减少 CPU 和内存的交互，重排序之后尽可能保证 CPU 从寄存器或缓存行中读取数据。在前面分析 JIT 优化中提到的循环表达式外提(Loop Expression Hoisting)就是编译器层面的重排序，从 CPU 层面来说，避免了处理器每次都去内存中加载 stop，减少了处理器和内存的交互开销。

```
if(!stop){
    while(true){
        i++;
    }
}
```

第二阶段，处理器重排序，处理器重排序分为两个部分。

- 并行指令集重排序，这是处理器优化的一种，处理器可以改变指令的执行顺序。
- 内存系统重排序，这是处理器引入 Store Buffer 缓冲区延时写入产生的指令执行顺序不一致的问题，在后续内容中会详细说明。

为了帮助读者理解，笔者专门针对并行指令集的原理做一个简单的说明。

什么是并行指令集？在处理器内核中一般会有多个执行单元，比如算术逻辑单元、位移单元等。在引入并行指令集之前，CPU 在每个时钟周期内只能执行单条指令，也就是说只有一个执行单元在工作，其他执行单元处于空闲状态；在引入并行指令集之后，CPU 在一个时钟周期内可以同时分配多条指令在不同的执行单元中执行。

那么什么是并行指令集的重排序呢？如图 3-12 所示，假设某一段程序有多条指令，不同指令的执行实现也不同。对于一条从内存中读取数据的指令，CPU 的某个执行单元在执行这条指令并等到返回结果之前，按照 CPU 的执行速度来说它足够处理几百条其他指令，而 CPU 为了提高执行效率，会根据单元电路的空闲状态和指令能否提前执行的情况进行分析，把那些指令地址顺序靠后的指令提前到读取内存指令之前完成。

实际上，这种优化的本质是通过提前执行其他可执行指令来填补 CPU 的时间空隙，然后在结束时重新排序运算结果，从而实现指令顺序执行的运行结果。

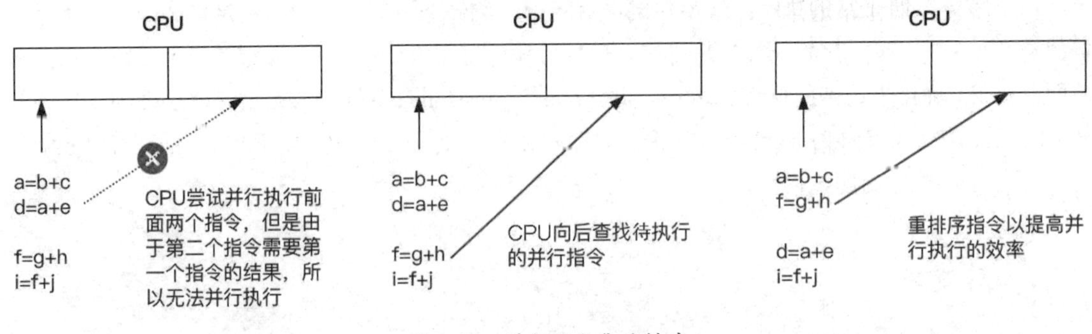

图 3-12　并行指令集重排序

3.4.2　as-if-serial 语义

as-if-serial 表示所有的程序指令都可以因为优化而被重排序，但是在优化的过程中必须要保证是在单线程环境下，重排序之后的运行结果和程序代码本身预期的执行结果一致，Java 编译器、CPU 指令重排序都需要保证在单线程环境下的 as-if-serial 语义是正确的。

可能有些读者会有疑惑，既然能够保证在单线程环境下的顺序性，那为什么还会存在指令重排序呢？在 JSR-133 规范中，原文是这么说的。

> The compiler, runtime, and hardware are supposed to conspire to create the illusion of **as-if-serial** semantics, which means that in a single-threaded program, the program should not be able to observe the effects of reorderings.However, reorderings can come into play in incorrectly synchronized multithreaded programs, where one thread is able to observe the effects of other threads, and may be able to detect that variable accesses become visible to other threads in a different order than executed or specified in the program.

as-if-serial 语义允许重排序，CPU 层面的指令优化依然存在。在单线程中，这些优化并不会影响整体的执行结果，在多线程中，重排序会带来可见性问题。

另外，为了保证 as-if-serial 语义是正确的，编译器和处理器不会对存在依赖关系的操作进行指令重排序，因为这样会影响程序的执行结果。我们来看下面这段代码。

```
public void execute(){
    int x=10;  //1
    int y=5;   //2
    int c=x+y; //3
}
```

上述代码按照正常的执行顺序应该是 1、2、3，在多线程环境下，可能会出现 2、1、3 这样的执行顺序，但是一定不会出现 3、2、1 这样的顺序，因为 3 与 1 和 2 存在数据依赖关系，一旦重排序，就无法保证 as-if-serial 语义是正确的。

至此，相信读者对指令重排序导致的可见性问题有了一个基本的了解，但是在 CPU 层面还存在内存系统重排序问题，内存系统重排序也会导致可见性问题，下面笔者围绕这个问题做一个详细的分析。

3.5　从 CPU 层面深度剖析指令重排序的本质

在本节中，我们主要围绕 CPU 内存系统重排序的原理进行分析。

我们知道，CPU 通过引入高速缓存来提升其利用率，并且基于缓存一致性协议来保证缓存的一致性，但是缓存一致性协议会影响 CPU 的使用率。

如图 3-13 所示，假设存在一个 S 状态的缓存行（就是说 CPU0 和 CPU1 共享同一个缓存行），如果 CPU0 对这个缓存进行修改，那么 CPU0 需要发送一个 Invalidate 消息到 CPU1，在等待 CPU1 返回 Acknowledgement 消息之前，CPU0 一直处于空闲状态。

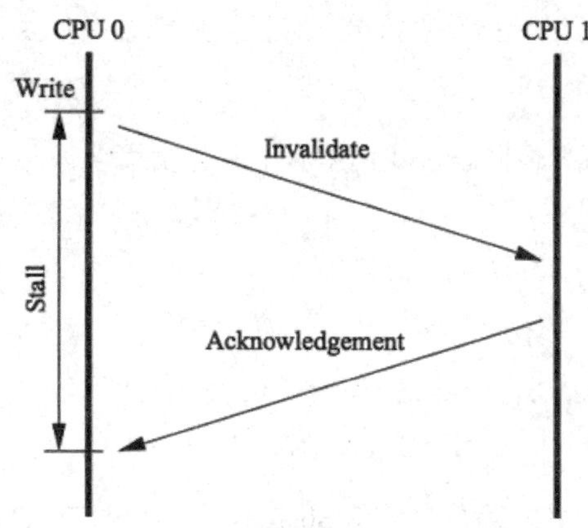

图 3-13　MESI 缓存一致性协议

为了减少这种缓存一致性协议带来的 CPU 闲置问题，开发者在 CPU 层面设计了一个 Store Buffers。

3.5.1　CPU 优化——Store Buffers

Store Buffers 的出现是为了防止缓存一致性协议导致的不必要的 CPU 阻塞，所以在每个 CPU

缓存行之间增加了一个 Store Buffers，如图 3-14 所示。

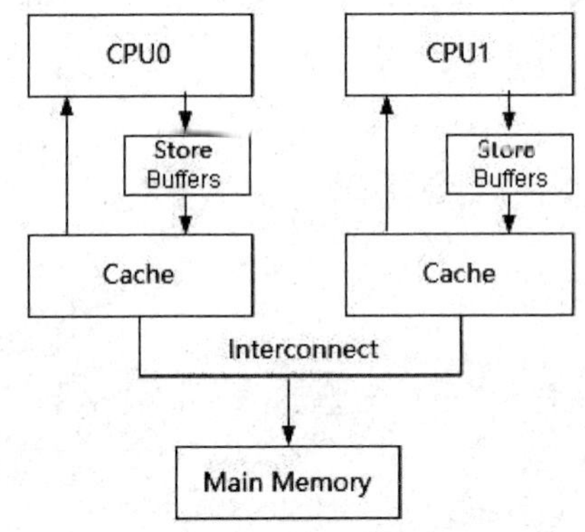

图 3-14　Store Buffers

在 CPU 中引入 Store Buffers 的设计后，CPU0 会先发送一个 Invalidate 消息给其他包含该缓存行的 CPU1，并把当前修改的数据写入 Store Buffers 中，然后继续执行后续的指令。等收到 CPU1 的 Acknowledgement 消息后，CPU0 再把 Store Buffers 移到缓存行中。

这种优化的思想有点类似于我们在实际项目开发中的异步化思维方式，Store Buffers 就像一个流量削峰的异步队列，CPU 可以把指令直接放在该队列中继续往后执行，从而减少缓存同步导致的 CPU 性能损耗。

但是这种优化方式存在可见性问题，我们来看下面这段代码。

```
a = 1;
b = a + 1;
assert(b == 2);
```

从理论上来说，assert(b==2)断言的结果一定是 true，但是实际上可能会得到一个 false 的结果，我们基于 Store Buffers 具体来分析一下产生的原因。

如图 3-15 所示，假设 a 变量的缓存状态是 Shared，并且缓存在 CPU1 及其他 CPU 核心上，此时 CPU0 开始执行 a=1 指令，具体流程分析如下。

第一步，CPU0 执行 a=1 指令，此时 a 不存在于 CPU0 的缓存中，但是在其他 CPU 缓存中它是 Shared 状态，所以 CPU0 会发送一个 MESI 协议消息 read invalidate 给 CPU1，试图从其他缓存了该变量的 CPU 中读取 a 的值，并且使得其他 CPU 中 a 的缓存行失效。

第二步，CPU0 把 a=1 写入 Store Buffers。

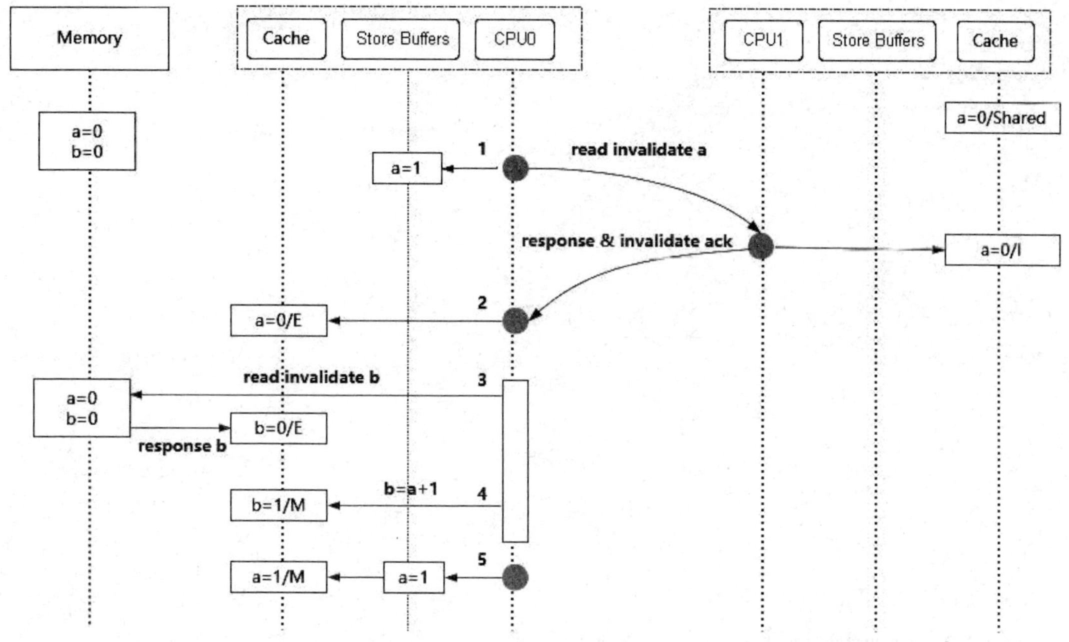

图 3-15　Store Buffers 导致的可见性问题

第三步，CPU1 收到 read invalidate 消息后，返回 Read Response（在 CPU1 缓存行中的值 a=0）和 Invalidate Acknowledge（让 CPU1 中 a=0 的缓存行失效变成 Invalid 状态）。

第四步，由于 Store Buffers 的存在，CPU0 在等待 CPU1 返回之前，继续往下执行 b=a+1 指令。此时 Cache Line 中还没有加载 b，于是发出 read invalidate 消息，从内存加载 b=0。

第五步，CPU0 收到 Read Resposne，更新 CPU0 的缓存行（a=0），接着 CPU0 从缓存行中加载 a=0 的值，完成 b=a+1 的计算，此时 b 的结果为 0。

第六步，接着 CPU0 将 Store Buffers 中 a=1 的值同步到缓存行中。

第七步，CPU0 最后执行 assert(b==2)，断言失败。

从上述流程分析可以发现，导致可见性问题的根本原因在于这里的 a 变量，同时存在于缓存行及 Store Buffers 中，这两个位置的值不同使得最终运行的结果产生了问题。而这个问题会影响软件的预期执行结果，所以硬件工程师们继续优化，引入了 Store Forwarding 机制。

3.5.2　CPU 优化——Store Forwarding

Store Forwarding 是指每个 CPU 在加载数据之前，会先引用当前 CPU 的 Store Buffers，也就

是说支持将 CPU 存入 Store Buffers 的数据传递给后续的加载操作，而不需要经过 Cache，如图 3-16 所示。

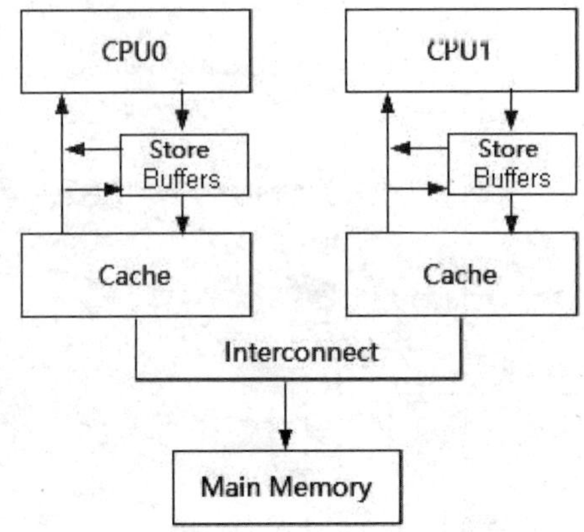

图 3-16　Store Forwarding

CPU0 在计算 b=a+1 指令时，会从缓存行中加载 a 的值，在引入 Store Forwarding 机制之后，CPU0 会直接从 Store Buffers 中加载数据，而在 Store Buffers 中 a=1，所以最终能够保证结果是 2。

这个方法似乎完美地解决了 CPU 利用率及可见性问题，但实际上并非如此，我们继续来看一个例子。

```
int a=0,b=0;
executeToCPU0(){
    a=1;
    b=1;
}
executeToCPU1(){
    while(b==1){
        assert(a==1);
    }
}
```

这段代码初始化了两个变量 a 和 b，初始值都为 0，假设 CPU0 执行 executeToCPU0()方法，CPU1 执行 executeToCPU1()方法，并且 a 存在于 CPU1 的高速缓存中，b 存在于 CPU0 的高速缓存中，a 和 b 都是 Execution 状态。上述程序可能会出现 b==1 返回 true 的结果，但是 assert(a==1)断言失败。为什么会产生这样的问题呢？我们来看一下图 3-17。

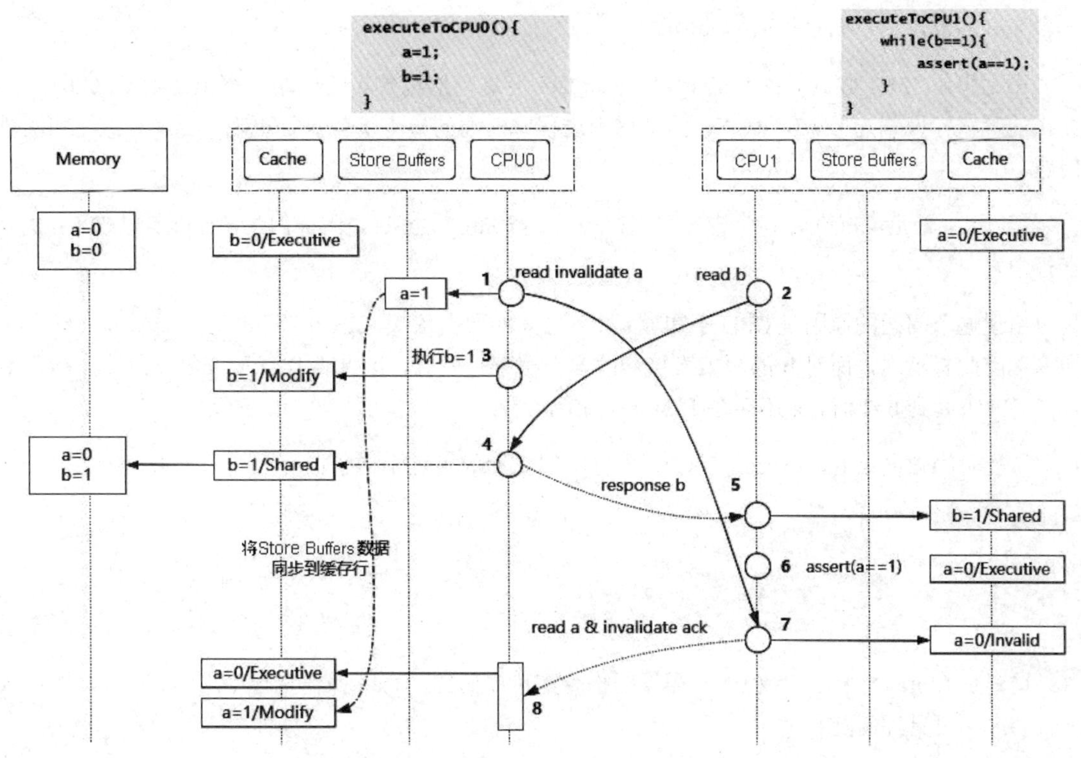

图 3-17　多线程环境下 Store Buffers 的可见性问题

具体流程分析如下。

第一步，CPU0 执行 a=1 指令，a 是独占状态且 a 不存在于 CPU0 的缓存行中，因此 CPU0 把 a=1 写入 Store Buffers 中并发送 MESI 协议消息 read invalidate 给 CPU1。

第二步，接着 CPU1 执行 while(b==1)，同样 CPU1 的缓存行中没有 b 变量的缓存，所以 CPU1 发出一个 MESI 协议消息 read invalidate 给 CPU0。

第三步，CPU0 执行 b=1 指令，而 b 变量存在于 CPU0 的缓存行中，也就是说缓存行处于 modified 或 exclusive 状态。因此直接把 b=1 的值写入缓存行中。

第四步，此时，CPU0 收到 CPU1 发来的 read invalidate 消息，将缓存行中的 b=1 返回给 CPU1，并修改该缓存行状态为 Shared。

第五步，CPU1 收到包含 b 的缓存行，将其保存到 CPU 的高速缓存中，状态为 Shared。

第六步，获取 b=1 的值之后，CPU1 可以继续执行 assert(a==1)指令，此时 CPU1 的缓存行中包含 a=0 的值，所以断言返回为 false。

第七步，CPU1 收到 CPU0 的 read invalidate 消息，把包含 a=0 的缓存行返回给 CPU0，并且让当前缓存行设置为 Invalid 状态，但是这个过程比前面的异步步骤执行更晚，已经导致了可见性问题。

第八步，最后 CPU0 收到包含 a 的缓存行后，把 Store Buffers 中 a=1 的结果同步到 CPU0 的缓存行中。

出现这个问题的原因是 CPU 不知道 a 和 b 之间的数据依赖，CPU0 对 a 的写入需要和其他 CPU 通信，因此有延迟，而对 b 的写入直接修改本地缓存行就行，因此 b 比 a 先在缓存行中生效，导致当 CPU1 读到 b=1 时，a 还存在于 Store Buffers 中。

从代码的角度来看，executeToCPU0()方法似乎变成了这个样子：

```
executeToCPU0(){
    b=1;
    a=1;
}
```

这就是 Store Buffers 导致 Read 操作的指令重排序问题，Read 操作重排序之后，在多线程环境下就会产生可见性问题。

3.5.3 CPU 优化——Invalidate Queues

Store Buffers 的存在确实更进一步提升了 CPU 的利用率，但是 Store Buffers 本身的存储容量是有限的，在当前 CPU 的所有写入操作都存在缓存未命中的情况时，就会导致 Store Buffers 很容易被填充满。被填满之后，必须要等到 CPU 返回 Invalidate Acknowledge 消息，Store Buffers 中对应的指令才能被清理，而这个过程 CPU 必须要等待，无论该 CPU 中后续指令是否存在缓存未命中的情况。

当前 CPU 之所以要等待 Invalidate Acknowledge 返回后才去清理指令，是因为 CPU 必须要确保缓存的一致性。但是如果收到 Invalidate 消息的 CPU 此时处于繁忙状态，那么会导致 Invalidate Acknowledge 消息返回延迟。我们发现，该 CPU 在发送 Invalidate Acknowledge 消息之前，并不需要立刻使缓存行失效，反过来，我们也可以按照 Store Buffers 的设计理念，增加一个 Invalidate Queues，用于存储让缓存行失效的消息。也就是说，CPU 收到 Invalidate 消息时，把让该缓存行失效的消息放入 Invalidate Queues，然后同步返回一个 Invalidate Acknowledge 消息。这样就大大缩短了响应的时间，整体设计如图 3-18 所示。

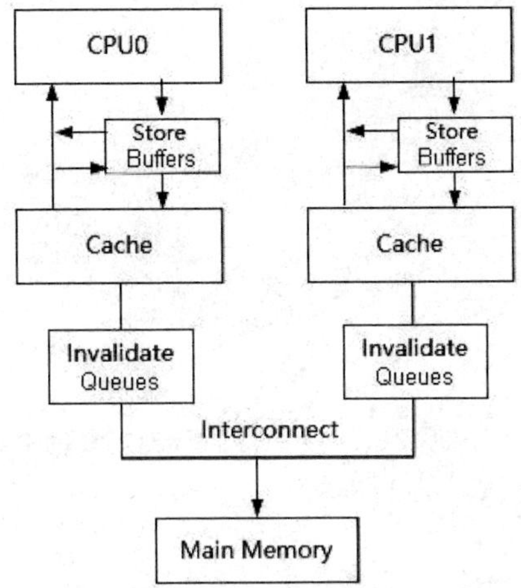

图 3-18　Invalidate Queues 设计

增加 Invalidate Queues 的优化之后，CPU 发出的 Invalidate 消息能够很快得到其他 CPU 发送的 Invalidate Acknowledge 消息，从而加快了 Store Buffers 中指令的处理效率，减少了 CPU 因此导致的阻塞问题。但是，Invalidate Queues 存在会导致 CPU 内存系统的 Write 操作的重排序问题，下面我们来分析一种可能存在的情况，代码如下。

```
int a=0,b=0;
executeToCPU0(){
    a=1;
    b=1;
}
executeToCPU1(){
    while(b==1){
        assert(a==1);
    }
}
```

如图 3-19 所示，仍然假设 a、b 的初始值为 0，a 在 CPU0、CPU1 中均为 Shared 状态，b 在 CPU0 中属于 Exclusive 状态，CPU0 执行 executeToCPU0()方法，CPU1 执行 executeToCPU1()方法，最终的结果仍然是 assert(a==1)返回 false。

具体流程分析如下。

第一步，CPU0 执行 a=1，而 a 的缓存行处于共享状态，所以 CPU0 需要把 a=1 的指令保存到 Store Buffers 中，并且发送一个 Invalidate 的 MESI 协议消息给 CPU1。

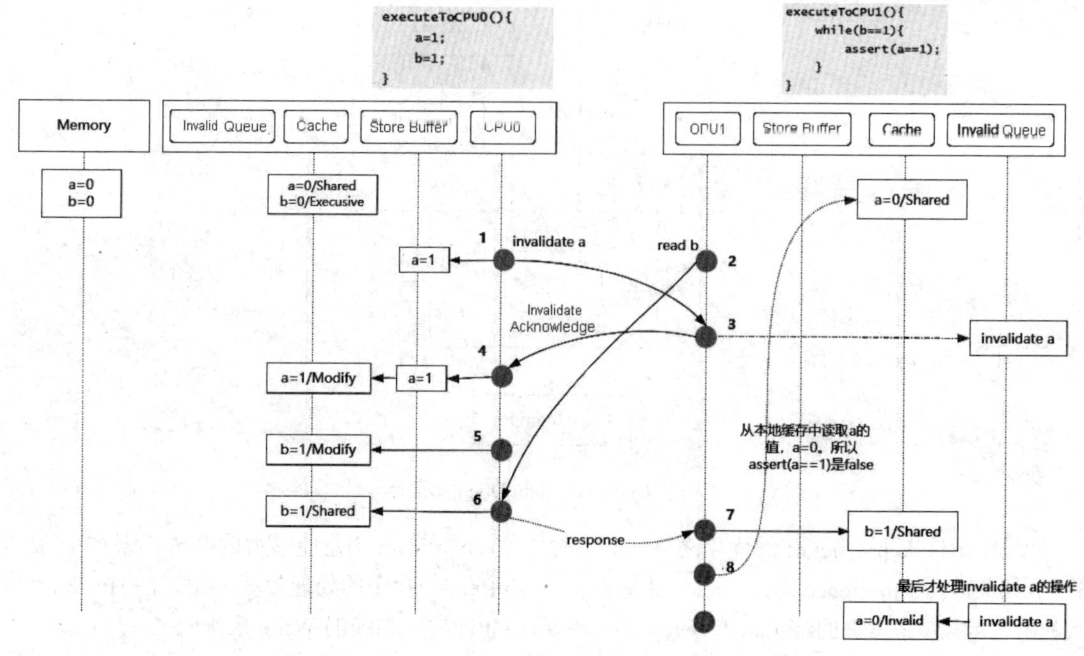

图 3-19　Invalidate Queues 导致的可见性问题

第二步，CPU1 执行 while(b==1)指令，但是 b 并不存在于 CPU1 的缓存行中，因此发送一个 Read 的 MESI 协议消息。

第三步，CPU1 收到 CPU0 的 invalidate 消息，并把该消息放入 Invalidate Queue 中，然后返回一个 Invalidate Acknowledge。

第四步，CPU0 收到 CPU1 的返回消息，把 a=1 放到 CPU0 的缓存行中。

第五步，CPU0 执行 b=1，而 b 此时是独占状态，并且存在于 CPU0 的高速缓存中，所以直接修改缓存行中 b 的值，此时在 CPU0 的缓存行中 b=1。

第六步，CPU0 收到 CPU1 的 Read 消息，于是从缓存行中把 b=1 的结果返回给 CPU1，CPU1 收到结果后把 b=1 保存到缓存行中，并且变更 b 的状态为 Shared。

第七步，此时 CPU1 中 b==1 成立，继续执行 assert(a==1)指令，由于 a=1 这个指令修改后，CPU1 收到 Invalidate 消息并没有立即处理，而是放入 Invalidate Queues 中，因此，此时 CPU1 读取的 a 仍然是旧的值 0，导致断言失败。

第八步，CPU1 这时才处理 Invalid Queues 中的消息，把包含 a 的缓存行设置为 Invalid 状态。

总的来说，断言失败的根本原因是：CPU1 在读取 a 的缓存行时，没有先处理 Invalidate Queues 中的缓存行的失效操作。Invalidate Queues 的优化和 Store Buffers 的优化会分别带来 Store 和 Load 指令的内存系统重排序，最终导致可见性问题。

3.6　通过内存屏障解决内存系统重排序问题

CPU 本身只是一个工具，它主要用于接收和执行指令，并不清楚什么时候应该优化，什么时候不应该优化，因此 CPU 设计者们提供了一个内存屏障指令，开发者可以在合适的位置插入内存屏障指令，相当于告诉 CPU 指令之间的关系，避免 CPU 内存系统重排序问题的发生。

3.6.1　内存屏障详解

大多数处理器都会提供以下内存屏障指令，在 x86 指令中的内存屏障如下。

- 读屏障指令（lfence），将 Invalidate Queues 中的指令立即处理，并且强制读取 CPU 的缓存行。执行 lfence 指令之后的读操作不会被重排序到执行 lfence 指令之前，这意味着其他 CPU 暴露出来的缓存行状态对当前 CPU 可见。
- 写屏障指令（sfence），它会把 Store Buffers 中的修改刷新到本地缓存中，使得其他 CPU 能够看到这些修改，而且在执行 sfence 指令之后的写操作不会被重排序到执行 sfence 指令之前，这意味着执行 sfence 指令之前的写操作一定要全局可见（内存可见性及禁止重排序）。
- 读写屏障指令（mfence），相当于 lfence 和 sfence 的混合体，保证 mfence 指令执行前后的读写操作的顺序，同时要求执行 mfence 指令之后的写操作的结果全局可见，执行 mfence 指令之前的写操作结果全局可见。

注意，lock 指令用来修饰当前指令操作，保证该指令的原子性，该指令自带 mfence 屏障的效果。也就是说，任何带有 lock 前缀的指令都会有内存屏障的作用。在常见的 X86CPU 架构下，通常使用 lock 指令前缀加上一个空操作来实现内存屏障。

在不同的应用中，为了防止 CPU 的指令重排序，必然会使用到 CPU 提供的内存屏障指令。在 Linux 系统的内核中，这三种指令分别封装成 smp_mb()、smp_rmb()和 smp_wmb()方法，以下是最新的 Linux 5.12.9 内核代码中 barrier.h 文件中的关于内存屏障的定义。

```
#define dma_rmb()  barrier()
#define dma_wmb()  barrier()
#ifdef CONFIG_X86_32
#define __smp_mb() asm volatile("lock; addl $0,-4(%%esp)" ::: "memory", "cc")
#else
```

```
#define __smp_mb() asm volatile("lock; addl $0,-4(%%rsp)" ::: "memory", "cc")
#endif
#define __smp_rmb()dma_rmb()
#define __smp_wmb()barrier()
```

上述方法表示在多处理器环境下可以调用内存屏障方法。

- _smp_mb()是全屏障，基于lock指令来实现，该lock指令和前文提到的lock指令是同一个，它有两个作用。
    - 声明 lock 指令后，在多处理器环境下，通过总线锁/缓存锁机制来保证执行指令的原子指令。
    - lock 指令隐含了一个内存屏障的语义，也就是说，修饰了 lock 指令的数据能够避免 CPU 内存重排序问题。
- _smp_wmb()是通过 barrier()方法实现写屏障方法的，它是一个编译器重排序的宏定义，实现代码如下。

  ```
  #define barrier() __asm__ __volatile__("":::"memory")
  ```

  barrier()方法只约束 gcc 编译器防止编译重排序，而不约束 CPU 的行为，它会告诉编译器内存的变量值发生了变化，之前存储在寄存器及缓存中的变量副本无效，需要通过内存访问保证数据的实时性，也就是说它能够保证_smp_wmb()屏障之前的指令全局可见，避免写操作的指令重排序问题。
- _smp_rmb()是一个读屏障指令封装方法，它也是通过 barrier()方法来实现的。

在 barrier.h 文件中，开发者还提供了多处理器和单处理器都适用的内存屏障方法，代码如下。

```
#ifdef CONFIG_X86_32
#define mb() asm volatile(ALTERNATIVE("lock; addl $0,-4(%%esp)", "mfence", \
                     X86_FEATURE_XMM2) ::: "memory", "cc")
#define rmb() asm volatile(ALTERNATIVE("lock; addl $0,-4(%%esp)", "lfence", \
                      X86_FEATURE_XMM2) ::: "memory", "cc")
#define wmb() asm volatile(ALTERNATIVE("lock; addl $0,-4(%%esp)", "sfence", \
                      X86_FEATURE_XMM2) ::: "memory", "cc")
#else
#define mb()   asm volatile("mfence":::"memory")
#define rmb()  asm volatile("lfence":::"memory")
#define wmb()  asm volatile("sfence" ::: "memory")
#endif
```

CONFIG_X86_32 的意思是，这可能是一个 32 位的 x86 架构的系统，也可能是一个 64 位的 X86 架构的系统，根据 32 位或者 64 位分别定义了内存屏障方法 mb()、rmb()和 wmb()。可以看到在 64 位的系统中，针对这三个内存屏障方法，分别用到了 CPU 提供的内存屏障指令 mfence、lfence 和 sfence。

在 JVM 中，开发者提供了四种类型的内存屏障，代码如下（具体的原理后续会详细分析）。

```
inline void OrderAccess::loadload()   { acquire(); }
inline void OrderAccess::storestore() { release(); }
inline void OrderAccess::loadstore()  { acquire(); }
inline void OrderAccess::storeload()  { fence(); }
```

总的来说，在程序开发中，我们可以调用这些封装好的内存屏障方法，防止读操作和写操作的指令重排序导致的可见性问题。

3.6.2　通过内存屏障防止重排序

了解了内存屏障指令之后，继续回到前面（3.5.3 节）导致可见性问题的代码，在 1、2 两个位置分别添加 smp_wmb()和 smp_rmb()方法，代码如下。

```
int a=0,b=0;
executeToCPU0(){
    a=1;
    smp_wmb(); //1
    b=1;
}
executeToCPU1(){
    while(b==1){
        smp_rmb(); //2
        assert(a==1);
    }
}
```

- smp_wmb()方法，触发一个写屏障指令，a=1 的写入操作必须在 b=1 的写入操作之前完成，相当于把 Store Buffers 中的数据刷新到 CPU 本地缓存，这是写屏障的作用。
- smp_rmb()方法，触发一个读屏障指令，CPU 执行 smp_rmb()方法时，会先把当前 Invalidate Queues 中的数据处理掉，再执行屏障后的读取操作，以保证 a 读取的值是最新的。

通过引入这两个屏障，使得使用者在存在数据关系的位置建立顺序关系，从而解决了 Store Buffers 和 Invalidate Queues 导致的问题。

3.6.3 不同 CPU 的重排序规则

对于不同的 CPU 类型，内存屏障的指令也不同，X86 架构的 CPU 采用 lfence/mfence/ sfence 实现内存屏障。在 SPRAC 处理器中，采用#StoreStore/#LoadStore/#StoreLoad/#LoadLoad#等指令来实现内存屏障。但是对开发者来说不需要关心内存屏障，比如在 Linux 中，它封装了 smp_wmb() 一类的内存屏障方法，开发者只需要调用这些方法即可。

另外，对于不同类型的 CPU，Store 和 Load 的重排序情况也不同，如图 3-20 所示，前面四列表示针对不同 CPU 类型是否允许对 Load 和 store 进行重排序，Y 表示允许，空表示不允许。比如在 x86 架构下的 CPU，不允许两个 Load 操作重排序（Loads Recordered After Loades）。第五、六列表示不同类型的 CPU 是否允许使用原子指令对 Load 和 Store 进行重排序。第七列表示是否允许存在依赖关系的 Load 重排序。最后一列表示 CPU 是否有不一致的 Cache。

	Loads Reordered After Loads?	Loads Reordered After Stores?	Stores Reordered After Stores?	Stores Reordered After Loads?	Atomic Instructions Reordered With Loads?	Atomic Instructions Reordered With Stores?	Dependent Loads Reordered?	Incoherent Instruction Cache/Pipeline?
Alpha	Y	Y	Y	Y	Y	Y	Y	Y
AMD64				Y				
ARMv7-A/R	Y	Y	Y	Y	Y	Y		Y
IA64	Y	Y	Y	Y	Y	Y		Y
(PA-RISC)	Y	Y	Y	Y				
PA-RISC CPUs								
POWER™	Y	Y	Y	Y	Y	Y		Y
(SPARC RMO)	Y	Y	Y	Y	Y	Y		Y
(SPARC PSO)			Y	Y		Y		Y
SPARC TSO				Y				Y
x86				Y				Y
(x86 OOStore)	Y	Y	Y	Y				Y
zSeries®				Y				Y

图 3-20 不同 CPU 的内存重排序情况

3.6.4　总结 CPU 层面的可见性问题

基于上述分析我们了解到，导致可见性问题的本质原因是 CPU 层面的不断优化，如图 3-21 所示，从最早的 CPU 高速缓存到 Store Buffers，初衷是提高 CPU 的利用率，但是实际上却由此产生了缓存一致性问题。

为了解决 CPU 的缓存一致性问题，CPU 提供了总线锁、缓存锁的机制，只需要在总线上声明 Lock#信号，CPU 便会增加锁的机制来解决缓存一致性问题。

但是 CPU 对缓存锁的优化还不满足，因此增加了 Store Buffers 机制，进一步提升 CPU 利用率，由此就导致了指令重排序的问题，这种指令重排序最终在程序中的影响就是——线程产生了脏读，也就是所谓的可见性问题。

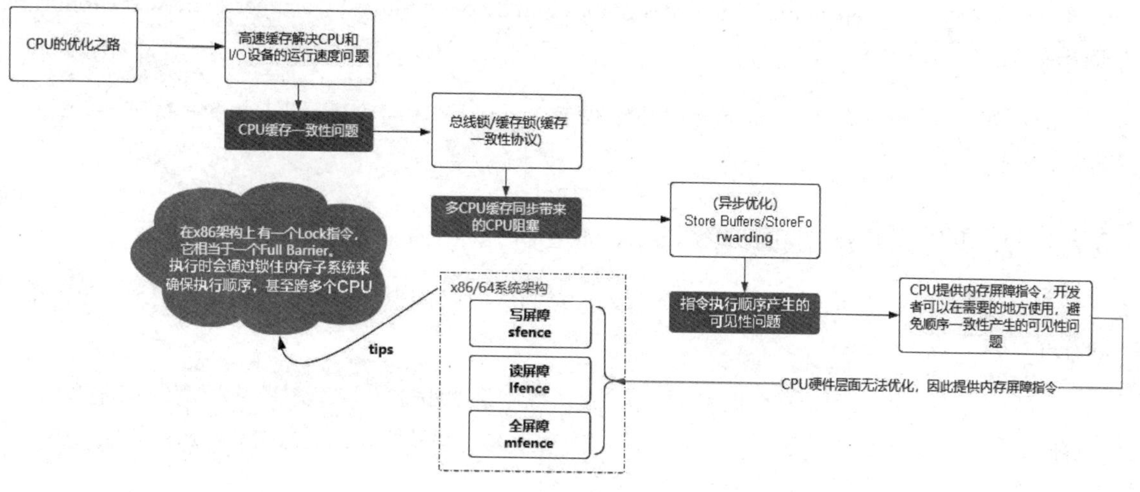

图 3-21　CPU 性能优化

3.7　Java Memory Mode

在多线程环境中导致可见性问题的根本原因是 CPU 的高速缓存及指令重排序，虽然 CPU 层面提供了内存屏障及锁的机制来保证有序性，然而在不同的 CPU 类型中，又存在不同的内存屏障指令。Java 作为一个跨平台语言，必须要针对不同的底层操作系统和硬件提供统一的线程安全性保障，而 Java Memory Mode 就是这样一个模型。

Java Memory Mode 也是一种规范，该规范定义了线程和主内存之间访问规则的抽象关系。

- 每个线程有一个用来存储数据的工作内存（CPU 寄存器/高速缓存的抽象），工作内存保存了主内存（共享内存）中的变量副本，线程对所有变量的操作都是在工作内存中进行的。
- 每个线程之间的工作内存是相互隔离的，数据的变更需要通过主内存来完成。
- 所有变量都存储在主内存中。

注意，Java Memory Mode 和 JVM 的内存结构不是一回事，Java Memory Mode 并不像 JVM 的内存结构一样真实存在，它只是描述了一个线程对共享变量的写操作何时对另外一个线程可见，在 JSR-133:Java Memory Model and Thread Specification 规范中的描述如下。

> A high level, informal overview of the memory model shows it to be a set of rules for when writes by one thread are visible to another thread. Informally, a read r can usually see the value of any write w such that w does not happen-after r and w is not seen to be overwritten by another write w 0 (from r's perspective).
>
> 如果没有一个统一的 Java Memory Mode 规范，那么不同的 JVM 实现可能会导致同一个程序的不正确性。

3.7.1 从 JVM 和硬件层面理解 Java Memory Mode

为了更好地理解 Java Memory Mode 规范，我们从 Java 虚拟机的内存结构切入做一个更详细的分解。

为了让 Java 语言具备跨平台的特性，开发者在操作系统和 Java 程序之间提供了 Java 虚拟机，它屏蔽了和具体操作系统平台有关的信息，使得 Java 程序只需要生成在 JVM 上运行的字节码，就可以在不同平台上运行。JVM 有完善的内存结构，包含堆、栈等空间。

为了更具体地说明 Java 虚拟机的内存结构，我们先构建一个基本的多线程执行的程序。

```
public class JvmExample {
    private int count;
    public static void main(String[] args) throws InterruptedException {
        JvmExample example=new JvmExample();
        Thread t1=new Thread(new RunnerTask(example),"t1");
        Thread t2=new Thread(new RunnerTask(example),"t2");
        t1.start();
        t2.start();
        t1.join();
```

```
        t2.join();
    }
    static class RunnerTask implements Runnable{
        private JvmExample jvmExample;
        public RunnerTask(JvmExample jvmExample){
            this.jvmExample=jvmExample;
        }
        @Override
        public void run() {
            for (int i = 0; i < 1_000_000; i++) {
                jvmExample.count++;
            }
            System.out.println(Thread.currentThread().getName()+":"+jvmExample.count);
        }
    }
}
```

在上述代码中，定义了两个线程访问同一个共享对象 JvmExample 中的 count 变量，并对 count 值做累加，这段代码毫无疑问会出现线程安全问题，我们先来看一下这段代码运行后 Java 虚拟机中内存状态的体现。

如图 3-22 所示，每个线程都有一个私有的栈，线程中的方法调用会在当前栈中创建一个栈帧，而在该栈帧中会保存一些基本数据（类型如 byte、short、char、int、long、float、double 等），这些数据对其他线程不可见。栈帧中的局部变量也有可能是引用类型，方法栈中会保存对象的引用，指向堆空间中的对象地址。

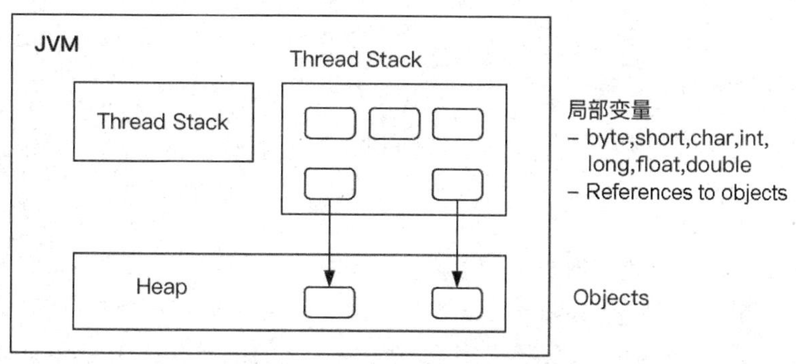

图 3-22　Java 虚拟机的运行时内存

Java 虚拟机的内存结构是在系统内存上分配的一块空间，在系统内存中并不会像 Java 虚拟机那样划分线程栈、堆，JVM 的堆和栈都位于主内存中（也可能位于 CPU 的寄存器和高速缓存中），图 3-23 展示了 JVM 内存结构和硬件内存结构的关系。

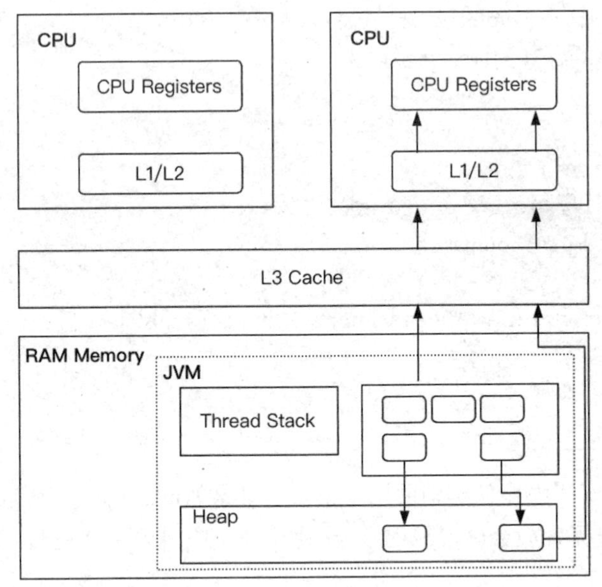

图 3-23 JVM 内存结构和硬件内存结构的关系

从图 3-23 中可以看到，当 CPU 运行线程中的指令时，不管 JVM 的内存结构如何，都会从缓存及主内存中进行数据的交互，这意味着 CPU 层面的指令重排序导致的可见性问题仍然是存在的。

如图 3-24 所示，在 JvmExample 案例中，线程在运行时，对同一个共享变量中的 count 进行累加，那么按照 CPU 层面的执行原理，先从主内存中加载 count 变量的值，再进行计算并写入主内存中，就会导致如下两个问题。

- 线程对共享变量修改的可见性问题（CPU 高速缓存/指令重排序）。
- count++指令在竞争情况下的原子性问题。

前面我们说过，CPU 提供了内存屏障指令，用以解决由重排序导致的可见性问题，但是不同的 CPU 类型提供了不同的指令，Java 作为一个跨平台的语言，必须要针对不同底层操作系统和硬件提供统一的线程安全性保障，所以在 JSR133 中定义了新的 Java Memory Mode 规范，原因有如下两个。

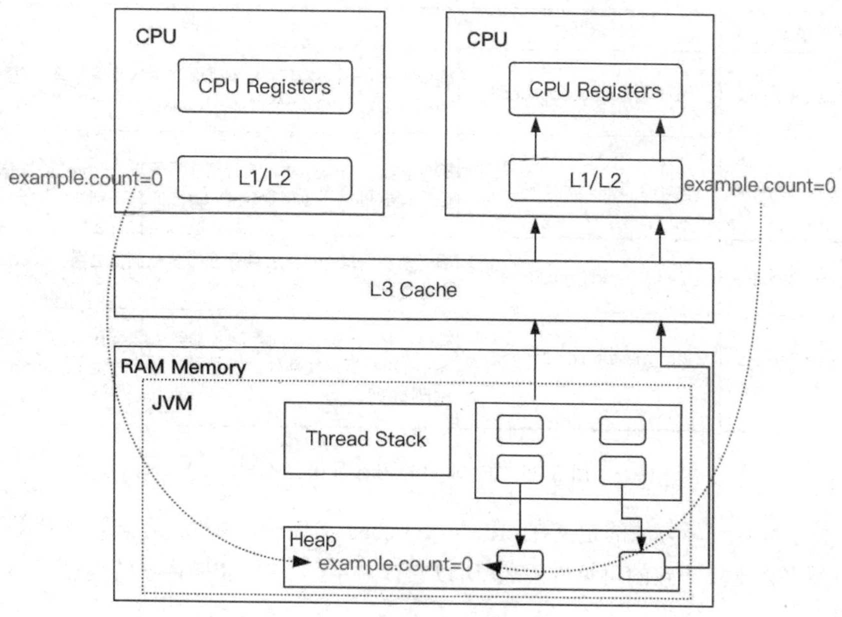

图 3-24　JvmExample 运行情况

- 一方面是为了在不同的 JVM 实现上，都保证统一的可见性保障。
- 另一方面，让开发者知道在什么情况下会存在可见性问题，以及如何保证程序的正确执行。

3.7.2　JVM 提供的内存屏障指令

对于在 Java Memory Model 中可能存在的线程安全性问题，JVM 中定义了禁止指令重排序的方法及监视器锁的规则来解决原子性、可见性、有序性问题，监视器锁就是 synchronized 的功能实现，我们还可以通过 volatile 关键字来禁止指令重排序。

导致指令重排序的问题有编译器重排序、CPU 内存系统重排序和 CPU 并行指令，而 JVM 提供了内存屏障方法来解决这些问题，具体提供了如图 3-25 所示的四种内存屏障方法。

StoreLoad Barriers 相当于一个全屏障（相当于实现了前面三种屏障的效果），它可以防止 Store1 指令在应用到内存之前，Load2 指令从其他 CPU 的缓存行中读取缓存了相同变量的值，保证 Load2 指令加载数据的准确性（这部分内容需要结合 3.5 节中 CPU 优化的内容一起理解）。大多数处理器都支持 StoreLoad 屏障，但同时它也是代价最大的，因为它会把处理器的 Store Buffers 刷新到内存中，并且使 Invalidate Queues 生效。

屏障类型	示例	说明
LoadLoad Barriers	Load1; LoadLoad; Load2	确保在执行Load2及后续加载指令访问数据之前，先加载Load1的数据。也就是说Load1和Load2不允许重排序
StoreStore Barriers	Store1; StoreStore;Store2	确保在执行Store2及后续存储指令之前，Store1的数据对其他处理器可见，也就是说把Store1的数据刷新到内存中
LoadStore Barriers	Load1;LoadStore;Store2	确保在执行Store2及后续存储指令被刷新之前，Load1的数据先被加载
StoreLoad Barriers	Store1;StoreLoad;Load2	确保在执行Load2访问数据和加载后续所有Load指令之前，Store1的数据对其他处理器可见，也就是说把 Store1的数据刷新到内存中

图 3-25　JVM 中的内存屏障指令

JVM 中关于内存屏障方法的定义在 orderAccess.hpp 文件中，由于内存屏障需要解决在不同系统和 CPU 类型上都支持一致的可见性问题，所以它针对不同 CPU 和操作系统提供了不同的实现，如图 3-26 所示。

- **orderAccess**.hpp
- **orderAccess**_bsd_x86.inline.hpp
- **orderAccess**_bsd_zero.inline.hpp
- **orderAccess**_linux_sparc.inline.hpp
- **orderAccess**_linux_x86.inline.hpp
- **orderAccess**_linux_zero.inline.hpp
- **orderAccess**_solaris_sparc.inline.hpp
- **orderAccess**_solaris_x86.inline.hpp
- **orderAccess**_windows_x86.inline.hpp

图 3-26　内存屏障的实现

图 3-26 中的 **orderAccess_linux_x86.inline.hpp** 表示在 Linux 系统的 X86 架构的 CPU 中，对访问顺序的具体实现，代码如下。

```
inline void OrderAccess::loadload()   { acquire(); }
inline void OrderAccess::storestore() { release(); }
inline void OrderAccess::loadstore()  { acquire(); }
inline void OrderAccess::storeload()  { fence(); }
inline void OrderAccess::acquire() {
   volatile intptr_t local_dummy;
   #ifdef AMD64
```

```
    __asm__ volatile ("movq 0(%%rsp), %0" : "=r" (local_dummy) : : "memory");
    #else
    __asm__ volatile ("movl 0(%%esp),%0" : "=r" (local_dummy) : : "memory");
    #endif // AMD64
}

inline void OrderAccess::release() {
    volatile jint local_dummy = 0;
}

inline void OrderAccess::fence() {
    if (os::is_MP()) { //如果是多核
        #ifdef AMD64
        __asm__ volatile ("lock; addl $0,0(%%rsp)" : : : "cc", "memory");
        #else
        __asm__ volatile ("lock; addl $0,0(%%esp)" : : : "cc", "memory");
        #endif
    }
}
```

从上述代码中不难发现，除 storeload()方法外，其他方法只做了编译器层面的内存屏障实现。比如 acquire()方法，通过 memory 指令来提示编译器，内存数据已经被修改，让 CPU 重新从内存中加载该数据。

下面重点分析一下 storeload()方法中的 fence()方法。在 fence()方法中，程序调用 lock 汇编指令，这个指令可以用来实现内存屏障的功能，彻底解决 CPU 的指令重排序和高速缓存导致的可见性问题，fence()方法的关键代码如下。

```
__asm__ volatile ("lock; addl $0,0(%%esp)" : : : "cc", "memory");
```

- __asm__：用于指示编译器在此插入汇编语句。
- volatile：禁止编译器的指令重排序，它的存在正好解答了我们前面的困惑，前面我们只讲了如何通过内存屏障来解决 CPU 层面的重排序问题，而编译器层面的重排序就是通过 C++ 层面的 volatile 解决的。
- lock：有两个作用，一是解决缓存一致性问题，二是实现内存屏障。

总的来说，fence()方法通过编译器层面的防止重排序指令 volatile 及 CPU 提供的内存屏障指令来彻底解决指令重排序导致的可见性问题。

3.8 揭秘 volatile 实现原理

在 3.1.2 节中，我们通过 volatile 解决了由于编译器的指令重排序导致的可见性问题，这意味着 volatile 底层用到了内存屏障，下面我们从它的部分源码中找一下内存屏障相关的痕迹。

通过 javap -V VolatileExample.class 打印 VolatileExample 类的字节指令如下。

```
public static volatile boolean stop;
    descriptor: Z
    flags: ACC_PUBLIC, ACC_STATIC, ACC_VOLATILE
```

我们可以看到修饰了 volatile 关键字的属性，多了一个 ACC_VOLATILE 的 flag。这个指令会通过字节码解释器来执行，定位到 Hotspot 源码的 bytecodeInterpreter.cpp 文件，找到_putstatic 指令的解析代码。

静态变量的获取和赋值分别通过 getstatic 和 putstatic 指令来实现，非静态变量通过 getfield 和 putfield 指令来操作 stop 字段代码如下。

```
CASE(_putstatic):
//省略部分代码
int field_offset = cache->f2_as_index();
if (cache->is_volatile()) {
    if (tos_type == itos) {
        obj->release_int_field_put(field_offset, STACK_INT(-1));
    } else if (tos_type == atos) {
        VERIFY_OOP(STACK_OBJECT(-1));
        obj->release_obj_field_put(field_offset, STACK_OBJECT(-1));
        OrderAccess::release_store(&BYTE_MAP_BASE[(uintptr_t)obj >>
CardTableModRefBS::card_shift], 0);
    }
    //省略部分代码
    OrderAccess::storeload();
    //省略部分代码
}
```

上面代码表示，如果当前字段采用 volatile 修饰，即 cache->is_volatile()，则根据当前字段类型调用不同的方法进行赋值。

```
bool is_volatile    () const          { return (_flags & JVM_ACC_VOLATILE    ) != 0; }
```

在完成 stop 字段的赋值之后，代码调用了 OrderAccess::storeload()内存屏障方法，会基于 lock 指令来实现内存屏障。

继续回到 3.1 节中演示 VolatileExample 可见性问题的代码。

```
public class VolatileExample {

    public volatile static boolean stop=false;
    public static void main(String[] args) throws InterruptedException {
        Thread t1=new Thread(()->{
            int i=0;
            while(!stop){ //此时 t1 线程来加载 stop 的值，由于当前 CPU 的缓存行 stop 已经失效，
所以从 main 线程的缓存行加载或者直接从内存中加载。
                i++;
            }
        });
        t1.start();
        System.out.println("begin start thread");
        Thread.sleep(1000);
        stop=true;
        //StoreLoad();//相当于在这里增加了一个内存屏障，该屏障把 stop 刷新到缓存行
    }
}
```

上述代码中，对 stop 增加了 volatile 关键字之后能够保证可见性的原因是：

- volatile 关键字会在 JVM 层面声明一个 C++的 volatile，它能够防止 JIT 层面的指令重排序。
- 在对修饰了 volatile 关键字的 stop 字段赋值后，JVM 会调用 storeload()内存屏障方法，该方法中声明了 lock 指令，该指令有两个作用。
    - 在 CPU 层面，给 stop 赋值的指令会先存储到 Store Buffers 中，所以 lock 指令会使得 Store Buffers 中的数据刷新到缓存行。

- ◦ 使得其他 CPU 中缓存了 stop 的缓存行失效，也就是让存储在 Invalidate Queues 中的对 stop 失效的指令立即生效。

当其他线程再去读取 stop 的值时，会从内存中或者其他缓存了 stop 字段的缓存行中重新加载，使得线程能够获得 stop 的最新的值。

3.9 Happens-Before 模型

在 Java Memory Model 中，除主动通过 volatile、synchronized 等关键字来保证可见性外，还定义了 happens-before 模型，什么是 happens-before 模型呢？

在 JSR-133 中，happens-before 用来描述两个操作指令的顺序关系，如果一个操作和另外一个操作存在 happens-before 关系，那么意味着第一个操作的执行结果对第二个操作可见。具体来说，假设存在两个指令 x 和 y，如果 x happens-before y，那么意味着 x 的执行结果对 y 可见，在 Javase 8 的官方文档中原文描述如下。

> Two actions can be ordered by a *happens-before* relationship. If one action *happens-before* another, then the first is visible to and ordered before the second.If we have two actions *x* and *y*, we write *hb(x, y)* to indicate that *x happens-before y*.

下面来介绍一下常见的 Happens-Before 规则。

3.9.1 程序顺序规则

在同一个线程中，存在两个操作 x 和 y，并且 x 在源程序中排在 y 之前，这意味着 x happens-before y，这就是 as-if-serial 的语义（详见 3.4.2 节），具体来看下面这段代码。

```
int a=2; //A
int b=2; //B
int c=a*b; //C
```

按照程序顺序规则，这意味着 a happens-before b。但是可能有读者会有疑惑：a 和 b 之间没有依赖关系，明明是可以重排序的呀，也就是说可能存在 b 先执行，a 后执行的情况。

注意： 两个操作之间的 happens-before 关系并不是必须要按照顺序执行的，如果重排序之后，保证在单线程执行时结果不产生，则允许他们重排序。在上述案例中，a 和 b 重排序之后，并不影响执行结果，所以执行顺序不会受到影响。另外，happens-before 描述的是可见性规则，不是程序执行顺序规则。

3.9.2　传递性规则

如果存在以下 happens-before 关系：

- A happens-before B。
- B happens-before C。

那么必然会存在 A heppens-before C，这表示不管在单线程中还是多线程中，传递性规则都能够提供可见性保障。

3.9.3　volatile 变量规则

volatile 变量规则通过内存屏障来保障一个 volatile 修饰的变量的写操作一定 happens-before 于其读操作。如图 3-27 所示，该图表示在使用 volatile 关键字的读写及没使用 volatile 关键字的读写时，内存屏障的使用规则。

第二个操作 第一个操作	Normal Load	Normal Store	Volatile Load	Volatile Store
Normal Load				LoadStore
Normal Store				StoreStore
Volatile Load	LoadLoad	LoadStore	LoadLoad	LoadStore
Volatile Store			StoreLoad	StoreStore

图 3-27　JSR-133 中 volatile 内存屏障使用规则

图 3-27 怎么理解呢？我们来看第三行的最后一列，第一个操作是 Normal Store，第二个操作是 Volatile Store，表示如果第一个操作是普通变量的写操作，并且第二个操作是 volatile 修饰的变量的写操作，那么 Java Memory Model 不允许这两个操作进行重排序，Java Memory Model 会在这两个操作之间插入一个 StoreStore 的内存屏障。

从图 3-27 中还可以发现 3 个规律。

- 当第二个操作是 Volatile Store 时，不管第一个操作的读/写是普通变量还是 volatile 修饰的变量，都不允许这两个操作重排序。
- 当第一个操作是 Volatile Load 时，不管第二个操作的读/写是普通变量还是 volatile 修饰的变量，都不允许这两个操作重排序。

- 当第一个操作是 Volatile Store，且第二个操作是 volatile 读或写时，这两个操作不允许重排序。

我们来看下面这个例子。

```
public class ReorderExample {
    int a=0;
    volatile boolean flag=false;
    public void writer(){
        a=1;            //1
        flag=true;      //2
    }
    public void reader(){
        if(flag){       //3
            int i=a;    //4
        }
    }
}
```

当两个线程同时执行 write()和 reader()方法时，最终 i 的结果一定是 1，因为当前符合第一个操作，是普通变量的写，第二个操作是 volatile 变量的写，这两个操作不会重排序，这意味着当 flag 为 true 时，i 的值一定是 1。

3.9.4 监视器锁规则

一个线程对一个锁的释放锁操作一定 happens-before 于后续线程对该锁的加锁操作。

```
public void monitor(){
    synchronized(this){
        if(x==0){  //1
            x=10;  //2
        }
    }
}
```

在上面这段代码中，假设 x 的初始值为 0，如果不加同步锁，那么位置 1 和 2 这两个指令就不是原子的。假设两个线程 A 和 B 同时来访问，就有可能导致两个线程都满足 x==0 的条件，从而产生线程安全性问题。增加同步锁之后，线程 A 执行完的结果一定对线程 B 可见，也就是说线程 B 能够看到线程 A 执行的结果：x=10，这就是监视器锁规则。

3.9.5　start 规则

假设一个线程 A 调用一个子线程的 start()方法，那么线程 A 在调用 start()方法之前的所有操作 happens-before 线程 B 中的任意操作，代码如下。

```
public StartRuleExample{
    public static void main(String[] args){
        int x=0;
        Thread t1 = new Thread(()->{
            if(x==10){
                System.out.println("done");
            }
        });
        x = 10;
        t1.start();
    }
}
```

在上述代码中，main 线程启动一个子线程 t1，那么 main 线程在调用 t1 线程的 start()方法之前的操作，对线程 t1 可见，因此上述代码会输出 done。

3.9.6　join 规则

Thread.join()方法的作用是，主线程 main 如果调用一个子线程 t1 的 join()方法，那么 main 线程必须要等待 t1 线程执行结束才能继续往下执行，否则会阻塞 mian 线程，所以 join()方法的作用就是等待某个子线程的执行结果。

而 join 规则表示的是，如果主线程 main 执行了一个线程 A 的 join()方法并且成功返回，那么线程 A 中的任意操作 happens-before 于 main 线程的 join()方法返回之后的操作，下面举个例子。

```
public class JoinRuleExample{
    private static int x=10;
    public static void main(String[] args){
        Thread A=new Thread(()->{
            x=100;
        });
        A.start();
        A.join();
```

```
        System.out.println("result:"+x);
    }
}
```

在上述代码中，main 线程调用了线程 A 的 join()方法，这意味着线程 A 中的任意操作在 join()方法返回之后，main 线程都能看到，因此最终输出 x=100。

除了笔者说的这 6 种常见的 happens-before 规则，还有对象终结规则、初始化规则、final 规则等，这里就不一一列举了。

3.10 本章小结

在本章中，笔者基于一个可见性问题对读者进行引导，逐步展开可见性问题及解决办法。从 CPU 层面及 Java 内存模型层面分别介绍了导致可见性问题的原因，就是 CPU 的指令重排序及编译器的优化。而在 CPU 和 Java 内存模型中，分别提供了内存屏障指令、语言及内存屏障来解决有重排序带来的可见性问题。

然后，我们基于 volatile 关键字的部分原理分析发现，volaitle 底层用到了 JVM 中定义的四种内存屏障方法，被修饰了 volatile 关键字的属性，Java 内存模型会在该属性中插入合适的内存屏障，从而彻底解决可见性问题。

最后，我们讲解了 Java 内存模型中定义的 happens-before 规则，该规则用来表示两个指令之间的可见性，如果 a happens-before b，那么意味着 a 的结果对 b 可见。

本章涉及的知识比较多，建议读者多看几遍，加深理解。

4

第 4 章 深入浅出分析 J.U.C 中的重入锁和读写锁

Java 5 中引入了 java.util.concurrent 包（简称 J.U.C），该包中提供了很多并发编程相关的辅助工具，比如阻塞队列、线程池、锁、并发集合等，为开发者使用多线程提供了非常大的便利。

从本章开始，后续章节都会围绕 J.U.C 包中的工具进行详细分析，包括实际应用、设计思想、源码及原理分析，加深读者对整个并发编程体系的理解，本章我们先来分析 J.U.C 中提供的 Lock。

4.1 J.U.C 中与锁相关的 API

在 J.U.C 中有一个 Lock 接口，它的作用和 synchronized 相似，都是为了保证线程安全性提供的解决方案。Lock 定义了与抢占锁和释放锁有关的操作。

- lock()，抢占锁资源方法，如果当前线程没有抢占到锁，则阻塞。
- tryLock()，尝试抢占锁资源，如果抢占成功则返回 true，否则返回 false。

- unlock()，释放锁。

……

Lock 是一个接口，它只提供了释放锁和抢占锁的抽象方法，在 J.U.C 中提供了以下的具体实现。

- ReentrantLock，重入锁，属于排他锁类型，功能和 synchronized 相似。
- ReentrantReadWriteLock，可重入读写锁，该类中维护了两个锁，一是 ReadLock，二是 WriteLock，它们分别实现了 Lock 接口。
- StampedLock，Java 8 引入的新的锁机制，它是 ReentrantReadWriteLock 的改进版本。

4.1.1 ReentrantLock 的基本应用

ReentrantLock 是一个可以支持重入的排他锁，排他锁比较好理解，就是同一时刻只允许一个线程获得锁资源。而重入的意思就是，如果某个线程已经获得了锁资源，那么该线程后续再去抢占相同的锁资源时，不需要再加锁，只需要记录重入次数。synchronized 和 ReentrantLock 都是可以支持重入特性的锁。

下面这段代码演示了 ReentrantLock 的使用。

```
public class ReentrantLockExample {
    static Lock lock=new ReentrantLock();
    private int count = 0;
    public void incr(){
        lock.lock(); //加锁
        try {
            count++;
        }finally {
            lock.unlock(); //释放锁
        }
    }
    public static void main(String[] args) throws InterruptedException {
        ReentrantLockExample atomicExample = new ReentrantLockExample();
        Thread[] threads=new Thread[2];
        for (int j = 0;j<2;j++) {
            threads[j]=new Thread(() -> {
                for (int k=0;k<10000;k++) {
```

```
                atomicExample.incr();
            }
        });
        threads[j].start();
    }
    threads[0].join();//保证线程执行结束
    threads[1].join();
    System.out.println(atomicExample.count);
  }
}
```

上述代码中使用了 ReentrantLock 中的 lock()方法和 unlock()方法，并针对 count++的非原子操作进行加锁，保证了 count++在多线程访问下的线程安全性。

4.1.2　ReentrantReadWriteLock 的基本应用

ReentrantReadWriteLock 表示可重入读写锁，那么什么是读写锁呢？先来看一个例子。

```
public class ReadWriteLockExample {
    private final Lock lock=new ReentrantLock();
    private List<String> dataList=new ArrayList<>();
    public void add(String data){
        lock.lock();
        try {
            dataList.add(data);
        }finally {
            lock.unlock();
        }
    }
    public String get(int idx){
        lock.lock();
        try{
            return dataList.get(idx);
        }finally {
            lock.unlock();
        }
    }
}
```

ReadWriteLockExample 案例中提供了 add()方法和 get()方法，分别用来实现修改和查找功能。由于 ArrayList 不是线程安全的，所以分别在 add()和 get()方法中增加了 ReentrantLock。这种实现本身是很正常的，但是我们发现，当一个线程访问 get()方法查询数据时，如果有其他线程抢占了锁，则会使得该线程阻塞在 get()方法中。然而，get()方法并不会对数据产生影响，实际上是不需要通过加锁来保护的。因此，ReentrantLock 的保护是多余的。我们需要达到的目的是，允许多个线程同时调用 get()方法，但是只要有任何一个线程在写，那么其他线程不管访问哪个方法都必须要阻塞，在读多写少的场景中，这种方式能够极大地提升程序的性能。

所以，ReentrantReadWriteLock 就是这样一种锁，它的特性如下：

- 读/读不互斥，如果多个线程访问读方法，那么这些线程不会阻塞。
- 读/写互斥，如果有一个线程在访问读方法，另外一个线程要访问写方法，那么为了保证数据的一致性，调用写方法的线程要阻塞，反之也一样。
- 写/写互斥，如果多个线程同时访问写方法，则必须要按照互斥规则进行同步。

基于 ReadWriteLockExample 实例改造之后的代码如下。

```
public class ReadWriteLockExample {
    private final ReadWriteLock readWriteLock=new ReentrantReadWriteLock();
    private final Lock readLock=readWriteLock.readLock();
    private final Lock writeLock=readWriteLock.writeLock();
    private List<String> dataList=new ArrayList<>();
    public void add(String data){
        writeLock.lock();
        try {
            dataList.add(data);
        }finally {
            writeLock.unlock();
        }
    }
    public String get(int idx){
        readLock.lock();
        try{
            return dataList.get(idx);
        }finally {
```

```java
            readLock.unlock();
        }
    }
}
```

ReentrantReadWriteLock 通过 readLock 和 writeLock 把读和写的操作做了分离（读写分离的思想），从而减少了读操作带来的锁竞争。

4.1.3　StampedLock 的基本应用

ReentrantReadWriteLock 锁有一个问题，如果当前有线程在调用 get()方法，那么所有调用 add()方法的线程必须要等待调用 get()方法的线程释放锁之后才能写，也就是说在读的过程中不允许写。而如果访问 get()方法的线程非常多，就会导致写线程一直被阻塞。

为了解决 ReentrantReadWriteLock 中的这个潜在问题，在 Java 8 中引入了 StampedLock 机制，相比于 ReentrantReadWriteLock，它优化了读锁、写锁的访问，简单来说，StampedLock 提供了一种乐观锁策略，当有线程调用 get()方法读取数据时，不会阻塞准备执行写操作的线程，具体使用方法如下。

```java
public class Point {
    private double x, y;
    private final StampedLock sl = new StampedLock();

    void move(double deltaX, double deltaY) {
        long stamp = sl.writeLock(); //获得写锁，和 ReentrantReadWriteLock 相同
        try {
            x += deltaX;
            y += deltaY;
        } finally {
            sl.unlockWrite(stamp);
        }
    }
    double distanceFromOrigin() {
        long stamp = sl.tryOptimisticRead(); //获得一个乐观锁（优化后的锁），不阻塞写操作
        double currentX = x, currentY = y;
        if (!sl.validate(stamp)) {
            stamp = sl.readLock();
```

```
            try {
                currentX = x;
                currentY = y;
            } finally {
                sl.unlockRead(stamp);
            }
        }
        return Math.sqrt(currentX * currentX + currentY * currentY);
    }
    void moveIfAtOrigin(double newX, double newY) {
        long stamp = sl.readLock(); //获得一个读锁，和 ReentrantReadWriteLock 的读锁相同
        try {
            while (x == 0.0 && y == 0.0) {
                long ws = sl.tryConvertToWriteLock(stamp); //将读锁转化为写锁
                if (ws != 0L) {
                    stamp = ws;
                    x = newX;
                    y = newY;
                    break;
                }
                else {
                    sl.unlockRead(stamp);
                    stamp = sl.writeLock();
                }
            }
        } finally {
            sl.unlock(stamp);
        }
    }
}
```

上述这个案例出自 Oracle 的官方文档。

StampedLock 提供了三种锁的访问方法。

- writeLock，获取写锁，功能和 ReentrantReadWriteLock 的写锁相同。
- readLock，获取读锁，功能和 ReentrantReadWriteLock 的读锁相同。

- tryOptimisticRead，获取读锁，当有线程获得该读锁时，它不会阻塞其他线程的写操作。那么它怎么保证数据的一致性呢？来看一下下面这段代码。

```
    long stamp = sl.tryOptimisticRead();
double currentX = x, currentY = y;
if (!sl.validate(stamp)) {
    stamp = sl.readLock();
```

  tryOptimisticRead()方法会返回一个 stamp 字段，可以认为它是一个版本号，用来表示当前线程在读操作期间数据是否被修改过。StampedLock 提供了一个 validate()方法来验证 stamp，如果线程在读取过程中没有其他线程对数据做修改，那么 stamp 的值不会变化，这意味着 validate()方法验证将返回 true，否则验证失败。在验证失败后，为了保证数据的一致性，还可以再通过 readLock()方法来获取带阻塞机制的读锁，其实这部分有点类似于 synchronized 中的锁升级思想。

另外，StampedLock 中还提供了一个锁转化功能，就是把一个读锁转化为写锁，代码如下。

```
long stamp = sl.readLock();
try {
    while (x == 0.0 && y == 0.0) {
        long ws = sl.tryConvertToWriteLock(stamp); //将读锁转化为写锁
        //...
```

上述代码的意思是，如果满足条件 x == 0.0 && y == 0.0，则调用 tryConvertToWriteLock()方法把当前锁转化为写锁。

总的来说，StampedLock 使用乐观锁机制来避免在读多写少的场景中线程占用读锁造成写的阻塞，在一定程度上提升了读写锁的并发性能。因为在读多写少的场景中，写的概率不高，所以大部分情况下使用乐观读锁获取数据，极少情况下使用悲观读锁，从而降低了读写互斥的冲突。

4.2 ReentrantLock 的设计猜想

如图 4-1 所示，ReentrantLock 提供了排他锁功能，也就是说在多线程环境下，同一时刻只允许一个线程访问加锁的方法。

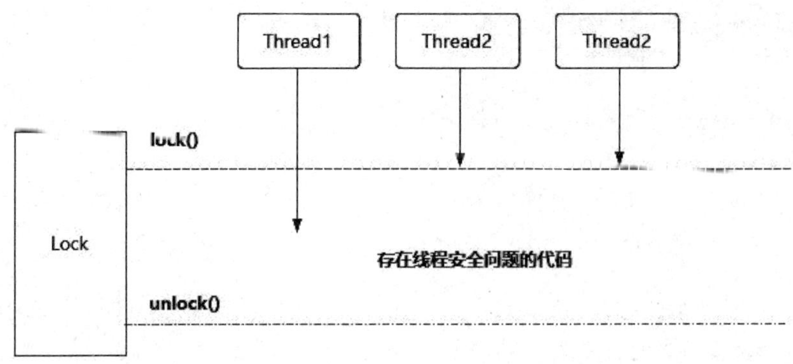

图 4-1　ReentrantLock 的作用

如果我们自己要实现 ReentrantLock，那么需要考虑哪些问题呢？

- 锁的互斥，必须要竞争同一个共享变量。
- 没有竞争到锁的线程，需要阻塞。获得锁的线程在释放锁之后，需要唤醒阻塞的线程。
- 如果有 N 个线程被阻塞，则需要有一个容器来保存线程。

4.2.1　锁的互斥，必须要竞争同一个共享变量

实现锁的互斥的方式，基于前面对 synchronized 的分析，应该不难想到。只需要有一个共享变量，通过该共享变量的值来判断锁的状态，比如 state，定义 0 和 1 两个值，其中 0 代表空闲状态，1 代表繁忙状态。

而竞争锁，其实就是来竞争这个互斥变量的值。如果抢到了锁，则把 state 修改成 1。为了保证这个过程的原子性，必然要用到 CAS 机制。基于这个猜想，在代码层面的实现如下。

```
public void lock(){
    for(;;){
        if(cas()){
            //抢占锁成功
            return;
        }
        //抢占锁失败
    }
}
```

4.2.2　没有竞争到锁的线程，需要阻塞

没有竞争到锁的线程，必须要先阻塞，直到抢占到锁的线程释放锁，再唤醒阻塞的线程。涉及阻塞和唤醒，读者第一时间会想到 wait/notify，但是 wait/notify 无法满足唤醒指定线程的需求。

在 J.U.C 中提供了一个 LockSupport 类，该类提供了两个涉及线程阻塞和唤醒的方法。

- park()，阻塞当前线程。
- unpark(thread)，唤醒指定线程。

4.2.3　需要一个容器存储被阻塞的线程

在锁的竞争中，允许 N 个线程去竞争，但是同一时刻只有一个线程获得锁，因此剩下的 N-1 个线程都需要阻塞。也就是说这 N–1 个被阻塞的线程需要有一个容器来存储。

链表无疑是最好的选择，因为链表是一个支持 FIFO 特性的队列，没抢占到锁的线程可以按照时间顺序加入链表中排队，当获得锁的线程释放锁时，就从该链表中唤醒一个线程。

上述的猜想过程不一定完全正确，但是它代表着一种思考方式，各个技术组件之间的实现和业务开发的差别不大，都是做需求分析、概要设计、技术选型、架构设计等，下面我们分析一下 ReentrantLock 的实际实现，来验证前面的猜想过程。

4.3　ReentrantLock 实现原理分析

ReentrantLock 中依赖了 AbstractQueuedSynchronizer 类来实现线程的同步，ReentrantLock 的类关系图及依赖情况如图 4-2 所示。

从图 4-2 中可以看到，ReentrantLock 中定义了一个 Sync 的同步类，该类有两个实现，一个是 FairSync（公平同步），另一个是 NonfairSync（非公平同步），两者分别代表 ReentrantLock 中锁竞争的公平和非公平特性。而 Sync 同步类继承了 AbstractQueuedSynchronizer 抽象类，也就是说，对于排他锁的抽象逻辑应该是在 AbstractQueuedSynchronizer 中完成的。

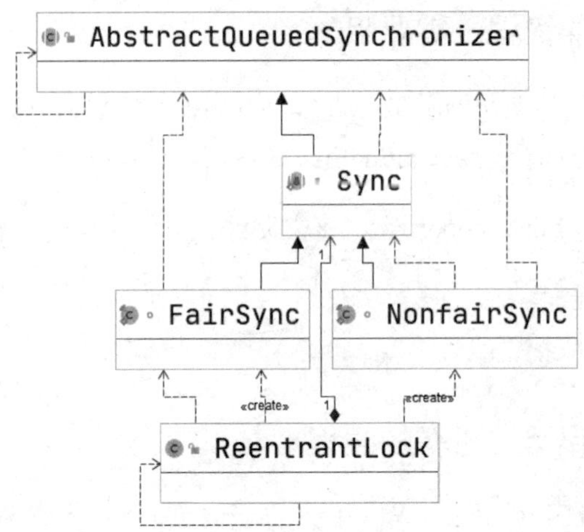

图 4-2 ReentrantLock 的类关系图及依赖情况

4.4 AbstractQueuedSynchronizer

AbstractQueuedSynchronizer（简称 AQS）是 ReentrantLock 实现锁同步的核心类，实际上在 J.U.C 中大部分组件都依赖于 AbstractQueuedSynchronizer。

AQS 中提供了如下两种锁的实现。

- 独占锁，同一时刻只允许有一个线程获得锁。
- 共享锁，同一时刻允许多个线程同时获得锁，后续会分析的。CountDownLatch 就是基于共享锁实现的。它维护了一个 volatile int state，用来表示共享资源，其中该属性在独占锁中有如下两个值。
  - state=0，表示当前锁资源空闲。
  - state>0，表示有线程已经抢占到锁但还没释放，在重入的情况下 state 有可能是一个大于 1 的值。

state 共享变量使用 compareAndSetState 进行比较并修改，能够保证多线程竞争的原子性。

AQS 是一个抽象类，所以在使用时，我们需要继承该类，然后实现共享变量 state 的获取和释放，而 AQS 帮我们完成了线程等待队列的维护和唤醒，具体需要重写的方法如下。

- tryAcquire(int)：独占方式。尝试获取资源，成功则返回 true，失败则返回 false。
- tryRelease(int)：独占方式。尝试释放资源，成功则返回 true，失败则返回 false。

- tryAcquireShared(int)：共享方式。尝试获取资源。负数表示失败；0 表示成功，但没有剩余可用资源；正数表示成功，且有剩余可用资源。
- tryReleaseShared(int)：共享方式。尝试释放资源，如果释放后允许唤醒后续等待结点则返回 true，否则返回 false。

以 ReentrantLock 重入锁为例，互斥变量 state 的初始值为 0，表示未锁定状态。如果一个线程 t1 调用 lock()方法，则实际上会调用 tryAcquire()方法将 state 通过 CAS 修改成 1。此后，其他线程再调用 tryAcquire()方法时就会失败，直到 t1 线程调用 unlock()方法且 state=0 之后，其他线程才有机会获取该锁。

当然，t1 线程在释放锁之前可以重复获取该锁资源，这个重复过程是基于 state 累加来统计的，这就是可重入的概念。但要注意，t1 线程重入了多少次就需要释放多少次，这样才能保证 state 的值最终为 0。

AbstractQueuedSynchronizer 基于排他锁的实现原理如图 4-3 所示，我们从图中关注如下几个关键的位置。

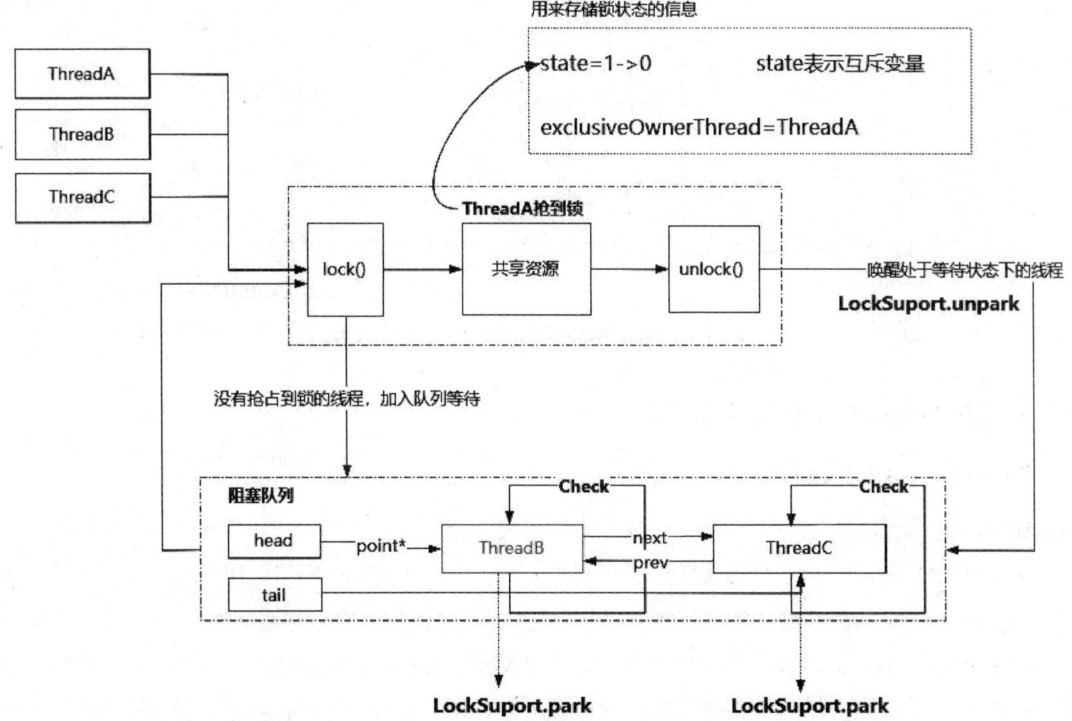

图 4-3　AbstractQueuedSynchronizer 基于排他锁的实现原理

- state 字段表示互斥变量，当线程来抢占锁资源时，会基于该变量判断当前锁资源是否空闲。
- 双向链表，用来存储没抢占到锁资源的线程，每个处于队列中的线程都会有一个自旋操作去抢占锁。
- 线程的阻塞和唤醒，使用 LockSupport.park 和 unpark 来实现。

4.5 ReentrantLock 源码分析

调用 ReentrantLock.lock()方法后整体的交互时序图如图 4-4 所示。Sync 表示 ReentrantLock 中的一个同步器，它继承了 AQS，并重写了 tryAcquire()方法来实现对共享资源 state 的操作。

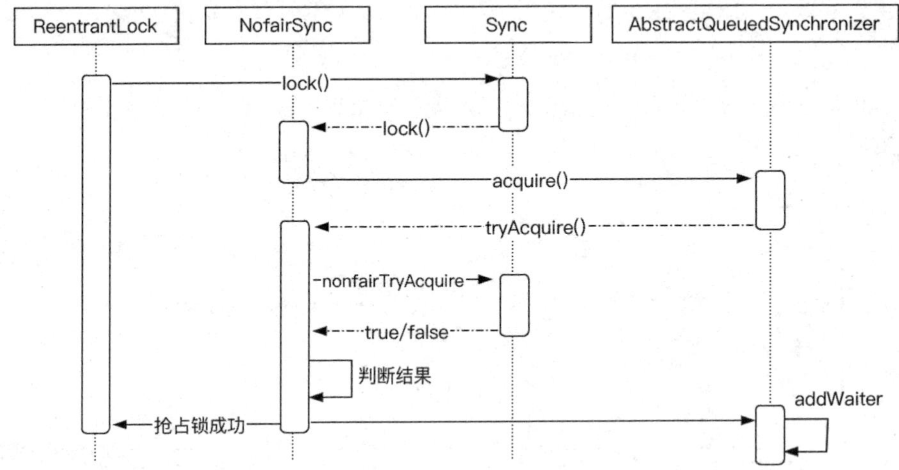

图 4-4 ReentrantLock 抢占锁交互时序图

4.5.1 ReentrantLock.lock()方法

ReentrantLock.lock()的代码如下。

```
public void lock() {
    sync.lock();
}
```

sync 实际上是一个抽象的静态内部类，它通过继承 AQS 来实现重入锁的逻辑，我们在前面说过，AQS 提供了线程的阻塞及唤醒功能，但它并不具备业务功能，所以在不同的同步场景中，sync 会继承 AQS 来实现对应场景的功能。

sync 有两个具体的实现：

- NonfairSync，非公平锁，非公平锁的特点是允许在不排队的情况下直接尝试抢占锁，默认使用非公平锁。
- FairSync，公平锁，必须按照 FIFO 的规则来访问锁资源。

4.5.1.1　FairSync.lock

直接调用 acquire()方法。

```
final void lock() {
    acquire(1);
}
```

4.5.1.2　NofairSync.lock

从下面代码中可以看出，在非公平锁中抢占锁的逻辑是：不管有没有线程排队，先通过 CAS 抢占锁资源，如果成功就表示获得了锁，如果失败就调用 acquire(1)方法执行锁竞争逻辑。

```
final void lock() {
    if (compareAndSetState(0, 1))
        setExclusiveOwnerThread(Thread.currentThread());
    else
        acquire(1);
}
```

4.5.1.3　compareAndSetState()方法的实现原理

compareAndSetState()方法的代码如下。

```
protected final boolean compareAndSetState(int expect, int update) {
    return unsafe.compareAndSwapInt(this, stateOffset, expect, update);
}
```

这段代码的意思是，通过 CAS 乐观锁的方式来做比较并替换，如果当前内存中 state 的值和预期值 expect 相等，则更新为 update。如果更新成功则返回 true，否则返回 false。

这个操作是原子性的，不涉及 state 属性，也不会出现线程安全问题（在第 2 章详细分析过）。

state 是 AQS 中的一个属性，它在不同的实现中所表达的含义是不一样的。对重入锁的实现来说，state 表示同步状态，它有如下两个含义。

- 当 state=0 时，表示无锁状态。
- 当 state>0 时，表示已经有线程获得了锁，也就是说 state=1，但是因为 ReentrantLock 允许重入，所以当同一个线程多次获得同步锁的时候，state 会递增，比如重入 5 次，那么 state=5。而在释放锁的时候，同样需要释放 5 次，直到 state=0 其他线程才有资格获得锁。

一个 Java 对象可以看成一段内存，每个字段都要按照一定的顺序放在这段内存里，通过这个方法可以准确地告诉你某个字段相对于对象的起始内存地址的字节偏移量（stateOffset）。在后面的 compareAndSwapInt()方法中，根据这个偏移量可以找到对象在内存中的具体位置。

4.5.2 AbstractQueuedSynchronizer.acquire()方法

在非公平锁中，如果 CAS 操作未成功，则说明有线程正在持有锁，此时继续调用 acquire(1)方法。

```
public final void acquire(int arg) {
    if (!tryAcquire(arg) &&
        acquireQueued(addWaiter(Node.EXCLUSIVE), arg))
        selfInterrupt();
}
```

这个方法的主要逻辑如下。

- 通过 tryAcquire()方法尝试获取独占锁，如果成功则返回 true，否则返回 false。
- 如果 tryAcquire()方法返回 false，则说明当前锁被占用，只能通过 addWaiter()方法将当前线程封装成 Node 并添加到 AQS 的同步队列中。
- acquireQueued()方法将 Node 作为参数，通过自旋去尝试获取锁。

4.5.3 NonfairSync.tryAcquire()方法

ReentrantLock 重写了 tryAcquire()方法，用来实现对 state 共享变量的竞争，代码如下。

```
protected final boolean tryAcquire(int acquires) {
    return nonfairTryAcquire(acquires);
}
```

注意： 按照常规思维来说，AQS 中的 tryAcquire()方法应该是一个抽象的模板方法，代码如下。

```
protected boolean tryAcquire(int arg) {
```

```
    throw new UnsupportedOperationException();
}
```

实际上它并不是一个抽象方法，而且默认情况下会抛出一个 UnsupportedOperationException 异常。之所以这样设计，是因为 AQS 支持共享锁和排他锁，对抽象方法来说，如果某个类需要用到 AQS 的共享锁，同时还需要实现互斥锁的逻辑，那么显然是不合理的。

4.5.4 ReentrantLock.nofairTryAcquire()方法

ReentrantLock.nofairTryAcquire()方法的代码如下。

```
final boolean nonfairTryAcquire(int acquires) {
    final Thread current = Thread.currentThread();//获取当前执行的线程
    int c = getState();//获取 state 的值
    if (c == 0) {//表示无锁状态
        if (compareAndSetState(0, acquires)) {//通过 CAS 替换 state 的值，如果成功则表示获取
了锁
            setExclusiveOwnerThread(current);//保存当前获得锁的线程,下次访问时不要再尝试竞争锁
            return true;
        }
    }
    else if (current == getExclusiveOwnerThread()) {
        //如果同一个线程来获取锁，则直接增加重入次数
        int nextc = c + acquires;
        if (nextc < 0)
            throw new Error("Maximum lock count exceeded");
        setState(nextc);
        return true;
    }
    return false;
}
```

nonfairTryAcquire()方法的实现逻辑如下。

- 判断当前锁的状态，c==0 表示无锁，在无锁状态下通过 compareAndSetState()方法修改 state 抢占锁资源。
    - 如果抢占成功，则返回 true。
    - 如果抢占失败，则返回 false。

- current == getExclusiveOwnerThread()，该判断说明抢占到锁的线程和当前线程是同一个线程，表示线程重入，因此直接增加重入次数并保存到 state 字段中。

4.5.5 AbstractQueuedSynchronizer.addWaiter()方法

当 tryAcquire()方法获取锁失败以后，会先调用 addWaiter()方法把当前线程封装成 Node 加入同步队列中，实现代码如下。

```
private Node addWaiter(Node mode) {
    Node node = new Node(Thread.currentThread(), mode);//把当前线程封装为 Node
    Node pred = tail; //tail 是 AQS 中表示同比队列队尾的属性，默认值是 null
    if (pred != null) {//在 tail 不为空的情况下，队列中会存在节点
        node.prev = pred;//把当前线程的 Node 的 prev 指向 tail
        if (compareAndSetTail(pred, node)) {//通过 cas 把 node 加入 AQS 队列，也就是设置为 tail
            pred.next = node;//把原 tail 节点的 next 指向当前 node
            return node;
        }
    }
    enq(node);//当 tail=null 时，把 node 添加到同步队列
    return node;
}
```

入参 mode 表示当前节点的状态，传递的参数是 Node.EXCLUSIVE，表示独占状态。代码分析如下。

- 将当前线程封装成 Node 并进行存储，后续可以直接从节点中得到线程，再通过 unpark(thread)方法来唤醒。
- 通过 pred!=null 判断当前链表是否已经完成初始化，如果已经完成初始化，则通过 compareAndSetTail 操作把当前线程的 Node 设置为 tail 节点，并建立双向关联。
- 如果链表还没初始化或者 CAS 添加失败（存在线程竞争），则调用 enq()方法来完成添加操作。

enq()方法的定义如下。

```
private Node enq(final Node node) {
    for (;;) {
        Node t = tail;
```

```
        if (t == null) { //必须初始化
            if (compareAndSetHead(new Node()))
                tail = head;
        } else {
            node.prev = t;
            if (compareAndSetTail(t, node)) {
                t.next = node;
                return t;
            }
        }
    }
}
```

该方法采用了自旋锁来完成同步队列的初始化，并把当前节点添加到了同步队列中。addWaiter()方法执行完成后，AQS 的整体结构如图 4-5 所示。

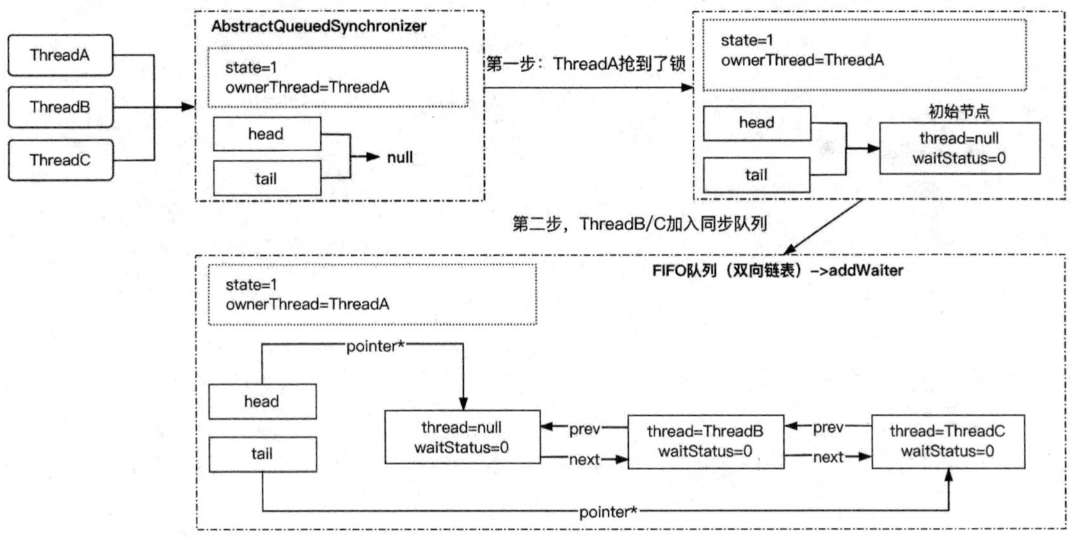

图 4-5　AQS 的整体结构

4.5.6　AQS.acquireQueued()方法

addWaiter()方法把线程添加到链表后，把当前线程的 Node 节点作为参数传递给 acquireQueued()方法，代码如下。

```java
final boolean acquireQueued(final Node node, int arg) {
    boolean failed = true;
    try {
        boolean interrupted = false;
        for (;;) {
            final Node p = node.predecessor();//获取当前节点的 prev 节点
            if (p == head && tryAcquire(arg)) {//如果是 head 节点，则说明有资格去争抢锁
                setHead(node);
                //获取锁成功，即 ThreadA 已经释放了锁，然后设置 head 为 ThreadB，获得执行权限
                p.next = null; //把原 head 节点从链表中移除
                failed = false;
                return interrupted;
            }
//ThreadA 可能还没释放锁，所以 ThreadB 在执行 tryAcquire()方法时会返回 false
            if (shouldParkAfterFailedAcquire(p, node) &&
                parkAndCheckInterrupt())
                interrupted = true; //返回当前线程在等待过程中是否中断过
        }
    } finally {
        if (failed)
            cancelAcquire(node);
    }
}
```

acquireQueued()方法主要有两个作用。

- 利用自旋尝试通过 tryAcquire()方法抢占锁，抢占的条件是当前节点的前一个节点是头结点（p==head）。
- 当抢不到锁时，不能让线程一直自旋重试，如果竞争失败就调用 parkAndCheckInterrupt()方法阻塞当前线程。

4.5.6.1 shouldParkAfterFailedAcquire()方法

在 acquireQueued()方法中，在 ThreadA 的锁还没有释放的情况下，如果 ThreadB 和 ThreadC 来争抢锁则肯定会失败，失败之后调用 shouldParkAfterFailedAcquire()方法来修改节点状态及决定是否应该被挂起，具体代码如下。

```java
private static boolean shouldParkAfterFailedAcquire(Node pred, Node node) {
```

```
    int ws = pred.waitStatus;//前置节点的 waitStatus
    if (ws == Node.SIGNAL)//如果前置节点为 SIGNAL，那么只需要等待其他前置节点的线程被释放
        return true;//返回 true，说明可以挂起了
    if (ws > 0) {//如果 ws 大于 0，说明 prev 节点取消了排队，那么直接移除这个节点
        do {
            node.prev = pred = pred.prev;
//相当于: pred=pred.prev; node.prev=pred;
        } while (pred.waitStatus > 0); //这里采用循环从双向链表中移除 CANCELLED 节点
        pred.next = node;
    } else {//利用 CAS 设置 prev 节点的状态为 SIGNAL(-1)
        compareAndSetWaitStatus(pred, ws, Node.SIGNAL);
    }
    return false;
}
```

Node 有 5 种状态，分别是 CANCELLED(1)、SIGNAL(-1)、CONDITION(-2)、PROPAGATE(-3)、默认状态(0)。

- CANCELLED，如果在同步队列中等待的线程等待超时或被中断，那么需要从同步队列中取消该 Node 的结点，其结点的 waitStatus 为 CANCELLED，即结束状态，进入该状态后的结点将不会再变化。
- SIGNAL，只要前置节点释放锁，就会通知标识为 SIGNAL 状态的后续节点的线程。
- CONDITION，与 CONDITION 有关系的内容，后续会讲解。
- PROPAGATE，在共享模式下，PROPAGATE 状态的线程处于可运行状态。
- 0，初始状态。

shouldParkAfterFailedAcquired()方法的作用是检查当前节点的前置节点状态，如果是 SIGNAL，则表示可以放心地阻塞，否则需要通过 compareAndSetWaitStatus 修改前置节点的状态为 SIGNAL。这么做的目的是确保在同步队列中每个等待的线程状态是正常的，否则就需要把非正常状态的节点移除。

4.5.6.2　parkAndCheckInterrupt()方法

如果 shouldParkAfterFailedAcquire()方法返回 true，则调用 parkAndCheckInterrupt()方法挂起当前线程，代码如下。

```
private final boolean parkAndCheckInterrupt() {
    LockSupport.park(this);
```

```
    return Thread.interrupted();
}
```

该方法中使用 LockSupport.park 挂起当前线程，线程变成 WATING 状态。

注意，这个方法的返回值是 Tread.interrupted()，在第 1 章中我们讲过，被阻塞的线程除正常唤醒外，通过调用该线程的 interrupt()方法也能唤醒该线程。由于线程处于锁阻塞状态，所以如果被中断唤醒，那么它同样需要竞争锁，当竞争到锁之后，才能继续响应之前的中断操作。另外，ReentrantLock 提供了一个 lockInterruptibly()方法，允许被 interrupt。

如图 4-6 所示，ThreadB 和 ThreadC 处于同步队列，此时 ThreadD 调用 ThreadC 线程的 interrupt()方法，该方法会唤醒 ThreadC 线程，但是唤醒之后并不能立刻响应中断，而是再次竞争锁，只有竞争到锁之后才能响应中断事件。

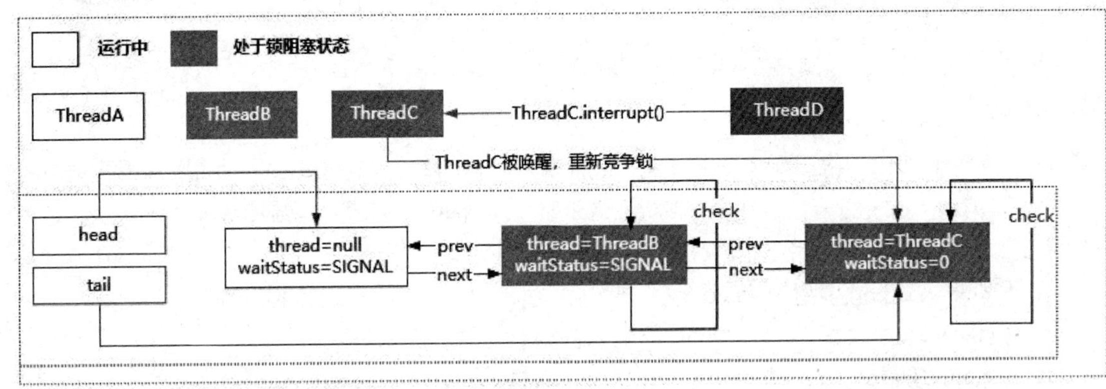

图 4-6　通过 interrupt()方法唤醒线程的情况

4.6　ReentrantLock 释放锁源码分析

当获得锁的线程要释放锁时，需要调用 ReentrantLock 的 unlock()方法，该方法的实现代码如下。

```
public void unlock() {
    sync.release(1);
}
public final boolean release(int arg) {
    if (tryRelease(arg)) {//释放锁成功
```

```
        Node h = head;//得到 AQS 中的 head 节点
        if (h != null && h.waitStatus != 0)
        //如果 head 节点不为空并且状态不等于 0，则调用 unparkSuccessor(h)方法唤醒后续节点
            unparkSuccessor(h);
        return true;
    }
    return false;
}
```

4.6.1　ReentrantLock.tryRelease()方法

这个方法通过修改（在独占锁的场景中，每次调用 unlock()方法会在原来的基础上减 1）state 的值来释放锁资源，代码如下。

```
protected final boolean tryRelease(int releases) {
    int c = getState() - releases; //减去释放的次数
    if (Thread.currentThread() != getExclusiveOwnerThread())
        throw new IllegalMonitorStateException();
    boolean free = false;
    if (c == 0) {
        free = true;
        setExclusiveOwnerThread(null);
    }
    setState(c);
    return free;
}
```

独占锁在加锁时状态会加 1，在释放锁时状态会减 1，同一个锁在可以重入后，可能会被叠加为 2、3、4 这些值，只有调用 unlock()方法的次数与调用 lock()方法的次数相等，才会将 ExclusiveOwnerThread 线程设置为空，表示完全释放了锁。

4.6.2　unparkSuccessor()方法

锁资源释放成功后，通过 unparkSuccessor()方法唤醒同步队列中的线程，代码如下。

```
private void unparkSuccessor(Node node) {
    int ws = node.waitStatus;//获得 head 节点的状态
```

```
    if (ws < 0)
        compareAndSetWaitStatus(node, ws, 0);//设置 head 节点的状态为 0
    Node s = node.next;//得到 head 节点的下一个节点
    if (s == null || s.waitStatus > 0) {
//如果下一个节点为 null 或者 status>0，则表示 cancelled 状态
//通过从尾部节点开始扫描，找到距离 head 最近的一个 waitStatus<=0 的节点
        s = null;
        for (Node t = tail; t != null && t != node; t = t.prev)
            if (t.waitStatus <= 0)
                s = t;
    }
    if (s != null) //如果 next 节点不为空，则直接唤醒这个线程即可
        LockSupport.unpark(s.thread);
}
```

unparkSuccessor()方法主要有两个逻辑。

- 判断当前节点的状态，如果节点状态已失效，则从 tail 节点开始扫描，找到离 head 最近且状态为 SIGNAL 的节点。
- 通过 LockSupport.unpark()方法唤醒该节点。

为什么要从 tail 开始往前扫描？

这和 enq()方法有关系，在 enq()方法的逻辑中，把一个新节点添加到链表中的逻辑如下。

- 将新节点的 prev 指向 tail。
- 通过 CAS 将 tail 设置为新节点，因为 CAS 是原子操作，所以能够保证线程的安全性。
- t.next=node，目的是设置原 tail 的 next 节点指向新节点。

如果在 CAS 操作之后、t.next=node 操作之前，存在其他线程调用 unlock()方法从 head 开始往后遍历，由于 t.next=node 还没执行，所以链表的关系还没有建立完整，就会导致遍历到 t 节点的时候被中断。而如果从 tail 往前遍历，就一定不会出现这个问题。

4.6.3 释放锁的线程继续执行

再次回到 AQS 中的 acquireQueued()方法，原本未抢占到锁的线程被阻塞在该方法中，当被阻

塞的线程被唤醒后，继续从阻塞的位置开始执行，代码如下。

```
final boolean acquireQueued(final Node node, int arg) {
    boolean failed = true;
    try {
        boolean interrupted = false;
        for (;;) {
            final Node p = node.predecessor();
            if (p == head && tryAcquire(arg)) { //再次抢占锁资源
                setHead(node);
                p.next = null;
                failed = false;
                return interrupted;
            }
            if (shouldParkAfterFailedAcquire(p, node) &&
                parkAndCheckInterrupt()) //唤醒之后，进入下一次循环
                interrupted = true;
        }
    } finally {
        if (failed)
            cancelAcquire(node);
    }
}
```

如图 4-7 所示，由于 ThreadA 已经释放了锁，所以 ThreadB 可以通过 tryAcquire()方法来竞争锁资源。注意，ThreadB 不一定能够抢到锁，因为 ThreadB 在执行 tryAcquire()方法之前，如果正好有其他线程执行了 lock()方法，即其他线程先抢到了锁，那么该线程还需要继续等待，否则可以执行如下两个步骤。

第一步，把 ThreadB 节点设置成 head 节点，并且断开和原 old 节点的指向关系。

第二步，把原 head 节点的 next 节点指向 null。

锁释放之后，同步队列中的节点状态发生了变化，正常情况下应该是 head 节点的下一个节点（也就是 ThreadB）抢占到锁，但在非公平锁中，有可能被其他线程优先抢占到锁。

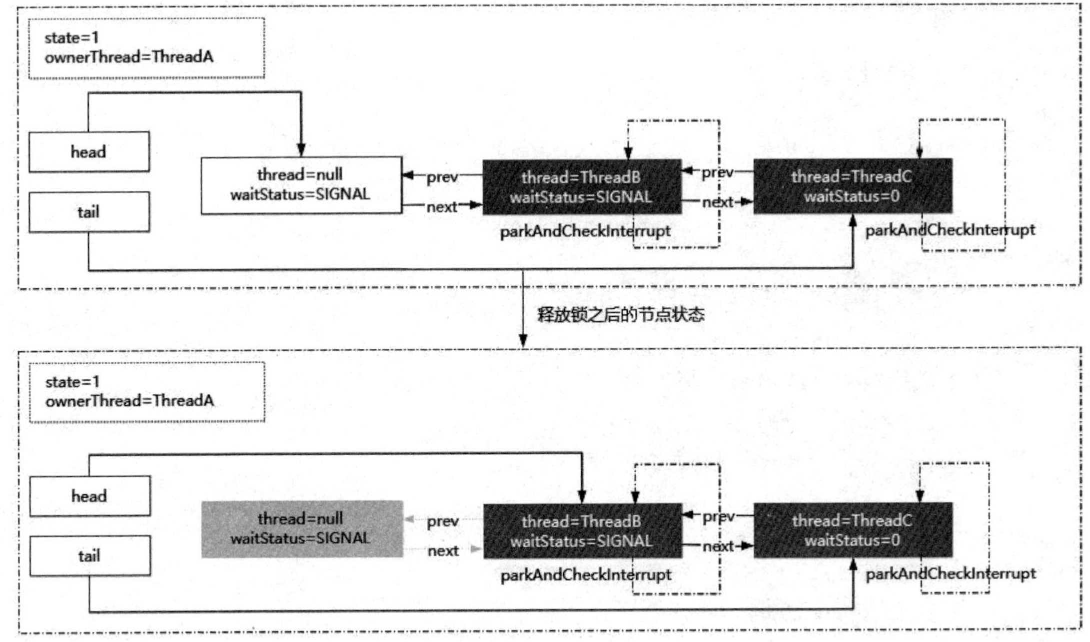

图 4-7 释放锁之后同步队列的变化

4.7 分析 ReentrantReadWriteLock 类的原理

在 4.1.2 节中，说明了 ReentrantReadWriteLock 类的使用，针对读写锁的分离，ReentrantReadWriteLock 类的内部分别提供了两个实现类。

- ReadLock，读锁。
- WriteLock，写锁。

图 4-8 是 ReentrantReadWriteLock 类关系图一，从图中可以看到，它是基于 AbstractQueuedSynchronizer 来实现独占锁的功能的，由于读写锁的特性，读、读不互斥，读、写互斥，所以基本上可以推测出它这里用到了 AQS 中的共享锁和排他锁功能。

继续分析 ReentrantReadWriteLock 类关系图二，如图 4-9 所示，ReentrantReadWriteLock 类中维护的两个锁 ReadLock 和 WriteLock 依赖于 Synch 同步类来实现，从类关系来看，Sync 中重写了 AQS 中的四个方法，其中前面两个是独占锁的方法，后面两个是共享锁的方法。

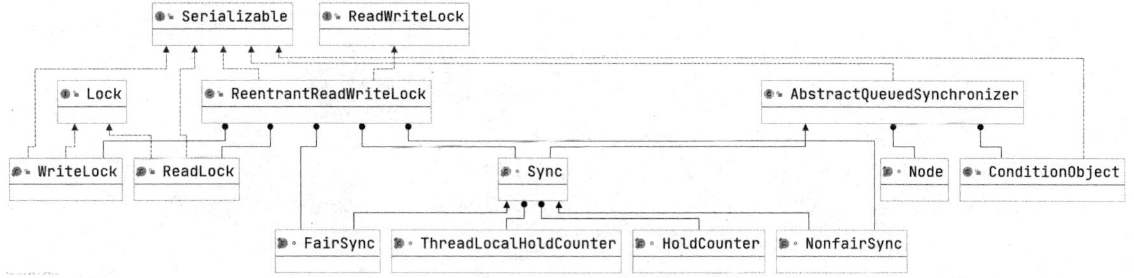

图 4-8 ReentrantReadWriteLock 类关系图一

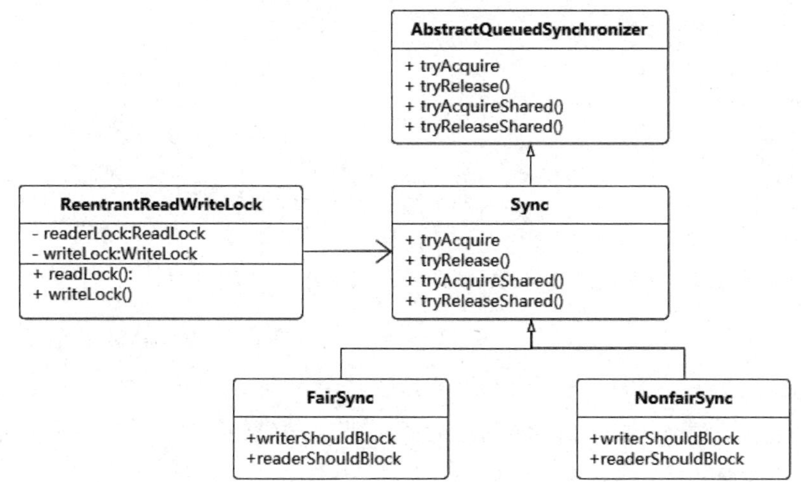

图 4-9 ReentrantReadWriteLock 类关系图二

如果当前线程调用 ReadLock.lock()方法，则实际上会调用 Sync 中的 tryAcquireShared()方法来实现共享锁竞争。如果当前线程调用 WriteLock.lock()方法，则实际会调用 Sync 中的 tryAcquire()方法竞争独占锁。

4.7.1 WriteLock 锁竞争原理

下面来看一下调用 WriteLock.lock()方法竞争锁的代码。

```
protected final boolean tryAcquire(int acquires) {
    Thread current = Thread.currentThread();
    int c = getState();
    int w = exclusiveCount(c); //获取写线程的数量
```

```
    if (c != 0) {
        // (注意: if c != 0 and w == 0 then shared count != 0)
        if (w == 0 || current != getExclusiveOwnerThread())
            return false;
        if (w + exclusiveCount(acquires) > MAX_COUNT)
            throw new Error("Maximum lock count exceeded");
        setState(c + acquires);
        return true;
    }
    //如果 c==0，则说明读锁和写锁都没有被线程获取
    if (writerShouldBlock() ||
        !compareAndSetState(c, c + acquires))
        return false;
    setExclusiveOwnerThread(current);
    return true;
}
```

核心原理还是一样的，都是通过 state 互斥变量来竞争锁资源，但是与 ReentrantLock 还是有很大的不同，逻辑如下。

- 通过 getState()方法获得当前的互斥变量的值。
- 通过 exclusiveCount()方法从 state 中查找当前获得写锁的线程数量，由于写锁是互斥的，所以如果能够获得多个，就说明只能是重入的情况。
- 如果 c!=0 且 w==0，则说明当前有其他线程获得了共享锁（读锁），这会导致写线程阻塞。
- 如果是线程重入，则通过 w+exclusiveCount(acquires)进行重入次数的累加，这里有一个最大允许重入次数 65535，如果大于该值则会抛出异常。
- 通过 writerShouldBlock()方法判断写锁是否应该阻塞，在非公平模式下，写锁不需要先阻塞，而是直接通过 compareAndSetState()方法竞争锁。

在上述代码中，读者可能会对 exclusiveCount(c)方法有疑问，为什么通过这个方法能获得写锁的数量？

如图 4-10 所示，state 采用高低位分开存储读锁和写锁，高 16 位存储读锁状态，当前读锁状态为 10，表示有两个线程获得了读锁。低 16 位存储写锁状态，当前写锁状态为 100，表示有一个线程重入了 4 次。

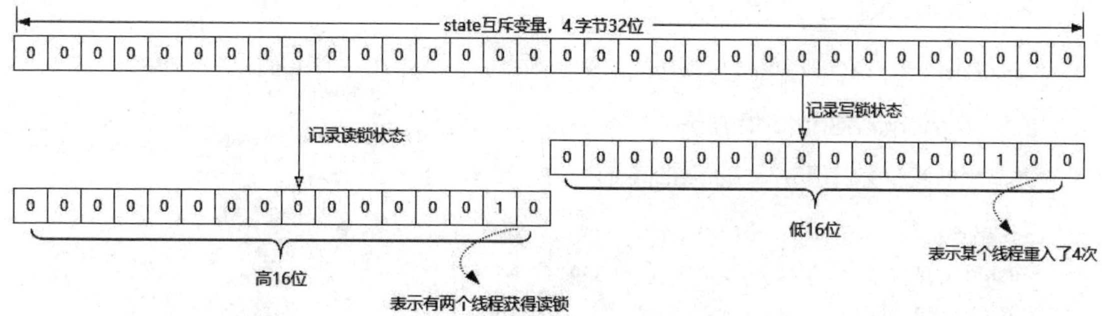

图 4-10　state 互斥变量的存储结构

exclusiveCount()方法采用位运算得到 state 低 16 位的值，并以该值来判断当前 state 的重入次数，代码如下。

```
static int exclusiveCount(int c) { return c & EXCLUSIVE_MASK; }
```

另外，这段代码“w + exclusiveCount(acquires) > MAX_COUNT”之所以要判断是否大于 65535，是因为 16 位长度的最大存储值就是 65535。

接下来看一下锁的释放逻辑，代码如下。

```
protected final boolean tryRelease(int releases) {
    if (!isHeldExclusively())
        throw new IllegalMonitorStateException();
    int nextc = getState() - releases;
    boolean free = exclusiveCount(nextc) == 0;
    if (free)
        setExclusiveOwnerThread(null);
    setState(nextc);
    return free;
}
```

- 通过 getState() - release 来递减锁的次数，由于写锁的重入次数保存在低位，所以直接按十进制计算即可。
- 通过 exclusiveCount()方法计算写锁的重入次数，如果为 0，则说明锁释放成功。

WriteLock 锁竞争失败的逻辑，和前文分析的 ReentrantLock 锁竞争逻辑一致，这里就不再重复展开分析了。

4.7.2 ReadLock 锁竞争原理

ReadLock 通过 AQS 提供共享锁功能，所谓共享锁就是允许多个线程同时获得锁。

4.7.2.1 tryAcquireShared()方法

共享锁的竞争会调用 tryAcquireShared()方法，代码如下。

```
protected final int tryAcquireShared(int unused) {
    Thread current = Thread.currentThread(); //获得当前线程
    int c = getState(); //获取线程状态
    //如果写锁或独占锁的持有者不是当前线程，则直接阻塞
    if (exclusiveCount(c) != 0 &&
        getExclusiveOwnerThread() != current)
        return -1;
    int r = sharedCount(c);
    if (!readerShouldBlock() &&
        r < MAX_COUNT &&
        compareAndSetState(c, c + SHARED_UNIT)) {
        if (r == 0) { //表示第一次获取读锁
            firstReader = current; //保存第一次获取读锁的线程
            firstReaderHoldCount = 1;
        } else if (firstReader == current) {//表示读锁重入的情况
            firstReaderHoldCount++;
        } else {//保存每个线程读锁的重入次数
            HoldCounter rh = cachedHoldCounter;
            if (rh == null || rh.tid != getThreadId(current))
                cachedHoldCounter = rh = readHolds.get();
            else if (rh.count == 0)
                readHolds.set(rh);
            rh.count++;
        }
        return 1;
    }
    return fullTryAcquireShared(current);
}
```

tryAcquireShared()方法如果返回-1，则表示需要等待其他写锁释放，否则表示当前没有线程

持有写锁，可以直接获得读锁，部分原理解读如下。

- 先判断是否有其他线程获得写锁，如果有，则当前获取读锁的线程需要等待。
- 通过 sharedCount()方法获得读锁的数量。
- 满足以下条件时，直接通过 compareAndSetState()方法在高位增加读锁数量。
  - readerShouldBlock 返回 false，表示当前读锁不需要等待。
  - r<MAX_COUNT，表示读锁数量不能大于 65535。
- 读锁获取成功后，根据不同的条件进行处理。
  - r==0，表示第一次获得读锁。
  - firstReader==current，表示第一次获得读锁的线程为当前线程，需要记录重入次数。
  - 采用 ThreadLocal 来保存每个线程获得读锁的次数。ReentrantReadWriteLock()方法中提供了 getReadHoldCount()、getReadLockCount()等方法来获取统计的结果。
- 如果 CAS 执行失败，则调用 fullTryAcquireShared()方法尝试获取共享锁。

在 ReentrantReadWriteLock 读锁和写锁的获取过程中，在通过 CAS 修改互斥变量的状态之前，会分别调用 readerShouldBlock()方法和 writerShouldBlock()方法来判断是否可以直接通过 CAS 尝试获得锁，这两个方法在公平和非公平模式中的实现不同。

对公平锁来说，readerShouldBlock 和 writerShouldBlock 都会通过 hasQueuedPredecessors 来判断当前同步队列中是否还有排队的线程，也就是说对公平锁而言，只有同步队列中在当前节点之前没有等待的线程，才能先尝试抢占锁，具体代码如下。

```
static final class FairSync extends Sync {
  private static final long serialVersionUID = -2274990926593161451L;
  final boolean writerShouldBlock() {
    return hasQueuedPredecessors();
  }
  final boolean readerShouldBlock() {
    return hasQueuedPredecessors();
  }
}
```

对非公平锁来说，writerShouldBlock()方法直接返回 false，也就是说在默认情况下都会先去抢占写锁，代码如下。

```
static final class NonfairSync extends Sync {
  private static final long serialVersionUID = -8159625535654395037L;
```

```
  final boolean writerShouldBlock() {
    return false;
  }
  final boolean readerShouldBlock() {
    return apparentlyFirstQueuedIsExclusive();
  }
}
```

而 readerShouldBlock()方法中调用了 apparentlyFirstQueuedIsExclusive()方法，代码如下。

```
final boolean apparentlyFirstQueuedIsExclusive() {
  Node h, s;
  return (h = head) != null &&
    (s = h.next)  != null &&
    !s.isShared()         &&
    s.thread != null;
}
```

这个方法的目的是避免写锁无限等待的问题，试想一下，如果一直有线程在获得读锁，那意味着写锁将一直无法获得，极端情况下将会导致写锁无限等待下去。为了避免这个问题，apparentlyFirstQueuedIsExclusive 是这么做的。

- 如果当前同步队列 head 节点的下一个节点是独占锁节点，那么该方法会返回 true，表示当前来获取读锁的线程需要排队。
- 如果当前同步队列 head 节点的下一个节点是共享锁节点，那么该方法会返回 false，表示当前来获得读锁的线程允许通过 CAS 修改互斥锁状态。

这种设计在一定程度上能够避免写锁无限制等待的发生。

另外，在 tryAcquireShared()方法中，当通过 CAS 抢占到读锁时，除了通过 state 变量记录总的读锁次数，还使用 HoldeCounter 以线程为单位记录每个线程获得读锁的次数。之所以要这样设计，是因为 state 无法记录每个线程获得读锁的重入次数，代码如下。

```
HoldCounter rh = cachedHoldCounter;
if (rh == null || rh.tid != getThreadId(current))
  cachedHoldCounter = rh = readHolds.get();
else if (rh.count == 0)
  readHolds.set(rh);
rh.count++;
```

HoldCounter 保存了 count 和 tid，其中 count 用来记录数量，而 tid 表示当前线程 id。所以一个 HoldCounter 可以表示某个线程对应的重入次数，代码如下。

```
static final class HoldCounter {
  int count = 0;
  final long tid = getThreadId(Thread.currentThread());
}
```

但是如果要实现线程的隔离，也就是说每个线程都有一个独立的 HoldCounter 实例，那么要怎样实现呢？我们看到在记录重入数量的代码中有这样一行代码：

```
cachedHoldCounter = rh = readHolds.get();
```

每个线程进行数量统计时，都是从 readHolds.get 中获得一个 HoldCounter 实例，代码如下。

```
private transient ThreadLocalHoldCounter readHolds;
static final class ThreadLocalHoldCounter
  extends ThreadLocal<HoldCounter> {
  public HoldCounter initialValue() {
    return new HoldCounter();
  }
}
```

这里采用 ThreadLocal 来进行线程隔离，也就是说每个线程调用 readHolds.get()方法，都会得到一个和当前线程绑定的 HoldCounter 对象实例，也就能够实现针对每个线程记录读锁的重入次数的功能。

关于 ThreadLocal 的实现原理，我们会在第 5 章中详细讲解。

4.7.2.2 fullTryAcquireShared()方法

如果通过 tryAcquireShared 尝试抢占读锁失败，则还需调用 fullTryAcquireShared()方法，该方法的整体逻辑和 tryAcquireShared()方法类似，只是增加了自旋锁来保证读锁抢占成功，代码如下。

```
final int fullTryAcquireShared(Thread current) {
    HoldCounter rh = null;
    for (;;) { //自旋
        int c = getState();
      //case 1 如果当前有其他线程获得写锁，并且获得写锁的线程不是当前线程，则返回-1
        if (exclusiveCount(c) != 0) {
```

```
        if (getExclusiveOwnerThread() != current)
            return -1;
    } else if (readerShouldBlock()) { //case2 如果返回 true，则表示当前抢占读锁的线程
要等待
        if (firstReader == current) {
        } else {
            if (rh == null) {
                rh = cachedHoldCounter;
                if (rh == null || rh.tid != getThreadId(current)) {
                    rh = readHolds.get();
                    if (rh.count == 0)
                        readHolds.remove();
                }
            }
            if (rh.count == 0)
                return -1;
        }
    }
    if (sharedCount(c) == MAX_COUNT) //case 3 判断读锁的总数是否大于最大值
        throw new Error("Maximum lock count exceeded");
    if (compareAndSetState(c, c + SHARED_UNIT)) { //case 4
        if (sharedCount(c) == 0) {
            firstReader = current;
            firstReaderHoldCount = 1;
        } else if (firstReader == current) {
            firstReaderHoldCount++;
        } else {
            if (rh == null)
                rh = cachedHoldCounter;
            if (rh == null || rh.tid != getThreadId(current))
                rh = readHolds.get();
            else if (rh.count == 0)
                readHolds.set(rh);
            rh.count++;
            cachedHoldCounter = rh;
        }
```

```
            return 1;
        }
    }
}
```

上述代码中的部分逻辑分析如下。

- case 1 位置的 getExclusiveOwnerThread() != current 这个判断是为了避免死锁问题，如果一个线程先获得写锁，在没释放写锁之前再尝试获得读锁，并且直接返回-1，那么获得写锁的线程将会被阻塞一直无法唤醒，从而进入死锁状态。
- case 2 位置，表示当前读锁应该先阻塞，再判断当前读锁是否是重入，如果是重入，则直接抢占读锁，否则阻塞。
- case 4 位置，通过 CAS 抢占读锁资源，成功后使用 HoldCounter 记录当前线程的重入次数，其代码实现和 tryAcquireShared()方法相同。

在上述代码中，我们要注意 firstReader 和 firstReaderHoldCount 这两个字段。这两个字段会记录第一个获得读锁的线程及该线程的重入次数，如果是第一个线程就没必要添加到 HoldCounter 了，为什么要这么设计呢？这其实是一种优化，如果获得读锁的线程只有一个，就没必要从 HoldCounter 中去查找了，这在一定程度上能够提升性能。

注意，这个 firstReader 并不是全局的第一个线程，当原本的第一个线程释放了锁之后，后续来获得读锁的线程会占用这个 firstReader 属性，firstReader 和 firstReaderHoldCount 可以在读锁不产生竞争的情况下快速地记录读锁重入的次数。

最后，在 fullTryAcquireShared()方法中，在如下两种情况下需要加入同步队列等待。

- 当前有其他线程获得了写锁并且当前线程不是重入。
- readerShouldBlock()方法返回 true 并且不是重入。

4.7.2.3　重入读写锁整体图解

如图 4-11 所示，假设有两个线程 ThreadA、ThreadB 先去获得读锁，此时由于没有其他线程获得写锁，所以可以直接获得写锁。

使用 firstReader 和 firstReaderHoldCount 分别记录第一个获得读锁的线程及线程重入次数。ThreadB 获得读锁，用 HoldCounter 记录当前线程的重入次数。

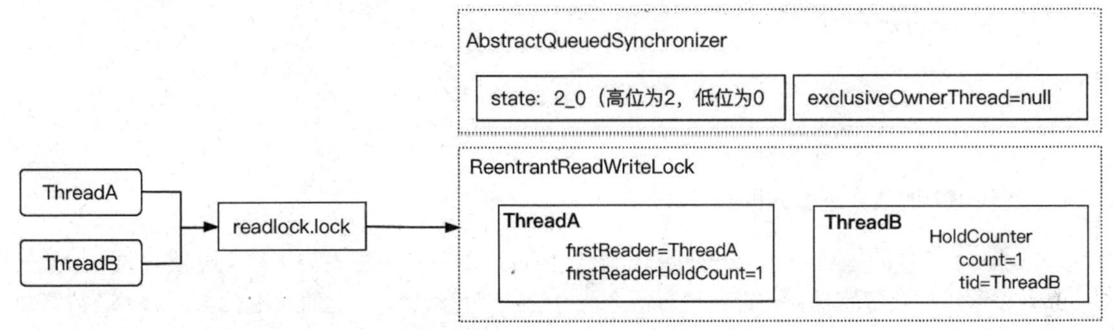

图 4-11　读锁的实现原理

接着，ThreadC 来抢占写锁，如图 4-12 所示，由于此时有 ThreadA、ThreadB 正在持有读锁，所以 ThreadC 抢占写锁失败，直接加入同步队列阻塞。

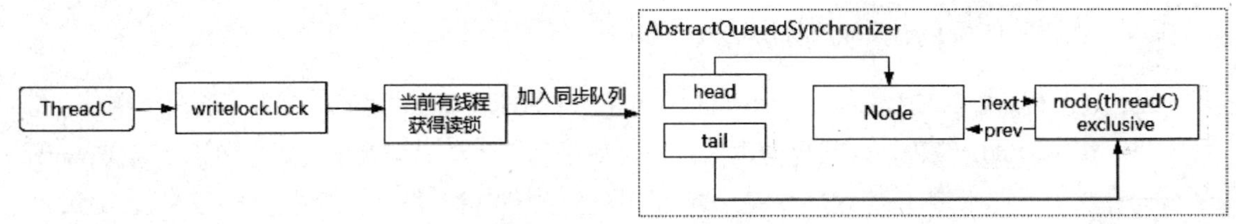

图 4-12　写锁的实现原理

此时，在维持图 4-11 和 4-12 锁状态不变的情况下，有两个线程 ThreadD 和 ThreadE 来抢占读锁，由于不满足直接抢占读锁的条件，所以需要加入同步队列。注意，读锁加入队列中的节点类型是 SHARED，表示共享节点（后续章节再详细说明）。

SHARED 节点有一个特点：如果其中有一个 SHARED 节点被唤醒，那么会把所有 SHARED 节点都唤醒，也就是说允许多个线程抢占到锁，这也符合读写锁的特性。当写锁释放后，要唤醒所有等待的读锁来读取最新数据。

如果 ThreadA 和 ThreadB 这两个获得读锁的线程释放了锁，就会从 AQS 的同步队列中唤醒头部节点的下一个节点，也就是如图 4-13 所示的 ThreadC 线程，该线程是来抢占写锁的，当该线程获得锁之后，得到如图 4-14 所示的结构。ThreadC 这个 Node 节点变成 head 节点，原来的 head 节点从链表中移除，然后 ThreadC 竞争到互斥锁，所以 state 的低位为 1，exclusiveOwnerThread=ThreadC。

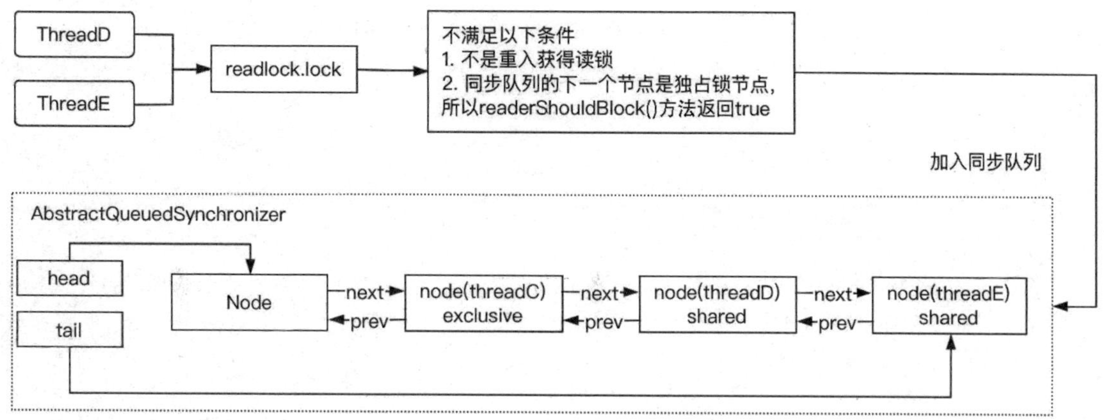

图 4-13　共享锁的实现原理

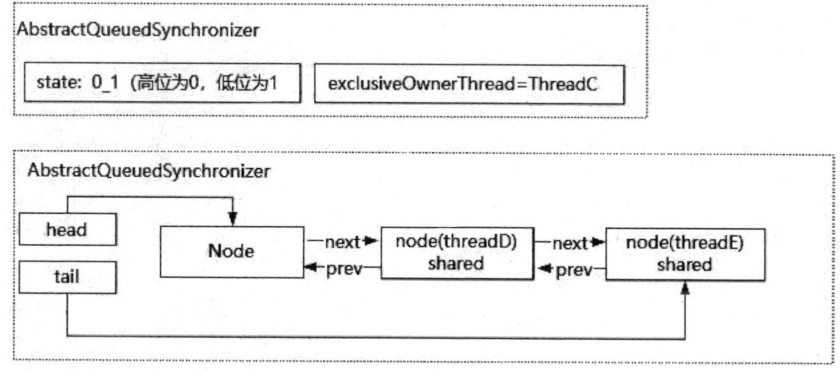

图 4-14　共享锁的唤醒过程

最后，如果 ThreadC 的读锁也释放了，那么需要从 AQS 的同步队列中继续唤醒 head 节点的 next 节点，也就是 ThreadD 线程所在的节点。在唤醒的过程中发现该节点类型是 SHARED，由于共享锁的节点允许多个线程竞争到锁，所以继续往后查找类型为 SHARED 的节点进行唤醒，如果下一个节点的类型是 EXCLUSIVE（独占锁节点），则中断共享锁的传递，不再继续往后唤醒 SHARED 节点。

4.7.3　ReentrantReadWriteLock 中的锁降级

ReentrantReadWriteLock 支持锁的降级，也就是从写锁降级到读锁。意思是如果线程 A 获得了写锁，在写锁没有释放的情况下再去获得读锁，是被允许的。

下面是 ReentrantReadWriteLock 官方提供的一个锁降级的案例。

```
class CachedData {
    Object data;
    volatile boolean cacheValid;
    final ReentrantReadWriteLock rwl = new ReentrantReadWriteLock();

    void processCachedData() {
        rwl.readLock().lock();//获得读锁
        if (!cacheValid) {
            rwl.readLock().unlock(); //释放读锁
            rwl.writeLock().lock(); //获得写锁
            try {
                if (!cacheValid) {
                    data = ...
                        cacheValid = true;
                }
                rwl.readLock().lock(); //获得读锁
            } finally {
                rwl.writeLock().unlock(); // 释放写锁
            }
        }

        try {
            use(data); //加载最新数据
        } finally {
            rwl.readLock().unlock(); //释放写锁
        }
    }
}}
```

上述这段代码的意思是，在 processCachedData()方法中，先获得写锁，然后修改 data 的值，但是在释放写锁之后仍然需要用到 data，所以在释放写锁之前，先获得读锁，避免在后续用到 data 时被其他线程修改。也就是说，在写锁没释放的情况下获得读锁，这个过程称为锁降级。

在获取读锁的方法 tryAcquireShared()中，存在如下代码来判断当前竞争读锁的线程是否已经得到写锁的线程，如果是，则允许获得读锁。

```
if (exclusiveCount(c) != 0 &&
    getExclusiveOwnerThread() != current)
    return -1;
```

锁降级设计的目的是提升性能，试想一下，如果不用上述方法，那么为了保证 data 这个字段的数据一致性，只能把 use(data)方法放在写锁的范围内。假设 use(data)方法执行的时间比较长，就会导致后续所有对 data 字段的读全部阻塞，很明显这违反了读写锁设计的初衷。所以 CachedData 类中演示的方法，反而能够很好地解决这个问题。

4.8　StampedLock 的原理分析

StampedLock 的功能是解决读多写少场景中写锁一直处于等待状态的问题。实际上，我们在分析 ReentrantReadWriteLock 的原理中也看到了它的优化，就是如果抢占锁的节点发现 AQS 的同步队列中 head 节点的下一个节点是独占锁节点，那么当前读锁也会先加入同步队列等待，而在 Java 1.8 中提供了 StampedLock，更进一步优化了读锁和写锁的访问。

先来看一下 StampledLock 中同步状态的定义，代码如下。

```
private static final int LG_READERS = 7; //读锁最大 bit 位

//定义了用来计算 state 值的位常量
private static final long RUNIT = 1L; //如果有线程获得读锁，则增加一个 RUNIT
private static final long WBIT  = 1L << LG_READERS; //当有一个线程获得一个写锁时，state
要增加的值
private static final long RBITS = WBIT - 1L; //获取读锁个数，判断当前是否属于读锁状态
private static final long RFULL = RBITS - 1L; //记录最大读锁大小（126）
private static final long ABITS = RBITS | WBIT; //判断 state 读写锁状态
private static final long SBITS = ~RBITS;

private static final long ORIGIN = WBIT << 1; //state 初始化的值
private transient volatile long state;
private transient int readerOverflow;
```

在 StampedLock 中，采用了一个 long 类型的 state 变量来表示同步状态，long 类型的长度是 64 位。这里将 state 拆成 3 个部分，低 7 位表示读锁的状态，当一个线程加了读锁时，就在低 7 位

加 1，也就是说最多同时支持 127 个线程获得读锁，如果线程数超过了 127，则使用 readerOverflow 进行记录；第 8 位用来存储写锁的状态；第 9～64 位存储 stamp，记录写锁中的状态变化，每触发一次写锁，stamped 就会加 1（相当于整个 state 加了 256），整体结构如图 4-15 所示。

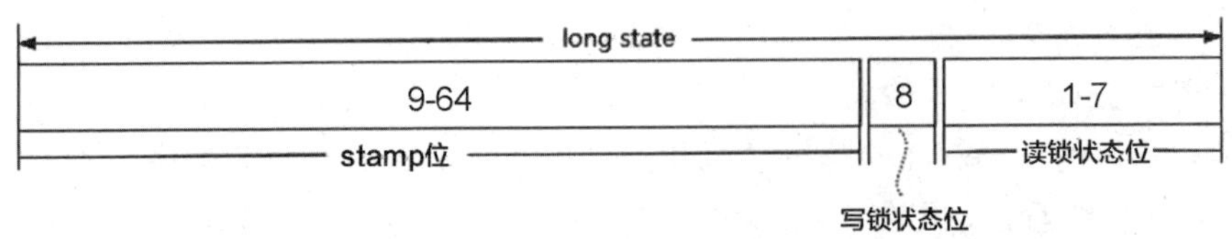

图 4-15　state 状态位表示

另外，StampedLock 中用到了自旋锁，它会根据当前 CPU 的核数来决定自旋次数，次数定义代码如下。

```
//CPU 核心数量，用来决定自旋的次数
private static final int NCPU = Runtime.getRuntime().availableProcessors();
//通过自旋尝试获得锁，如果超过该值仍然没有成功获取锁，则等待
private static final int SPINS = (NCPU > 1) ? 1 << 6 : 0;
//同步队列中的首节点在尝试自旋获得锁时的自旋次数
private static final int HEAD_SPINS = (NCPU > 1) ? 1 << 10 : 0;
//再次进入同步队列之前的最大重试次数
private static final int MAX_HEAD_SPINS = (NCPU > 1) ? 1 << 16 : 0;
```

4.8.1　核心内部类分析

StampedLock 中提供了三类视图：

```
transient ReadLockView readLockView; //读锁视图
transient WriteLockView writeLockView; //写锁视图
transient ReadWriteLockView readWriteLockView; //读写锁视图
```

其实这三类视图是针对 StampedLock 中提供的方法的封装，在 4.1.3 节中我们并没有用到这些视图，而是直接访问 StampedLock.writeLock()方法或者 StampedLock.readLock()方法，之所以这么设计笔者认为是为了更好地兼容 ReentrantReadWriteLock 的使用习惯。

另外，在存在读写锁竞争的情况下，那些无法获得锁的线程仍然需要进入同步队列等待。但是在 StampedLock 中并没有使用 AQS，而是自己实现了一个改造版本的同步队列，其大体思想与 AQS 类似，实现同步队列的节点定义代码如下。

```
static final class WNode {
    volatile WNode prev;
    volatile WNode next;
    volatile WNode cowait;    //存储读操作的链表
    volatile Thread thread;   //有线程挂起时，该字段不为空
    volatile int status;      //节点包含三个状态，0 为默认状态，WAITING 为等待中的状态，
CANCELLED 为取消状态
    final int mode;          //RMODE 或 WMODE
    WNode(int m, WNode p) { mode = m; prev = p; }
}
```

与 AQS 相比，WNode 节点除了是一个普通的双向链表，还存在以下差异。

- 在 WNode 中多了一个 cowait 成员属性，它可以用来连接当前节点后的所有读锁节点。
- 节点状态只有 0、WAITING、CANCELLED。
- 多了一个 mode 字段，用来表示当前节点是读锁模式还是写锁模式。

StampedLock 同步队列中的存储结构如图 4-16 所示，横向来看，就是一个普通的 AQS 同步队列，但是在 StampedLock 中增加了一个纵向的栈结构（LIFO），也就是 cowait。什么时候会构建 cowait 栈结构呢？如果当前有线程来获得读锁，发现已经有其他线程持有了写锁，那么它会添加到同步队列中，假设此时同步队列的尾节点是读锁节点（mode=RMODE），则直接把当前节点链接到尾节点的 cowait 链中。如果同步队列的尾节点是写锁节点（mode=WMODE），则直接通过尾插法添加到该同步队列的尾部。

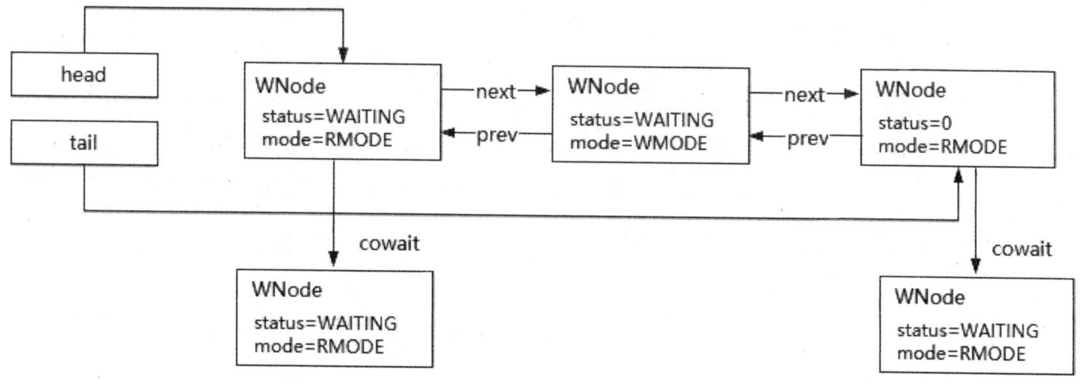

图 4-16　StampedLock 同步队列中的存储结构

4.8.2 StampedLock 原理图解

假设有五个线程：ThreadA、ThreadB、ThreadC、ThreadD、ThreadE，分别通过 StampedLock 来竞争锁，每个线程竞争的锁类型如下。

- ThreadA 线程调用 writeLock 获取写锁。
- ThreadB 线程调用 readLock 获取读锁。
- ThreadC 线程调用 readLock 获取读锁。
- ThreadD 线程调用 writeLock 获取写锁。
- ThreadE 线程调用 readLock 获取写锁。

如图 4-17 所示，ThreadA 线程先获得写锁，此时 state 的第 8 位保存一个写锁状态，StampedLock 中的 CLH 队列为空。

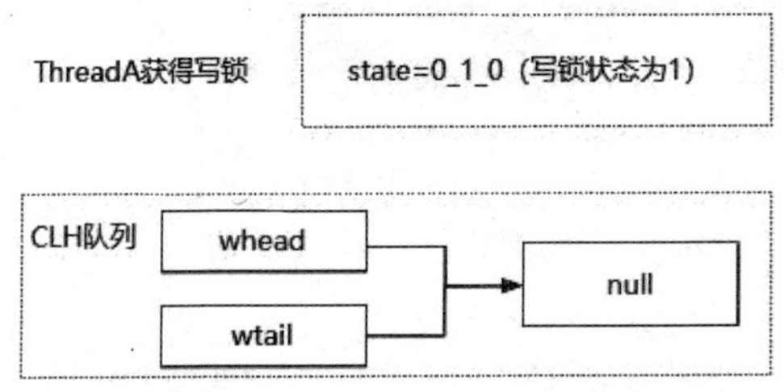

图 4-17　ThreadA 获得写锁时的状态

> CLH 锁是自旋锁的一种，它通过对前一个节点的自旋来提供公平竞争锁的机制，严格执行先到先得。它通过对一个局部变量进行自旋，不断轮询前一个节点的状态，如果发现前驱节点释放了锁则结束自旋。而 AQS 是基于 CLH 思想实现的一个变体，因此 AQS 中的同步队列也称为 CLH 队列。
>
> CLH lock is Craig, Landin, and Hagersten (CLH) locks, CLH lock is a spin lock, can ensure no hunger, provide fairness first come first service. The CLH lock is a scalable, high performance, fairness and spin lock based on the list, the application thread spin only on a local variable, it constantly polling the precursor state, if it is found that the pre release lock end spin.

写锁的实现逻辑非常简单，只要当前读写锁都没有被占用((s = state) & ABITS)，就通过 compareAndSwapLong 修改 state 的写锁状态即可。注意，写锁的代码中并没有保存当前获得锁的线程，这意味着 StampedLock 不支持锁的重入。

```
public long writeLock() {
```

```
    long s, next;
    return ((((s = state) & ABITS) == 0L &&
             U.compareAndSwapLong(this, STATE, s, next = s + WBIT)) ?
            next : acquireWrite(false, 0L));
}
```

接着 ThreadB 和 ThreadC 都来抢占读锁，由于此时 ThreadA 持有了写锁，所以它们会加入 CLH 队列，如图 4-18 所示。先将 ThreadB 添加到链表的尾部节点，接着将 ThreadC 添加到链表时，发现尾部节点为读锁节点，所以直接压到 cowait 栈结构中，如果后续的线程仍然想要抢占写锁，则可以通过头插法添加到 cowait 栈顶。

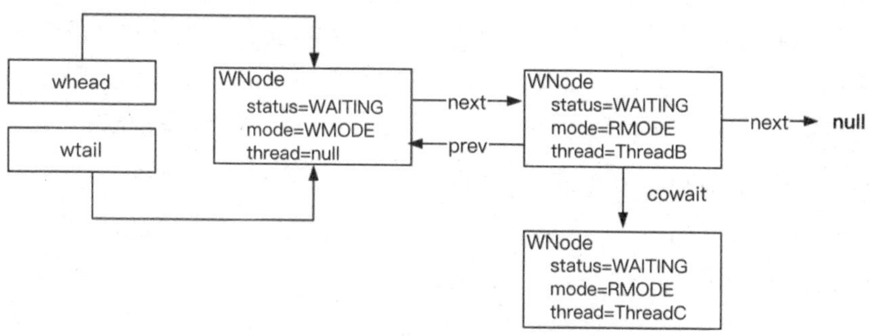

图 4-18　竞争读锁时的数据结构

如图 4-19 所示，ThreadD 和 THreadE 分别抢占写锁和读锁，ThreadD 先抢占读锁，此时读锁被 ThreadA 持有，所以直接加入 CLH 队列尾部，接着 ThreadE 来抢占读锁，发现 CLH 队列的尾部节点是写锁节点，所以同样添加到 CLH 队列的尾部。

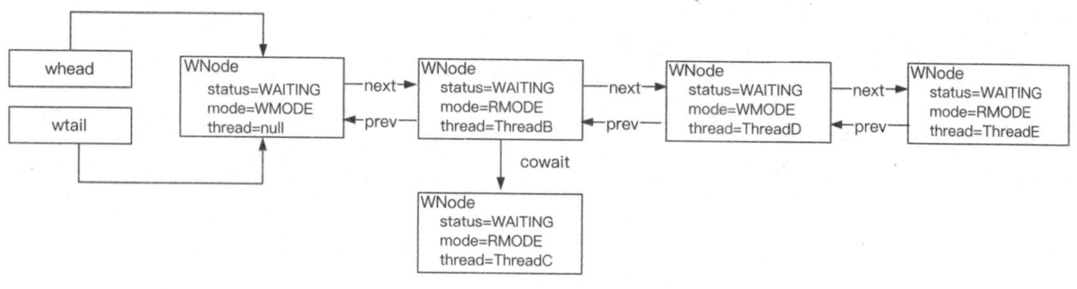

图 4-19　竞争写锁时的数据结构

当 ThreadA 释放锁之后，唤醒 CLH 队列头节点的下一个节点，也就是 ThreadB 所在的节点，然后同步唤醒 cowait 中的所有节点。当 ThreadB 所在节点的所有读锁节点释放之后，继续唤醒

ThreadD 节点获得写锁，不断往下传递。

4.8.3 StampedLock 锁升级

StampedLock 提供了锁升级和锁降级的方法。

- tryConvertToReadLock，将写锁转换为读锁。
- tryConvertToWriteLock，将读锁转换为写锁。

4.8.3.1 写锁转换为读锁

写锁转换为读锁的场景在 ReentrantReadWriteLock 中我们分析过，当获得写锁的线程更新完成之后，后续会再用到修改之后的数据。为了避免竞争，使用数据的方法仍然需要包裹在写锁中。但是如果该方法的执行时间较长，使得写锁一直无法释放，那么其他读锁也会一直被阻塞，因此在这种情况下可以使用 tryConvertToReadLock()方法进行锁的转换，使用方法如下。

```
StampedLock stamped=new StampedLock();
int count;
@Override
public void run() {
  long stamp= stamped.writeLock();
  if (stamp != 0) {
    count++;
  }
  long rs = stamped.tryConvertToReadLock(stamp);
  try {
    if (rs != 0) {
      System.out.println("Hello World");
    }
  }finally {
    stamped.unlockRead(rs);
  }
}
```

下面看一下 tryConvertToReadLock()方法的实现。

```
public long tryConvertToReadLock(long stamp) {
  //a 表示写锁状态
  long a = stamp & ABITS, m, s, next; WNode h;
```

```
  while (((s = state) & SBITS) == (stamp & SBITS)) {//在 stamp 不变的情况下一直循环
    if ((m = s & ABITS) == 0L) {//判断无锁或者读锁溢出状态
      if (a != 0L)
        break;
      else if (m < RFULL) {//判断当前读锁是否满了，如果没满，则通过 CAS 增加读锁状态
        if (U.compareAndSwapLong(this, STATE, s, next = s + RUNIT))
          return next;
      }
      //如果读锁存储满了，则通过 tryIncReaderOverflow()方法来存储读锁状态
      else if ((next = tryIncReaderOverflow(s)) != 0L)
        return next;
    }
    else if (m == WBIT) {//当前存在写锁
      if (a != m)
        break;
      state = next = s + (WBIT + RUNIT);
      //判断 CLH 对接中头结点的状态
      if ((h = whead) != null && h.status != 0)
        release(h); //释放写锁
      return next;
    }
    //存在读锁且没有溢出，直接返回即可
    else if (a != 0L && a < WBIT)
      return stamp;
    else //其他情况不支持锁转换
      break;
  }
  return 0L;
}
```

从上述代码得知，转换读锁有三种处理情况。

- 如果当前 stamp 的锁状态是无锁，则通过 CAS 获得一个读锁。
- 如果当前 stamp 的锁状态是写锁，则释放写锁并获得读锁。
- 如果当前 stamp 的锁状态是读锁，则直接返回读锁。

其他情况，都表示转换失败。

4.8.3.2 读锁转换为写锁

当某个线程获得了读锁，发现变量满足某个条件，并需要对该共享变量进行修改时，就可以通过该方法进行转换。

```
void moveIfAtOrigin(double newX, double newY) {
  long stamp = sl.readLock(); //获得一个读锁，和 ReentrantReadWriteLock 的读锁相同
  try {
    while (x == 0.0 && y == 0.0) {
      long ws = sl.tryConvertToWriteLock(stamp); //将读锁转化为写锁
      if (ws != 0L) {
        stamp = ws;
        x = newX;
        y = newY;
        break;
      }
      else {
        sl.unlockRead(stamp);
        stamp = sl.writeLock();
      }
    }
  } finally {
    sl.unlock(stamp);
  }
}
```

在 moveIfAtOrigin()方法中首先获得读锁，如果满足 x==0.0 && y==0.0，则通过 tryConvertTo-WriteLock()方法转换为写锁，根据返回值 ws 判断是否转换结果，如果转换成功则进行数据变更，否则释放读锁并尝试抢占写锁。

```
public long tryConvertToWriteLock(long stamp) {
  long a = stamp & ABITS, m, s, next;
  while (((s = state) & SBITS) == (stamp & SBITS)) {//保证在锁状态没有变化的情况下进行转换
    if ((m = s & ABITS) == 0L) {//如果是无锁状态，则直接修改成写锁
      if (a != 0L)
        break;
      //通过 CAS 修改 state 写锁状态，增加写锁标记
      if (U.compareAndSwapLong(this, STATE, s, next = s + WBIT))
        return next;
    }
```

```
    else if (m == WBIT) {//如果是写锁状态，则直接返回 stamp
      if (a != m)
        break;
      return stamp;
    }
    else if (m == RUNIT && a != 0L) {//如果是读锁状态但是写锁可用，则释放读锁再加写锁
      //s - RUNIT + WBIT， 减去读锁标记，加上写锁标记
      if (U.compareAndSwapLong(this, STATE, s,next = s - RUNIT + WBIT))
        return next;
    }
    else
      break;
  }
  return 0L;
}
```

符合以下情况时，会进行写锁的转换。

- 如果 stamp 是无锁状态，则通过 CAS 增加写锁标记。
- 如果 stamp 是写锁状态，则直接返回当前 stamp。
- 如果 stamp 是读锁状态但是写锁可用，则释放读锁并返回写锁的 stamp。

其他情况，转换写锁失败。

4.9　本章小结

本章围绕 Lock 锁接口的三种实现 ReentrantLock、ReentrantReadWriteLock、StampedLock，从使用到原理进行了较为详细的分析，重点分析了可重入排他锁的底层源码，也就是基于 AQS 的排他锁的源码分析，其中 AQS 中的共享锁，笔者会在后续的并发工具中详细分析。而 ReentrantReadWriteLock 中分别用到了 AQS 中的排他锁和共享锁，读锁采用共享锁（允许多个线程同时竞争到锁资源）、写锁采用排他锁（同一时刻只允许一个线程获得锁）。

最后简单分析了 StampedLock 的原理，虽然它并没有使用 AQS 同步队列，但是也用到了 CLH 锁的思想，自己实现了一个改造版的同步队列，并更好地应用在读写锁的场景中。更重要的是，StampedLock 用到了大量的自旋锁及乐观锁机制，从而避免了读锁和写锁互斥可能导致的写锁“饥饿”问题。由于源码的实现和 AQS 有大量的相通性，所以笔者没有重复分析相关的源码，读者可以自己花时间去整理和分析。

5

第 5 章 从线程通信来窥探并发中的条件等待机制

线程之间的通信是指当某个线程修改了一个对象的值时，另外一个线程能够感知到该值的变化并进行相应的操作。实现线程之间的通信方法如下。

- 基于 volatile 修饰的共享变量。
- 通过 wait/notify 机制。
- Thread.join 方法。
- 使用 synchronized 同步关键字。
- Condition.await/signal 方法。

在本章中，我们将对 wait/notify 及 Condition 进行简单的了解和分析，并讲解 synchronized 使用不当导致的死锁问题。

5.1　wait/notify

在 Java 中提供了 wait/notify 机制来实现多个线程之间的协同处理，也就是控制线程之间的等待和唤醒。wait()/notify()/notifyAll()是属于 Object 对象中的方法，方法的功能说明如下。

- wait()方法，使当前线程进入阻塞状态，并且释放持有的锁。
- notify()方法，唤醒处于阻塞状态下的一个线程。
- notifyAll()方法，唤醒处于阻塞状态下的所有线程。

注意，想要唤醒一个被 Object.wait()方法阻塞的线程，有以下两种方法。

- 其他线程调用了同一个对象的 notify()/notifyAll()方法。
- 调用了该线程的 interrupt()方法，被阻塞的线程被唤醒并且抛出 InterruptException 异常。

5.1.1　wait()/notify()方法使用实战

wait()/notify()方法实际上是针对同一共享对象的竞争来实现数据变更的通知，也就是当某个共享变量满足某种条件时会触发阻塞和唤醒，从而实现线程的通信。因此，大部分情况下，wait()/notify()方法可以用来实现生产者/消费者模型，以及多线程异步通信的场景，下面我们通过 wait()/notify()方法演示一个生产者/消费者的使用场景。

5.1.1.1　Producer

Producer 的代码如下。

```
public class Producer implements Runnable {
  private Queue<String> bags;
  private int maxSize;

  public Producer(Queue<String> bags, int maxSize) {
    this.bags = bags;
    this.maxSize = maxSize;
  }

  @Override
  public void run() {
    int i=0;
    while(true){
```

```
        i++;
        synchronized (bags){ //抢占锁
          if(bags.size()==maxSize){
            System.out.println("bags 满了");
            try {
              bags.wait(); //满了，阻塞当前线程并且释放 Producer 抢到的锁
            } catch (InterruptedException e) {
              e.printStackTrace();
            }
          }
          try {
            Thread.sleep(1000);
          } catch (InterruptedException e) {
            e.printStackTrace();
          }
          System.out.println("生产者生产：bag"+i);
          bags.add("bag"+i); //生产 bag
          bags.notify(); //表示当前已经生产了数据，提示消费者可以消费了
        }
      }
    }
}
```

Producer 表示一个生产者线程，该线程中定义了一个共享对象 bags，然后在 run()方法中实现如下逻辑。

- 使用 synchronized(bags)对共享对象 bags 加锁。
- 当 bags.size()==maxSize 时，表示队列满了，让当前线程等待。
- 否则，正常往 bags 中添加数据，并且使用 bags.notify()方法唤醒阻塞的消费者线程。

注意，从代码中可以发现，wait()和 notify()方法必须要写在 synchronized 代码块中，至于原因，后续会分析。

5.1.1.2 Consumer()方法

Consumer()方法的代码如下。

```
public class Consumer implements Runnable{
  private Queue<String> bags;
```

```java
    private int maxSize;

    public Consumer(Queue<String> bags, int maxSize) {
      this.bags = bags;
      this.maxSize = maxSize;
    }

    @Override
    public void run() {
      while(true){
        synchronized (bags){
          if(bags.isEmpty()){
            System.out.println("bags 为空");
            try {
              bags.wait();
            } catch (InterruptedException e) {
              e.printStackTrace();
            }
          }
          try {
            Thread.sleep(1000);
          } catch (InterruptedException e) {
            e.printStackTrace();
          }
          String bag=bags.remove();
          System.out.println("消费者消费: "+bag);
          bags.notify();
        }
      }
    }
}
```

Consumer 表示一个消费者线程，同样它会用到共享对象 bags，接着在 run()方法中实现如下逻辑。

- 先使用 synchronized(bags)方法加锁，注意生产者/消费者锁定的对象实例必须是同一个。
- 如果 bags.isEmpty()表示队列空了，则需要等待生产者生产才能继续消费。
- 否则，使用 bags.remove()方法从队列中消费数据，当数据消费了之后，可以使用 bags.notify()方法唤醒处于阻塞状态的生产者线程。

下面使用如下代码进行测试。

```
public static void main(String[] args) throws InterruptedException {
  Queue<String> bags=new LinkedList<String>();
  int maxSize=2;
  Producer producer=new Producer(bags,maxSize);
  Consumer consumer=new Consumer(bags,maxSize);
  new Thread(producer).start();
  TimeUnit.SECONDS.sleep(1);//确保生产者先执行
  new Thread(consumer).start();

}
```

得到的结果如下。

```
生产者生产：bag1
生产者生产：bag2
bags 满了
消费者消费：bag1
消费者消费：bag2
bags 为空
生产者生产：bag3
生产者生产：bag4
bags 满了
```

生产者先运行生产数据（唤醒消费者线程），在生产了两个数据之后发现队列满了，此时通过 wait()方法阻塞生产者线程。消费者线程开始运行，如果发现队列中元素不为空，则进行数据的消费（同时唤醒生产者线程）；如果消费者发现队列为空，则阻塞消费者线程。

5.1.2 图解生产者/消费者

生产者/消费者模型的整体运行原理如图 5-1 所示。LinkedList 作为生产者和消费者实现数据通信共享队列，生产者和消费者都会对该共享队列进行读写操作。因此，为了保证原子性，生产者和消费者线程必须要针对该共享队列进行加锁，只有竞争到锁资源的线程才有资格对 LinkedList 进行数据操作。

假设生产者抢到了锁，则开始向队列添加数据，直到队列满了发生阻塞，也就是说消费者应该进行数据消费。细心的读者应该能发现生产者的 wait()方法是在 synchronized 中调用的，此时锁是没有释放的，那么消费者获取不到同步锁怎么执行呢？不用担心，在线程调用 wait()方法后，就会释放当前的同步锁。由于 Consumer 此时在 synchronized 的同步队列中等待，所以 Producer 一旦释放锁就可以唤醒 Consumer 线程。Consumer 被唤醒后需要去竞争锁资源，如果获取锁成功，则进行数据消费。

Consumer 消费一个数据后会调用 notify()方法，这个方法只是唤醒处于阻塞的线程，由于 Consumer 还没有释放锁，因此被唤醒的 Producer 需要等待 Consumer 释放锁之后才能继续沿着阻塞的位置开始执行。

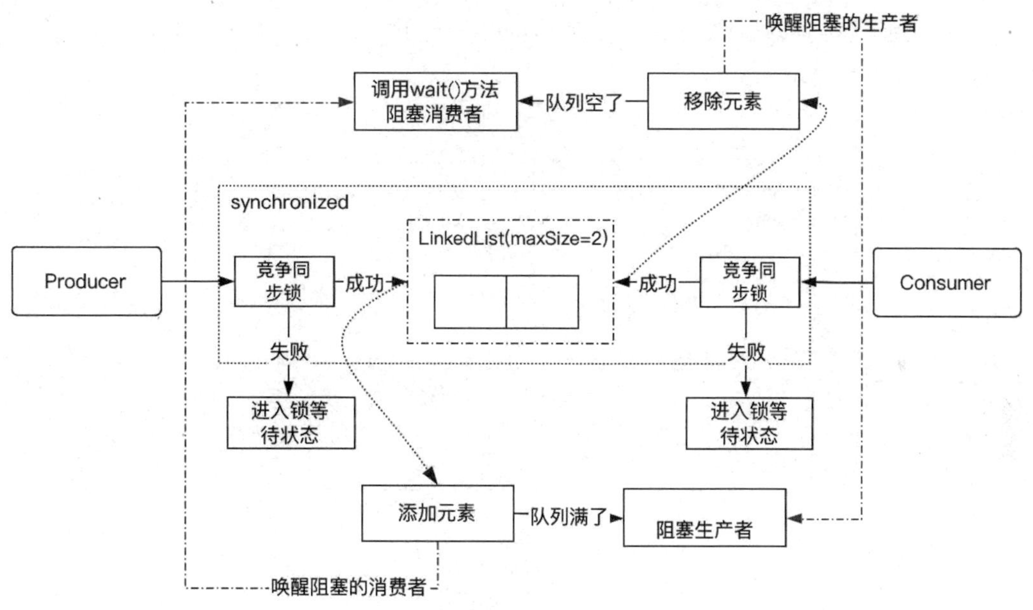

图 5-1　生产者/消费者模型的整体运行原理

5.1.3　wait()/notify()方法的原理

如果读者对前面章节的内容掌握比较好，那么对 wait()/notify()方法的实现原理应该也能知道一些关键的设计，比如等待队列。

在分析 wait()/notify()方法原理之前，需要先给大家说明一下 synchronized 的重量级锁机制。注意，如果 synchronized 中使用了 wait()/notify()方法，那么该锁必然是重量级锁，而重量级锁的实现原理如图 5-2 所示。

在第 2 章中我们详细分析过重量级锁的原理，重量级锁是使用 ObjectMonitor 来实现的，在该对象中包含几个关键字段：_cxq、_EntryList、_owner。当多个线程竞争重量级锁时，如果竞争到锁，则通过_owner 保存获得锁的线程；如果竞争失败，则会先添加到_cxq 单向链表的头部，然后调用 park()方法挂起当前线程。

接着获得锁的线程释放锁，并从_cxq 队列中唤醒一个线程，唤醒的过程会根据 QMode 的不同，从_cxq 队列中获取线程并移动到_EntryList 队列头部或者尾部。默认策略是，如果_EntryList 为空，则将_cxq 中的线程移动到_EntryList，并唤醒第一个线程，也就是说当_EntryList 为空时，后面进来的线程会先获得锁。

synchronized 通过_cxq 维护最新参加锁竞争的线程，通过_EntryList 维护当前参与竞争的线程。

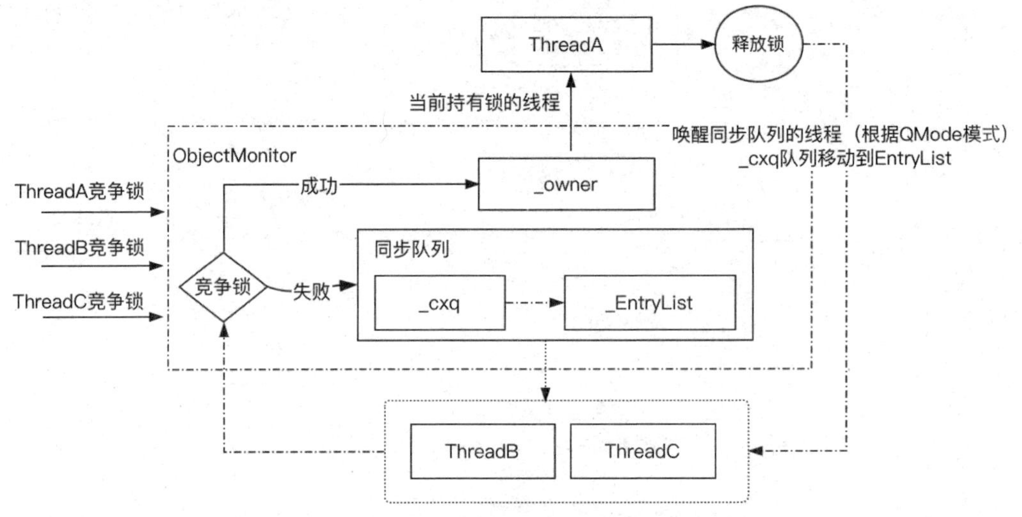

图 5-2　重量级锁的实现原理

wait()/notify()方法依赖于 synchronized 同步锁，并且有两个特殊需求。

- 调用 wait()方法的线程会阻塞，有可能存在 N 个线程调用 wait()方法等待某一个线程的 notify/notifyall 唤醒，那么这些阻塞的线程怎么存储？
- 如何调用 wait()方法释放锁资源，使得消费者可以竞争到锁？

基于这两个需求，得到如图 5-3 所示的流程。如果 ThreadA 在同步代码块中调用 wait()方法，则先释放锁，然后把当前线程加入_WaitSet 等待队列中。此时由于 ThreadA 释放了锁，所以原本在同步队列中的 ThreadB 被唤醒竞争到锁，开始执行同步代码块中的逻辑，ThreadB 调用 notify()

方法把等待队列中的 ThreadA 唤醒，然后重新去竞争锁资源。直到 ThreadB 退出同步代码块之后释放锁，ThreadA 和 ThreadC 又有机会竞争到锁，开始继续执行流程。

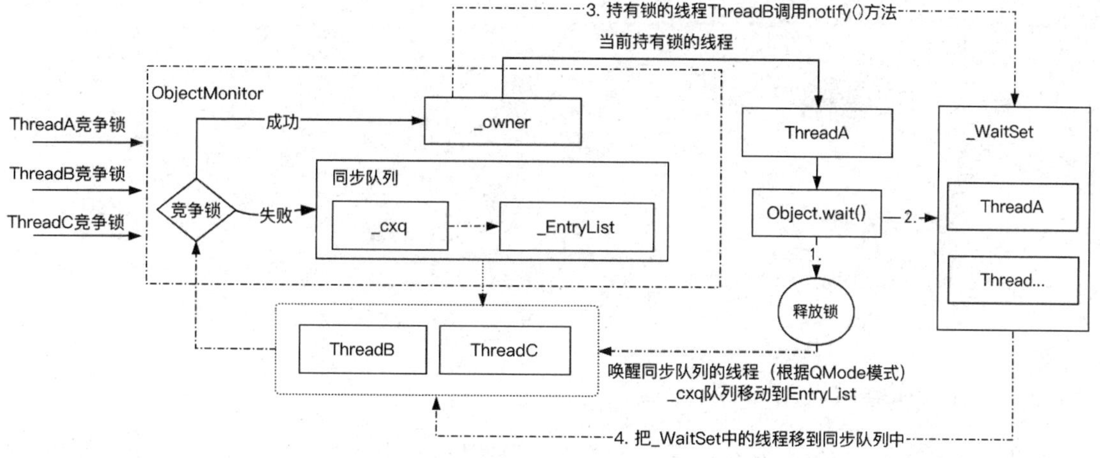

图 5-3　wait()/notify()方法的实现原理

5.1.4　wait()/notify()方法为什么要加同步锁

wait()/notify()方法必须要放在 synchronized 同步代码块中，否则会抛出 IllegalMonitorState-Exception 的异常，之所以要加同步代码块，有以下两个原因。

- wait()/notify()方法是基于一个共享对象来实现线程间通信的，这意味着存在多个线程对该共享对象的竞争，为了保证原子性，需要加锁。
- wait()/notify()方法需要实现线程的阻塞和唤醒，当某个线程调用 notify 唤醒时，要唤醒哪个线程？从哪里去找？而 synchronized 本身实现了同步队列的机制，正好为 wait()/notify()方法提供了很好的协同机制。

之所以将 wait()/notify()方法放在 Object 中，是因为 Java 中任何一个 Object 都关联了一个监视器对象，能够很好地实现同步锁的机制。

5.2　通过 Thread.join 获取线程执行结果

在应用程序中使用线程时，如果某段程序希望等待前面的线程执行结束后再执行，那么在并发编程中有很多方法可以实现，Thread.join()就是其中的一个方法。

这个方法在第 3 章的 Happens-Before 模型中提到过，在下面这段程序中，如果我们希望 rs 输出的结果是 30，就可以使用 join()方法。否则，当 t 线程还没运行结束时，输出的结果可能是 10。

```
public static int i=10;
public static void main(String[] args) throws InterruptedException {
    Thread t=new Thread(()->{
        i=30;
    });
    t.start();
    t.join();
    System.out.println("rs:"+i);
}
```

5.2.1 Thread.join()方法的执行流程

如图 5-4 所示，t.join()方法会阻塞 main 线程，其实应该是阻塞调用 t.join()方法的线程。然后 t 线程异步保持运行状态，当 t 线程运行结束后，唤醒被阻塞的 main 线程，从而可以获得 t 线程的执行结果。

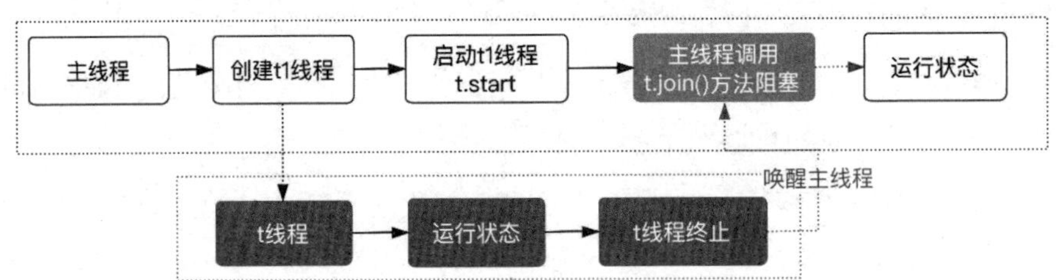

图 5-4　Thread.join()方法的执行流程

5.2.2 Thread.join()方法的实现原理

从图 5-4 中不难发现，Thread.join()方法本质上就是通过阻塞唤醒的方式来实现的，我们很自然地就想到了 wait()/notify()方法。实际上 Thread.join()方法确实是使用 wait()/notify()方法来实现的，join()方法的代码如下。

```
public final synchronized void join(long millis)
  throws InterruptedException {
  long base = System.currentTimeMillis();
  long now = 0;
```

```
  if (millis < 0) {
    throw new IllegalArgumentException("timeout value is negative");
  }

  if (millis == 0) {
    while (isAlive()) { //如果线程是存活状态
      wait(0); //那么调用 wait()方法阻塞当前线程
    }
  } else {
    while (isAlive()) {
      long delay = millis - now;
      if (delay <= 0) {
        break;
      }
      wait(delay);
      now = System.currentTimeMillis() - base;
    }
  }
}
```

既然存在 wait()方法阻塞，就必然存在 notify()/notifyAll()方法来唤醒，而基于 join()方法的原理，应该是在线程终止后触发这个动作，所以唤醒的方法是在 JVM 中实现的。

当线程的 run()方法执行结束后，在 hotspot 的 thread.cpp 源码中会调用 exit()方法对线程进行回收，其中部分代码如下。

```
void JavaThread::exit(bool destroy_vm, ExitType exit_type) {
  assert(this == JavaThread::current(), "thread consistency check");
  //省略代码
  ensure_join(this);
  assert(!this->has_pending_exception(), "ensure_join should have cleared");
}
```

重点关注 ensure_join(this)方法，这个方法定义如下。

```
static void ensure_join(JavaThread* thread) {
  Handle threadObj(thread, thread->threadObj());
```

```
  assert(threadObj.not_null(), "java thread object must exist");
  ObjectLocker lock(threadObj, thread);
  //由于线程即将退出，所以忽略挂起的异常
  thread->clear_pending_exception();
  //线程正在退出，因此设置 java.lang.Thread 中 thread_status 的状态为 TERMINATED
  java_lang_Thread::set_thread_status(threadObj(), java_lang_Thread::TERMINATED);
  //清理 native 线程实例，这个操作会导致 isAlive()方法返回 false，并且一旦完成 notify_all 调用，
就允许阻塞在 join()方法的线程被唤醒
  java_lang_Thread::set_thread(threadObj(), NULL);
  lock.notify_all(thread);
  //唤醒被阻塞的线程，忽略挂起的异常，比如 ThreadDeath
  thread->clear_pending_exception();
}
```

在 ensure_join(this)方法中调用了 lock.notify_all(thread)方法，唤醒了所有处于阻塞在 join()方法中的线程。

```
while (isAlive()) { //线程如果是存活状态
  wait(0); //调用 wait()方法阻塞当前线程
}
```

另外，这行代码“java_lang_Thread::set_thread(threadObj(), NULL);”会使得 isAlive()方法返回 false。

因此，Thread.join()方法的本质仍然是基于 wait()/notify()方法来实现的，也就是说等待线程执行结束，使得线程的执行结果对当前线程可见。

5.3 J.U.C 中的条件控制 Condition

Condition 类大家应该用得非常少，它的作用和 wait()/notify()方法相同，都是基于某个条件去等待和唤醒，所以可以认为它是 J.U.C 包中的 wait()/notify()方法。

之所以在 J.U.C 包中重复造轮子，其实还是和同步锁有关系，在 J.U.C 中使用了 ReentrantLock 来实现同步锁，如果使用 wait()/notify()方法，显然无法工作，因为 wait()/notify()方法依赖的是 synchronized，所以为了提供配套的功能，针对 ReentrantLock 同步锁提供了 Condition 条件控制类。

Condition 有两个方法，说明如下。

- await()方法，让线程等待，并释放锁。
- signal()/signalAll()方法，唤醒被 await()方法阻塞的线程。

5.3.1　Condition 的基本应用

下面通过一个比较简单的案例讲解一下 Condition 的基本应用。

```
public class ConditionExampleWait implements  Runnable{

  private Lock lock;
  private Condition condition;
  public ConditionExampleWait(Lock lock, Condition condition){
    this.lock=lock;
    this.condition=condition;
  }

  @Override
  public void run() {
    System.out.println("begin -ConditionExampleWait");
    try {
      lock.lock();
      condition.await();
      System.out.println("end - ConditionExampleWait");
    } catch (InterruptedException e) {
      e.printStackTrace();
    }finally {
      lock.unlock();
    }
  }
}
```

ConditionExampleWait()方法用来实现条件等待，其原理基本和 wait()/notify()方法相同，区别在于如下两方面。

- 同步锁采用了 J.U.C 包中的 Lock，调用 await()方法前需要加锁。
- 让线程等待的方法变成了 await()方法。

同样，调用 await()方法后也会释放当前持有的锁，使得其他线程可以有机会抢占到锁资源。

```
public class ConditionExampleSignal implements  Runnable{

  private Lock lock;
  private Condition condition;
  public ConditionExampleSignal(Lock lock, Condition condition){
    this.lock=lock;
    this.condition=condition;
  }

  @Override
  public void run() {
    System.out.println("begin -ConditionExampleSignal");
    try {
      lock.lock();
      condition.signal();
      System.out.println("end - ConditionExampleSignal");
    }finally {
      lock.unlock();
    }
  }
}
```

ConditionExampleSignal 类调用 condition.signal()方法唤醒被 condition.await()阻塞的线程。和 wait()/notify()方法相同的是，这两个线程如果要实现通信，必须要持有同一把锁，也就是说两个线程的 Lock 锁是同一个实例。

调用方法如下。

```
public static void main( String[] args ) throws InterruptedException {
  Lock lock=new ReentrantLock();
  Condition condition=lock.newCondition();
  ConditionExampleWait conditionExampleWait=new ConditionExampleWait(lock,condition);
  ConditionExampleSignal conditionExampleSignal=new
ConditionExampleSignal(lock,condition);

  new Thread(conditionExampleWait).start();
  Thread.sleep(1000);
```

```java
    new Thread(conditionExampleSignal).start();
}
```

注意，Condition condition=lock.newCondition();表示创建一个新的 condition，这是与 wait()/notify()方法最大的区别，Condition 可以针对不同的场景设置多个不同的 Condition，当调用 condition.signal()方法时，不需要唤醒所有的线程，只需要唤醒制定 Condition 的线程即可，这样可以减少线程的无效竞争。

5.3.2　基于 Condition 的手写阻塞队列

Condition 可以用来实现生产者/消费者模型的场景，比如阻塞队列。阻塞队列是一种典型的生产者/消费者模型，在第 8 章会详细分析阻塞队列。

下面我们通过 Condition 来实现一个简单版本的阻塞队列。

```java
public class GpArrayBlockingQueue<E> {
  //重入锁
  private ReentrantLock lock=new ReentrantLock();
  //阻塞生产者线程
  private Condition notFull=lock.newCondition();
  //阻塞消费者线程
  private Condition notEmpty=lock.newCondition();

  private E[] elements; //存储元素的数组

  private int count; //统计当前总的元素个数

  private int headIndex; //队列头索引
  private int tailIndex; //队列尾索引

  public GpArrayBlockingQueue(int capcity){
    if(capcity<=0){
      throw new IllegalArgumentException("capcity cannot be less than zero");
    }
    this.elements=(E[])new Object[capcity];
  }

  public void put(E e) throws InterruptedException {
```

```
    lock.lock();
    try{
      while(count==elements.length){//如果元素个数等于当前数组长度，则说明队列满了
        notFull.await(); //阻塞生产者线程
      }
      elements[tailIndex]=e;
      if(++tailIndex==elements.length){
        tailIndex=0;
      }
      ++count;
      notEmpty.signalAll();
    }finally {
      lock.unlock();
    }
  }

  public E take() throws InterruptedException {
    lock.lock();
    try{
      while(count==0){ //如果元素个数为0，则说明已经消费完了，需要等待消费者线程
        notEmpty.await();
      }
      E e=elements[headIndex];
      if(++headIndex==elements.length){
        headIndex=0;
      }
      --count;
      notFull.signalAll();
      return e;
    }finally {
      lock.unlock();
    }
  }
```

GpArrayBlockingQueue()方法采用数组作为存储结构，基于 Condition 实现了阻塞队列，上述代码中主要有两点单独说明一下。

- 定义了两个 Condition 分别是 notFull 和 notEmpty，分别用来阻塞生产者线程和消费者线程。

为什么要设置两个 Condition？因为两个 Condition 分别存储生产者线程和消费者线程，避免了生产者线程和消费者线程的无效竞争。

- headIndex 和 tailIndex 表示队列头索引和队列尾索引，用来实现顺序队列。因为队列的特征是一端添加数据，另一端移除数据，因此在队列长度不变的情况下，需要通过这两个索引来实现添加和移除元素的功能。

5.4　Condition 的设计猜想

Condition 的整体实现流程如图 5-5 所示，基于这个流程，我们来猜想一下 Condition 可能的设计。

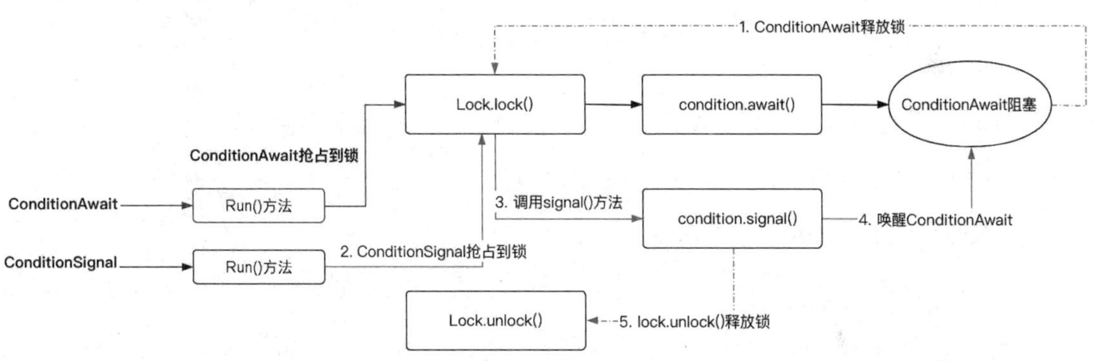

图 5-5　Condition 的整体实现流程

首先，抢占锁的逻辑是基于 ReentrantLock 实现的，而 ReentrantLock 又是使用 AbstractQueuedSynchronizer 中的排他锁实现的，所以这里用到了 AQS 的 CLH 队列实现线程的同步机制。

其次，通过 condition.await()方法阻塞的线程会释放锁，释放锁的这个线程未来还需要通过再次竞争锁来恢复执行，所以 Condition 中也应该有一个等待队列来保存这些被阻塞的线程。由于释放了锁，所以当前线程一定不在 AQS 的 CLH 队列中。

最后，其他线程调用 condition.notify()方法时，应该从等待队列中的线程移动到 AQS 的 CLH 队列再去竞争锁，从而完成整体的流程。因此结论是，Condition 也应该存在一个等待队列中。

5.5　Condition 的源码分析

在本节中，整体分析一下 Condition 的源码，来验证前面我们的猜想逻辑。Condition 的类关系如图 5-6 所示，可以看到 Condition 是一个接口，它的具体实现类是 ConditionObject，并且该类是 AQS 中的内部类，这是因为 Condition 需要依赖 AQS 的同步队列。

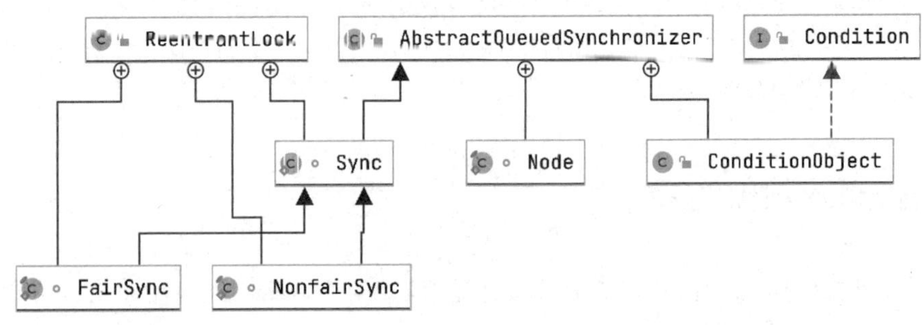

图 5-6　Condition 类关系图

5.5.1　Condition.await()方法

先从 Condition.await()方法切入，去了解线程调用该方法之后的具体实现，代码如下。

```
public final void await() throws InterruptedException {
    if (Thread.interrupted())
        throw new InterruptedException();
    Node node = addConditionWaiter(); //创建一个新的节点，节点状态为 condition，采用的数据结构仍然是链表
    int savedState = fullyRelease(node); //释放当前的锁，得到锁的状态，并唤醒 AQS 队列中的一个线程
    int interruptMode = 0;
    //如果当前节点没有在同步队列上，即还没有被 signal，则将当前线程阻塞
    while (!isOnSyncQueue(node)) {//判断这个节点是否在 AQS 队列上，第一次判断的结果是 false，因为前面已经释放锁了
        LockSupport.park(this); //第一次总是 park 自己，开始阻塞等待
       //线程判断自己在等待过程中是否被中断了，如果没有中断，则再次循环，会在 isOnSyncQueue 中判断自己是否在队列上
       //isOnSyncQueue 判断当前 node 状态，如果是 CONDITION 状态，或者不在队列上了，就继续阻塞
       //isOnSyncQueue 判断当前 node 状态，如果还在队列上且不是 CONDITION 状态，就结束循环和阻塞
        if ((interruptMode = checkInterruptWhileWaiting(node)) != 0)
            break;
    }
//当这个线程醒来时会尝试获取锁，如果 acquireQueued()方法返回 false 就说明获取了锁
```

```
    //interruptMode != THROW_IE -> 表示这个线程没有成功将 node 入队，但 signal 执行了 enq()
方法让其入队了
//将这个变量设置成 REINTERRUPT.
    if (acquireQueued(node, savedState) && interruptMode != THROW_IE)
        interruptMode = REINTERRUPT;
//如果 node 的下一个等待者不是 null，则进行清理，清理 Condition 队列上的节点
//如果是 null，就不用清理了
    if (node.nextWaiter != null) // clean up if cancelled
        unlinkCancelledWaiters();
//如果线程被中断了，则需要抛出异常或者什么都不做
    if (interruptMode != 0)
        reportInterruptAfterWait(interruptMode);
}
```

condition.await()方法会做以下三件事情，我们只需要根据这三件事情找到源码实现即可。

- 把当前线程添加到等待队列中，在上述代码中是通过 addConditionWaiter()方法来实现的。
- 释放锁，使用 fullRelease(node)方法来完成锁的彻底释放。
- 阻塞当前线程，仍然采用 LockSupport.park(this)方法来阻塞当前线程。

注意，大家看源码之前，一定是已经对这段代码和方法做的事情有一个初步认识，否则为了看源码而看源码，收获不大。

5.5.1.1　addConditionWaiter

Condition 中维护了一个等待队列，该队列是一个单向链表，该链表的构建过程如下。

```
private Node addConditionWaiter() {
    Node t = lastWaiter;
    //如果等待队列不为空，则尝试清理失效的节点
    if (t != null && t.waitStatus != Node.CONDITION) {
        unlinkCancelledWaiters();
        t = lastWaiter;
    }
   //把当前线程包装成 Node 节点
    Node node = new Node(Thread.currentThread(), Node.CONDITION);
    if (t == null)
        firstWaiter = node;
    else
```

```
        t.nextWaiter = node;
    lastWaiter = node;
    return node;
}
```

不难想到，addConditionWaiter()方法的主要作用一定是把当前线程添加到等待队列中，所以上述代码的逻辑分为以下三个部分。

- 如果等待队列不为空，并且节点状态不正确，则调用 unlinkCancelledWaiters()方法清理掉失效的节点。
- 把当前线程包装成一个 Node 节点，节点类型为 Node.CONDITION。
- 将当前节点添加到链表中。

5.5.1.2 fullyRelease

当线程添加到队列后，就可以安心地调用 fullyRelease()方法释放锁。当前锁的释放和 lock.unlock()释放锁还是有一些小的差异的，fullyRelease()是彻底释放锁。我们知道 ReentrantLock 是允许重入的，所以在当前方法中不管是否是重入，都需要把锁状态设置为 0，否则其他线程仍然无法获得锁，代码如下。

```
final int fullyRelease(Node node) {
    boolean failed = true;
    try {
        int savedState = getState(); //得到当前的锁状态值
        if (release(savedState)) {//release()方法在释放锁，我们对此在第 4 章做了详细分析
            failed = false;
            return savedState;
        } else {
            throw new IllegalMonitorStateException();
        }
    } finally {
        if (failed)
            node.waitStatus = Node.CANCELLED;
    }
}
```

fullyRelease()方法中彻底释放锁的方式也不难理解，就是得到当前线程的重入次数 savedState，直接用 state 减去总的重入次数即可。注意，saveState 需要保存起来，后续该线程被唤醒后，锁的

重入次数必须要恢复到阻塞之前，否则会导致后续锁释放时出现异常。

5.5.1.3　isOnSyncQueue

判断这个节点是否在 AQS 的同步队列中，由于前面已经释放了锁，当前线程必然不在，所以第一次判断的结果是 false。后续如果有其他线程调用了 condition.signal()方法，那么该线程又会移动到 AQS 的同步队列中，所以这个条件的判断表示其他线程还没有调用 signal()方法，需要通过 LockSupport.park()方法阻塞当前线程，代码如下。

```
while (!isOnSyncQueue(node)) {
    LockSupport.park(this);
    if ((interruptMode = checkInterruptWhileWaiting(node)) != 0)
        break;
}
```

5.5.1.4　图解说明

当 Condition.await()方法整体执行完成后，形成如图 5-7 所示的结构，ThreadA 调用 condition.await()方法之后会导致如下两个变化。

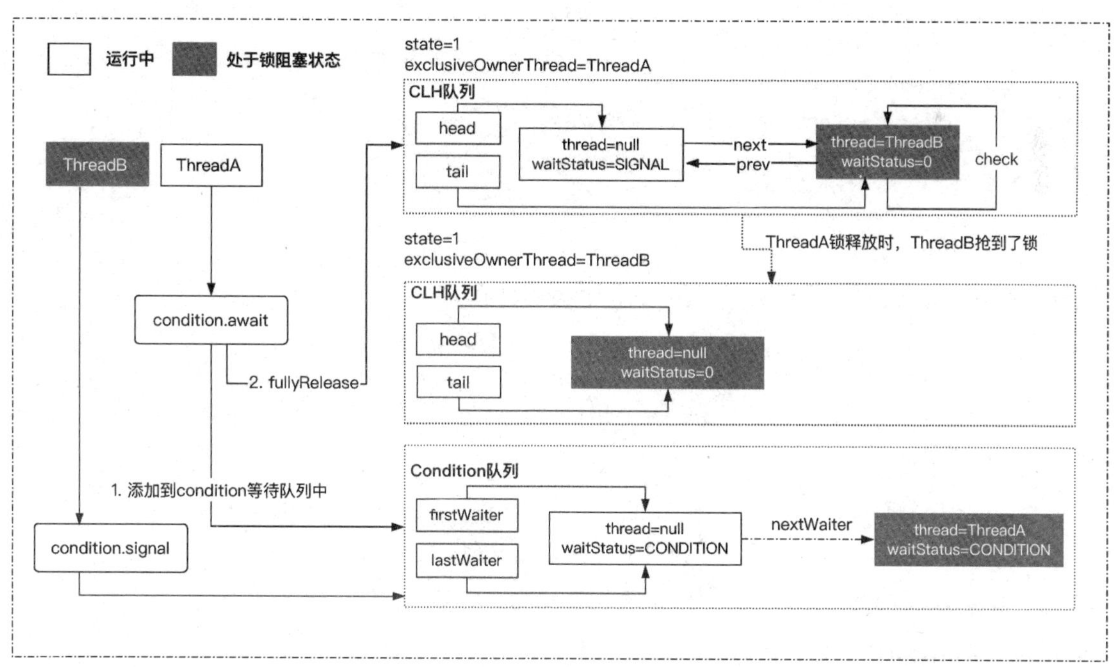

图 5-7　Condition.await()方法结构图解

- 构建一个 Condition 等待队列，把 ThreadA 线程包装成 Node 节点并添加到该队列中。
- ThreadA 释放锁之后，使得原本处于同步队列的 ThreadB 抢占了锁。

5.5.2 Condition.signal()方法

调用 Condition 的 signal()方法后，会唤醒处于 Condition 等待队列中的线程。被唤醒的线程需要等到消费者线程调用 lock.unlock()方法来释放锁之后才能真正执行，代码如下。

```
public final void signal() {
    if (!isHeldExclusively())
        throw new IllegalMonitorStateException();
    Node first = firstWaiter;
    if (first != null)//如果等待队列不为空，则说明有可以被唤醒的线程
        doSignal(first);
}
private void doSignal(Node first) {
  do {
    if ( (firstWaiter = first.nextWaiter) == null)
      lastWaiter = null;
    first.nextWaiter = null;
  } while (!transferForSignal(first) &&
          (first = firstWaiter) != null);
}
```

通过前面的分析应该知道，condition.signal()方法应该要把等待队列中等待最久的节点（头部节点）移动到 AQS 的 CLH 队列中（之所以要这样做是因为，该线程仍然需要去竞争锁，如果不这样做，那么锁的排他性就会被打破）。

doSignal()方法在唤醒等待队列中的线程时采用了 do/while 循环来保证等待队列中正常节点的成功转移，循环条件的逻辑说明如下。

- first 是当前 condition 队列中的头节点，通过调用 transferForSignal()方法把 first 节点移动到 AQS 队列中，如果失败（节点是 CANCELLED 状态），则继续查找下一个节点。
- first=firstWaiter!=null，表示当 first 节点不为空时才执行 transfer 操作。

5.5.2.1 transferForSignal()方法

该方法表示转移等待队列的头节点到 CLH 同步队列中，并且唤醒该线程。

```
final boolean transferForSignal(Node node) {

    //如果 CAS 失败，则说明当前节点状态为 CANCELLED，此时需要继续查找等待队列中的下一个节点
    if (!compareAndSetWaitStatus(node, Node.CONDITION, 0))
        return false;
    Node p = enq(node);
    int ws = p.waitStatus;
//如果上一个节点的状态被取消，或者尝试设置上一个节点的状态为 SIGNAL 失败了(SIGNAL 表示 next 节
点需要停止阻塞)
        if (ws > 0 || !compareAndSetWaitStatus(p, ws, Node.SIGNAL))
        LockSupport.unpark(node.thread); // 唤醒输入节点上的线程
    return true;
}
```

代码说明如下。

- 如果当前节点状态正常，则把该节点通过 enq(node)方法添加到 CLH 队列中。
- 如果满足 ws > 0 || !compareAndSetWaitStatus(p, ws, Node.SIGNAL)这个条件，则唤醒当前线程。这个地方的唤醒会有点困惑，因为把等待队列中的节点转移到同步队列之后，在同步队列中触发锁竞争自然会被唤醒，可是为什么要提前唤醒呢？先来看一下条件。
    - p 节点是 CLH 队列中原来的 tail 节点，ws>0 表示原 tail 节点的状态为 CANCELLED 状态。
    - compareAndSetWaitStatus 修改原 tail 节点的状态为 SIGNAL 失败了。

满足这两个条件中的任意一个，在提前唤醒当前线程后，请读者继续看 await()方法的代码。

```
while (!isOnSyncQueue(node)) {
  LockSupport.park(this);
  if ((interruptMode = checkInterruptWhileWaiting(node)) != 0)
    break;
}
if (acquireQueued(node, savedState) && interruptMode != THROW_IE)
```

可以看到，当前线程如果被提前唤醒，就可以预先执行 checkInterruptWhileWaiting()方法，然后通过 acquireQueued()方法来抢占锁，这意味着当前线程可以提前执行这些不需要涉及同步操作的代码。

笔者认为，之所以要满足这两个条件才被唤醒，是因为当节点状态为 CANCELLED 时，AQS 会执行一次失效节点的清理工作。而当前从等待节点被转移到同步队列中的线程不需要等待这个

清理过程完成后再执行，这在一定程度上可以提升性能。

5.5.2.2 图解 signal()方法

当 ThreadB 执行完 signal()方法之后，整个数据存储的变化如图 5-8 所示。

- 先从 condition 队列中取出 first 节点。
- 然后把这个 first 节点转移到 AQS 的 CLH 队列中。
- ThreadB 释放锁，接着 ThreadA 竞争到锁被唤醒，继续从 await()阻塞的地方开始执行。

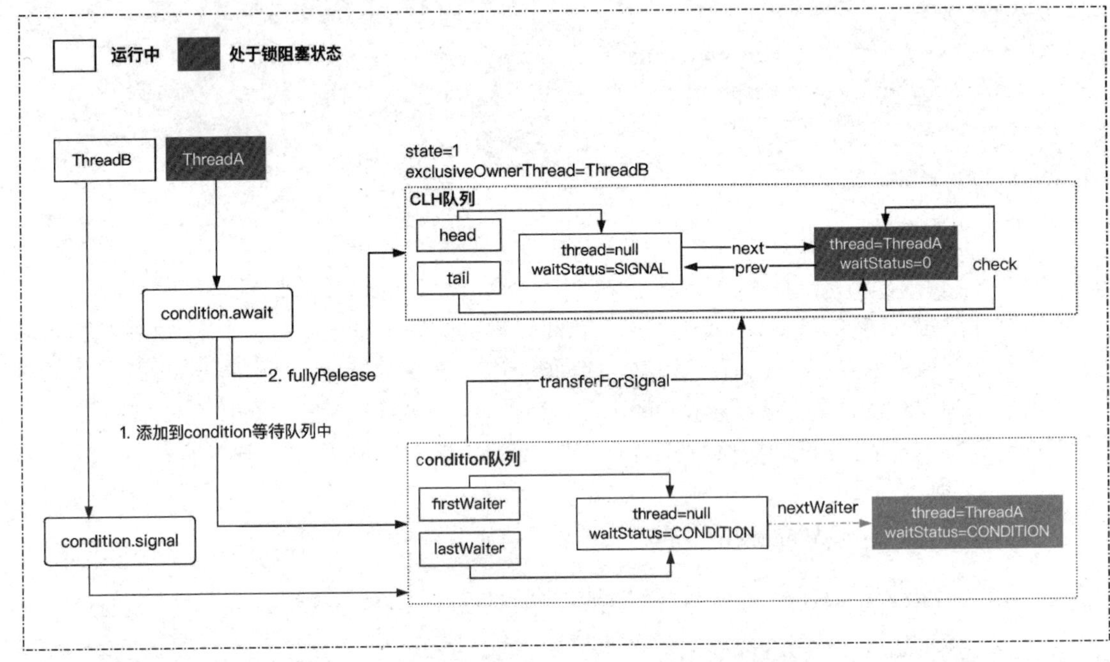

图 5-8 执行完 signal()方法后整个数据存储的变化

5.5.3 锁竞争成功后的执行流程

从阻塞队列转移到 AQS 的 CLH 队列中的线程，在竞争到锁之后，通过 await()方法被唤醒，继续执行下面的代码。

```
public final void await() throws InterruptedException {
    if (Thread.interrupted())
        throw new InterruptedException();
   //省略部分代码
```

```
    while (!isOnSyncQueue(node)) {
        LockSupport.park(this);
        if ((interruptMode = checkInterruptWhileWaiting(node)) != 0)
            break;
    }
    if (acquireQueued(node, savedState) && interruptMode != THROW_IE)
        interruptMode = REINTERRUPT;
    if (node.nextWaiter != null)
        unlinkCancelledWaiters();
    if (interruptMode != 0)
        reportInterruptAfterWait(interruptMode);
}
```

被唤醒的线程通过执行这段代码“(interruptMode = checkInterruptWhileWaiting(node)) != 0”来检查线程的唤醒是因为中断，还是因为正常的 signal()方法。

5.5.3.1　checkInterruptWhileWaiting()方法

这个方法是用来判断被唤醒的线程是否是因为 interrupt()方法导致的，如果是则调用 transferAfterCancelledWait()方法判断后续的处理应该是抛出 InterruptedException 异常还是重新中断，具体代码如下。

```
private int checkInterruptWhileWaiting(Node node) {
    return Thread.interrupted() ?
        (transferAfterCancelledWait(node) ? THROW_IE : REINTERRUPT) :
    0;
}
```

- Thread.interrupted()方法如果返回 true，表示被中断过，那么会调用 transferAfterCancelledWait(node)方法。
- 否则，表示没有被触发中断，直接返回 0。返回 0 之后，继续进入 while(!isOnSyncQueue(node)) 循环的判断中，此时因为前面已经调用过 signal()方法，所以这里应该返回 false，并跳出循环。
- 在 transferAfterCancelledWait(node)方法中，如果返回 true，则返回 THROW_IE，表示抛出一个异常并且唤醒线程。否则，返回 REINTERRUPT，后续重新进行中断。

5.5.3.2 transferAfterCancelledWait()方法

transferAfterCancelledWait()方法的代码如下。

```
final boolean transferAfterCancelledWait(Node node) {
  //使用 CAS 修改节点状态，如果能修改成功，则说明线程被中断时 signal()方法还没有被调用
  if (compareAndSetWaitStatus(node, Node.CONDITION, 0)) {
    enq(node);
    return true;
  }
  while (!isOnSyncQueue(node))
    Thread.yield();
  return false;
}
```

这个方法主要用于判断被 interrupt()中断是发生在 signal()方法调用之前还是调用之后，其中 compareAndSetWaitStatus()方法用来判断在线程触发中断之前，signal()方法是否已经被调用，如果已经被调用过，那么 node 的状态不应该是 CONDITION。

- 如果 CAS 成功，则说明线程被中断时 signal()还没有被调用，这种情况下直接把 condition 队列中的当前节点添加到 AQS 队列中，再去竞争锁。
- 如果 CAS 失败，则说明线程被中断时，signal()已经被调用了，只需要判断当前线程是否已经在 AQS 的同步队列中，如果不在，则让给其他线程执行，直到判断该节点已经存在于同步队列中。

继续回到 await()方法上，代码如下。

```
public final void await() throws InterruptedException {
  //省略部分代码
   if (acquireQueued(node, savedState) && interruptMode != THROW_IE)
       interruptMode = REINTERRUPT;
   if (node.nextWaiter != null) // clean up if cancelled
       unlinkCancelledWaiters();
   if (interruptMode != 0)
       reportInterruptAfterWait(interruptMode);
}
```

interruptMode 有如下三个返回值。

- THROW_IE(-1)，表示在触发中断之前，signal()方法还没有被调用，此时直接抛出异常。
- REINTERRUPT（1），表示在 signal()方法被调用之后执行，这意味着当前线程移到了 AQS 同步队列中，这时只需要再次触发 interrupt。
- 0，表示正常状态。

首先调用 acquireQueued()方法，让当前线程去争抢同步锁（不一定能抢到，如果没抢到，则继续在 AQS 同步队列中等待；如果抢到了，则直接唤醒 ThreadA 继续执行后续代码）。

- node.nextWaiter != null 如果为 true，则调用 unlinkCancelledWaiters 释放已取消的节点。
- reportInterruptAfterWait 根据 interruptMode 来决定是要抛出 InterruptedException 异常，还是继续重新触发一次中断操作。

然后，ThreadA 重新通过 acquiredQueued()方法竞争到锁之后，继续执行 run()方法中的代码。

5.6　本章小结

本章主要围绕线程通信进行展开，了解了 wait()/notify()方法及 J.U.C 包中的 Condition 的使用和基本原理。平时大家可能或多或少地了解一些相关的功能和作用，但是总是没办法连接起所有的知识，因此在本章中通过大量图形的方式形象地表现了 wait()/notify()方法及 condition 的实现原理。由于 wait()/notify()方法是 JVM 的关键字，所以笔者无法带大家一睹 wait()/notify()方法的实现原理，但是通过 Condition 的源码分析，也能够对比着去理解 wait()/notify()方法的源码实现。

实际上，通过这五章内容的分析可以发现，很多平时读者觉得很深奥的设计，在技术实现上大抵都相同。随着技术的不断积累，读者应该要逐步养成一种惯性的技术思维，也就是说如果我们要实现类似的功能，应该怎么选择技术，怎么去实现。

6

第 6 章 J.U.C 并发工具集实战及原理分析

在 J.U.C 中提供了非常丰富的并发控制工具类，这些工具类可以使得线程按照业务的某种约束来执行。本章主要分析 CountDownLatch、Semaphore、CyclicBarrier 等工具类，了解它们的基本使用、原理及实际应用。

6.1 CountDownLatch 简单介绍

CountDownLatch 是一个线程同步工具类，它允许一个或多个线程一直处于等待状态，直到其他线程执行结束。

从名字来看，CountDown 是倒数的意思，类似于一个倒计时的概念，而 CountDownLatch 本身的作用也是如此，它提供了两个核心方法。

- countdown()方法，对计数器进行递减。

- await()方法，使调用该方法的线程进入等待状态。

CountDownLatch 在构造的时候需要传递一个正整数，线程每调用一次 countDown()方法，都会对该正整数减一。当计数器为 0 时，会唤醒所有处于 await()方法阻塞的线程。

6.1.1 CountDownLatch 的基本使用

CountDownLatchExample 类的代码中演示了 CountDownLatch 的基本使用。

```
public class CountDownLatchExample {

  public static void main(String[] args) throws InterruptedException {
    CountDownLatch countDownLatch=new CountDownLatch(2);
    new Thread(new RelationService(countDownLatch),"t1").start();
    new Thread(new RelationService(countDownLatch),"t2").start();
    countDownLatch.await();
  }
  static class RelationService implements Runnable{
    private CountDownLatch countDownLatch;
    public RelationService(CountDownLatch countDownLatch){
      this.countDownLatch=countDownLatch;
    }

    @Override
    public void run(){
       //省略代码
      System.out.println(Thread.currentThread().getName()+"->done");
      countDownLatch.countDown(); //当前线程执行结束后进行计数器递减
    }
  }
}
```

- 首先构建了一个倒计时为 2 的 CountDownLatch 实例。
- 定义两个线程分别执行 RelationService 线程，在线程中调用 countDownLatch.countDown()方法，表示对倒计时进行递减，其实也可以认为当前线程的某个任务执行完毕。
- main 线程调用 countDownLatch.await()方法进行阻塞，当计数器为 0 时被唤醒。

从上述代码实现功能来看，有点类似 Thread.join()方法，但是却比 Thread.join()方法更加灵活。

6.1.2 CountDownLatch 运行流程

CountDownLatch 运行流程如图 6-1 所示，实际上，线程的阻塞和唤醒的核心就是计数器，当计数器归零时就会唤醒所有处于 await()阻塞的线程。

需要注意 await()方法可以阻塞一个或者多个线程，如果阻塞多个线程，那么当计数器归零时需要唤醒所有阻塞的线程。

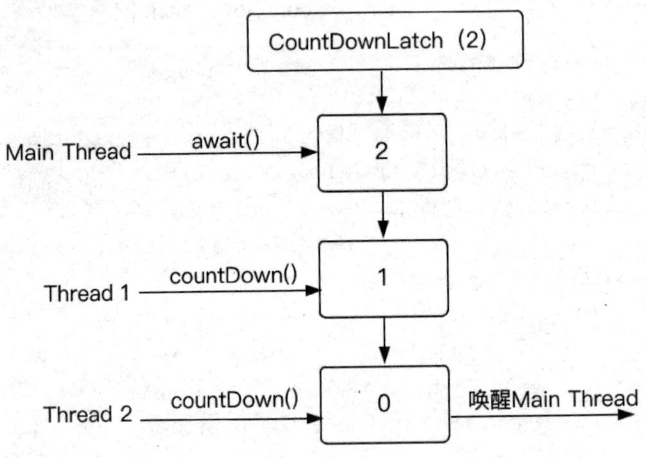

图 6-1 CountDownLatch 运行流程

6.1.3 如何落地到实际应用

基于 CountDownLatch 的特性，它在多个线程同时执行某项任务时，需要了解每个任务的执行情况，实现多个子线程的执行结果的汇总场景，下面我们通过一个场景来理解 CountDownLatch 的实际应用。

假设存在这样一个场景：当我们启动一个应用时，希望能够检查依赖的第三方服务是否运行正常，一旦依赖的服务没有启动，那么当前应用在启动时需要等待。

6.1.3.1 BaseHealthChecker

定义一个抽象健康检查类来检测服务的启动状态，代码如下。

```
public abstract class BaseHealthChecker implements Runnable{
    private CountDownLatch latch;        //定时器
    private String serviceName;          //服务名称
```

```java
    private boolean serviceUp;          //判断服务有没有正常启动

    public BaseHealthChecker(CountDownLatch latch, String serviceName) {
        this.latch = latch;
        this.serviceName = serviceName;
    }

    @Override
    public void run() {
        try {
            verifyService();
            serviceUp = true;
        } catch (Throwable t) {
            t.printStackTrace(System.err);
            serviceUp = false;
        } finally {
            if(latch != null) {
                latch.countDown();
            }
        }
    }
    //当前类为 BaseHealthChecker，由不同的子类分别实现
    public abstract void verifyService();

    public String getServiceName() {
        return serviceName;
    }

    public boolean isServiceUp() {
        return serviceUp;
    }
}
```

6.1.3.2　CacheHealthChecker

定义缓存服务器的健康状态检查的实现代码如下。

```java
public class CacheHealthChecker extends BaseHealthChecker{
```

```
    public CacheHealthChecker(CountDownLatch latch) {
        super( latch,"CacheHealthChecker");
    }

    @Override
    public void verifyService() {
        System.out.println("Checking " + this.getServiceName());
        try{
          //模拟执行逻辑
            Thread.sleep(3000);
        }
        catch (InterruptedException e){
            e.printStackTrace();
        }
        System.out.println(this.getServiceName() + " is UP");
    }
}
```

6.1.3.3 DatabaseHealthChecker

定义数据库的健康状态检查的实现代码如下。

```
public class DatabaseHealthChecker extends BaseHealthChecker {
    public DatabaseHealthChecker(CountDownLatch latch) {
        super( latch,"DatabaseHealthChecker");
    }

    @Override
    public void verifyService() {
        System.out.println("Checking " + this.getServiceName());
        try{
          //模拟执行逻辑
            Thread.sleep(3000);
        }
        catch (InterruptedException e){
            e.printStackTrace();
```

```
        }
        System.out.println(this.getServiceName() + " is UP");
    }
}
```

6.1.3.4　ApplicationStartup

定义整体服务启动类的代码如下。

```
public class ApplicationStartup {

    //所有要预检查的服务列表
    private static List<BaseHealthChecker> services;
    //计数器
    private static CountDownLatch latch=new CountDownLatch(2);
    private final static ApplicationStartup INSTANCE = new ApplicationStartup();

    static{
        services = new ArrayList<BaseHealthChecker>();
        services.add(new CacheHealthChecker(latch));
        services.add(new DatabaseHealthChecker(latch));
    }

    private ApplicationStartup() {
    }
    public static ApplicationStartup getInstance() {
        return INSTANCE;
    }
    public static boolean checkExternalServices() throws Exception{
        //线程调度器创建
        Executor executor = Executors.newFixedThreadPool(services.size());
        for(final BaseHealthChecker v : services) {
            executor.execute(v);
        }
        //进行定时器等待，直到检查到所有服务都已经启动完成
        latch.await();
        //判断所有服务是否都已经启动
        for(final BaseHealthChecker v : services){
```

```
            if( ! v.isServiceUp()){
                return false;
            }
        }
        return true;
    }
}
```

在 ApplicationStartup 类中，定义了一个计数器为 2 的 CountDownLatch，该计数器是为了保证 CacheHealthChecker 和 DatabaseHealthChecker 的逻辑执行结束后调用 countDown()方法，等这两个服务返回成功后，计数器归零，唤醒阻塞在 checkExternalServices()方法的线程继续执行后续的验证逻辑。

6.1.3.5 通过单元测试验证整个程序

通过单元测试验证整个程序的代码如下。

```
@Test
public void testCountDownLatch(){
    boolean result = false;
    try {
        result = ApplicationStartup.checkExternalServices();
    } catch (Exception e) {
        e.printStackTrace();
    }
    System.out.println("所有的服务都已经启动成功:: "+ result);
}
```

6.1.4 CountDownLatch 的其他用法

CountDownLatch 除前面的使用方式外，还可以调整 await()和 countDown()方法的使用顺序，实现 CountDownLatch 的灵活应用。

下面代码演示了让1000个线程先通过await()等待，再通过CountDownLatch实现并发的效果。

```
static CountDownLatch countDownLatch=new CountDownLatch(1);
@Override
public void run() {
    try {
        countDownLatch.await();
```

```
        //省略代码
    } catch (InterruptedException e) {
        e.printStackTrace();
    }
    System.out.println("ThreadName:"+Thread.currentThread().getName());
}

public static void main(String[] args) throws InterruptedException {
    for(int i=0;i<1000;i++){
        new Demo().start();
    }
    countDownLatch.countDown();
}
```

我们把 CountDownLatch 中的计数器设置为 1，然后让 1000 个线程调用 await()方法阻塞。当 1000 个线程初始化完成后，在 main 线程中调用 countDown()方法让计数器归零，使得 1000 个线程同时被唤醒。

6.2　CountDownLatch 底层原理

基于前面的分析，想必读者基本能猜测到，CountDownLatch 应该用到了 AbstractQueuedSynchronizer 的共享锁机制。猜测这个点的原因是 CountDownLatch 的计数器归零时，可以让多个处于 await()阻塞的线程同时被唤醒，而 AQS 的共享锁正好能实现这个机制。基于这个猜想，先来看一下 CountDownLatch 类关系图。

如图 6-2 所示，CountDownLatch 定义了一个内部类 Sync，而 Sync 又继承了 AbstractQueuedSynchronizer，说明前面的猜想是对的。

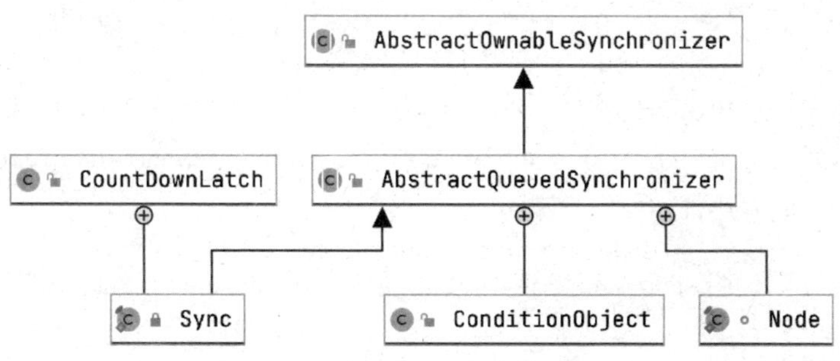

图 6-2　CountDownLatch 类关系图

既然是这样，那我们还可以顺着这个思路继续往下猜想（前提是前面几章的内容都消化了）。既然用到了 AbstractQueuedSynchronizer，就必然会用到它的成员变量 state，这不由得和 CountDownLatch 的计数器建立了关联。那么 countDown()方法实际上是对 state 这个成员变量的值进行递减。

调用 await()的线程，并对 state 的值进行判断，一旦该值大于 0，就以共享节点的类型存储到 CLH 队列中，等待 state 变成 0 后被唤醒。

为了验证猜想，我们基于 await()和 countDown()方法分析一下 CountDownLatch 的源码。

6.2.1 让线程等待的 await()方法到底做了什么

当一个线程调用 await()方法时，会使得当前线程阻塞。根据使用场景的不同，有可能阻塞一个线程，也有可能阻塞多个线程，这取决于 CountDownLatch 的使用方法。

```
public void await() throws InterruptedException {
  sync.acquireSharedInterruptibly(1);
}
public final void acquireSharedInterruptibly(int arg)
  throws InterruptedException {
  if (Thread.interrupted())
    throw new InterruptedException();
  if (tryAcquireShared(arg) < 0)
    doAcquireSharedInterruptibly(arg);
}
protected int tryAcquireShared(int acquires) {
  return (getState() == 0) ? 1 : -1;
}
```

acquireSharedInterruptibly 是 AbstractQueuedSynchronizer 中共享锁的获取方法，该方法以 Interruptibly 结尾说明 await()方法允许被 interrupt()中断。在 acquireSharedInterruptibly()方法中，先通过 tryAcquireShared()方法判断返回结果。

- 如果小于 0，则说明 state 字段的值不为 0，需要调用 doAcquireSharedInterruptibly()方法进行阻塞。
- 如果大于或等于 0，则说明 state 已经为 0，可以直接返回不需要阻塞。

6.2.1.1　doAcquireSharedInterruptibly()方法

既然 state 代表的计数器不为 0，那么当前线程必然需要等待，所以 doAcquireSharedInterruptibly()方法基本上可以猜测到是用来构建 CLH 队列并阻塞线程的，代码如下。

```
private void doAcquireSharedInterruptibly(int arg)
  throws InterruptedException {
  final Node node = addWaiter(Node.SHARED); //创建一个共享模式的节点添加到队列中
  boolean failed = true;
  try {
    for (;;) {
      final Node p = node.predecessor();
      if (p == head) {
        int r = tryAcquireShared(arg);//根据判断结果尝试获取锁
        if (r >= 0) {//r>=0 表示获取了执行权限，这时因为 state!=0，所以不会执行这段代码
          setHeadAndPropagate(node, r);
          p.next = null;
          failed = false;
          return;
        }
      }
      //阻塞线程
      if (shouldParkAfterFailedAcquire(p, node) &&
          parkAndCheckInterrupt())
        throw new InterruptedException();
    }
  } finally {
    if (failed)
      cancelAcquire(node);
  }
}
```

- 调用 addWaiter()方法构建一个双向链表（就是 AQS 中排他锁的实现），注意，Node 的 mode 设置为 shared 模式。
- 利用 tryAcquireShared()方法并通过 for(;;)进行循环抢占锁的操作，这个方法会返回一个值 r。
- 判断 r 的值，如果 r 大于等于 0，表示当前线程得到了执行权限，则调用 setHeadAndPropagate()方法唤醒当前的线程。

- shouldParkAfterFailedAcquire()方法和 AQS 排他锁中的方法是一样的，如果没抢占到锁，则判断是否需要挂起来。

通过和 AQS 中的排他锁对比发现，整体的实现基本相同，共享锁抢占到执行权限基本上就是判断 state 满足某个固定的值，并且允许多个线程同时获得执行权限，这是共享锁的特征。另外，获得执行权限后调用 setHeadAndPropagate()方法不仅仅重新设置 head 节点，而且需要进行唤醒传播。

6.2.1.2 图解分析 await()方法

假设有两个线程 ThreadA 和 ThreadB，分别调用了 await()方法，此时由于 state 所表示的计数器不为 0，所以添加到 AQS 的 CLH 队列中，如图 6-3 所示，与排他锁最大的区别在于节点的类型为 SHARED。

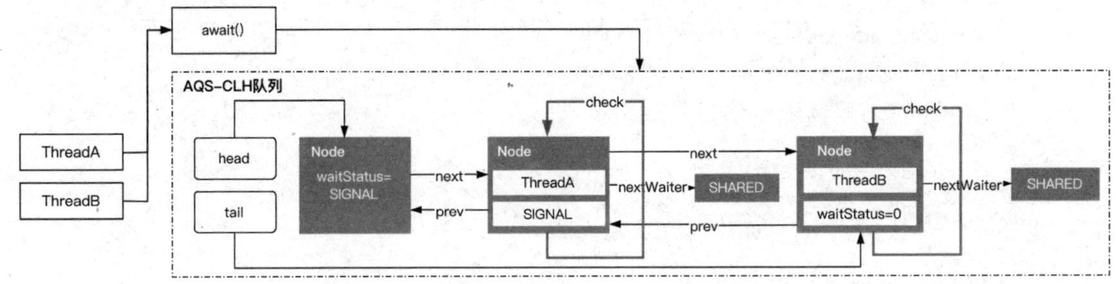

图 6-3 await()方法调用后的 CLH 队列

6.2.2 深入分析 countDown()方法源码

在调用 await()方法后，ThreadA 和 ThreadB 这两个线程会加入 CLH 队列中并阻塞线程，它们需要等到一个倒计时信号，也就是 countDown()方法对 state 进行递减，直到 state 为 0，则唤醒处于同步队列中被阻塞的线程，代码如下。

```
public void countDown() {
  sync.releaseShared(1);
}
public final boolean releaseShared(int arg) {
  if (tryReleaseShared(arg)) {//递减共享锁信号
    doReleaseShared();//唤醒线程
    return true;
```

```
    }
    return false;
}
protected boolean tryReleaseShared(int releases) {
    for (;;) {
        int c = getState();
        if (c == 0)
            return false;
        int nextc = c-1;
        if (compareAndSetState(c, nextc)) //保证原子性
            return nextc == 0;
    }
}
```

- 在 tryReleaseShared()方法中，只有当 state 减为 0 的时候，tryReleaseShared()才返回 true，否则只是执行简单的 state = state - 1。
- 如果 state=0，则调用 doReleaseShared()方法唤醒同步队列中的线程。

6.2.2.1　doReleaseShared()方法

doReleaseShared()方法用来唤醒共享锁队列中的线程，代码如下。

```
private void doReleaseShared() {
    for (;;) {
        Node h = head; //每次循环时 head 都会变化，因为调用 unparkSuccessor()方法会导致 head 节点发生变化
        if (h != null && h != tail) { //AQS 队列中存在多个阻塞的节点
            int ws = h.waitStatus;
            if (ws == Node.SIGNAL) { //如果节点状态为 SIGNAL，则表示可以被唤醒
                //通过 CAS 操作修改 SIGNAL 的状态为 0，如果此时 CAS 失败，则说明已经有当前节点的线程状态被修改了，不需要被唤醒，继续下一次循环即可
                if (!compareAndSetWaitStatus(h, Node.SIGNAL, 0))
                    continue;
                unparkSuccessor(h);
            }
            //如果 ws==0 是初始状态，则修改该节点状态为 PROPAGATE
            else if (ws == 0 &&
                     !compareAndSetWaitStatus(h, 0, Node.PROPAGATE))
```

```
            continue;
        }
        if (h == head)
          break;
    }
}
```

这个方法本身要做的事情是，从 AQS 的同步队列中唤醒 head 节点的下一个节点，所以只需要满足以下两个条件。

- h != null && h != tail，判断队列中是否有处于等待状态的线程。
- h.waitStatus==Node.SIGNAL，表示节点状态正常。

满足以上条件后就会调用 unparkSuccessor(h)方法来唤醒线程。但是当前是共享锁模式，意味着计数器为 0，要把所有阻塞状态下的线程都唤醒，因此在这个方法中还做了以下处理。

- 通过 for(;;)进行自旋操作，每次循环都会通过 Node h=head 获得最新的 head 节点。
- 通过 if(h==head)来判断同步队列中的 head 节点是否有变化（正常情况下如果通过 unparkSuccessor 唤醒了队列中的线程，那么 head 节点一定会发生变化）。如果没有变化，就退出循环，否则继续下一次循环并唤醒 CLH 队列中的下一个节点，这个过程主要是用来实现 CLH 队列中获取共享锁线程的全部唤醒操作。什么情况下没有变化呢？不知道大家是否还记得，在分析可重入读写锁 ReentrantReadWriteLock 原理时，我们讲过 AQS 的 CLH 队列中允许存在 EXCLUSIVE 和 SHARED 两种类型的节点，如果当前节点是 SHARED 类型，但是下一个节点是 EXCLUSIVE 类型，那么共享锁无法传递唤醒下一个非 SHARED 类型的节点。在这种情况下，head 节点就不会发生变化。

最后在该方法中还有一个判断逻辑 ws == 0 &&!compareAndSetWaitStatus(h, 0, Node.PROPAGATE)，满足这两个条件时，直接进入下一次循环并重新唤醒 head 节点的下一个节点。

- 第一个条件 ws==0，什么情况下会出现 ws==0 呢？正常情况下在 doAcquireSharedInterruptibly()方法中，会调用 shouldParkAfterFailedAcquire()方法将当前节点的前驱节点状态设置为 SIGNAL。但是实际上在当前条件（h!=null&&h!=tail）下有两种情况。
    - 当前队列的最后一个节点成为 head 节点，因为在 shouldParkAfterFailedAcquire()方法中只会修改前驱节点的状态为 SIGNAL，而这时正好有一个线程抢占共享锁失败加入队列中，还没来得及执行 shouldParkAfterFailedAcquire()方法。

   - 当前队列中有多个等待的线程，如果当前线程释放了锁，并且刚执行了 unparkSuccessor()方法中的 if (ws < 0) compareAndSetWaitStatus(node, ws, 0);条件，则把 head 节点的状态设置为 0，然后唤醒 head 节点的后继线程，从 head 节点后继线程获取锁成功，直到 head 节点的后继线程将自己设置为 CLH 队列中新的 head 阶段，这段时间里，head 节点的状态为 0。

- 第二个条件 compareAndSetWaitStatus(h, 0, Node.PROPAGATE)返回 false，说明就在执行这个操作的瞬间，其他线程已经修改了 head 节点的状态为 SIGNAL，这意味着有新的线程加入这个队列，并且通过 shouldParkAfterFailedAcquire()方法将 head 节点状态设置成 SIGNAL。

读者可能仍然会对这个条件有疑惑，从 ws==0 到接下来执行 CAS 发现 ws!=0，这两个条件明明是存在矛盾的，这意味着这个判断没什么意义吗？其实不是的，在多线程中任何代码都可能存在多个线程同时访问的情况，也就是说只要多个操作之间不满足原子性，就必然存在时间差导致的数据不一致问题，即便这个时间差非常小。

因此，在这两个条件联合起来都满足的情况下进行 continue 重试，其实就是考虑到同时有多个线程并发访问 doReleaseShared()和 shouldParkAfterFailedAcquire()这两个方法时，head 节点的 waitStatus 状态不一致的问题。

如果符合判断条件，则通过 for 循环查找 head 的后继节点进行唤醒。实际上，如果没有这段代码也能够正常执行，但是增加了这种实现之后可以加速对后续线程的唤醒，在一定程度上可以提升性能。不过，笔者对这些细节的思考确实值得深思。

6.2.2.2　unparkSuccessor()

unparkSuccessor()方法用来唤醒 head 节点的下一个节点，代码如下。

```
private void unparkSuccessor(Node node) {

    int ws = node.waitStatus;
    if (ws < 0)
        compareAndSetWaitStatus(node, ws, 0);
    Node s = node.next;
    if (s == null || s.waitStatus > 0) {
        s = null;
        for (Node t = tail; t != null && t != node; t = t.prev)
```

```
            if (t.waitStatus <= 0)
                s = t;
    }
    if (s != null)
        LockSupport.unpark(s.thread); //唤醒指定节点
}
```

上述代码主要有两个逻辑，作为设计者来说需要考虑到。

- 如果 head 节点的下一个节点 s==null 或者节点状态为取消，则不需要再唤醒。
- 通过 for (Node t = tail; t != null && t != node; t = t.prev)循环从 tail 尾部节点往 head 节点方向遍历找到离 head 最近的一个有效节点（为什么要从 tail 节点往 head 节点方向遍历，在第 5 章中我们做了详细分析），对该节点通过 LockSupport.unpark()方法进行唤醒。

6.2.3 线程被唤醒后的执行逻辑

当处于 CLH 队列中的 head.next 节点被唤醒后，继续从原本被阻塞的地方开始执行，因此我们回到 doAcquireSharedInterruptibly()方法中，代码如下。

```
private void doAcquireSharedInterruptibly(int arg)
  throws InterruptedException {
  final Node node = addWaiter(Node.SHARED);
  boolean failed = true;
  try {
    for (;;) {//被唤醒的线程进入下一次循环继续判断
      final Node p = node.predecessor();
      if (p == head) {
        int r = tryAcquireShared(arg);
        if (r >= 0) {
          setHeadAndPropagate(node, r);
          p.next = null; //把当前节点从 AQS 队列中移除
          failed = false;
          return;
        }
      }
      if (shouldParkAfterFailedAcquire(p, node) &&
          parkAndCheckInterrupt())
```

```
        throw new InterruptedException();
      }
  } finally {
    if (failed)
      cancelAcquire(node);
  }
}
```

被唤醒的线程进入下一次循环，此时满足 r>=0 的条件（当 r>=0 时，说明 state 的值已经变成 0），因此执行 setHeadAndPropagate(node,r)方法。

6.2.3.1　setHeadAndPropagate()方法

```
private void setHeadAndPropagate(Node node, int propagate) {
  Node h = head;
  setHead(node);  //设置 node 为新 head
  if (propagate > 0 || h == null || h.waitStatus < 0 ||
      (h = head) == null || h.waitStatus < 0) {
    Node s = node.next;
    if (s == null || s.isShared())
      doReleaseShared();
  }
}
```

setHeadAndPropagate()方法有两个主要逻辑。

- 调用 setHead(node)方法将当前被唤醒的线程所在节点设置成 head 节点。
- 当满足指定条件时，继续调用 doReleaseShared()方法唤醒后续的线程。
    - propagate>0，表示当前是共享锁，需要进行唤醒传递。
    - h == null 和(h = head) == null，这些条件是避免空指针的写法，这种情况出现的可能性是，原来的 head 节点正好从链表中断开，在临界的情况下满足该条件可能会出现这个情况。
    - h.waitStatus，可能为 0，也可能为-1（PROPAGATE）。
    - s.isShared()，判断当前节点是否为共享模式。

分析到这里可以发现，doReleaseShared()方法调用了如下两个方法。

- 当计数器归零时调用 countDown()方法。

- 被阻塞的线程被唤醒之后，调用 setHeadAndPropagate()方法。

这种设计可以提升共享节点的唤醒速度，因为同时会有 N 个线程在执行唤醒方法（被阻塞在 CLH 队列中的线程在唤醒后都会执行 setHeadAndPropagate()方法），并且内部又使用了 CAS 机制，保证了多个线程同时只能唤醒一个节点，从而保证了线程的安全性。

6.2.3.2 图解分析 countDown()方法

如图 6-4 所示，当 ThreadC 调用 countdown()方法之后，如果 state=0，则会唤醒处于 AQS 队列中的线程，然后调用 setHeadAndPropagate()方法，实现锁释放的传递，从而唤醒所有阻塞在 await()方法中的线程。

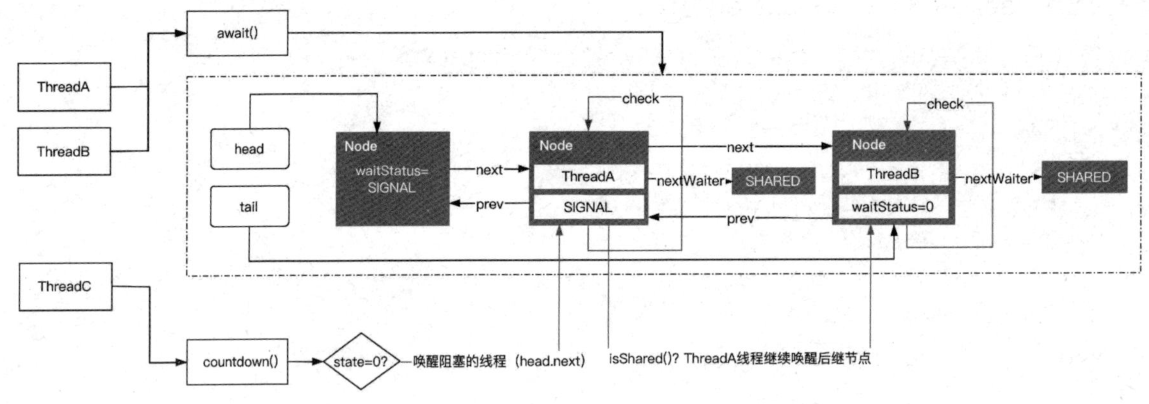

图 6-4　countDown()方法的实现原理

6.3 Semaphore

Semaphore 就是我们常说的信号灯，它的主要功能是用来限制对某个资源同时访问的线程数量，它有如下两个核心方法。

- acquire()方法，获取一个令牌。
- release()方法，释放一个令牌。

如图 6-5 所示，当多个线程访问某个限制访问流量的资源时，需要先调用 acquire()方法获得一个访问令牌，如果能够正常获得，则表示允许访问。如果令牌不够，则会阻塞当前线程。当某个获得令牌的线程通过 release()方法释放一个令牌后（令牌数量是固定的），被阻塞在 acquire()方法的线程就有机会获得这个释放的令牌，从而获得访问权限。

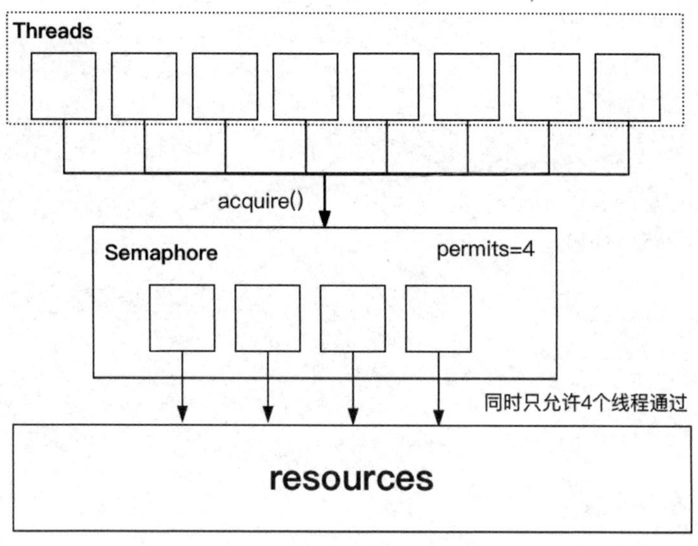

图 6-5　semaphore 实现原理

6.3.1　Semaphore 使用案例

SemaphoreExample 示例演示了 Semaphore 的使用方法，代码如下。

```
public class SemaphoreExample {

  public static void main(String[] args) {
    Semaphore semaphore=new Semaphore(2);
    ExecutorService service= Executors.newCachedThreadPool();
    for (int i = 0; i < 1000; i++) {
      service.execute(new SomeTask(semaphore));
    }
    service.shutdown();
  }
  static class SomeTask implements Runnable{
    private Semaphore semaphore;
    public SomeTask(Semaphore semaphore){
      this.semaphore=semaphore;
    }
    @Override
```

```
    public void run(){
      try {
        semaphore.acquire();
        System.out.println(Thread.currentThread().getName()+" 获得一个令牌");
        TimeUnit.SECONDS.sleep(1);
      } catch (InterruptedException e) {
        e.printStackTrace();
      }finally {
        System.out.println(Thread.currentThread().getName()+" 释放一个令牌");
        semaphore.release();
      }
    }
  }
}
```

SemaphoreExample 中定义了只有两个令牌数的 Semaphore 实例，接着定义了一个线程池来执行 SomeTask 任务。在 SomeTask 中，使用了 semaphore.acquire()方法来限制最大访问线程数量。整体用来模拟远远超过令牌数的线程来访问 SomeTask 的场景，输入结果如下。

```
pool-1-thread-1 获得一个令牌
pool-1-thread-2 获得一个令牌
pool-1-thread-1 释放一个令牌
pool-1-thread-3 获得一个令牌
pool-1-thread-2 释放一个令牌
pool-1-thread-4 获得一个令牌
...
```

6.3.2 Semaphore 方法及场景说明

Semaphore 方法的核心其实就是一个许可证管理，通过 acquire()方法获得一个许可证，通过 release()方法释放一个许可证，实际上并没有一个真实的令牌发给线程，只是维护一个可分配数量进行计数维护。

在 Semaphore 中有 6 个方法单独说明一下。

- Semaphore(permits,fair)，permits 表示令牌数，fair 表示公平性，也就是说在令牌被释放的临界点是否允许提前抢占到令牌。
- acquire(permits)，获取指定 permits 数量的令牌，如果许可证数量不足，则会阻塞当前线程。

- tryAcquire(permits)，尝试获取指定 permits 数量的令牌，此过程是非阻塞的，如果令牌数不够，则返回 false，否则返回 true。
- release(permits)，释放指定 permits 数量的令牌。
- drainPermits()，当前线程获得剩下的所有可用令牌。
- hasQueuedThread()，判断当前 Semaphore 实例上是否存在正在等待令牌的线程。

Semaphore 常见的应用场景就是实现线程之间的限流，或者限制某些共享资源的访问数量。

6.4　Semaphore 原理分析

Semaphore 实际上也是基于 AQS 中的共享锁来实现的，因为在 Semaphore 中允许多个线程获得令牌被唤醒。

所以在基于 AQS 的实现上我们可以推测出，在构建 Semaphore 实例时传递的参数 permits，其实还是 AQS 中的 state 属性，假设初始化时 permits=5，那么每次调用 release()方法，都是针对 state 进行递减。因此，当 state=5 时，意味着所有的令牌都被使用完了，后续的线程都会以共享锁类型添加到 CLH 队列中，而当 state<5 时，说明已经有其他线程释放了令牌，可以从 CLH 队列中唤醒头部的线程。

从根本上来说，Semaphore 就是通过重写 AQS 中的下面两个方法来实现不同的业务场景的。

- tryAcquireShared()方法，抢占共享锁。
- tryReleaseShared()方法，释放共享锁。

6.4.1　Semaphore 令牌获取过程分析

由于共享锁的整体源码在前面已经分析过了，所以我们只列出 Semaphore 中差异化的代码。

```
public Semaphore(int permits) {
    sync = new NonfairSync(permits);
}
```

Semaphore 默认采用非公平策略，构建了一个 NonfairSync 实例。

```
static final class NonfairSync extends Sync {
    private static final long serialVersionUID = -2694183684443567898L;
```

```
    NonfairSync(int permits) {
        super(permits);
    }

    protected int tryAcquireShared(int acquires) {
        return nonfairTryAcquireShared(acquires);
    }
}
```

在非公平同步策略中，tryAcquireShared()方法直接调用 nonfairTryAcquireShared()方法竞争共享锁，代码如下。

```
abstract static class Sync extends AbstractQueuedSynchronizer {
  //省略部分代码
  final int nonfairTryAcquireShared(int acquires) {
    for (;;) {
      int available = getState();
      int remaining = available - acquires;
      if (remaining < 0 ||
          compareAndSetState(available, remaining))
        return remaining;
    }
  }
}
```

不管当前 AQS 的 CLH 队列中是否有线程排队，对非公平策略来说，直接尝试竞争令牌，有可能在临界点的时候提前抢占到令牌。另外，从 nonfairTryAcquireShared()方法的实现中发现，所谓的抢占令牌资源，其实就是判断 state 变量的值。

- remaining = available - acquires，用当前的令牌数量减去本次需要抢占的令牌数。
  - 如果 remaining<0，则说明令牌数量不够，直接返回 remaining。
  - 否则，通过 compareAndSetState(available, remaining)更新 state 的值，该值表示本次抢占的令牌数量。
- 返回的 remaining 如果小于 0，则直接让当前线程进入同步队列。

下面的代码表示公平策略下的竞争令牌的方式，可以发现在通过 CAS 更新令牌数之前，多了对 hasQueuedPredecessors()方法的判断，这个方法的返回结果表示当前同步队列中是否有其他线程在排队，如果有则返回 ture，公平锁满足绝对的 FIFO 特性。

```
static final class FairSync extends Sync {
  private static final long serialVersionUID = 2014338818796000944L;

  FairSync(int permits) {
    super(permits);
  }

  protected int tryAcquireShared(int acquires) {
    for (;;) {
      if (hasQueuedPredecessors())
        return -1;
      int available = getState();
      int remaining = available - acquires;
      if (remaining < 0 ||
          compareAndSetState(available, remaining))
        return remaining;
    }
  }
}
```

tryAcquireShared(arg)方法返回的值如果小于 0，说明令牌数不够，则调用 doAcquireSharedInterruptibly()方法将当前线程加入同步队列，而同步队列的整个执行过程和 CountDownLatch 的执行过程完全一样。

```
public void acquire() throws InterruptedException {
    sync.acquireSharedInterruptibly(1);
}
public final void acquireSharedInterruptibly(int arg)
    throws InterruptedException {
    if (Thread.interrupted())
        throw new InterruptedException();
    if (tryAcquireShared(arg) < 0)
        doAcquireSharedInterruptibly(arg);
}
```

6.4.2 Semaphore 令牌释放过程分析

通过 release()方法释放令牌，本质上是对 state 字段的值进行累加，代码如下。

```
public void release() {
  sync.releaseShared(1);
}
public final boolean releaseShared(int arg) {
  if (tryReleaseShared(arg)) { //尝试释放共享锁
    doReleaseShared();  //唤醒 CLH 队列的等待线程
    return true;
  }
  return false;
}
```

tryReleaseShared()方法在 Semaphore 中的实现逻辑如下。

```
protected final boolean tryReleaseShared(int releases) {
  for (;;) {
    int current = getState();
    int next = current + releases;
    if (next < current) //令牌数溢出
      throw new Error("Maximum permit count exceeded");
    if (compareAndSetState(current, next))
      return true;
  }
}
```

我们从上述代码中发现，线程每调用一次 release()方法就会释放一个令牌，实际上是对 state 变量的值进行累加，最终通过自旋的方式实现更新过程的原子性。

细心的读者可能会发现，release()方法并没有限制 state 累加的数量不能超过构造方法传递的 permits 数量，这意味着通过 release()方法可以扩大令牌数量。举个例子，比如初始化时 permits 数量为 5，但是我们可以调用 release(1000)方法使得令牌数量变成 1000，只要不超过 int 类型的最大值（next<current）就不会有问题。

并且，并不是必须通过 acquire()方法的线程来调用 release()方法，任意一个线程都可以调用 release()方法来释放令牌。笔者一开始以为这是设计上的缺失，但是在官方文档上看到这句话，说明这是开发者刻意设计的，目的是增加程序的灵活性。

> There is no requirement that a thread that releases a permit must have acquired that permit by calling {@link #acquire}. Correct usage of a semaphore is established by programming convention in the application.

另外，增加的令牌书，可以通过 reducePermits()方法进行减少，代码如下。

```
final void reducePermits(int reductions) {
  for (;;) {
    int current = getState();
    int next = current - reductions;
    if (next > current)
      throw new Error("Permit count underflow");
    if (compareAndSetState(current, next))
      return;
  }
}
```

这意味着，通过 release()和 reducePermits()两个方法可以动态地对 state 令牌数实现增加和减少的调整。

6.5　CyclicBarrier

CyclicBarrier 的字面意思是可循环（Cyclic）使用的屏障（Barrier），它的主要作用是让一组线程到达一个屏障（也可以叫同步点）时被阻塞，直到最后一个线程到达屏障时，屏障才会打开，所有被屏障拦截的线程才会继续往下执行，线程进入屏障是通过 CyclicBarrier 的 await()方法实现的。

6.5.1　CyclicBarrier 的基本使用

CyclicBarrierExample 程序演示了 CyclicBarrier 的使用方法，代码如下。

```
public class CyclicBarrierExample {
  public static void main(String[] args) {
    int parties = 4;
```

```
    CyclicBarrier barrier = new CyclicBarrier(parties,()->{
      System.out.println("所有线程执行完毕，继续处理其他任务");
    });
    for (int i = 0;i < parties; i++){
      new ImportDataTask(barrier).start();
    }
  }
  static class ImportDataTask extends Thread {
    private CyclicBarrier cyclicBarrier;
    public ImportDataTask(CyclicBarrier cyclicBarrier) {
      this.cyclicBarrier = cyclicBarrier;
    }

    @Override
    public void run() {
      try {
        Thread.sleep(1000); //以睡眠来模拟线程时需要写入数据操作
        System.out.println("线程" + Thread.currentThread().getName() + "数据导入完毕，等
待其他线程");
        cyclicBarrier.await();
      } catch (InterruptedException e) {
        e.printStackTrace();
      } catch (BrokenBarrierException e) {
        e.printStackTrace();
      }
    }
  }
}
```

上述代码的实现逻辑说明如下。

- 构建一个要求四个线程参与的 CyclicBarrier 实例。
- 定义四个线程分别执行 Writer 写入，每个 Writer 线程执行写入完成后，调用 cyclicBarrier.await()阻塞线程。
- 当四个线程都调用 await()方法后，这四个线程都会被唤醒继续往下执行。

其中，CyclicBarrier 的构造参数代表参与的线程数量，当有线程调用 await()方法时先阻塞线

程，只有达到该数量的线程都调用 await()方法后，这些线程才会从 await()方法中全部被唤醒。

6.5.2　基本原理分析

CyclicBarrier 的基本原理如图 6-6 所示，假设有三个线程 Thread1、Thread2、Thread3 分别调用 await()方法，每个线程的执行时间可能不一样，最终当执行时间最长的线程 Thread2 到达屏障点时，唤醒所有线程继续执行。

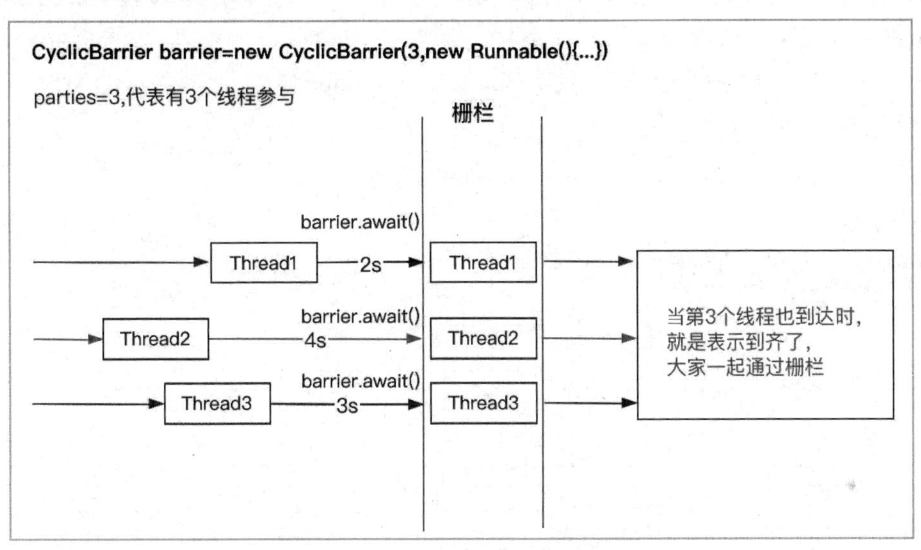

图 6-6　CyclicBarrier 的基本原理

在图 6-6 中可以发现，CyclicBarrier 的构造方法除参与的线程外，还有一个 Runnable 的回调，这表示当三个线程都到达屏障点后，会回调 Runnable 线程。

6.6　CyclicBarrier 实现原理及源码

CyclicBarrier 包含两个层面的意思，第一个层面就是前面描述的屏障点，线程调用 await()方法都会阻塞在屏障点，直到所有线程都达到屏障点再放行；第二个层面是 Cyclic 循环，当所有线程通过当前屏障点之后，又可以进入下一轮的屏障点进行等待，可以不断循环。

在 CyclicBarrier 中定义了两个 int 类型的变量，分别是 parties 和 count，这两个变量的作用如下。

- parties 表示每次要求达到屏障点的线程数，只有满足指定数量的线程，所有线程才会被唤醒。

- count 用来实现内部的计数器，初始值就是 parties，后续在每个线程调用 await()方法时，会对 count 减一，当 count 为 0 时就会唤醒所有的线程。

假设 parties 的值为 3，那么需要有 3 个线程通过栅栏。如图 6-7 所示，分别有 Thread1、Thread2 和 Thread3 三个线程，每个线程的运行时长不同，当 Thread1 和 Thread3 分别在 2s 和 3s 运行结束时，就会调用 barrier.await()方法进入等待状态。同时，每个参与者线程调用 barrier.await()方法后，计数器 count 会进行递减（count 默认值为 parties，也就是 3），直到第三个线程 Thread3 运行结束并调用 barrrier.await()方法后，count 的值变为 0，所以 CyclicBarrier 的内部机制会触发唤醒这三个线程的操作。这三个线程被唤醒后，当前的屏障周期 generation 结束，所有线程进入下一个屏障周期，并继续重复上述的流程。

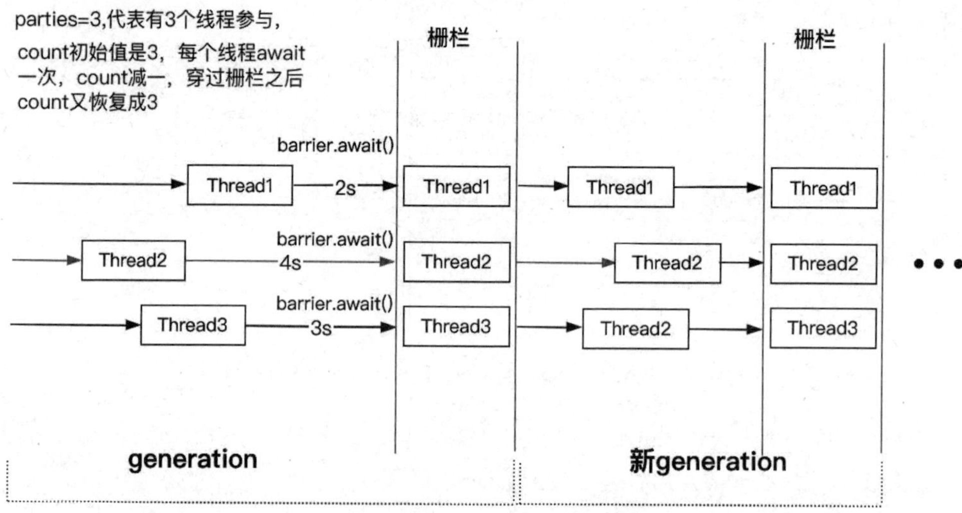

图 6-7 CyclicBarrier 实现原理

以下是 CyclicBarrier 中定义的成员变量，从成员变量的定义可以看到，内部用到了 ReentrantLock 及 Condition。也就是说在 CyclicBarrier 中关于线程的阻塞和唤醒是采用 Condition 来完成的。

```
/** The lock for guarding barrier entry */
private final ReentrantLock lock = new ReentrantLock();
/** Condition to wait on until tripped */
private final Condition trip = lock.newCondition();
//参与的线程数量
```

```
private final int parties;
//回调任务
private final Runnable barrierCommand;

private Generation generation = new Generation();
private int count;
```

另外，CyclicBarrier 有一个静态内部类 **Generation**，该类的对象代表栅栏的当前 generation（代），每次当所有线程通过屏障点（栅栏）后，表示当前 generation 已经过去了，会进入下一个 generation，CyclicBarrier 利用它来实现循环等待。

6.6.1　await()方法

await()方法的代码如下。

```
public int await() throws InterruptedException, BrokenBarrierException {
  try {
    return dowait(false, 0L);
  } catch (TimeoutException toe) {
    throw new Error(toe);
  }
}
private int dowait(boolean timed, long nanos)
  throws InterruptedException, BrokenBarrierException,
TimeoutException {
  final ReentrantLock lock = this.lock;
  lock.lock(); //获得重入锁
  try {
    final Generation g = generation; //得到当前的 generation

    if (g.broken)//确认当前 generation 的 barrier 是否失效
      throw new BrokenBarrierException();
      //判断线程是否被中断
    if (Thread.interrupted()) {
      breakBarrier();
      throw new InterruptedException();
    }
```

```
int index = --count; //统计已经到达当前 generation 的线程数量
if (index == 0) {  //如果为 0，则表示所有线程都达到了屏障点
  boolean ranAction = false;
  try {
    final Runnable command = barrierCommand;
    if (command != null)
      command.run();//如果 CyclicBarrier 的回调不为空，则直接触发回调
    ranAction = true;
    nextGeneration();//进入下一个屏障周期
    return 0;
  } finally {
    if (!ranAction)//如果执行栅栏回调任务失败，则将栅栏失效
      breakBarrier();
  }
}
//一直循环等待，直到所有线程达到屏障点，或者栅栏失效、线程中断、等待超时
for (;;) {
  try {
    if (!timed)//是否带有等待超时时间，如果没有，则直接调用 await()方法阻塞当前线程
      trip.await();
    else if (nanos > 0L)//否则，采用带超时时间的等待机制
      nanos = trip.awaitNanos(nanos);
  } catch (InterruptedException ie) {//被其他线程通过 interrupt()方法唤醒
    if (g == generation && ! g.broken) {//如果是当前 generation 且没有被 broken，则让
栅栏失效并抛出异常
      breakBarrier();
      throw ie;
    } else {
      Thread.currentThread().interrupt();
    }
  }
  //当有任何一个线程被中断时，都会调用 breakBarrier()方法，而在该方法中会唤醒所有处于
await()阻塞状态下的线程
  //如果其他线程被唤醒，那么也需要抛出异常
  if (g.broken)
    throw new BrokenBarrierException();
  if (g != generation)//被唤醒的线程的 generation 和当前的 genration 不同，不做任何处理
```

```
      return index;
    //如果在等待超时之后被唤醒，说明还有线程没有到达屏障点，则让栅栏失效
    if (timed && nanos <= 0L) {
      breakBarrier();
      throw new TimeoutException();
    }
   }
  } finally {
   lock.unlock();
  }
}
```

await()方法实际是调用 dowait()方法来实现线程阻塞的，代码比较长，具体的逻辑如下。

- 正常情况下，线程调用 cyclicBarrier.await()方法会直接阻塞当前线程，所以在 dowait()方法中调用 trip.await()方法阻塞当前线程。
- 每个线程在调用 cyclicBarrier.await()方法时，都会在代码中通过 int index = --count 对计数器进行递减，如果为 0，则可以直接唤醒所有线程（nextGeneration()），并且如果异步回调任务 barrierCommand 不为空，则会同时执行该任务。

```
private void nextGeneration() {
  trip.signalAll();//唤醒所有等待的线程
  count = parties; //重新还原 count
  generation = new Generation();//进入新的 genration
}
```

- 被 trip.await()方法阻塞的线程，除可以正常通过 trip.signalAll()方法唤醒外，还有一种情况就是被 interrupt()方法唤醒的，这种情况属于异常唤醒，被唤醒的线程通过 g == generation && ! g.broken 判断是否是当前 genration，以及栅栏是否失效。如果没有失效，则调用 breakBarrier()方法让栅栏失效。

```
private void breakBarrier() {
  generation.broken = true;
  count = parties;
  trip.signalAll();
}
```

被中断的线程调用 breakBarrier()方法，表示让当前栅栏失效，并且唤醒所有被阻塞的线程。

接着被唤醒的线程需要通过 if (g.broken)判断栅栏是否失效，如果是，则意味着所有被唤醒的线程都需要抛出 BrokenBarrierException 异常。

- 最后还有一种情况，就是被唤醒的线程可能会调用带有超时机制的阻塞方法 nanos = trip.awaitNanos(nanos)，所以如果超过指定时间后相关线程还没有到达当前 generation 的屏障点，则同样可以通过 brokerBarrier()方法让栅栏失效。

6.6.2 reset()方法

重置 CyclicBarrier，把原本阻塞在栅栏的线程全部失效并且唤醒，然后进入下一个 generation 周期。

```
public void reset() {
  final ReentrantLock lock = this.lock;
  lock.lock();
  try {
    breakBarrier();   //中断当前的 generation
    nextGeneration(); //开始一个新的周期
  } finally {
    lock.unlock();
  }
}
```

整体来看，CyclicBarrier 程序只有 200 多行代码（去掉注释），实现的逻辑非常简单，核心的思想其实就是通过 Condition 实现指定条件的线程等待和唤醒。通过对 CyclicBarrier 的源码分析，我们可以更好地理解 Condition 作为基础组件如何灵活应用在不同的场景中。

6.7 本章小结

本章详细分析了 CountDownLatch、Semaphore、CyclicBarrier 的使用及实现原理，其中 CountDownLatch 和 Semaphore 都是基于 AbstractQueuedSynchronizer 的共享锁实现的，只是通过对 tryAcquireShared()和 tryReleaseShared()两个方法的重写来实现不同的业务场景。

而 CyclicBarrier 是基于 ReentrantLock 和 Condition 来实现一个具有循环周期的栅栏机制，可能有些读者会发现 CountDownLatch 也可以实现相同的功能，但是其实这两个 API 所面向的应用场景是不同的。

7

第 7 章 深度探索并发编程不得不知的工具

在 Java 并发编程中，有两个工具我们平时使用得很少，但是在很多应用框架和中间件中都使用了，那就是 ThreadLocal 和 Fork/Join。前者是用来解决线程安全问题的，也就是实现多线程的隔离。后者是用来做任务拆分计算与结果聚合的，其功能类似于 Hadoop 里面的 MapReduce。本章主要对 ThreadLocal 和 Fork/Join 进行详细且深入的分析。

7.1 初步认识 ThreadLocal

在多线程环境中，多个线程同时访问某个共享变量，如果希望每个线程对共享变量的相关操作仅对当前线程可见，怎么实现呢？

ThreadLocal 就是用来解决该问题的工具，它为每个线程提供了一个独立的存储空间，用来存储共享变量的副本，每个线程只会对共享变量的副本进行操作，该操作对其他线程而言是不可见的。

ThreadLocal 中提供了四个方法，分别如下。

- set(T value)，设置一个 value，保存到当前线程的副本中。
- get()，得到当前线程内保存的 value。
- remove()，移除当前线程内保存的 value。
- withInitial()，Java 8 提供的方法，使用函数式接口来完成初始值的设置。

下面通过一个具体的案例来了解一下 ThreadLocal。

```
public class ThreadLocalExample {
    public final static ThreadLocal<String>
STRING_THREAD_LOCAL=ThreadLocal.withInitial(()->"DEFAULT VALUE");

    public static void main(String[] args) throws InterruptedException {
        System.out.println(Thread.currentThread().getName()+":INITIAL_VALUE->"+
STRING_THREAD_LOCAL.get());
        STRING_THREAD_LOCAL.set("Main Thread Value");
        System.out.println(Thread.currentThread().getName()+":BEFORE->"+
STRING_THREAD_LOCAL.get());
        Thread t1=new Thread(()->{
            String value=STRING_THREAD_LOCAL.get();
            if(value==null){
                STRING_THREAD_LOCAL.set("T1 Thread Value");
            }
            System.out.println(Thread.currentThread().getName()+":T1->"+
STRING_THREAD_LOCAL.get());
        },"t1");
        Thread t2=new Thread(()->{
            String value=STRING_THREAD_LOCAL.get();
            if(value==null){
                STRING_THREAD_LOCAL.set("T2 Thread Value");
            }
            System.out.println(Thread.currentThread().getName()+":T2->"+
STRING_THREAD_LOCAL.get());
        },"t2");
        t1.start();
        t2.start();
```

```
        t1.join();
        t2.join();
        System.out.println(Thread.currentThread().getName()+":AFTER->"+
STRING_THREAD_LOCAL.get());
    }
}
```

笔者希望通过 ThreadLocalExample 这个案例，让大家了解 ThreadLocal 的使用方法，该案例主要的逻辑是：

- 先定义一个全局的 String 类型的 ThreadLocal 对象 STRING_THREAD_LOCAL，初始值是 DEFAULT_VALUE。
- 在 main 线程的第一行，通过 STRING_THREAD_LOCAL.get()方法输出默认的 value。
- 在 main 线程中，通过 STRING_THREAD_LOCAL.set("Main Thread Value")设置了一个值并保存到 ThreadLocal 中。
- 接着定义 t1 和 t2 两个线程，分别在两个线程中使用 STRING_THREAD_LOCAL.set 设置新的 value，并且在每个线程中打印设置之后的结果。
- 当 t1 和 t2 两个线程执行结束后，继续在 main 线程中通过 STRING_THREAD_ LOCAL.get()方法打印当前 ThreadLocal 中的值。

案例的输出结果如下。

```
main:INITIAL_VALUE->DEFAULT VALUE
main:BEFORE->Main Thread Value
t1:T1->DEFAULT VALUE
t2:T2->DEFAULT VALUE
main:AFTER->Main Thread Value
```

我们从结果中惊奇地发现，在不同线程中通过 STRING_THREAD_LOCAL.set()方法设置的值，仅对当前线程可见，各个线程之间不会相互影响。这就是 ThreadLocal 的作用，它能够实现不同线程之间的数据隔离，从而保证多线程对于共享变量操作的安全性。

7.2 ThreadLocal 的应用场景分析

ThreadLocal 可以在哪些场景中应用呢？

- 在 Spring-JDBC 的 TransactionSynchronizationManager 类中，通过 ThreadLocal 来保证数据库连接和事务资源的隔离性，从而避免了不同线程之间事务和连接混乱问题。

```
public abstract class TransactionSynchronizationManager {
    private static final Log logger =
LogFactory.getLog(TransactionSynchronizationManager.class);
    //Connection 对象
    private static final ThreadLocal<Map<Object, Object>> resources =
        new NamedThreadLocal<>("Transactional resources");
    //事务同步器，每个线程可以注册 N 个事务同步器
    private static final ThreadLocal<Set<TransactionSynchronization>>
synchronizations =
        new NamedThreadLocal<>("Transaction synchronizations");
    //当前事务名称
    private static final ThreadLocal<String> currentTransactionName =
        new NamedThreadLocal<>("Current transaction name");
    //省略
}
```

- 在实际开发中，当用户登录之后，拦截器会获得用户的基本信息，这些信息在后续的方法中会用到，如果设置到 HttpServletRequest 中，不是很灵活，而且还依赖服务器对象，这时我们也可以用 ThreadLocal。

```
public class CurrentUser{
    private static final ThreadLocal<User> USER_INFO = new ThreadLocal<>();
    public static void set(User user) {
        USER_INFO.set(user);
    }
    public static User getCurrentUser() {
        return USER_INFO.get();
    }
    public static void clear(){
        USER_INFO.remove();
    }
}
```

在拦截器中，经过校验之后，把 User 信息保存到 ThreadLocal 中，后续的代码可以直接通过 CurrentUser.get()方法获得该 User 信息。

```java
@Component
public class LoginInterceptor implements HandlerInterceptor {
    @Override
    public boolean preHandle(HttpServletRequest request, HttpServletResponse
response, Object handler) throws Exception {
        User user = checkLogin(request);
        CurrentUser.set(user);
        return true;
    }
    @Override
    public void afterCompletion(HttpServletRequest request, HttpServletResponse
response, Object handler, Exception ex) throws Exception {
        ThreadLocalUser.clear();
    }
}
```

7.3　ThreadLocal 解决 SimpleDateFormat 线程安全问题

我们知道，SimpleDateFormat 是非线程安全的，来看下面这段程序。

```java
public class SimpleDateFormatExample {
    private static final SimpleDateFormat sdf = new SimpleDateFormat("yyyy-MM-dd
HH:mm:ss");
    public static Date parse(String strDate) throws ParseException {
        return sdf.parse(strDate);
    }
    public static void main(String[] args) {
        ExecutorService executorService = Executors.newFixedThreadPool(5);
        for (int i = 0; i < 9; i++) {
            executorService.execute(() -> {
                try {
                    System.out.println(parse("2021-06-15 16:35:20"));
                } catch (ParseException e) {
                    e.printStackTrace();
                }
            });
```

```
        }
    }
}
```

SimpleDateFormatExample 类中构建了一个线程池，通过 9 次循环让这个线程池去执行一个解析字符串的任务。运行上面的程序，可能会得到如下异常信息。

```
java.lang.NumberFormatException: multiple points
    at sun.misc.FloatingDecimal.readJavaFormatString(FloatingDecimal.java:1890)
    at sun.misc.FloatingDecimal.parseDouble(FloatingDecimal.java:110)
    at java.lang.Double.parseDouble(Double.java:538)
    at java.text.DigitList.getDouble(DigitList.java:169)
    at java.text.DecimalFormat.parse(DecimalFormat.java:2056)
    at java.text.SimpleDateFormat.subParse(SimpleDateFormat.java:1869)
    at java.text.SimpleDateFormat.parse(SimpleDateFormat.java:1514)
    at java.text.DateFormat.parse(DateFormat.java:364)
    at org.example.SimpleDateFormatExample.parse(SimpleDateFormatExample.java:17)
    at org.example.SimpleDateFormatExample.lambda$main$0(SimpleDateFormatExample.java:24)
    at java.util.concurrent.ThreadPoolExecutor.runWorker(ThreadPoolExecutor.java:1149)
    at java.util.concurrent.ThreadPoolExecutor$Worker.run(ThreadPoolExecutor.java:624)
```

为什么会产生异常呢？下一节我们详细分析。

7.3.1 SimpleDateFormat 线程安全问题的原理

之所以会产生异常，是因为 SimpleDateFormat 是非线程安全的，SimpleDateFormat 官方文档说明如下。

> ```
> Date formats are not synchronized.
> It is recommended to create separate format instances for each thread.
> If multiple threads access a format concurrently, it must be synchronized
> externally.
> ```
>
> Date Formats 不是一个满足同步机制的类，因此建议为每个线程创建单独的实例，如果有多个线程同时访问，则必须要通过外部的同步机制来进行保护，保证线程安全。

为了探寻线程不安全性的本质，我们来看 SimpleDateFormat 的类关系图，如图 7-1 所示。

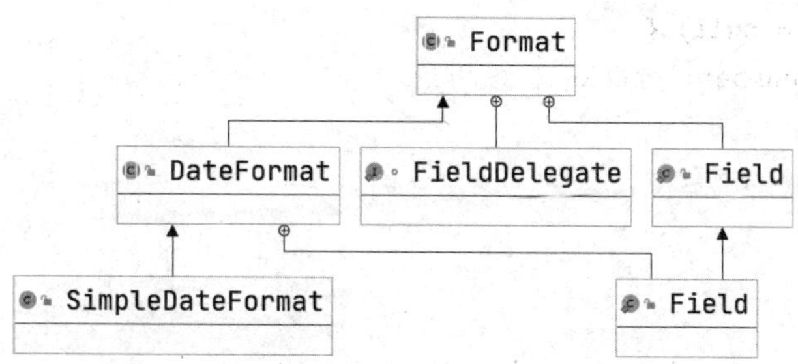

图 7-1　SimpleDateFormat 的类关系图

SimpleDateFormat 继承了 DateFormat 类，而在 DateFormat 中定义了两个全局的成员变量：Calendar、NumberFormat，分别用来进行日期和数字的转化。

```
public abstract class DateFormat extends Format {
    protected Calendar calendar;
    protected NumberFormat numberFormat;
}
```

在 DateFormat 的类注解中同样发现一段线程不安全性的说明。

> Date formats are not synchronized. It is recommended to create separate format instances for each thread. If multiple threads access a format concurrently, it must be synchronized externally.

Calendar 和 NumberFormat 这两个成员变量都是线程不安全的，也就是在多线程环境下对于这两个成员变量的操作都会存在线程安全问题。我们可以通过具体的错误信息定位问题的根源。

在 SimpleDateFormat 类的 SimpleDateFormat.subParse(SimpleDateFormat.java:1869)中，会用到 numberFormat 进行 parse 操作。

```
public class SimpleDateFormat extends DateFormat {
    private int subParse(String text, int start, int patternCharIndex, int count,
                         boolean obeyCount, boolean[] ambiguousYear,
                         ParsePosition origPos,
                         boolean useFollowingMinusSignAsDelimiter, CalendarBuilder calb) {
        //省略
        //内部调用 numberFormat 的 parse()方法，转化数字
        //这里的 numberFormat 就是 DateFormat 中的成员变量，默认实例是 DecimalFormat
        number = numberFormat.parse(text, pos);
```

```
        if (number != null) {
            value = number.intValue();
        }
        //省略
        return -1;
    }
}
```

继续看 numberFormat.parse()方法的实现。

```
public class DecimalFormat extends NumberFormat {
    public Number parse(String text, ParsePosition pos) {
        //省略
        //内部调用 subparse()方法，将 text 的内容“set”到 digitList 上
        if (!subparse(text, pos, positivePrefix, negativePrefix, digitList, false,
status)) {
            return null;
        }
        //将 digitList 转变为目标格式
        if (digitList.fitsIntoLong(status[STATUS_POSITIVE], isParseIntegerOnly())) {
            longResult = digitList.getLong();
        } else {
            doubleResult = digitList.getDouble();
        }
        //省略
        return gotDouble ? (Number)new Double(doubleResult) : (Number)new
Long(longResult);
    }
}
```

注意，digitList 是一个全局变量。

```
private transient DigitList digitList = new DigitList();
```

继续看 DecimalFormat 中的 subparse()方法。

```
private final boolean subparse(String text, ParsePosition parsePosition,
            String positivePrefix, String negativePrefix,
            DigitList digits, boolean isExponent,
```

```
                boolean status[]) {
        //省略
        //digitList 在这个方法里面叫 digits，先对 digits 进行清零处理
        digits.decimalAt = digits.count = 0; //CASE 1
        backup = -1;
        //还要对 digits 继续操作
        if (!sawDecimal) {
            digits.decimalAt = digitCount; // Not digits.count!
        }
        digits.decimalAt += exponent; //CASE 2

        //省略
        return true;
    }
```

导致报错的根本原因就在 subparse()方法中，对全局变量 digits 的更新操作没有加锁，不满足原子性。假设 ThreadA、ThreadB 同时进入 subparse()方法，同时对全局变量 digitList 进行更新操作，有可能 ThreadA 执行到 CASE 2 位置，而 ThreadB 正好执行到 CASE 1 位置，那么在 DecimalFormat.parse()方法中获取的 digitList 就有问题，从而导致异常的发生。

7.3.2 ThreadLocal 实现线程安全性

通过 ThreadLocal 针对 SimpleDateFormatExample 这个案例进行改造，代码如下。

```
public class SimpleDateFormatSafetyExample {
    private static final String DATEFORMAT="yyyy-MM-dd HH:mm:ss";
    private static ThreadLocal<DateFormat> dateFormatThreadLocal=new ThreadLocal<>();
    private static DateFormat getDateFormat(){ //每次从 threadlocal 中获取 SimpleDateFormat 实例
        DateFormat df=dateFormatThreadLocal.get();
        if(df==null){
            df=new SimpleDateFormat(DATEFORMAT);
            dateFormatThreadLocal.set(df);
        }
        return df;
    }
    public static Date parse(String strDate) throws ParseException {
        return getDateFormat().parse(strDate);
```

```
    }
    public static void main(String[] args) {
        ExecutorService executorService = Executors.newFixedThreadPool(5);
        for (int i = 0; i < 9; i++) {
            executorService.execute(() -> {
                try {
                    System.out.println(parse("2021-06-16 16:35:20"));
                } catch (ParseException e) {
                    e.printStackTrace();
                }
            });
        }
    }
}
```

改造之后，每个线程通过 parse()方法做格式转化时，都可以获得一个完全独立的 SimpleDateFormat 实例，由于这些线程不存在对于同一个共享实例的竞争，也就不存在线程安全问题了。

7.4 ThreadLocal 实现原理分析

ThreadLocal 如何做到在多个线程对同一个共享变量进行 set 操作时，实现线程的完全隔离呢？

实际上，相信不少读者已经有一些基本的猜测，从最终达到的效果来看，每个线程应该有一个与 ThreadLocal 关联的容器，它可以用来存储共享变量的初始化副本，当线程对该副本进行更新时，只更新存储在当前线程关联容器中的数据副本。实际情况是不是这样呢？

我们先来通过图 7-2 了解一下 ThreadLocal 的整体设计原理，可以看到，在每个线程中都会维护一个成员变量 ThreadLocalMap，其中 key 是一个指向 ThreadLocal 实例的弱引用、value 表示 ThreadLocal 的初始化值或者在当前线程中 set()方法的值。

假设我们定义了 3 个不同功能的 ThreadLocal 变量，而在 Thread1 中分别用到了这 3 个 ThreadLocal 进行操作，那么此时这 3 个 ThreadLocal 都会存储到 Thread1 的 ThreadLocalMap 中。如果 Thread2 也想用这 3 个 ThreadLocal 变量，在 Thread2 中也会维护一个 ThreadLocalMap，把这 3 个 ThreadLocal 成员变量保存到该 Map 中。

如果 Thread1 想要对 local1 进行运算，则直接通过 local1 实例作为 key 进行 hash 运算后，从 Thread1 中的 ThreadLocalMap 成员对象中得到对应的 value 值并将其返回，计算完成后再通过 set()方法更新即可。

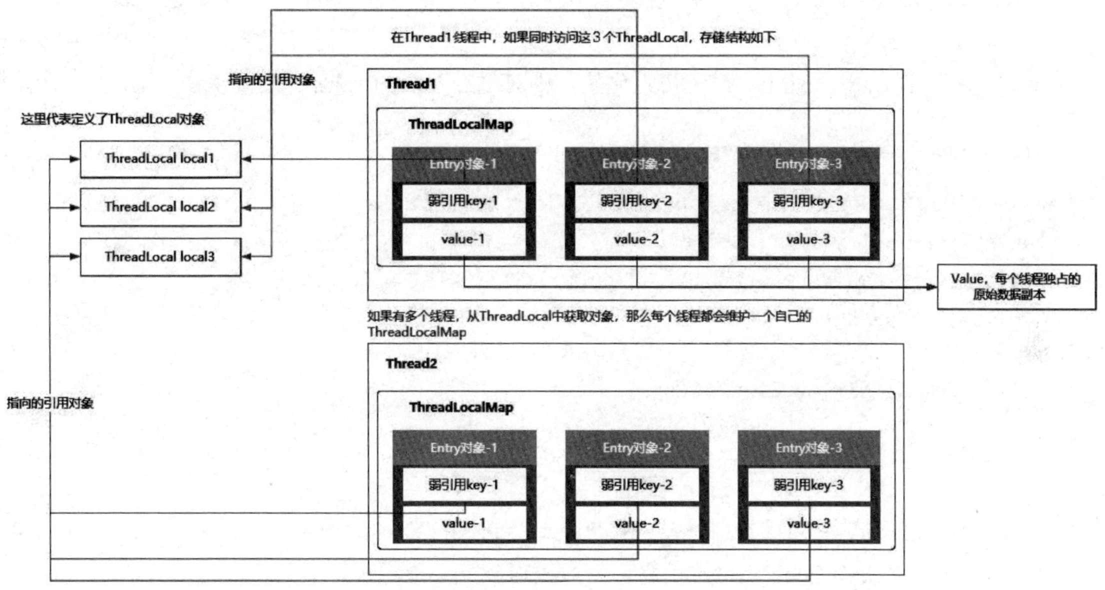

图 7-2　ThreadLocal 的整体设计原理

7.4.1　set()方法源码分析

set()方法用于在当前线程中设置一个值，并保存在该线程的 ThreadLocalMap 中，代码如下。

```
public void set(T value) {
    Thread t = Thread.currentThread();
    ThreadLocalMap map = getMap(t);
    if (map != null)
        map.set(this, value);
    else
        createMap(t, value);
}
//getMap()方法的功能是得到当前线程的成员变量 ThreadLocalMap
ThreadLocalMap getMap(Thread t) {
  return t.threadLocals;
}
```

- 通过 Thread.currentThread 得到当前线程。
- 调用 getMap(t)方法得到当前线程中的成员变量 ThreadLocalMap。
    - 如果 ThreadLocalMap 为空，说明当前线程是第一次调用 set()方法，于是通过 createMap()方法进行构建。
    - 如果 ThreadLocalMap 已经初始化了，则对已经存在的 value 进行更新。

createMap()方法用来初始化一个 ThreadLocalMap 集合，代码如下。

```
ThreadLocalMap(ThreadLocal<?> firstKey, Object firstValue) {
    table = new Entry[INITIAL_CAPACITY];
    int i = firstKey.threadLocalHashCode & (INITIAL_CAPACITY - 1);
    table[i] = new Entry(firstKey, firstValue);
    size = 1;
    setThreshold(INITIAL_CAPACITY);
}
```

- 初始化一个长度为 16 的 Entry 数组。
- firstKey.threadLocalHashCode & (INITIAL_CAPACITY - 1)，根据 firstKey（ThreadLocal 实例对象）的 hashCode 通过位运算进行取模得到一个数组下标 i。
- 把 ThreadLocal 的值保存到指定位置。

如果当前线程的成员变量 ThreadLocalMap 已经初始化了，则调用 set()方法进行保存即可，代码如下。

```
private void set(ThreadLocal<?> key, Object value) {

  Entry[] tab = table;
  int len = tab.length;
  //根据 hashCode 和数组长度求元素放置的位置，即数组下标
  int i = key.threadLocalHashCode & (len-1);
  //从 i 开始往后一直遍历到数组最后一个 Entry(线性探索)
  for (Entry e = tab[i];
       e != null;
       e = tab[i = nextIndex(i, len)]) {
    ThreadLocal<?> k = e.get();

    //如果 key 相等，则覆盖 value
```

```
    if (k == key) {
      e.value = value;
      return;
    }
    //如果key为null，用新key、value覆盖，同时清理key=null的陈旧数据(弱引用)
    if (k == null) {
      replaceStaleEntry(key, value, i);
      return;
    }
  }

  tab[i] = new Entry(key, value);
  int sz = ++size;
  //如果超过阈值，就需要扩容了
  if (!cleanSomeSlots(i, sz) && sz >= threshold)
    rehash();
}
```

按照正常的思维逻辑，set()方法中同样使用 key.threadLocalHashCode & (len-1)计算数组下标，将当前 value 覆盖或者添加到指定下标位置即可，但是这里还需要考虑一个 hash 冲突问题，所以处理起来会稍微麻烦一点。

- 根据 key 计算当前元素存储的数组下标 i。
- 如果 tab[i]不为空，则使用 for 循环从数组下标 i 位置开始往前遍历（之所以要用循环，是因为要用线性探索的方式解决 hash 冲突问题）。
    - 如果根据 key 计算出来的数组下标 i 已经存在其他的 value，并且该位置的 key 和当前 key 不相同，则继续寻找 i+1 的位置进行存储。
    - 如果根据 key 计算出来的数组位置的 key==null，就需要通过 replaceStaleEntry()方法来处理。如果 key 是弱引用，有可能 ThreadLocal 实例已经被回收了，那么 key 就为空。
- 如果 tab[i]位置不存在数据，则直接把 key/value 存储到 tab[i]。
- 最后，通过++size 统计数组的元素个数，如果 sz>=threshold 并且 cleanSomeSlots()返回 false，则进行扩容，后面我们会讲解 cleanSomeSlots，它用来清理数组中的无效 key。

> 线性探索，是用来解决 hash 冲突问题的一种策略，它是一种开放寻址策略。
>
> 大家应该都知道 hash 表，它是根据 key 进行直接访问的数据结构，也就是说我们可以通过 hash

函数把 key 映射到 hash 表中的一个位置来访问记录，从而加快查找的速度。存放记录的数据就是 hash 表（散列表）。

当我们针对一个 key 通过 hash 函数计算产生一个位置，而这个位置在 hash 表中已经被另外一个键值对占用时，线性探索就可以解决这个冲突问题，这里分两种情况。

写入：查找 hash 表中离冲突单元最近的空闲单元，把新的键值插入这个空闲单元。

查找：从根据 hash 函数计算得到的位置开始往后查找，直到找到与 key 对应的 value 或者找到空的单元。

7.4.1.1 详解 ThreadLocalMap 中的弱引用

在 set()方法的线性探索中，有一个 key==null 的判断，如果 key 为空，则调用 replaceStaleEntry 来进行替换并清理 Entry，我想大家应该会有两个疑惑：

- key 什么时候为空？
- key 的清理过程是如何实现的？

通过前面的分析我们可以看到，key 是一个弱引用，代码如下。

```
static class ThreadLocalMap {

  static class Entry extends WeakReference<ThreadLocal<?>> {
    /** The value associated with this ThreadLocal. */
    Object value;
    Entry(ThreadLocal<?> k, Object v) {
      super(k);
      value = v;
    }
  }
```

简单来说，当 JVM 进行垃圾回收时，无论内存是否充足，都会回收被弱引用关联的对象。在 Java 中，用 java.lang.ref.WeakReference 类来表示。

在下面这个例子中，定义了一个 Object 对象和一个弱引用对象，它引用了 weakObject。当我们把 weakObject 设置为 null 后，通过 gc()方法对这个空的对象进行回收。

```
public class WeakReferenceExample {
    static Object object=new Object();
    public static void main(String[] args) {
        WeakReference<Object> objectWeakReference=new WeakReference<>(object);
        object=null;
        System.gc();
        System.out.println("gc 之后"+objectWeakReference.get());
    }
}
```

从理论上来说，如果在强引用的情况下，这时候是不可能被回收的，因为 weakReference 引用了 weakObject 对象，但实际上，当 object 被设置为 null 时，它被回收后，objectWeakReference.get()得到的结果也是 null。

下面这段代码是强引用的例子，其输出的 strongRef 指向的引用没有被回收。

```
public class StrongReferenceExample {
  static Object object=new Object();
  public static void main(String[] args) {
    Object strongRef=object;
    object=null;
    System.gc();
    System.out.println("gc 之后"+strongRef);
  }
}
```

总的来说，在 ThreadLocal 中，如果 ThreadLocal 对象被回收了，那么在 ThreadLocalMap 中 key 的引用就会为空，因为这里用到了弱引用。

7.4.1.2　replaceStaleEntry 实现替换并清理

通过 int i = key.threadLocalHashCode & (len-1)计算得到数组位置 i 的 Entry，发现该 Entry 的 key 为 null，说明该位置的 key 指向的 ThreadLocal 对象已经被回收了，所以 ThreadLocal 会认为这些 key 是无效的，需要进行替换和清理。

```
private void replaceStaleEntry(ThreadLocal<?> key, Object value,
                               int staleSlot) {
    Entry[] tab = table;
    int len = tab.length;
```

```
    Entry e;

    //向前扫描，查找最前的无效的 slot
    int slotToExpunge = staleSlot;
    for (int i = prevIndex(staleSlot, len); //CASE 1
         (e = tab[i]) != null;
         i = prevIndex(i, len))
        if (e.get() == null)
            //通过循环遍历，可以定位到最前面的无效的 slot
            slotToExpunge = i;

    //从 i 开始往后一直遍历到数组的最后一个 Entry（线性探索）
    for (int i = nextIndex(staleSlot, len); //CASE 2
         (e = tab[i]) != null;
         i = nextIndex(i, len)) {
        ThreadLocal<?> k = e.get();
        //找到匹配的 key 以后
        if (k == key) {
            e.value = value;//更新对应 slot 的 value 值
            //与无效的 slot 进行交换
            tab[i] = tab[staleSlot];
            tab[staleSlot] = e;

            //如果最前面的无效的 slot 和当前的 staleSlot 相等，则将 i 作为清理的起点
            if (slotToExpunge == staleSlot)
                slotToExpunge = i;
            //从 slotToExpunge 开始做一次连续的清理 //CASE 4
            cleanSomeSlots(expungeStaleEntry(slotToExpunge), len);
            return;
        }

        //如果当前的 slot 已经无效，并且在向前扫描的过程中没有无效 slot，则更新 slotToExpunge
为当前位置
        if (k == null && slotToExpunge == staleSlot)
            slotToExpunge = i;
    }
```

```
    //CASE 3
    //如果 key 对应的 value 在 Entry 中不存在，则直接放一个新的 Entry
    tab[staleSlot].value = null;
    tab[staleSlot] = new Entry(key, value);

    //如果有任何无效的 slot，则做一次清理
    if (slotToExpunge != staleSlot) //CASE 5
        cleanSomeSlots(expungeStaleEntry(slotToExpunge), len);
}
```

上述代码比较长，看起来不是很好理解，其实我们要先明白它做了什么事情。首先，程序进入当前方法是因为 key==nul 且 Entry 不为空，这意味着 key 指向的对象已经被回收了，所以需要清理这个失效的 key，这里又有两种情况。

- tab[i]位置的 key 为 null，且线性探索整个数组没有找到相同的 key，则直接把 tab[i]位置的 value 设置为 null，然后把新的 key/value 保存到 tab[i]位置，这段处理逻辑在上述代码 CASE 3 标注处。
- tab[i]位置的 key 为 null，且线性探索整个数组找到了相同的 key 在 tab[x]位置，那么需要把 tab[x]和 tab[i]进行交换，然后更新其 value，这段处理逻辑在上述代码 CASE 2 标注处。为什么要交换呢？原因是在 set()方法里面，我们设置值的时候是基于第一个下标位置往后线性探索的，但是如果根据当前的 key 计算的下标 i 为空，那么此时就会直接把这个 key 放在该下标位置。假设在 replaceStaleEntry 中没有做交换，意味着在进行当前 set 操作时并不知道后面还有相同 key 的 Entry 对象，就会导致在一个 hash 表中存在多个相同 key 的情况，这是不允许的。

在 replaceStaleEntry 中还有一个比较有意思的设计，就是如果当前 tab[i]位置的 key==null，那么它会向前和向后再找找是否还存在失效的 key，如果有则更新 slotToExpunge 的值，该值用来表示本次清理的起点位置（查找相邻元素进行清理的代码在 CASE1、CASE4、CASE5 标注处）。最后通过 cleanSomeSlots(expungeStaleEntry(slotToExpunge), len)进行清理。

为了更好地理解 replaceStaleEntry 的实现过程，我们按照不同的情况进行分析，然后通过图形来解释说明。其实，replaceStaleEntry 的处理过程共分为四种情况。

向前查找发现有失效的 Entry，向后查找到可以覆盖的 Entry

首先来分析向前搜索的代码部分，在初始状态下 slotToExpunge 和 staleSlot 相同，当通过下面的代码向前进行线性搜索时，发现存在失效的 Entry（key=null，value 有值）。

```
for (int i = prevIndex(staleSlot, len)
```

如图 7-3 所示，更新 slotToExpunge 为当前失效的 Entry 所在的位置 i，当向前搜索时发现 i 位置的 Entry 为空，则结束向前搜索，slotToExpunge 就是用来标注开始清理失效 Entry 的位置的。

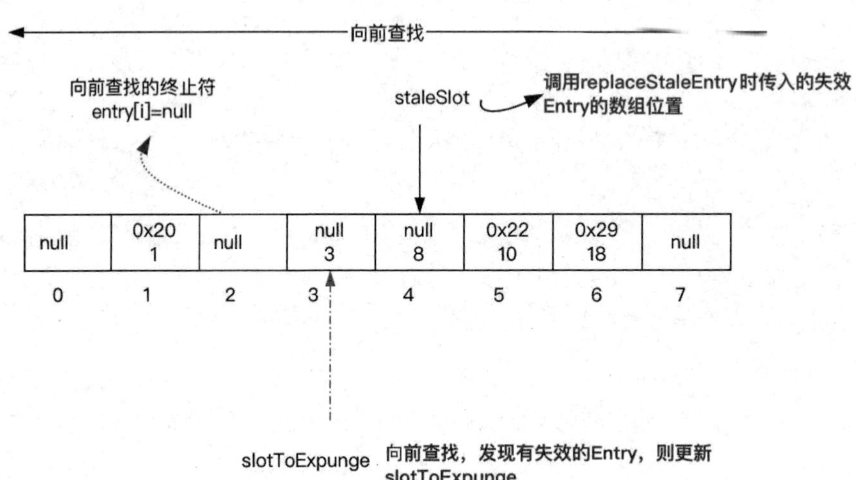

图 7-3 向前查找失效的 Entry

在上述代码 CASE 2 标注处，通过 for 循环进行向后查找，如果找到可以覆盖的 Entry[i]，也就是 key 和需要新增进来的 key 相等，就会覆盖原来的值，然后与 staleSlot 位置上的脏 Entry 进行交换，交换之后，脏的 Entry 就到了 Entry[i]的位置，如图 7-4 所示。

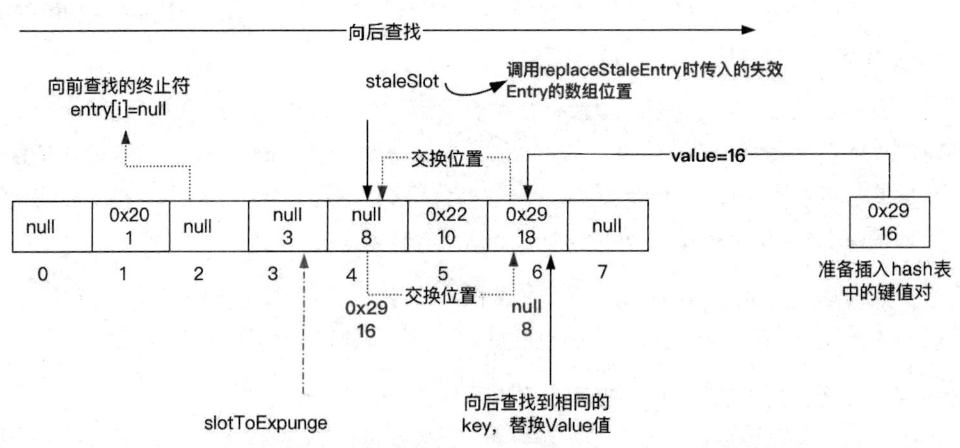

图 7-4 向后查找可替换的 Entry

- 添加的元素的 key=0x29，从 staleSlot 的位置向后查找，找到一个 key=0x29,value=18 的 Entry，直接将 value 修改为 16。
- 交换数组位置，把 staleSlot 位置的 Entry 和 key=0x29 的 Entry 进行交换。

最后，将 slotToExpunge 所在位置作为本次实现 Entry 清理的开始位置，调用 expungeStaleEntry 进行清理。

```
if (k == null && slotToExpunge == staleSlot)
  slotToExpunge = i;
cleanSomeSlots(expungeStaleEntry(slotToExpunge), len);
return;
```

向前查找发现有失效的 Entry，向后未找到可以覆盖的 Entry

向前能找到失效的 Entry，和图 7-3 相同。向后未找到可以覆盖的 Entry，如图 7-5 所示。

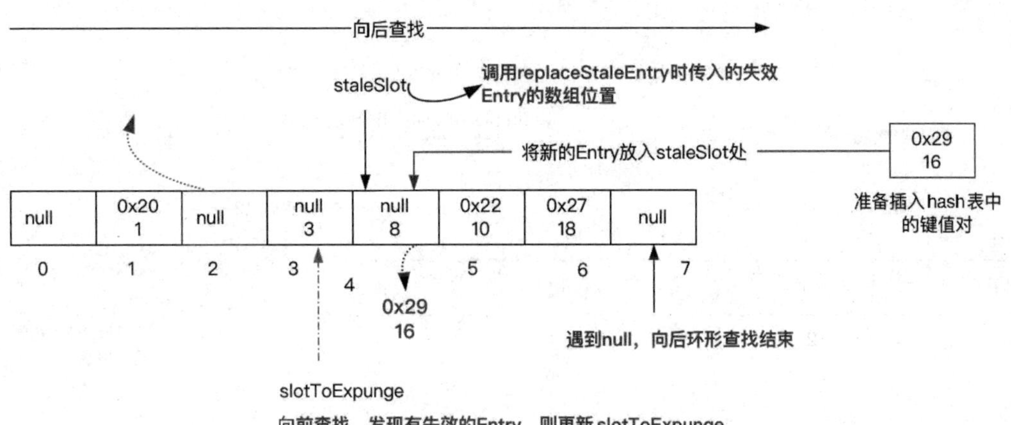

图 7-5　向后未找到可覆盖的 Entry

在这种情况下，先直接把 staleSlot 位置的 value 设置为 null，由于 slotToExpunge 发生了变化，所以需要执行清理动作。

```
if (slotToExpunge != staleSlot)
  cleanSomeSlots(expungeStaleEntry(slotToExpunge), len);
```

向前未找到失效的 Entry，向后找到可以覆盖的 Entry

向前未找到失效的 Entry，那么 slotToExpunge 就不会发生变化，如图 7-6 所示。

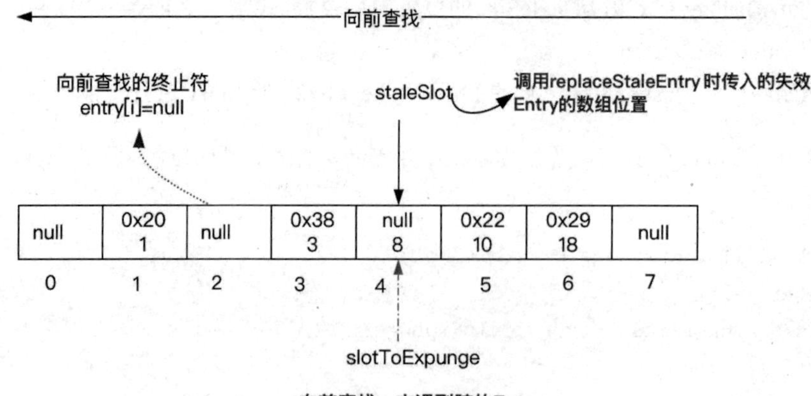

图 7-6　向前未找到失效的 Entry

向后找到可以覆盖的 Entry，如图 7-7 所示。

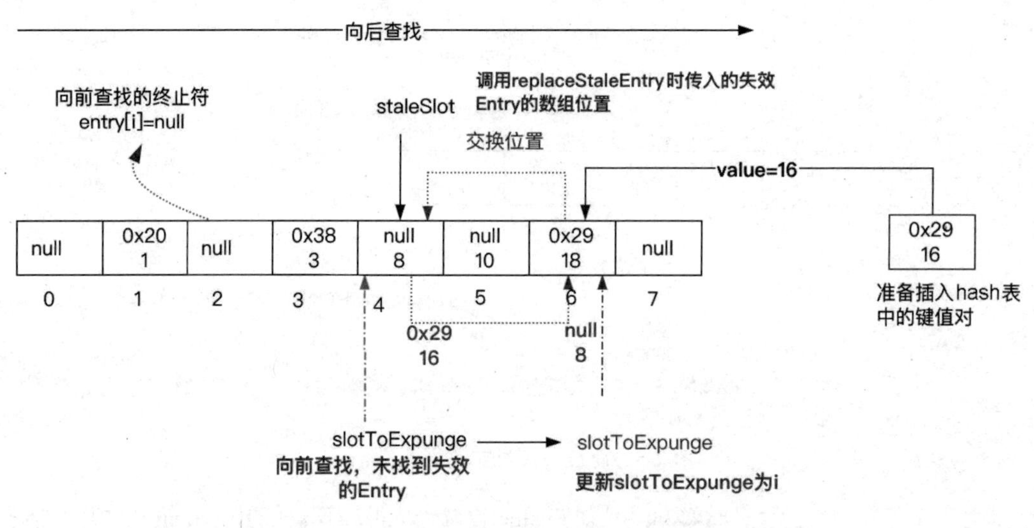

图 7-7　向后找到可替换的 Entry

在这个场景中，slotToExpunge=staleSlot，我们把 slotToExpunge 修改为 i，因为这里只需要清理被替换的 Entry 即可。

向前未找到失效的 Entry，向后未找到可覆盖的 Entry

如果向前未找到失效的 Entry，那么 slotToExpunge 就不会发生变化，这部分和图 7-6 相同。

如图 7-8 所示，向后未找到可覆盖的 key，则直接把 staleSlot 位置的 value 设置为 null，然后把当前 key/value 保存到该位置，在代码 CASE 3 标注处。

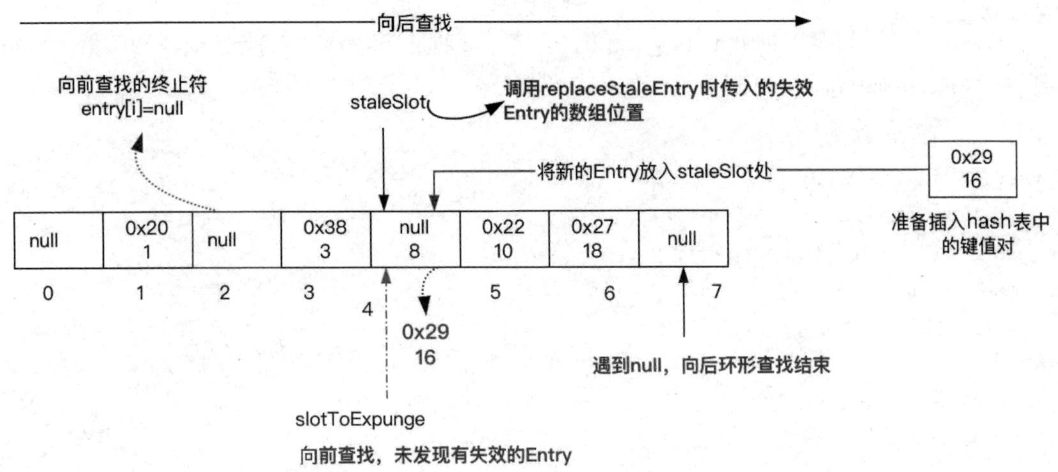

图 7-8　向前未找到可替换的 Entry

由于向前没有发现失效的 Entry，因此 slotToExpunge 不会发生变化，而向后也没有找到可替换的 Entry，说明当前位置相邻位置都没有失效的 Entry，这种情况下不需要调用 expungeStaleEntry 进行清理。

7.4.2　get()方法源码分析

get()方法的源码比较简单，直接从当前线程中获取 ThreadLocalMap，然后根据 key 来获取对应的 value 即可。

```
public T get() {
  Thread t = Thread.currentThread(); //得到当前线程
  ThreadLocalMap map = getMap(t); //获取当前线程的成员变量 ThreadLocalMap
  if (map != null) { //如果 map 不为空，则直接返回当前 key 对应的 Entry
    ThreadLocalMap.Entry e = map.getEntry(this);
    if (e != null) {
      @SuppressWarnings("unchecked")
      T result = (T)e.value;
      return result;
    }
```

```
  }
  return setInitialValue(); //如果 map 为空，则初始化
}
```

如果 map 为空，则调用 setInitialValue()方法，该方法通过 initialValue()方法获取初始值来初始化当前线程的 ThreadLocalMap 对象并赋值，代码如下。

```
private T setInitialValue() {
  T value = initialValue(); //获取初始化的值
  Thread t = Thread.currentThread();
  ThreadLocalMap map = getMap(t);
  if (map != null)
    map.set(this, value);
  else
    createMap(t, value);
  return value;
}
```

其中，initialValue()方法就是在 7.1 节中演示的 ThreadLocal.withInitial(()->"DEFAULT VALUE")，也就是可以在构建 ThreadLocal 时初始化一个默认值。

如果当前线程没有通过 set()方法设置 value，则直接获取初始值并保存到当前线程的 ThreadLocalMap 中。

7.4.3 ThreadLocal 内存泄漏

如果使用不当，ThreadLocal 是否会导致内存泄漏呢？答案是会。

经过前面的分析，我们知道 key 是一个弱引用，也就是说在 key 引用的 ThreadLocal 对象被回收之后，key 的指向就是 null，这意味着 key=null 所在位置存储的 Entry 会一直访问不到。虽然 ThreadLocal 在设计上，尽可能地规避了这个问题，但还是存在。

- 比如在 replaceStaleEntry()方法中，会清理当前 key 所在位置相邻位置的失效 Entry。
- ThreadLocalMap 中的 key 采用弱引用，在 ThreadLocal 实例被回收之后，key 引用指向为 null，可以触发 replaceStaleEntry 中的线性探索及回收。

在极端情况下，会存在 key=null 但是无法被探索到的可能性，从而导致内存泄漏。

如果当前线程运行结束后被回收，那么意味着该线程中的成员属性 ThreadLocalMap 也同样会

被回收，这样也存在内存泄漏问题。实际上我们在使用线程的场景中，基本上都是基于线程池来实现的，而线程池中的核心线程默认情况下不会被回收，所以内存泄漏的问题仍然存在。

下面这段程序演示了线程池中使用 ThreadLocal 导致内存泄漏的场景。

```
public class MemoryLeakExample {
    static class LocalVariable {
        private Long[] data=new Long[1024*1024];
    }
    static ThreadPoolExecutor service=new
ThreadPoolExecutor(5,5,60,TimeUnit.SECONDS,new LinkedBlockingQueue<>());
    static ThreadLocal local=new ThreadLocal();
    public static void main(String[] args) throws InterruptedException {
        TimeUnit.SECONDS.sleep(8); //延迟启动，方便 jconsole 进行数据监视
        CountDownLatch countDownLatch=new CountDownLatch(50);
        for (int i = 0; i <  50; i++) {
            service.execute(()->{
                local.set(new LocalVariable());
                try {
                    TimeUnit.SECONDS.sleep(1);
                } catch (InterruptedException e) {
                    e.printStackTrace();
                }
                //local.remove(); 移除当前线程存储的 value
                countDownLatch.countDown();
            });
        }
        countDownLatch.await();
        local=null;
        System.gc();
        System.out.println(local);
    }
}
```

上述程序运行后，使用 jconsole 工具监控堆内存的使用情况，如图 7-9 所示。

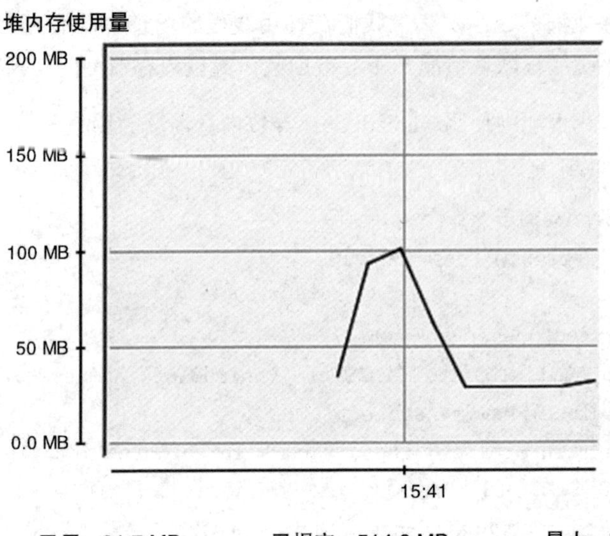

图 7-9　堆内存泄漏

修改 MemoryLeakExample，把注释的 local.remove()“放开”，再次运行，得到的结果如图 7-10 所示。

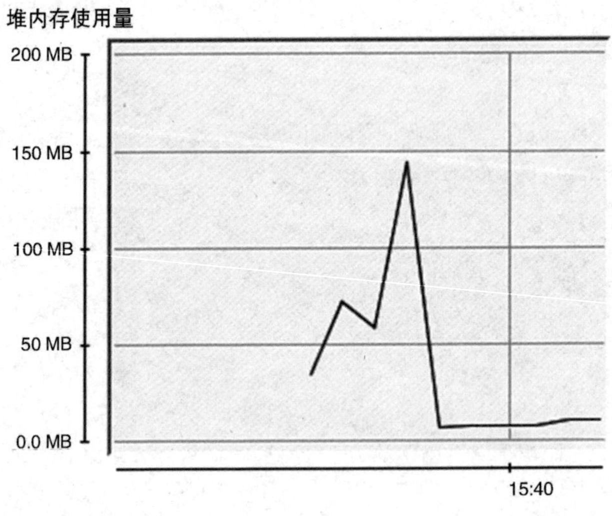

图 7-10　内存正常回收

从两个结果可以看到，由于我们把 local 这个对象置为 null 并且触发了 gc 回收，在没有调用 remove()方法的场景中，大概有 20MB 左右的内存没有办法被回收，这部分内存永远无法被释放，除非线程池中的所有线程都被回收。

因此，总的来说，在使用 ThreadLocal 的地方，每个线程用完后，最终需要调用 remove()方法防止出现内存泄漏。

7.5　任务拆分与聚合 Fork/Join

Fork/Join 是 Java 1.7 提供的一个任务拆分与聚合的工具，它可以把一个大任务拆分成多个子任务进行并行计算，再把拆分的子任务的计算结果进行合并。简单来说，Fork/Join 的核心思想就是分而治之，Fork 用来分解任务、Join 用来实现数据聚合。

可能大家觉得很少使用 Fork/Join，其实它在比较常见的组件中都用到了，比如 CompletableFuture、Java 8 中的并行流 parallelStream 等。下面先来简单介绍一下 Fork/Join 的基本功能和应用。

7.5.1　Fork/Join 的核心 API 说明

Fork/Join 中具体的任务用 ForkJoinTask 类来表示，ForkJoinTask 类中有如下几个重要的方法。

- fork()，创建一个异步执行的子任务。
- join()，等待任务完成后返回计算结果。
- invoke()，开始执行任务，必要时等待其执行结果。

在创建具体的 Fork/Join 任务时，我们可以通过继承 ForkJoinTask 常见的两个子类来实现，具体的类关系如图 7-11 所示。

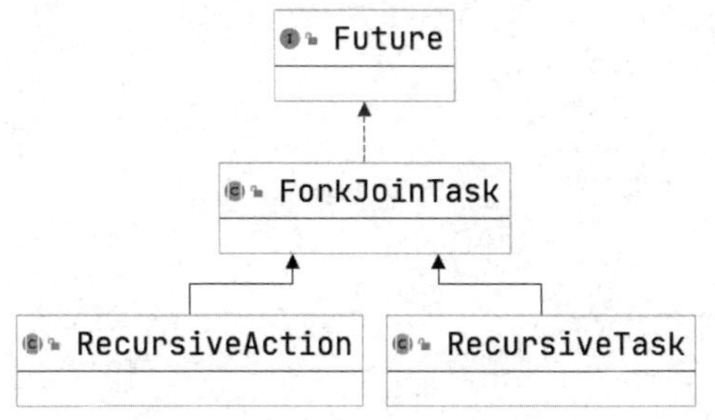

图 7-11　ForkJoinTask 类关系图

- RecursiveAction：无返回结果的任务。
- RecursiveTask：有返回结果的任务。

另外，针对 Fork/Join 还有专门用来运行 ForkJoinTask 的线程池，线程池中管理 ForkJoinWorkerThread 类型的工作线程，该线程池可以通过以下方法来运行具体的 ForkJoinTask 任务。

- invoke(ForkJoinTask t)，提交任务并一直阻塞，直到任务执行完成返回合并结果。
- execute(ForkJoinTask t)，异步执行任务，无返回值。
- submit(ForkJoinTask t)，异步执行任务，返回 Task 本身，可以通过 task.get()方法获取合并之后的结果。

需要注意，ForkJoinTask 在不显式使用 ForkJoinPool.execute/invoke/submit()方法执行的情况下，也可以使用自己的 fork/invoke()方法执行。

7.5.2 Fork/Join 的基本使用

下面这段代码演示了 Fork/Join 的基本使用，它实现了对一个区间数字进行累加的功能。

```
public class ForkJoinExample {
   private static final Integer MAX=400;

   static class CalculationTask extends RecursiveTask<Integer> {
      private Integer startValue; //子任务开始计算的值
      private Integer endValue; //子任务结束计算的值
      public CalculationTask(Integer startValue,Integer endValue){
         this.startValue=startValue;
         this.endValue=endValue;
      }
      //运算过程
      @Override
      protected Integer compute() {
         //如果条件成立，则说明这个任务所需要计算的数值拆分得足够小了，不需要再拆分，可以正式进行累加计算了
         if(endValue-startValue<MAX){
            System.out.println("开始计算的部分：startValue = " + startValue + ";endValue = " + endValue);
            Integer totalValue=0;
```

```
            for(int index=this.startValue;index<=this.endValue;index++){
                totalValue+=index;
            }
            return totalValue;
        }
        return createSubtasks(); //拆分为多个子任务
    }
    private Integer createSubtasks(){
        CalculationTask subTask1=new CalculationTask(startValue,(startValue+endValue)/2);
        subTask1.fork();
        CalculationTask subTask2=new CalculationTask((startValue+endValue)/2+1,endValue);
        subTask2.fork();
        return subTask1.join()+subTask2.join();
    }
}
public static void main(String[] args) {
    ForkJoinPool pool=new ForkJoinPool();
    ForkJoinTask<Integer> taskFuture=pool.submit(new CalculationTask(1,2002));
    try {
        Integer result=taskFuture.get();
        System.out.println("result:"+result);
    } catch (InterruptedException e) {
        e.printStackTrace();
    } catch (ExecutionException e) {
        e.printStackTrace();
    }
}
}
```

上述代码的实现逻辑说明如下：

- 定义一个任务 CalculationTask，继承了带有返回值的类 RecursiveTask，并冲洗 compute()抽象方法。
- 在 compute()方法中，如果发现 startValue 和 endValue 之间的数字之差大于 400，则通过 createSubtasks()方法进行拆分。在该方法中拆分出了两个任务，每个任务计算一个数字之差。接着使用 join()方法等待并获取这两个任务的返回结果。

- 如果 startValue 和 endValue 之间的数字之差小于等于 400，则对这个区间的数字进行累加，得到 totalValue。
- 在 main()方法中，定义了 ForkJoinPool 通过 submit()方法执行 CalculationTask 任务。
- 使用 get()方法阻塞等待，获取返回结果。

如图 7-12 所示，图中顶层的任务 CalculationTask 通过 submit()方法提交执行，ForkJoinPool 中的工作线程会执行该任务的 compute()方法对任务进行计算，如果当前任务的数字之差大于等于 400，则将当前任务拆分成两个 CalculationTask，每个子任务各自负责计算一半的数据并累加。如果当前子任务中需要累加的数字之差小于 400，则直接进行累加并返回。最后逐层返回计算结果并进行汇总。

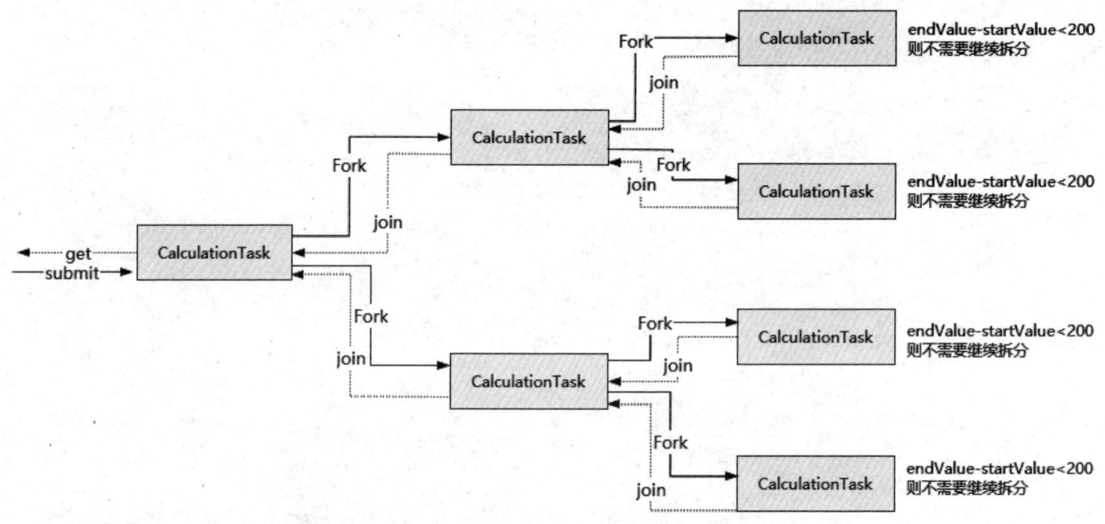

图 7-12 Fork/Join 的基本原理

在 ForkJoinExample 这个案例中，通过 Fork/Join 拆分出了多个子任务，然后这些任务会保存到一个双端队列中。接着 ForkJoinPool 线程池中的工作线程会从这个双端队列获取任务来执行，这意味着原本一个线程执行的任务，变成了多个线程同时执行，大大提升了运算的效率。

7.6 Fork/Join 的实现原理

如图 7-13 所示，这是 Fork/Join 中一个简易版本的实现原理，看起来有点复杂，我们下面做一个详细的分析。

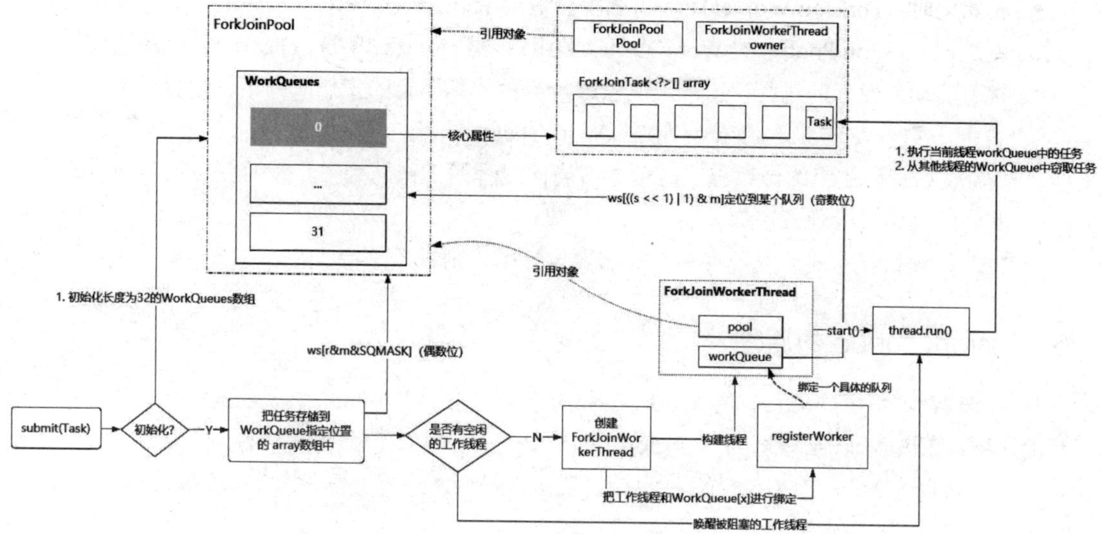

图 7-13　Fork/Join 的工作原理

- 先使用 ForkJoinPool.submit(task)提交一个任务，如果是第一次提交，需要初始化 ForkJoinPool 中的 WorkQueues 数组，其中 WorkQueue（工作队列）包含以下关键属性。
    - ForkJoinTasks[] arrays，用来存放通过 submit/execute()方法提交的 ForkJoinTask。
    - ForkJoinWorkerThread owner，是 ForkJoinPool 中的工作线程，该工作线程用于执行具体的 ForkJoinTask。
    - ForkJoinPool pool，指向当前 ForkJoinPool 实例的引用，该引用是为了当 ForkJoinTask 数组中的任务处理完成之后，再次获取任务并交给 ForkJoinWorkerThread 进行处理。
- 通过 r&m&SQMASK 进行取模运算，计算 WorkQueues 数组的下标，把当前 ForkJoinTask 添加到指定位置。
    - m 表示 WorkQueues 的数组长度。
    - r 是通过 ThreadLocalRandom.getProbe()方法得到的一个随机数。
    - SQMASK=0x007e 表示任何整数和 SQMASK 进行与运算后得到的一定是偶数。也就是说第一次通过 submit(task)方法提交的任务，会存放在 WorkQueues 数组的偶数位。
- 任务提交后，就需要安排线程来执行，如果工作线程数不够且没有正在等待的线程，则创建一个新的 ForkJoinWorkerThread。

- 初始化时，ForkJoinWorkerThread 线程会调用 registerWorker()方法绑定一个工作队列，也就是把 ForkJoinPool 中的 WorkQueues 数组的奇数位(((s << 1) | 1) & m)分配给当前线程。
- 接着启动创建好的线程，正常来说应该从当前线程绑定的工作队列中获取任务来执行，但是由于第一次进来时数据存储在 WorkQueues 数组的偶数位，而当前线程绑定的是 WorkQueues 数组的奇数位，这意味着当前线程的工作队列中是没有任务的，所以它会从其他队列中进行任务窃取。
- 当前线程执行完成后发现没有任务需要执行了，则进入等待状态。

7.6.1 WorkQueue 的原理

每个线程都维护了一个私有的 WorkQueue，它指向 ForkJoinPool 中 WorkQueues 数组的一个具体的队列，在该队列中维护一个 ForkJoinTask<?>[] array 数组，所有的 ForkJoinTask 都会存储在该数组中。该数组属于一个双端队列，也就是说可以在两端进行数据的添加和移除。

工作线程通过 LIFO（后进先出）的方式从 WorkQueue 中取出任务并进行处理，WorkQueue 工作原理如图 7-14 所示。如果大家对线程池有了解，会发现这个地方的设计和线程池类似，也就是先将任务保存到队列中，然后线程从队列中获取任务来执行。不一样的是，每个线程都有一个私有的 WorkQueue。由于 Fork/Join 的特性，会把大任务拆分成很多小任务，所以会存在多个线程去执行这些子任务，为了避免线程之间对于任务处理的竞争，可以把子任务分别放在不同线程的 WorkQueue 中来执行。

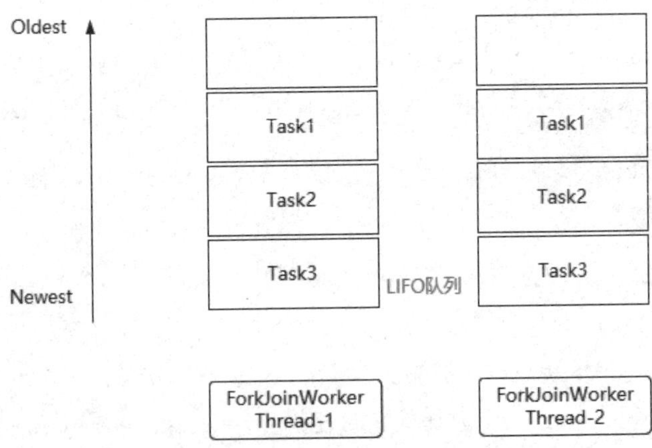

图 7-14 WorkQueue 工作原理

7.6.2 工作窃取算法

由于每个工作线程都从自己的工作队列中获得任务来执行，如果某个工作线程执行完了自己工作队列中的任务，就会进入阻塞状态，有可能其他的工作线程还有任务没有执行完。

所谓工作窃取（work-stealing），就是某个线程自己的工作队列中的任务处理结束后，从其他线程的工作队列中窃取任务来执行，原理如图 7-15 所示。为了避免任务获取存在的竞争，线程进行工作窃取时是从其他队列的尾部来获取任务的。

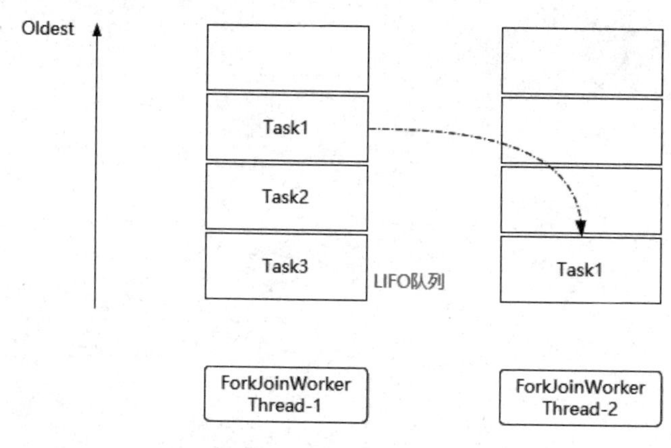

图 7-15　工作窃取原理

7.7 Fork/Join 的核心源码分析

在分析 Fork/Join 的核心源码之前，先来看如图 7-16 所示的执行流程图，这个图完整地表示了通过 ForkJoinPool 或者 ForkJoinTask 提交任务后整个 Fork/Join 的执行流程。其核心设计简单概括为如下几点。

- 提交任务后，把任务随机保存在 WorkQueues 数组的偶数位。
- 开启或者唤醒 ForkJoinWorkerThread 线程从 WorkQueues 数组中获取 ForkJoinTask 任务。如果当前线程是新创建的，则需要绑定一个队列，后续该线程默认会消费该队列中的任务。
- 启动线程并从绑定的 WorkQueue 中获得任务，如果当前线程绑定的队列中没有任务，则会从其他队列中窃取任务并执行。
- 执行具体任务时会调用 ForkJoinTask.exec()方法，exec()是一个抽象方法，具体的实现是由子类完成的。比如 RecurisiveAction 子类，实现了 exec()抽象方法，并调用 compute()方法进行计算。

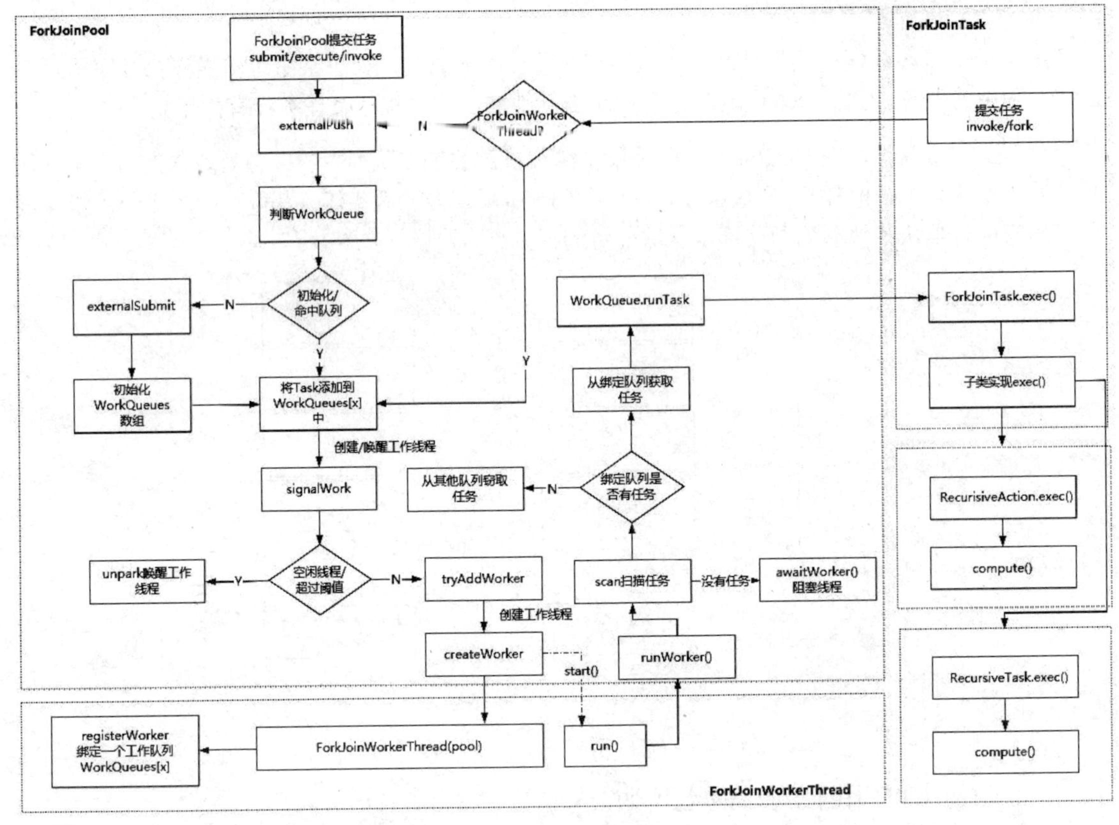

图 7-16　Fork/Join 执行流程图

7.7.1　任务提交过程详解

下面这段代码是 ForkJoinPool 中的 submit()方法，该方法中直接调用 externalPush()方法从外部提交一个任务。

```
public <T> ForkJoinTask<T> submit(ForkJoinTask<T> task) {
  if (task == null)
    throw new NullPointerException();
  externalPush(task);
  return task;
}
```

下面是 ForkJoinTask 中的 fork()方法，如果当前执行 fork()方法的线程是 ForkJoinWorkerThread 类型的，则直接添加到该线程绑定的 WorkQueue 中即可，否则，需要调用 externalPush()方法从外部提交一个任务。

```
public final ForkJoinTask<V> fork() {
  Thread t;
  if ((t = Thread.currentThread()) instanceof ForkJoinWorkerThread)
    ((ForkJoinWorkerThread)t).workQueue.push(this);
  else
    ForkJoinPool.common.externalPush(this);
  return this;
}
```

externalPush()方法负责任务提交，也就是把任务保存到 WorkQueues 数组中某个具体的 WorkQueue 中。

```
final void externalPush(ForkJoinTask<?> task) {
  WorkQueue[] ws; WorkQueue q; int m;
  int r = ThreadLocalRandom.getProbe();
  int rs = runState;
  if ((ws = workQueues) != null && (m = (ws.length - 1)) >= 0 &&
      (q = ws[m & r & SQMASK]) != null && r != 0 && rs > 0 &&
      U.compareAndSwapInt(q, QLOCK, 0, 1)) {
    ForkJoinTask<?>[] a; int am, n, s;
    if ((a = q.array) != null &&
        (am = a.length - 1) > (n = (s = q.top) - q.base)) {
      int j = ((am & s) << ASHIFT) + ABASE; //
      //putOrderedObject()方法在指定的对象 a 中指定内存偏移量的位置，并赋予 a 一个新的元素
      U.putOrderedObject(a, j, task); //把任务添加到当前 WorkQueue 的 ForkJoinTask 数组中。
      U.putOrderedInt(q, QTOP, s + 1); //更新 QTOP 索引
      U.putIntVolatile(q, QLOCK, 0); //释放锁
      if (n <= 1) //n<=1 说明当前队列的任务处理完毕，工作线程可能处于等待状态
        signalWork(ws, q); //唤醒或者创建工作线程
      return;
    }
    U.compareAndSwapInt(q, QLOCK, 1, 0);
  }
```

```
  externalSubmit(task);
}
```

externalPush()方法主要包含两部分逻辑。

- 如果 workQueues 数组已经初始化并且满足以下条件，则直接把当前任务添加到 workQueues 数组的偶数位。
    - (q = ws[m & r & SQMASK]) != null，这里通过取模运算从 workQueues 数组中随机获得一个位置，如果这个位置不为空，则说明已经初始化了一个 WorkQueue 对象。
    - U.compareAndSwapInt(q, QLOCK, 0, 1)，考虑到并发安全性，通过 CAS 抢占锁资源，抢占成功才可以访问。
- 否则，调用 externalSubmit()方法进行提交。externalSubmit()方法的功能和 externalPush()方法类似，但是它的实现更加完整。这里之所以这么设计笔者认为应该是考虑到，在线程竞争不激烈的情况下，可以直接添加线程而没必要通过自旋锁来完成。其实在 AQS 中也有类似的设计，就是调用 addWaiter()方法构建双向链表时，也是先尝试直接把当前线程添加到链表，如果失败，再调用 enq()方法。

接下来继续看 externalSubmit()方法，如果在 externalPush()方法中存在线程竞争或者 workQueues 数组没有初始化，则会调用该方法。

```
private void externalSubmit(ForkJoinTask<?> task) {
  int r;
  if ((r = ThreadLocalRandom.getProbe()) == 0) { //得到一个探针 hash 值
    ThreadLocalRandom.localInit();
    r = ThreadLocalRandom.getProbe();
  }
  for (;;) {
    WorkQueue[] ws; WorkQueue q; int rs, m, k;
    boolean move = false;
    if ((rs = runState) < 0) {//CASE 0：说明当前线程池的状态为 TERMINATE，拒绝添加任务
      tryTerminate(false, false);
      throw new RejectedExecutionException();
    }
    //CASE 1：队列为空，则进行初始化
    else if ((rs & STARTED) == 0 ||
```

```
        ((ws = workQueues) == null || (m = ws.length - 1) < 0)) {
    int ns = 0;
    rs = lockRunState(); //获得锁
    try {
      if ((rs & STARTED) == 0) {
        U.compareAndSwapObject(this, STEALCOUNTER, null,
                               new AtomicLong());
        int p = config & SMASK;
        int n = (p > 1) ? p - 1 : 1;
        //对n进行整形，保证数组长度为2的N次幂(在hashmap、ConcurrentHashMap等源码中都用到过)
        n |= n >>> 1; n |= n >>> 2;  n |= n >>> 4;
        n |= n >>> 8; n |= n >>> 16; n = (n + 1) << 1;
        workQueues = new WorkQueue[n];
        ns = STARTED;
      }
    } finally {
      unlockRunState(rs, (rs & ~RSLOCK) | ns); //释放锁
    }
  }
  //CASE 2：随机从workQueues数组中找到一个偶数位下标对应的WorkQueue，把任务添加到该队列中
  else if ((q = ws[k = r & m & SQMASK]) != null) {
    if (q.qlock == 0 && U.compareAndSwapInt(q, QLOCK, 0, 1)) {//通过CAS加锁，保证线程安全
      ForkJoinTask<?>[] a = q.array;
      int s = q.top;
      boolean submitted = false;
      try {
        //ForkJoinTask[]数组不为空
        if ((a != null && a.length > s + 1 - q.base) ||
            (a = q.growArray()) != null) {
          int j = (((a.length - 1) & s) << ASHIFT) + ABASE; //计算存储偏移量
          U.putOrderedObject(a, j, task); //把任务存储到数组的指定位置
          U.putOrderedInt(q, QTOP, s + 1); //修改索引
          submitted = true;
        }
      } finally {
        U.compareAndSwapInt(q, QLOCK, 1, 0);
```

```
        }
        if (submitted) {
          signalWork(ws, q); //任务提交成功，唤醒或者创建工作线程并执行
          return;
        }
      }
      move = true;
    }
    //CASE 3：如果指定偶数位下标还未初始化，则构建一个新的 WorkQueue，保存到数组中该下标位置
    else if (((rs = runState) & RSLOCK) == 0) {
      q = new WorkQueue(this, null);
      q.hint = r;
      q.config = k | SHARED_QUEUE;
      q.scanState = INACTIVE;
      rs = lockRunState();           //加锁
      if (rs > 0 &&  (ws = workQueues) != null &&
          k < ws.length && ws[k] == null)
        ws[k] = q;                  //把 WorkQueue 保存到 ws[k]位置
      unlockRunState(rs, rs & ~RSLOCK); //释放锁
    }
    //如果上面的条件不满足，则重新更新 hash 探针，继续寻找数组的下一个元素
    else
      move = true;
    if (move)
      r = ThreadLocalRandom.advanceProbe(r);
  }
}
```

externalSubmit()方法的代码看起来很多，其实逻辑非常清晰，一共分为 5 种情况。

- 如果当前线程池已经关闭了，则拒绝添加任务，在上述代码标注 CASE 0 的位置。
- 如果 workQueues 数组还未初始化，则初始化一个 workQueues 数组，在上述代码标注 CASE 1 的位置。
- 通过 ws[k = r & m & SQMASK]计算一个数组位置，用来存储当前提交的 ForkJoinTask，如果该位置已经初始化了 WorkQueue，则把当前任务保存在该队列中，在上述代码标注 CASE 2 的位置。

- 如果该数组位置还未初始化，则创建一个 WorkQueue 保存在该位置，然后进入下一次循环，把该任务添加到该 WorkQueue 中，具体实现在上述代码标注 CASE 3 的位置。
- 如果上述条件都不满足，则更新 hash 探针，重新寻找其他的位置。

上述整个过程使用了自旋锁来完成，也就是说如果存在线程竞争，会导致竞争锁失败，就需要循环重试。

7.7.2　唤醒或者创建工作线程

任务被添加到 workQueues 数组之后，就需要有线程来执行，因此最终会调用 signalWork()方法唤醒或者创建工作线程。

```
final void signalWork(WorkQueue[] ws, WorkQueue q) {
  long c; int sp, i; WorkQueue v; Thread p;
  while ((c = ctl) < 0L) {
    if ((sp = (int)c) == 0) {                //没有空闲的工作线程
      if ((c & ADD_WORKER) != 0L)            //并且工作线程还没有达到阈值
        tryAddWorker(c); //创建工作线程
      break;
    }
    if (ws == null)//队列为空，有可能是因为线程已经终止或者未初始化
      break;
    if (ws.length <= (i = sp & SMASK))
      break;
    if ((v = ws[i]) == null)
      break;
    int vs = (sp + SS_SEQ) & ~INACTIVE;
    int d = sp - v.scanState;
    //设置活跃工作线程数、总工作线程池数
    long nc = (UC_MASK & (c + AC_UNIT)) | (SP_MASK & v.stackPred);
    if (d == 0 && U.compareAndSwapLong(this, CTL, c, nc)) { //通过 CAS 更新 nc
      v.scanState = vs;
      if ((p = v.parker) != null)
        U.unpark(p); //唤醒工作线程
      break;
    }
    if (q != null && q.base == q.top)
```

```
        break;
    }
}
```

signalWork()方法的主要逻辑如下。

- 如果没有空闲线程并且工作线程数量不够，则调用 tryAddWorker()方法添加工作线程。
- 如果还有空闲线程，则通过 unpark()方法唤醒处于阻塞状态的空闲线程。

tryAddWorker()方法的主要功能是调用 createWorker()方法创建工作线程，代码如下。

```
private void tryAddWorker(long c) {
  boolean add = false;
  do {
    //设置活跃工作线程数、总工作线程池数
    long nc = ((AC_MASK & (c + AC_UNIT)) |
               (TC_MASK & (c + TC_UNIT)));
    if (ctl == c) {
      int rs, stop;
      if ((stop = (rs = lockRunState()) & STOP) == 0) //检查线程池的状态
        add = U.compareAndSwapLong(this, CTL, c, nc);//更新工作线程数量
      unlockRunState(rs, rs & ~RSLOCK);
      if (stop != 0)
        break;
      if (add) {//如果 CAS 更新线程数量成功，则通过 createWorker()方法创建线程
        createWorker();
        break;
      }
    }
  } while (((c = ctl) & ADD_WORKER) != 0L && (int)c == 0); //当 CAS 失败后，重试
}
```

createWorker()方法使用 ForkJoinWorkerThreadFactory 创建工作线程：

```
private boolean createWorker() {
  ForkJoinWorkerThreadFactory fac = factory;
  Throwable ex = null;
  ForkJoinWorkerThread wt = null;
```

```
    try {
      if (fac != null && (wt = fac.newThread(this)) != null) { //创建工作线程
        wt.start();//启动
        return true;
      }
    } catch (Throwable rex) {
      ex = rex;
    }
    deregisterWorker(wt, ex); //如果创建失败，则取消工作线程和 WorkQueue 的绑定
    return false;
}
```

7.7.3 工作线程和工作队列的绑定

在 ForkJoinWorkerThread 线程的构造方法中，会调用 registerWorker()方法绑定一个工作队列。

```
protected ForkJoinWorkerThread(ForkJoinPool pool) {
    super("aForkJoinWorkerThread");
    this.pool = pool;
    this.workQueue = pool.registerWorker(this);
}
```

registerWorker()方法的作用就是从 workQueues 数组中，找到奇数位的 WorkQueue 对象和当前线程绑定。

```
final WorkQueue registerWorker(ForkJoinWorkerThread wt) {
    UncaughtExceptionHandler handler;
    wt.setDaemon(true);                          //设置为守护线程
    if ((handler = ueh) != null)
      wt.setUncaughtExceptionHandler(handler);
    WorkQueue w = new WorkQueue(this, wt);       //创建 WorkQueue 对象，并与当前线程绑定
    int i = 0;                                   //用来指定 workQueues 数组中的位置
    int mode = config & MODE_MASK;
    int rs = lockRunState();
    try {
      WorkQueue[] ws; int n;
      if ((ws = workQueues) != null && (n = ws.length) > 0) { //队列不为空的情况
        int s = indexSeed += SEED_INCREMENT;
```

```
        int m = n - 1;
        //将 s 左移，然后最后一位补上 1，之后与奇数 m 求并集，那么得到的结果必然是奇数
        i = ((s << 1) | 1) & m;              //通过取模计算一个数组位置，这里一定是奇数位置
        if (ws[i] != null) {                 //如果该数组位置不为空
          int probes = 0;                    //重新计算索引
          //重新计算时步长向后移动，这个步长一定是偶数
          int step = (n <= 4) ? 2 : ((n >>> 1) & EVENMASK) + 2;
          //之后通过 while 循环，继续判断增加步长之后是否碰撞，如果碰撞，则继续增加步长
          while (ws[i = (i + step) & m] != null) {
            //如果还是碰撞，且 probes 增加 1 之后大于长度 n，则会触发扩容，workQueues 数组会扩大 2 倍
            if (++probes >= n) {
              workQueues = ws = Arrays.copyOf(ws, n <<= 1);
              m = n - 1;
              probes = 0;//将 probes 设置为 0
            }
          }
        }
        w.hint = s;
        w.config = i | mode;
        w.scanState = i;
        ws[i] = w; //将 w 设置到 i 的位置
      }
    } finally {
      unlockRunState(rs, rs & ~RSLOCK); //释放锁
    }
    //设置线程名称
    wt.setName(workerNamePrefix.concat(Integer.toString(i >>> 1)));
    return w;
}
```

registerWorker()方法主要逻辑，就是通过((s << 1) | 1) & m 计算 workQueues 数组的位置。

- 如果该位置为空，则初始化一个 WorkQueue 和当前线程绑定。
- 如果该位置不为空，说明存在碰撞，则重新计算步长；如果新计算的步长所在数组位置不存在碰撞，则直接把当前线程绑定在新的数组位置。否则，对 workQueues 数组进行扩容，减少碰撞的发生。

7.7.4 ForkJoinWorkerThread 运行过程

线程启动后，进入 ForkJoinWorkerThread 的 run()方法，代码如下。

```
public void run() {
  if (workQueue.array == null) { //保证线程只运行一次，第一次进来的时候 workQueue 为空
    Throwable exception = null;
    try {
      onStart(); //回调方法，未实现
      pool.runWorker(workQueue);//执行 runWorker
    } catch (Throwable ex) {
      exception = ex;
    } finally {
      try {
        onTermination(exception);
      } catch (Throwable ex) {
        if (exception == null)
          exception = ex;
      } finally {
        pool.deregisterWorker(this, exception); //取消绑定
      }
    }
  }
}
```

下面是 runWorker()方法的实现代码。

```
final void runWorker(WorkQueue w) {
  w.growArray();
  int seed = w.hint;
  int r = (seed == 0) ? 1 : seed;
  for (ForkJoinTask<?> t;;) {
    if ((t = scan(w, r)) != null)
      w.runTask(t);
    else if (!awaitWork(w, r)) //如果没有任务执行，则通过 awaitWork 阻塞
      break;
    r ^= r << 13; r ^= r >>> 17; r ^= r << 5;
  }
}
```

runWorker()方法的主要逻辑如下。

- 通过 for 循环不断调用 scan()方法获取任务，如果任务不为空，则调用 runTask()方法来执行。
- 否则，调用 awaitWork()方法阻塞当前线程。

runWorker()方法最终执行 WorkQueue 中保存的 ForkJoinTask，实际上还是一种生产者/消费者模型的实现。这里只对部分核心源码做了分析，还有一些方法没有说明，但是阅读起来并不难理解，感兴趣的话读者可以自己阅读。

7.8 使用 Fork/Join 解决实际问题

如何在实际应用中使用 Fork/Join 呢？为了让大家更好地理解和落地，在本节中我们使用一个案例来进行说明。

假设有一个这样的需求，要实现一个商品详情页面的信息查询和渲染，相关功能如图 7-17 所示。在微服务架构下，查询完整的商品信息可能会涉及多个服务的查询和聚合，比如商品基本信息会从商品服务查询、商品评价信息会从评价服务查询、店铺信息中又涉及销售情况查询和店铺基本信息查询，这些都需要远程调用业务服务进行查询，然后聚合为一个完整的 JSON 格式的商品信息反馈给客户端，下面我们尝试用 Fork/Join 来实现。

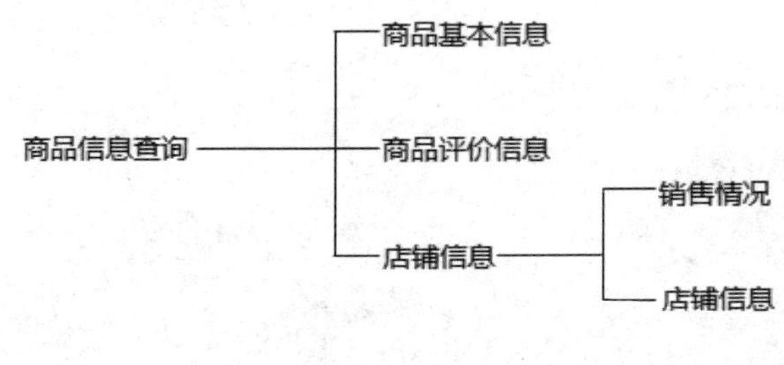

图 7-17 相关功能

7.8.1 项目结构说明

创建一个 Spring Boot 项目，然后按照下面的顺序将代码添加到项目中，项目整体结构如图 7-18 所示。

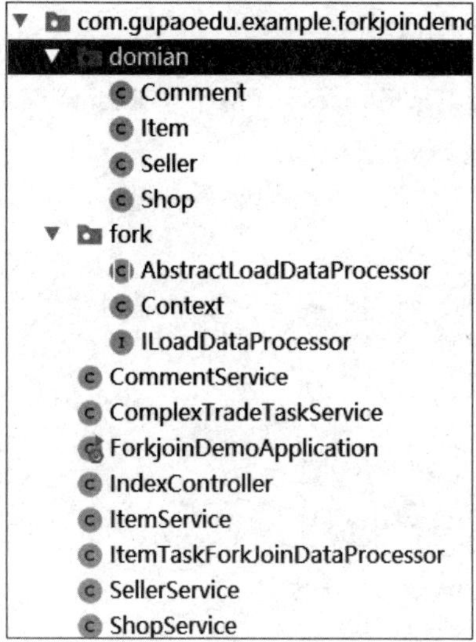

图 7-18　项目整体结构

7.8.2　ILoadDataProcessor

先定义一个数据查询接口，该接口中定义一个数据加载的抽象方法。

```
public interface ILoadDataProcessor {

   /**
    * 具体对应的每个业务的数据加载逻辑
    * @param context  应用上下文
    */
   void load(Context context);
}
```

其中，Context 是应用上下文，分别包含 Item（商品信息）、Comment（评论信息）、Seller（销量信息）和 Shop（店铺信息）。

```
public class Context {
   private Item item;
   private Comment comment;
   private Seller seller;
   private Shop shop;
}
```

7.8.3 AbstractLoadDataProcessor

定义一个抽象类 AbstractLoadDataProcessor，继承了 RecursiveAction 类，表示一个 ForkJoinTask 任务，同时实现了 ILoadDataProcessor 接口。

```
/**
 * RecursiveTask 代表有返回值的任务。
 * RecursiveAction 代表没有返回值的任务。
 **/
public abstract class AbstractLoadDataProcessor extends RecursiveAction implements
ILoadDataProcessor {

    protected Context context;
    public AbstractLoadDataProcessor() {
    }
    @Override
    protected void compute() {
        //任务的计算逻辑，执行当前任务时，会调用子类的具体业务进行数据加载
        load(context);
    }
    public Context getContext() {
        this.join(); //等待每个子任务的执行结果
        return context;
    }
    public void setContext(Context context) {
        this.context = context;
    }
}
```

7.8.4 业务服务类

业务服务类没有真正实现远程访问的逻辑，其目的仅仅是模拟一个服务调用的效果。

7.8.4.1 CommentService

实现评论信息的查询服务，简单地构建一个 Comment 信息并设置到 Context 中。

```
@Service
public class CommentService extends AbstractLoadDataProcessor {
```

```java
    @Override
    public void load(Context context) {
        System.out.println("CommentService-thread: " + Thread.currentThread());
        Comment comment=new Comment();
        comment.setContent("商品质量很好");
        comment.setName("Mic");
        context.setComment(comment);
    }
}
```

7.8.4.2 ItemService

实现商品信息查询的服务，构建一个 Item 信息，设置到 Context。

```java
@Service
public class ItemService extends AbstractLoadDataProcessor {

    @Override
    public void load(Context context) {
        System.out.println("ItemService - thread: " + Thread.currentThread());
        Item item=new Item();
        item.setNum(100);
        item.setProductName("键盘");
        context.setItem(item);
    }
}
```

7.8.5 Item 聚合任务服务

聚合任务是一个特殊的 Task，它需要实现对多个任务的拆分和聚合，所以我们可以认为它是一个复合 Task，代码如下。

```java
@Service
public class ItemTaskForkJoinDataProcessor extends AbstractLoadDataProcessor implements
ApplicationContextAware {

    ApplicationContext applicationContext;
```

```
    private List<AbstractLoadDataProcessor> taskDataProcessorLists=new ArrayList<>();

    @Override
    public void load(Context context) {//针对任务列表中的任务进行拆分
        //调用最大的一个集合任务，然后在这个集合任务中进行任务拆分
        this.taskDataProcessorLists.forEach(abstractLoadDataProcessor->{
            abstractLoadDataProcessor.setContext(this.context);
            abstractLoadDataProcessor.fork();
        });
    }
    @Override
    public Context getContext() {
        //合并任务的执行结果
        this.taskDataProcessorLists.forEach(ForkJoinTask::join);
        return super.getContext();
    }
    @Override
    public void setApplicationContext(ApplicationContext applicationContext) throws
BeansException {
        this.applicationContext=applicationContext;
        taskDataProcessorLists.add(applicationContext.getBean(CommentService.class));
        taskDataProcessorLists.add(applicationContext.getBean(ItemService.class));

taskDataProcessorLists.add(applicationContext.getBean(ComplexTradeTaskService.class));
//复合任务
    }
}
```

ItemTaskForkJoinDataProcessor 类的实现逻辑如下。

- 通过实现 ApplicationContextAware 接口设置 ApplicationContext 上下文，并且把相关的业务服务实例保存到 taskDataProcessorLists 集合中。
- 重写 load()方法，在 load()方法中把 taskDataProcessorLists 中的任务通过 fork()方法进行拆分，通过多线程异步执行。
- 在 getContext()方法中调用每个任务的 join，等待执行结果。

7.8.6 ComplexTradeTaskService

接下来查询店铺信息，店铺信息又是另外一个聚合任务，我们需要再定义一个针对店铺信息查询的聚合任务，代码如下（具体实现逻辑和 7.8.5 节中的相同）。

```
@Service
public class ComplexTradeTaskService  extends AbstractLoadDataProcessor implements
ApplicationContextAware {
    ApplicationContext applicationContext;
    private List<AbstractLoadDataProcessor> taskDataProcessorLists=new ArrayList<>();
    @Override
    public void load(Context context) {
        //调用最大的一个集合任务，然后在这个集合任务中进行任务拆分
        this.taskDataProcessorLists.forEach(abstractLoadDataProcessor->{
            abstractLoadDataProcessor.setContext(this.context);
            abstractLoadDataProcessor.fork();
        });
    }
    @Override
    public Context getContext() {
        //合并任务的执行结果
        this.taskDataProcessorLists.forEach(ForkJoinTask::join);
        return super.getContext();
    }

    @Override
    public void setApplicationContext(ApplicationContext applicationContext) throws
BeansException {
        this.applicationContext=applicationContext;
        taskDataProcessorLists.add(applicationContext.getBean(SellerService.class));
        taskDataProcessorLists.add(applicationContext.getBean(ShopService.class));
    }
}
```

7.8.6.1 SellerService

定义一个 SellerService 类用来查询销售信息，构建一个 Seller 并保存到 Context 中。

```
@Service
```

```
public class SellerService extends AbstractLoadDataProcessor {

    @Override
    public void load(Context context) {
        Seller seller=new Seller();
        seller.setTotalNum(100);
        seller.setSellerNum(10);
        context.setSeller(seller);
    }
}
```

7.8.6.2 ShopService

ShopService 表示店铺基本信息查询的服务，代码如下。

```
@Service
public class ShopService extends AbstractLoadDataProcessor {
    @Override
    public void load(Context context) {
        Shop shop=new Shop();
        shop.setName("咕泡小店");
        context.setShop(shop);
    }
}
```

至此核心的代码写完了，整体总结如下。

- AbstractLoadDataProcessor 类代表一个 Fork/Join 的具体任务。
- ItemTaskForkJoinDataProcessor 类和 ComplexTradeTaskService 类表示一个复合任务，它有多个子任务。
- ItemService 和 SellerService 等类都是具体的业务服务，通过上面两种复合任务进行聚合，并且在 load()方法中对聚合任务进行拆分。

7.8.7 测试代码

创建一个 indexController，使用 ForkJoinPool 来执行具体的任务。

```
@RestController
public class IndexController {
```

```
    @Autowired
    ItemTaskForkJoinDataProcessor itemTaskForkJoinDataProcessor;

    ItemTaskForkJoinDataProcessor subTask;

    @GetMapping("/say")
    public Context index(){
        Context context=new Context();
        itemTaskForkJoinDataProcessor.setContext(context);
        ForkJoinPool forkJoinPool=new ForkJoinPool();
        forkJoinPool.submit(itemTaskForkJoinDataProcessor);
        //返回每个任务的结果集合
        return itemTaskForkJoinDataProcessor.getContext();
    }
}
```

7.9　本章小结

本章围绕并发中两个比较重要的工具 ThreadLocal、Fork/Join 做了详细的分析，其中 ThreadLocal 用来实现线程隔离，可以解决多线程安全问题，它的核心实现方法是在每个线程中声明一个 ThreadLocalMap 的成员变量，该变量保存了当前线程中多个 ThreadLocal 对象的 value。Fork/Join 可以用来实现任务的拆分和聚合，其核心思想是充分利用多线程资源来提升任务的处理效率。

此外，笔者详细分析了 ThreadLocal 和 Fork/Join 的实现原理，涉及的一些技术和思想，如线性探索解决 hash 冲突、扩大清理无效 Entry 的范围、双端队列、工作窃取等，需要重点掌握。实际上分析到这个层级，很多技术体系的设计思想几乎相同。

8

第 8 章 深度剖析阻塞队列的设计原理及实现

阻塞队列在很多地方都会用到，比如线程池、ZooKeeper。一般使用阻塞队列来实现生产者/消费者模型。

本章重点讲解并发编程中的阻塞队列，包括阻塞队列的基本使用、应用实战、设计思想及原理、源码等，还包括对 Java 并发包中所有阻塞队列的使用场景和作用的分析。

8.1 什么是阻塞队列

大家应该知道队列这种基本的数据结构，它是一种只允许在一端进行移除操作、在另一端进行插入操作的线性表，允许插入的一端称为队尾，允许移除的一端称为队头。

那么什么是阻塞队列呢？其实阻塞队列就是在队列的基础上增加了两个操作。

- 支持阻塞插入：在队列满的情况下，会阻塞继续往队列中添加数据的线程，直到队列中有元素被释放。
- 支持阻塞移除：在队列为空的情况下，会阻塞从队列中获取元素的线程，直到队列中添加了新的元素。

不难发现，阻塞队列其实实现了一个生产者/消费者模型，生产者往队列中添加数据、消费者从队列中获取数据，队列满了阻塞生产者，队列空了阻塞消费者。

队列中的元素需要用一个数据结构来存储，比如数组、链表等，一个队列中能容纳多少个元素取决于队列的容量大小，因此阻塞队列也分为有界队列和无界队列。

- 有界队列：指有固定大小的队列。
- 无界队列：指没有固定大小的队列，实际上无界队列也是有长度限制的（Integer.MAX_VALUE），只是长度范围非常大，所以对于使用者来说可以认为它是无界的。

需要注意的是，在无界队列中，由于理论上不存在队列满的情况，所以也就不存在阻塞的概念。

8.2 Java 中提供的阻塞队列

在 Java 中，提供了 7 种阻塞队列，如表 8-1 所示。

表 8-1　Java中的阻塞队列

队列名称	功能
ArrayBlockingQueue	由数组实现的有界阻塞队列，此队列按照“先进先出（FIFO）的原则”对元素进行排序
LinkedBlockingQueue	由链表实现的有界阻塞队列，此队列的默认和最大长度为 Integer.MAX_VALUE，队列按照“先进先出（FIFO）的原则”对元素进行排序
PriorityBlockingQueue	支持优先级排序的无界阻塞队列，默认情况下元素按自然顺序升序排列；也可以通过自定义类实现 compareTo()方法来指定元素排序规则；或者在初始化 PriorityBlockingQueue 时，指定构造参数 Comparator 来对元素进行排序
DelayQueue	由优先级队列实现的无界阻塞队列
SynchronousQueue	不存储元素的阻塞队列，每一个 put 操作必须等待一个 take 操作，否则不能继续添加元素
LinkedTransferQueue	由链表实现的无界阻塞 TransferQueue，相对其他阻塞队列，多了 tryTransfer()和 transfer()方法
LinkedBlockingDeque	由链表实现的双向阻塞队列，双向阻塞队列的好处是在多线程入队时，可以减少竞争

8.3 阻塞队列中提供的方法

阻塞队列中提供的方法如表 8-2 所示。

表 8-2 阻塞队列中提供的方法

操作	抛出异常	返回特殊值	一直阻塞	超时退出
插入	add(e)	offer(e)	put(e)	offer(e,time,unit)
移除	remove()	poll()	take()	poll(time,unit)
检查	element()	peek()	不支持	不支持

阻塞队列的操作有插入、移除、检查，每种操作都提供了不同的方法。在队列满或者空的时候，通过不同的方法可以实现不同的效果。

- 抛出异常：当队列满的时候，如果再通过 add(e)方法添加元素，会抛出 throw new IllegalStateException("Queue full")异常。当队列为空时调用 remove()方法，会抛出 NoSuchElementException()异常。
- 返回特殊值：当通过 offer(e)方法向队列添加元素时，会返回插入结果的状态 true 或 false。如果调用移除方法 poll()，当队列为空时返回 null，否则从队列里取出一个元素。
- 一直阻塞：在队列满了的情况下，调用插入方法 put(e)向队列中插入元素时，队列会阻塞插入元素的线程，直到队列不满，或者响应中断操作退出阻塞。当队列为空时调用移除方法 take() 时，队列会阻塞移除元素的线程，直到队列不为空时唤醒线程。两者组合可以实现生产者/消费者模型。
- 超时退出：超时退出实际上增加了阻塞的等待时间，在队列满的情况下，调用插入方法 offer(e,time,unit)插入元素时，会阻塞插入元素的线程，这个线程阻塞的时间由 time 决定，时间单位由 TimeUnit 决定。如果阻塞了指定时间后队列还是满的，该线程会被唤醒，并且返回 false。在队列为空的情况下，调用移除方法 poll(time,unit)时，也会阻塞获取元素的线程，这个线程阻塞的时间由 time 决定，时间单位由 TimeUnit 决定。如果超时之后还没有获取到元素，则返回 null。

使用检查方法可以获取队列中的一个元素，但是这个元素不会被移除，仍然保留在队列中。如果队列中的元素为空，则 element()方法会抛出一个异常 NoSuchElementException，而 peek()方法只会返回 null。

8.4 阻塞队列的使用

相信读者已经基本明白了阻塞队列的概念，接下来，我们看一下如何使用阻塞队列，前面提到了阻塞队列实现生产者/消费者模型，笔者就以此为例，讲解阻塞队列的使用。

8.4.1 生产者/消费者模型代码

生产者/消费者模型代码如下。

```
@Slf4j
public class ProducerAndConsumerProgram {


    static Logger logger= LoggerFactory.getLogger(ProducerAndConsumerProgram.class);

    static class Producer implements Runnable {
        BlockingQueue<String> blockingQueue;

        public Producer(BlockingQueue<String> blockingQueue) {
            this.blockingQueue = blockingQueue;
        }

        @Override
        public void run() {
            for (int i = 0; i < 100; i++) {
                try {
                    blockingQueue.put("element:"+i);
                    logger.info("{},生产者生产数据，目前总共的元素个
数:{}",Thread.currentThread().getName(),blockingQueue.size());
                    Thread.sleep(1000);
                } catch (InterruptedException e) {
                    e.printStackTrace();
                }
            }
        }
    }
    static class Consumer implements Runnable{
```

```
        BlockingQueue<String> blockingQueue;

        public Consumer(BlockingQueue<String> blockingQueue) {
            this.blockingQueue = blockingQueue;
        }

        @Override
        public void run() {
            for (int i = 0; i < 100; i++) {
                try {
                    String element=blockingQueue.take(); //通过阻塞特性获取元素的方法取出数据
                    logger.info("{},消费者消费数据，目前还剩下的元素个数:
{}",Thread.currentThread().getName(),blockingQueue.size());
                    Thread.sleep(1000);
                } catch (InterruptedException e) {
                    e.printStackTrace();
                }
            }
        }
    }

    public static void main(String[] args) throws InterruptedException {
        BlockingQueue<String> blockingQueue=new LinkedBlockingQueue<>(10);
        Producer producer=new Producer(blockingQueue);
        Consumer consumer=new Consumer(blockingQueue);
        new Thread(producer).start();
        Thread.sleep(10); //保证生产者先执行
        new Thread(consumer).start();
    }
}
```

上述代码运行之后，会打印出如下日志。

```
[org.example.blockqueue.first.ProducerAndConsumerProgram] - Thread-0,生产者生产数据，目前总共的元素个数:1
[org.example.blockqueue.first.ProducerAndConsumerProgram] - Thread-1,消费者消费数据，目前还剩下的元素个数：0
```

```
[org.example.blockqueue.first.ProducerAndConsumerProgram] - Thread-0,生产者生产数据，目前总共的元素个数:1
[org.example.blockqueue.first.ProducerAndConsumerProgram] - Thread-1,消费者消费数据，目前还剩下的元素个数：0
[org.example.blockqueue.first.ProducerAndConsumerProgram] - Thread-0,生产者生产数据，目前总共的元素个数:1
```

8.4.2　图解阻塞队列实现原理

基于阻塞队列实现生产者/消费者模型的整体原理如图 8-1 所示，生产者往阻塞队列中添加数据，消费者从阻塞队列中获取数据，分别依靠 put()和 take()方法完成阻塞和唤醒的操作。

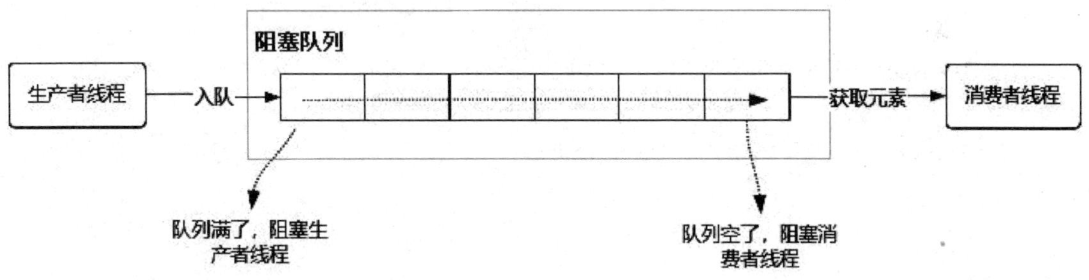

图 8-1　基于阻塞队列实现生产者/消费者模型的整体原理

8.5　阻塞队列应用实战

在什么地方可以使用阻塞队列这个工具呢？实际上对并发编程比较了解的读者应该知道，在线程池的设计中就采用了阻塞队列（笔者在后续的章节中会对线程池做详细分析），大部分时候，这些比较基础的组件都被应用在框架及中间件中，进行业务开发的读者可能接触不多。所以，我们专门通过一个案例来演示一下阻塞队列的应用。

大家在学习设计模式的时候，应该学习过责任链模式，简单来说，就是把一个请求涉及的多个相关操作逻辑的对象组成一条执行链，这条执行链有多个节点，每个节点都有机会处理当前的请求，如果某个节点处理完了该请求，就可以根据实际业务需求传递给下一个节点继续执行或者返回处理结果，如图 8-2 所示。

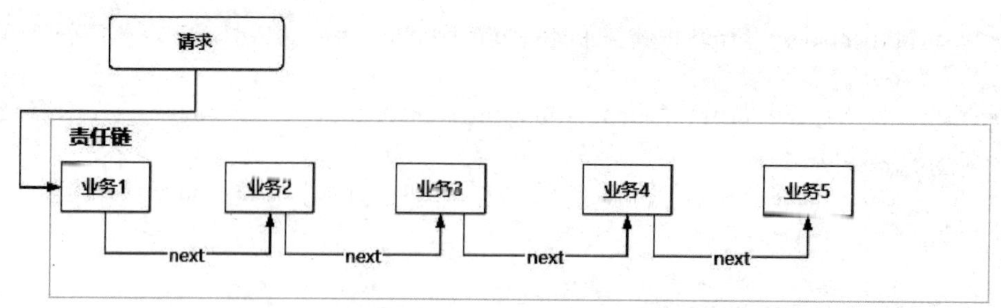

图 8-2 阻塞队列使用流程

在责任链模式中，每个节点的处理都是同步的，假设有一种情况是，责任链上的每个节点只需要接收请求处理即可，后续的节点不需要依赖前一个节点的结果，这时我们可以采用阻塞队列的方式来优化。

如图 8-3 所示，引入了阻塞队列之后，每个业务节点收到请求时，先将请求放入阻塞队列，在每个业务节点中都会有一个消费者线程来专门处理阻塞队列中的请求，基于这种方式优化后，通过合理利用线程异步机制提升了整体的处理性能。

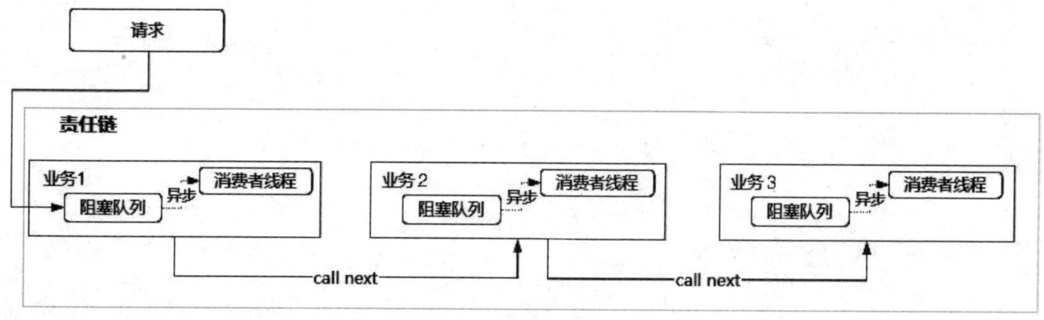

图 8-3 引入阻塞队列

8.5.1 基于阻塞队列的责任链源码

本节实际场景的代码主要涉及以下类。

- IRequestProcessor，业务处理器。
- 由以下三个处理器组成一条责任链。
    - ValidProcessor，验证请求处理器。
    - PrintProcessor，打印数据的请求处理器。

  - SaveProcessor，存储数据的请求处理器。

- Request，表示一个请求对象。

8.5.1.1 Request

Request 的源码如下。

```
@Data
public class Request {
    private String name;

    @Override
    public String toString() {
        return "Request{" +
                "name='" + name + '\'' +
                '}';
    }
}
```

8.5.1.2 IRequestProcessor

IRequestProcessor 的源码如下：

```
public interface IRequestProcessor {

    /**
     * 处理请求
     * @param request
     */
    void processRequest(Request request);
}
```

8.5.1.3 ValidProcessor

ValidProcessor 的源码如下：

```
@Slf4j
public class ValidProcessor extends Thread implements IRequestProcessor{
    BlockingQueue<Request> requests=new LinkedBlockingQueue<>();

    //下一个处理节点
    protected IRequestProcessor nextProcessor;
```

```
    public ValidProcessor(IRequestProcessor nextProcessor) {
        this.nextProcessor = nextProcessor;
    }

    @Override
    public void run() {
        while(true){
            try {
                //从阻塞队列中获取任务，相当于消费者角色
                Request request=requests.take();
                //此处只是打印信息，在实际情况中，可以在这里添加代码
                log.info("ValidProcessor:"+request);
                //传递给下一个业务处理器
                if(null!=nextProcessor) {
                    nextProcessor.processRequest(request);
                }
            } catch (InterruptedException e) {
                e.printStackTrace();
            }
        }
    }
    @Override
    public void processRequest(Request request) {
        //把请求添加到阻塞队列后结束程序，相当于生产任务的过程
        requests.add(request);
    }
}
```

8.5.1.4 PrintProcessor

PrintProcessor 的源码如下：

```
@Slf4j
public class PrintProcessor extends Thread implements IRequestProcessor{
    BlockingQueue<Request> requests=new LinkedBlockingQueue<>();
    //下一个处理节点
    protected IRequestProcessor nextProcessor;
    public PrintProcessor(IRequestProcessor nextProcessor) {
        this.nextProcessor = nextProcessor;
    }
```

```
    @Override
    public void run() {
        while(true){
            try {
                //从阻塞队列中获取任务，相当于消费者角色
                Request request=requests.take();
                //此处只是打印信息，在实际情况中，可以在这里添加代码
                log.info("PrintProcessor:"+request);
                //传递给下一个业务处理器
                if(null!=nextProcessor) {
                    nextProcessor.processRequest(request);
                }
            } catch (InterruptedException e) {
                e.printStackTrace();
            }
        }
    }
    @Override
    public void processRequest(Request request) {
        //把请求添加到阻塞队列后结束程序，相当于生产任务的过程
        requests.add(request);
    }
}
```

8.5.1.5　SaveProcessor

SaveProcessor 的源码如下。

```
@Slf4j
public class SaveProcessor extends Thread implements IRequestProcessor {

    BlockingQueue<Request> requests=new LinkedBlockingQueue<>();

    @Override
    public void run() {
        while(true){
            try {
                Request request=requests.take();
                //此处只是打印信息，在实际情况中，可以在这里添加代码
                log.info("SaveProcessor:"+request);
            } catch (InterruptedException e) {
```

```
                e.printStackTrace();
            }
        }
    }

    @Override
    public void processRequest(Request request) {
        requests.add(request);
    }
}
```

8.5.1.6 测试运行结果

测试代码如下。

```
public class ChainTestMain {

    public static void main(String[] args) {
        //构建责任链
        SaveProcessor saveProcessors=new SaveProcessor();
        saveProcessors.start();
        PrintProcessor printProcessor=new PrintProcessor(saveProcessors);
        printProcessor.start();
        ValidProcessor requestProcessor=new ValidProcessor(printProcessor);
        requestProcessor.start();
        Request request=new Request();
        request.setName("Mic");
        requestProcessor.processRequest(request);
    }
}
```

最终打印的结果如下。

```
[org.example.blockqueue.second.ValidProcessor] - ValidProcessor:Request{name='Mic'}
[org.example.blockqueue.second.PrintProcessor] - PrintProcessor:Request{name='Mic'}
[org.example.blockqueue.second.SaveProcessor] - SaveProcessor:Request{name='Mic'}
```

8.5.2 阻塞队列实战场景总结

通过上面这个案例不难发现，阻塞队列实际上有点类似于线程级别的消息队列，我们可以通过阻塞队列来缓冲请求从而达到流量削峰的目的。笔者只列举了一种使用场景，各位读者可以根据阻塞队列的特性选择在合适的时候使用，本书后面的线程池章节中还会涉及阻塞队列的应用。

8.6　详解 J.U.C 中阻塞队列的使用

在 Java 中提供了 7 种阻塞队列，每种阻塞队列都有一些个性化的东西，接下来笔者将逐一分析每种阻塞队列的作用和特性。

8.6.1　基于数组结构的阻塞队列 ArrayBlockingQueue

ArrayBlockingQueue，顾名思义，就是基于数组实现的阻塞队列，也就是该阻塞队列采用数组来存储数据元素，它有 3 个构造方法：

- ArrayBlockingQueue(int)。
- ArrayBlockingQueue(int,boolean)。
- ArrayBlockingQueue(int,boolean,Collection<? extends E>)。

8.6.1.1　ArrayBlockingQueue(int)

该构造方法接收一个 int 类型的参数，这个参数表示 ArrayBlockingQueue 中数组的长度，定义如下。

```
public ArrayBlockingQueue(int capacity) {
    this(capacity, false);
}
```

8.6.1.2　ArrayBlockingQueue(int,boolean)

该构造方法接收两个参数，前者是数组的长度，后者是一个表示公平还是非公平的参数。多个生产者或者多个消费者由于队列满或者队列为空而阻塞时，由于队列满足条件唤醒多个生产者生产数据或者多个消费者消费数据时，会涉及多个线程的竞争，而这个竞争采用公平竞争还是非公平竞争，就取决于后面这个参数。该构造方法的定义如下。

```
public ArrayBlockingQueue(int capacity, boolean fair) {
    if (capacity <= 0)
        throw new IllegalArgumentException();
    this.items = new Object[capacity];
    lock = new ReentrantLock(fair);
```

```
    notEmpty = lock.newCondition();
    notFull =  lock.newCondition();
}
```

在该构造方法中，采用 ReentrantLock 来解决线程竞争问题，采用 Condition 来解决线程的唤醒与阻塞问题，而公平与非公平参数实际上对应的是 ReentrantLock（重入锁）的特性。

8.6.1.3 ArrayBlockingQueue(int,boolean,Collection<? extends E>)

该构造方法接收三个参数，第三个参数是一个集合类型，根据这个参数不难猜出在该构造方法中会传递一个初始值集合。该构造方法的定义如下。

```
public ArrayBlockingQueue(int capacity, boolean fair, Collection<? extends E> c) {
    this(capacity, fair);

    final ReentrantLock lock = this.lock;
    lock.lock();
    try {
        int i = 0;
        try {
            for (E e : c) {
                checkNotNull(e);
                items[i++] = e;
            }
        } catch (ArrayIndexOutOfBoundsException ex) {
            throw new IllegalArgumentException();
        }
        count = i;
        putIndex = (i == capacity) ? 0 : i;
    } finally {
        lock.unlock();
    }
}
```

代码比较简单，它直接把传递进来的集合通过 for 进行遍历，然后逐个加入数组中。

8.6.2 基于链表的阻塞队列 LinkedBlockingQueue

LinkedBlockingQueue 和 ArrayBlockingQueue 是一样的，唯一的区别是 LinkedBlockingQueue

采用的是链表作为底层数据结构。当然如果一定要再说一点不一样，那就是 LinkedBlockingQueue 可以不指定长度，默认长度是 Integer.MAX_VALUE，由于这个值非常大，所以一般情况下我们也称它为无界队列。在实际使用过程中，笔者还是强烈建议大家手动设置队列长度，以免队列过长造成内存溢出，它也有 3 个构造方法：

- LinkedBlockingQueue()。
- LinkedBlockingQueue(int)。
- LinkedBlockingQueue(Collection<? extends E> c)。

8.6.2.1　LinkedBlockingQueue()

LinkedBlockingQueue()是默认构造方法，其中链表的长度是 Integer.MAX_VALUE。

```
public LinkedBlockingQueue() {
    this(Integer.MAX_VALUE);
}
```

8.6.2.2　LinkedBlockingQueue(int)

该构造方法提供一个自定义链表长度的参数 int。

```
public LinkedBlockingQueue(int capacity) {
    if (capacity <= 0) throw new IllegalArgumentException();
    this.capacity = capacity;
    last = head = new Node<E>(null);
}
```

8.6.2.3　LinkedBlockingQueue(Collection<? extends E> c)

该构造方法接收一个集合类型的参数 Collection，也就是在该构造方法中会初始化 LinkedBlockingQueue 中的数据。

```
public LinkedBlockingQueue(Collection<? extends E>) {
    this(Integer.MAX_VALUE);
    final ReentrantLock putLock = this.putLock;
    putLock.lock();
    try {
        int n = 0;
        for (E e : c) {
            if (e == null)
                throw new NullPointerException();
```

```
        if (n == capacity)
            throw new IllegalStateException("Queue full");
        enqueue(new Node<E>(e));
        ++n;
    }
    count.set(n);
  } finally {
    putLock.unlock();
  }
}
```

8.6.3 优先级阻塞队列 PriorityBlockingQueue

PriorityBlockingQueue 是一个支持自定义元素优先级的无界阻塞队列，在内存允许的情况下可以无限添加元素。另外，它支持按元素优先级排列，默认情况下添加的元素采用自然顺序升序排列，我们也可以通过实现 compareTo()方法自定义优先级规则。

PriorityBlockingQueue 有 3 个不同的构造方法：

- PriorityBlockingQueue()。
- PriorityBlockingQueue(int,Comparator<? super E>)。
- PriorityBlockingQueue(Collection<? extends E>)。

8.6.3.1 PriorityBlockingQueue()

PriorityBlockingQueue()是默认的构造方法，不需要传递队列长度，默认长度是 DEFAULT_INITIAL_CAPACITY=11，当然它会随着元素的增加进行动态扩容，最大扩容长度是 Integer.MAX_VALUE-8。

```
public PriorityBlockingQueue() {
    this(DEFAULT_INITIAL_CAPACITY, null);
}
```

8.6.3.2 PriorityBlockingQueue(int,Comparator<? super E>)

该构造方法接收两个参数，第一个参数是初始化队列的长度，第二个参数 Comparator 是一个比较器，用来实现队列中元素优先级的比较。

```
public PriorityBlockingQueue(int initialCapacity,
                             Comparator<? super E> comparator) {
```

```
    if (initialCapacity < 1)
        throw new IllegalArgumentException();
    this.lock = new ReentrantLock();
    this.notEmpty = lock.newCondition();
    this.comparator = comparator;
    this.queue = new Object[initialCapacity];
}
```

8.6.3.3 PriorityBlockingQueue(Collection<? extends E>)

该构造方法接收一个 Collection 集合作为 PriorityBlockingQueue 队列的初始化数据。

```
public PriorityBlockingQueue(Collection<? extends E> c) {
    this.lock = new ReentrantLock();
    this.notEmpty = lock.newCondition();
    boolean heapify = true;
    boolean screen = true;
    if (c instanceof SortedSet<?>) {
        SortedSet<? extends E> ss = (SortedSet<? extends E>) c;
        this.comparator = (Comparator<? super E>) ss.comparator();
        heapify = false;
    }
    else if (c instanceof PriorityBlockingQueue<?>) {
        PriorityBlockingQueue<? extends E> pq =
            (PriorityBlockingQueue<? extends E>) c;
        this.comparator = (Comparator<? super E>) pq.comparator();
        screen = false;
        if (pq.getClass() == PriorityBlockingQueue.class)
            heapify = false;
    }
    Object[] a = c.toArray();
    int n = a.length;
    if (a.getClass() != Object[].class)
        a = Arrays.copyOf(a, n, Object[].class);
    if (screen && (n == 1 || this.comparator != null)) {
        for (int i = 0; i < n; ++i)
            if (a[i] == null)
                throw new NullPointerException();
```

```
    }
    this.queue = a;
    this.size = n;
    if (heapify)
        heapify();
}
```

上述代码的逻辑如下。

- 对传入的集合类型进行判断，如果是 SortedSet 类型，不需要进行有序化构建，因为 SortedSet 本身是一个有序集合。
- 如果传入的集合类型是 PriorityBlockingQueue，由于其本身是一个有序队列，所以也不需要进行有序化构建。
- 通过 Object[] a = c.toArray()把数据转化成一个对象集合，复制到优先级队列的数组中进行存储。
- 根据 heapify 判断是否需要进行有序重构，所谓的有序重构就是根据优先级算法来实现元素的重排序。

8.6.4 延迟阻塞队列 DelayQueue

DelayQueue 是一个支持延迟获取元素的无界阻塞队列，它的特点是：在插入数据时，可以按照自定义的 delay 时间进行排序，也就是说队列中元素的顺序是按照到期时间排序的，只有 delay 时间小于或等于 0 的元素才能够被取出。

我们来看一下 DelayQueue 的构造方法，一共有两个，比较简单，这里就不做详细说明了。

- DelayQueue()
- DelayQueue(Collection<? extends E>)

8.6.4.1 DelayQueue 的基本定义

DelayQueue 类的声明如下：

```
public class DelayQueue<E extends Delayed> extends AbstractQueue<E> implements
BlockingQueue<E>
```

从声明中可以看出，DelayQueue 类继承了 AbstractQueue 类，并且实现了 BlockingQueue 接口。除此之外，可以发现一个非常重要的机制<E extends Delayed>，也就是说队列中存放的元素必须继承 Delayed 接口，该接口的定义如下。

```
public interface Delayed extends Comparable<Delayed> {

    long getDelay(TimeUnit unit);
}
```

Delayed 接口继承了 Comparable 类，并且提供了一个方法 getDelay(TimeUnit unit)，用来判断任务是否到期，如果方法返回-1，表示任务已经到期。通过更进一步思考，我们可以知道，DelayQueue 中的元素都需要继承 Delayed 接口，并且实现 getDelay(TimeUnit unit)方法和 compareTo(Delayed o)方法，前者定义了任务的到期时间，后者定义了元素排序的规则。需要注意的是，元素的排序规则会影响元素的获取顺序。

8.6.4.2 DelayQueue 应用场景

基于 DelayQueue 的特性，它比较适合以下场景：

- 订单延期没有支付，自动取消订单。
- 任务超时处理，比如任务提交后在规定时间内未收到响应，则判定失败。

第一步，创建一个 OrderDelayedTask 类，它表示需要延迟执行的任务，最终目的是让这个任务在我们指定的超时时间之后执行。

```
public class OrderDelayedTask implements Delayed {

    private String orderId;
    private long start=System.currentTimeMillis();
    private long time; //表示当前任务延迟执行的时间

    public OrderDelayedTask(String orderId, long time) {
        this.orderId = orderId;
        this.time = time;
    }

    /**
     * 获得延迟时间（用过期时间 - 当前时间）
     * @param unit
     * @return
     */
```

```
    @Override
    public long getDelay(TimeUnit unit) {
        return unit.convert((start+time)-System.currentTimeMillis(),TimeUnit.MILLISECONDS);
    }

    //比较任务的排列顺序
    @Override
    public int compareTo(Delayed o) {
        return (int)(this.getDelay(TimeUnit.MILLISECONDS)-o.getDelay(TimeUnit.MILLISECONDS));
    }
    @Override
    public String toString() {
        return "OrderDelayedTask{" +
                "orderId='" + orderId + '\'' +
                ", start=" + start +
                ", time=" + time +
                '}';
    }
}
```

第二步，写一个测试类，测试延迟任务执行的效果。

```
@Slf4j
public class DelayQueueMain {

    private static DelayQueue delayQueue  = new DelayQueue();

    public static void main(String[] args) {
        delayQueue.offer(new OrderDelayedTask("1001",1000));
        delayQueue.offer(new OrderDelayedTask("1002",3000));
        delayQueue.offer(new OrderDelayedTask("1003",4000));
        delayQueue.offer(new OrderDelayedTask("1004",2000));
        delayQueue.offer(new OrderDelayedTask("1005",6000));
        delayQueue.offer(new OrderDelayedTask("1006",5000));

        while(true){
            try {
```

```
                Delayed task=delayQueue.take();
                log.info("{}",task);
            } catch (InterruptedException e) {
                e.printStackTrace();
            }
        }
    }
}
```

执行结果如下，可以看到最终的任务是按照任务到期时间的先后顺序打印出来的，实现了按指定延迟时间获取任务的功能。

```
[org.example.blockqueue.third.DelayQueueMain] - OrderDelayedTask{orderId='1001',
start=1618501557167, time=1000}
[org.example.blockqueue.third.DelayQueueMain] - OrderDelayedTask{orderId='1004',
start=1618501557168, time=2000}
[org.example.blockqueue.third.DelayQueueMain] - OrderDelayedTask{orderId='1002',
start=1618501557167, time=3000}
[org.example.blockqueue.third.DelayQueueMain] - OrderDelayedTask{orderId='1003',
start=1618501557168, time=4000}
[org.example.blockqueue.third.DelayQueueMain] - OrderDelayedTask{orderId='1006',
start=1618501557168, time=5000}
[org.example.blockqueue.third.DelayQueueMain] - OrderDelayedTask{orderId='1005',
start=1618501557168, time=6000}
```

8.6.4.3 DelayQueue 的核心实现

在 DelayQueue 类的 take()方法中，代码注释 begin 和 end 之间的内容，是实现延迟队列的核心代码。实际上，代码的逻辑也不难理解：当消费者从 DelayQueue 获取任务时，发现该任务的 delay 时间大于 0，则调用 available.awaitNanos 阻塞当前线程。

```
public E take() throws InterruptedException {
    final ReentrantLock lock = this.lock;
    lock.lockInterruptibly();
    try {
        for (;;) {
            E first = q.peek();
            if (first == null)
```

```
                available.await();
            else {
                /*****begin*****/
                //从任务中获得 delay 时间
                long delay = first.getDelay(NANOSECONDS);
                if (delay <= 0)//没设置 delay 时间，直接返回
                    return q.poll();
                first = null;
                if (leader != null)
                    available.await();
                else {
                    Thread thisThread = Thread.currentThread();
                    leader = thisThread;
                    try {
                        //让线程等待一段时间
                        available.awaitNanos(delay);
                    } finally {
                        if (leader == thisThread)
                            leader = null;
                    }
                }
                /*****end*******/
            }
        }
    } finally {
        if (leader == null && q.peek() != null)
            available.signal();
        lock.unlock();
    }
}
```

8.6.5 无存储结构的阻塞队列 SynchronousQueue

SynchronousQueue 是一个比较特殊的阻塞队列，它内部没有容器来存储数据，因此在生产者往队列中添加一个元素，而没有消费者执行 take()方法获取元素时，生产者线程会阻塞，直到有一个消费者线程调用 take()方法取出该元素。反之，消费者线程会阻塞直到生产者通过 put()方法添加元素。

如图 8-4 所示，当有多个消费者线程通过 take()方法获取 SynchronousQueue 中的元素时，由于队列中没有生产者添加任务，所以这 3 个消费者线程都会阻塞，这些阻塞的消费者线程会保存到 TransferQueue 中。在生产者通过 put()方法添加元素后，会从 TransferQueue 中唤醒一个线程来消费这个任务，从原理来看这有点类似于 wait/notify。

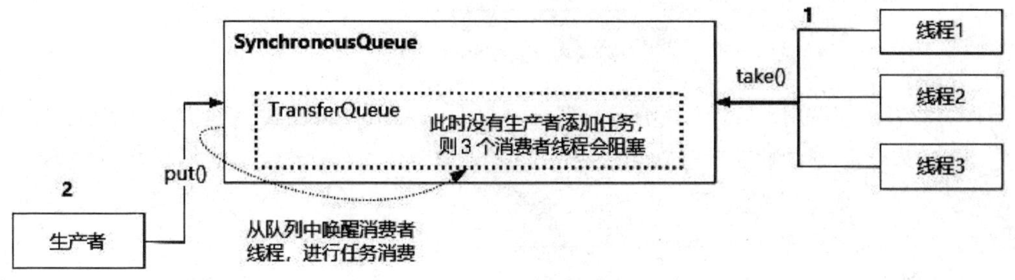

图 8-4　SynchronousQueue 的原理

根据 SynchronousQueue 的原理，如果存在多个线程阻塞，唤醒时应该唤醒哪个线程呢？SynchronousQueue 提供了针对生产者线程和消费者线程的公平性策略，代码如下。

```
public SynchronousQueue(boolean fair) {
    transferer = fair ? new TransferQueue<E>() : new TransferStack<E>();
}
```

默认情况下，SynchronousQueue 使用的是一种非公平性策略，也就是不能保证线程的竞争顺序。如果设置为公平锁，可以保证当前队首的线程是等待时间最长的线程。

8.6.5.1　公平性和非公平性的实现

从代码中可以看到，公平性和非公平性采用了不同的数据结构。

- 公平性策略基于队列。
- 非公平性策略基于栈。

这两种不同的策略底层都用链表的方式实现，对于具体的数据处理模型，笔者简单做一下阐述。

公平性策略下的数据处理模型

公平性策略下底层使用的是 TransferQueue 这个内部队列，该队列底层采用单向链表实现。

假设有两个线程调用 SynchronousQueue 的 put()方法添加元素，此时由于没有消费者线程来消费数据，所以两个线程被添加到 TransferQueue 中并且通过 LockSupport.park 对线程进行阻塞。此时队列的状态如图 8-5 所示。

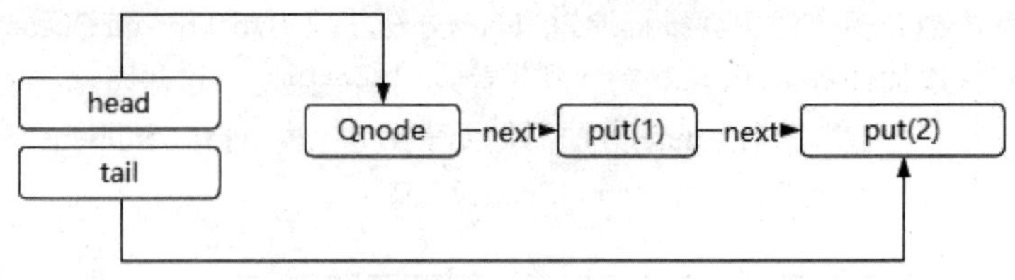

图 8-5　队列的状态

当有消费者线程调用 take()方法消费数据时，由于 TransferQueue 采用的是公平性策略，满足先进先出（FIFO）原则的特性，所以会直接唤醒 head 节点的下一个节点，此时队列的数据结构如图 8-6 所示。

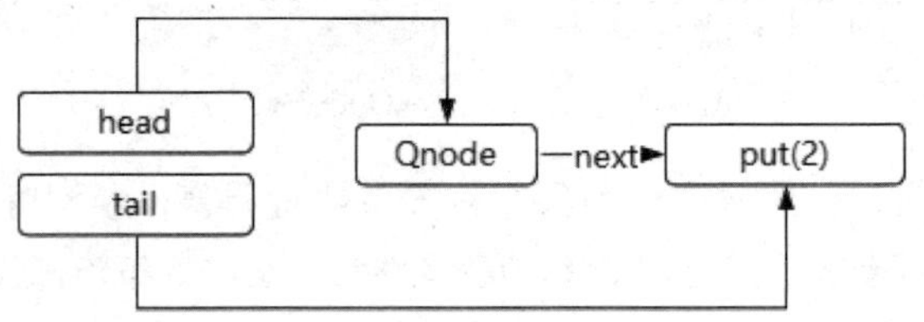

图 8-6　队列的数据结构

非公平性策略下的数据处理模型

非公平性策略下采用 TransferStack，它是一个符合后进先出（LIFO）原则的双向栈，内部采用 SNode 类作为节点类，并且维护了一个 head 指针指向栈顶。

假设有 3 个线程调用 put()方法分别添加 3 个数据，此时 TransferStack 中的存储方式如图 8-7 所示，最早添加的元素会放到 TransferStack 的底部，head 指针指向栈顶的元素。

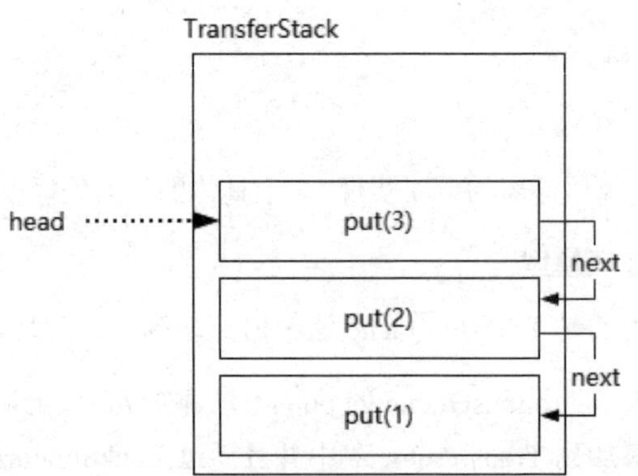

图 8-7　TransferStack 中的存储方式

当有线程调用 take()方法获取数据时，会从 TransferStack 的栈顶开始获取数据，也就是说最早入队被阻塞的线程会在最后被释放，所以它是一种不公平的策略，如图 8-8 所示。

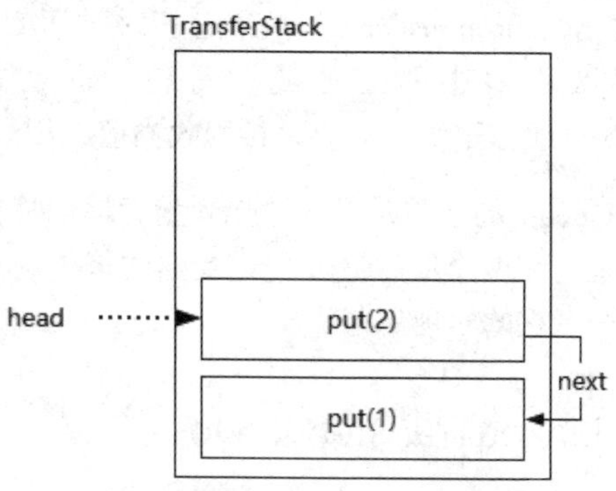

图 8-8　TransferStack 不公平的策略

上述流程只是从大方向上描述了 SynchronousQueue 公平和非公平的特性，具体的实现原理更复杂，各位读者可以自行研究。

8.6.5.2　SynchronousQueue 的应用场景

在线程池里面用到了 SynchronousQueue，代码如下。

```
public static ExecutorService newCachedThreadPool() {
    return new ThreadPoolExecutor(0, Integer.MAX_VALUE,
                                  60L, TimeUnit.SECONDS,
                                  new SynchronousQueue<Runnable>());
}
```

线程池中是依赖阻塞队列来实现生产者/消费者模型的（在后面线程池相关内容中会做详细分析）。在向线程池中提交任务时，首先会把任务放入阻塞队列中，然后在线程池中会有对应的工作线程专门消费阻塞队列中的任务，完成整个任务处理流程。那么在 newCachedThreadPool 这个线程池定义中，为什么采用的是一个没有容量的 SynchronousQueue 呢？

newCachedThreadPool 是一个可缓存的线程池，它的核心特点是：如果线程池的大小超过了处理当前任务所需要的线程数量，可以灵活回收空闲线程（默认是 60s）。另外，该线程池的线程数量是没有限制的（实际上默认是 Integer.MAX_VALUE），所以当任务数量增加时，这个线程池可以不断创建新的工作线程来处理这些任务。

为了具体说明以上特点，所以才会采用 SynchronousQueue 这个没有存储容量的队列，这样做的意义是，当提交请求到该线程池中时，必须找到一个线程去处理这个请求，而如果当前没有空闲线程来处理，则会再创建一个新的线程。

线程是否要回收，通过 SynchronousQueue 中带有超时时间的方法 offer(E e, long timeout, TimeUnit unit)确定，如果线程池中的工作线程等待一定时间之后还没有任务提交到 SynchronousQueue，意味着此时线程不忙，可以直接回收当前线程。

总的来说，SynchronousQueue 的本质是借助了无容量存储的特性，来实现生产者线程和消费者线程的通信，所以它特别适合在两个线程之间传递数据的这类场景，但是我们在实际开发中应用较少，各位读者只需了解一下它的实现思想。

8.6.6 阻塞队列结合体 LinkedTransferQueue

LinkedTransferQueue 是一个由链表结构组成的无界阻塞 TransferQueue，TransferQueue 有什么特性呢？或者说 LinkedTransferQueue 和一般的阻塞队列有什么区别呢？

我们都知道，阻塞队列本身的特性就是根据队列的数据情况来阻塞生产者线程或者阻塞消费者线程，TransferQueue 在这个基础上增加了一个特性，就是生产者线程生产数据之后，必须要等待一个消费者接收数据后才能返回。为了实现这个目的，TransferQueue 中提供了一个 transfer()方法，代码如下。

```
public interface TransferQueue<E> extends BlockingQueue<E> {
    boolean tryTransfer(E e);
    void transfer(E e) throws InterruptedException;
    boolean tryTransfer(E e, long timeout, TimeUnit unit)
        throws InterruptedException;
}
```

transfer()方法表示生产者传递数据给消费者进行消费，也就是说，线程的阻塞是发生在把一个元素从一个线程“transfer”到另一个线程的过程中，有效地实现了数据在线程之间的传递。

由于 LinkedTransferQueue 继承自 TransferQueue，所以 LinkedTransferQueue 具备了“transfer”的能力。除此之外，LinkedTransferQueue 本身基于链表实现了一个阻塞队列的机制，也就是说在这方面，它等同于 LinkedBlockingQueue 的角色，所以我们可以认为 LinkedTransferQueue 是 TransferQueue 和 LinkedBlockingQueue 的结合体。

8.6.6.1 LinkedTransferQueue 重要方法说明

LinkedTransferQueue 继承了 TransferQueue，它重写了 TransferQueue 中的几个抽象方法，笔

者带大家分别了解一下。

- **transfer(E e)**，传递一个元素给消费者线程，如果当前有消费者线程调用 take()或者 poll()方法，则会立刻把这个元素传递给消费者；否则，会把当前的元素添加到链表的尾部，并且阻塞生产者线程，直到有消费者来获取该元素。
- **tryTransfer(E e)**，该方法和 transfer(E e)方法的区别是，当没有消费者线程在等待获取该队列中的元素时，tryTransfer(E e)不会阻塞生产者线程，而是直接返回 false。
- **tryTransfer(E e,long timeout,TimeUnit unit)**，该方法增加了超时机制，如果当前存在一个消费者线程正在通过 take()方法获取队列中的元素，调用该方法会立刻把元素传递过去；否则会把插入的元素添加到 LinkedTransferQueue 的尾部，并且等待消费者线程来消费该元素，这个等待过程增加了一个超时时间，这意味着如果在指定的超时时间内没有消费者线程来消费元素，则返回 false，并且从队列中移除该元素。
- **hasWaitingConsumer**，判断是否存在消费者线程。
- **getWaitingConsumerCount()**，获取所有等待获取元素的消费者线程数量。

8.6.6.2　LinkedTransferQueue 和 SynchronousQueue 的区别

由于 LinkedTransferQueue 有 TransferQueue 的特性，所以它也可以用在 SynchronousQueue 的场景中，它们的区别也比较明显。

细心的读者会发现，LinkedTransferQueue 中 TransferQueue 实现的功能和 SynchronousQueue 中 put/take()方法实现的功能是类似的，因为 SynchronousQueue 内部也实现了 TransferQueue。两者最大的区别在于，LinkedTransferQueue 本身还可以实现基于链表数据结构存储的阻塞队列功能。

8.6.7　双向阻塞队列 LinkedBlockingDeque

LinkedBlockingDeque 是一个由链表结构组成的双向阻塞队列，对于双向队列各位读者都不陌生，在前面的章节中分析 Fork/Join 时也讲到过，可以从双向队列的两端插入和移除元素。这个特性可以解决多个线程同时往队列中插入数据时的竞争问题，也就是说竞争可以减少一半。

另外，双向队列的特性使得 LinkedBlockingDeque 多了一些操作队列的方法，比如 addFirst()、addLast()、peekFirst()、peekLast()等，这些方法是不带阻塞特性的。

8.6.7.1　LinkedBlockingDeque 方法说明

LinkedBlockingDeque 在 BlockingQueue 的基础上，增加了不同的针对队列头部和尾部的操作方法。

针对队列头部的操作方法如表 8-3 所示。

表 8-3　针对队列头部的操作方法

操作	抛出异常	返回特殊值	阻塞	超时阻塞
插入	addFirst(e)	offerFirst(e)	putFirst(e)	offerFirst(e,timeout,unit)
移除	removeFirst(e)	pollFirst(e)	takeFirst(e)	pollFirst(timeout,unit)
检查	getFirst(e)	peekFirst(e)	不支持	不支持

针对队列尾部的操作方法如表 8-4 所示。

表 8-4　针对队列尾部的操作方法

操作	抛出异常	返回特殊值	阻塞	超时阻塞
插入	addLast(e)	offerLast(e)	putLast(e)	offerLast(e,timeout,unit)
移除	removeLast(e)	pollLast(e)	takeLast(e)	pollLast(e,timeout,unit)
检查	getLast(e)	peekLast(e)		

8.6.7.2　LinkedBlockingDeque 的基本原理

LinkedBlockingDeque 底层采用一个双向链表来实现数据的存储，定义如下。

```
static final class Node<E> {
        E item;

        Node<E> prev;

        Node<E> next;

        Node(E x) {
            item = x;
        }
    }
}
```

线程可以在队列头部和队列尾部两端进行数据的插入和获取，原理如图 8-9 所示。

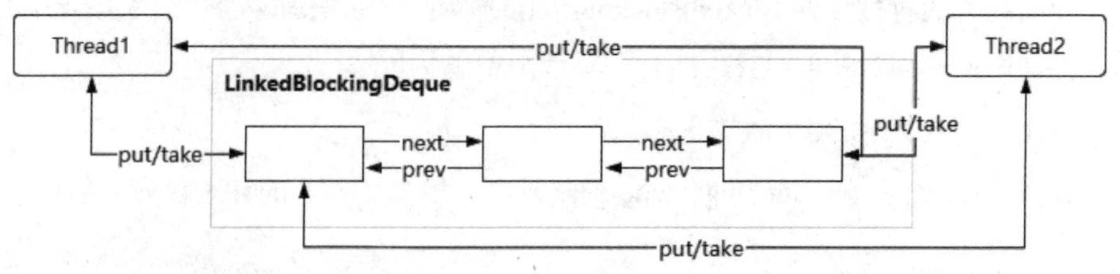

图 8-9　数据的插入和获取原理

8.7　阻塞队列的实现原理

首先，通过前面的分析我们清楚地知道，阻塞队列的特性为：如果队列为空，消费者线程会阻塞，如果队列满了，生产者线程会阻塞。那么我们来猜想一下，它应该怎么实现呢？

在这个特性中，涉及两个核心问题：

- 如何让线程在满足某个特定条件的情况下实现阻塞和唤醒？
- 阻塞队列中的数据应该用什么样的容器来存储？

基于前面学习的知识，要解决这两个问题，其实也是有办法的。比如第一个问题，线程在满足特定条件下的阻塞和唤醒，无非就是使用 Wait/Notify 或者 Condition，由于阻塞队列是 J.U.C 包中的实现，因此使用 Condition 的可能性比较大。

其次，用什么样的容器来存储数据，无非就是数组、链表之类的常见结构。接下来以 LinkedBlockingQueue 为例，笔者带大家剖析一下源码，彻底搞懂整体设计。

LinkedBlockingQueue 的类关系图如图 8-10 所示，类的结构非常清晰，BlockingQueue 继承了 Queue 接口，首先它肯定定义了阻塞队列的一些操作方法，其次阻塞队列中会包含队列的一些基本操作方法。AbstractQueue 抽象类中基本上就是一些模板方法的定义，也就是一些针对阻塞队列中的公共逻辑的定义，而 LinkedBlockingQueue 就是 BlockingQueue 的一种实现方式。

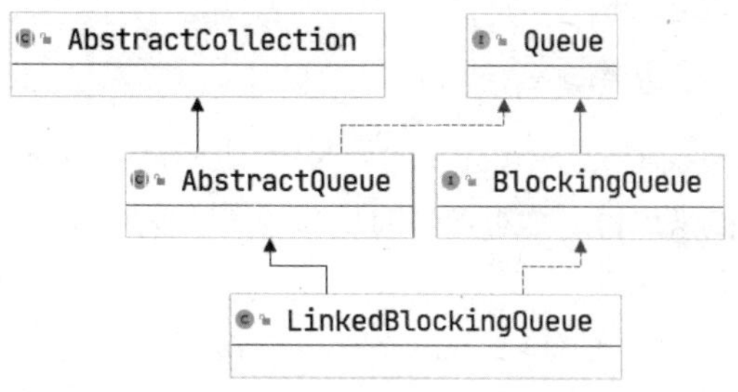

图 8-10　LinkedBlockingQueue 的类关系图

接下来，笔者带着大家通过 put()和 take()这两个方法来分析 LinkedBlockingQueue 的源码及原理。

8.7.1　put()方法说明

put()方法是阻塞添加元素的方法，也就是当队列中元素满了的时候，会阻塞添加元素的线程，代码如下。

```
public void put(E e) throws InterruptedException {
    if (e == null) throw new NullPointerException();
    int c = -1;
    Node<E> node = new Node<E>(e);
    final ReentrantLock putLock = this.putLock;
    final AtomicInteger count = this.count;
    putLock.lockInterruptibly();
    try {
        while (count.get() == capacity) {
            notFull.await();
        }
        enqueue(node);
        c = count.getAndIncrement();
        if (c + 1 < capacity)
            notFull.signal();
    } finally {
        putLock.unlock();
    }
    if (c == 0)
        signalNotEmpty();
}
```

这段代码的逻辑不是很难理解：

- 把添加进来的元素包装成一个 Node，这个 Node 表示链表中的一个节点。
- 使用 ReentrantLock 来加锁，这里加锁的目的是保证数据添加到队列过程中的安全性，避免队列长度超过阈值。
- 接着调用 enqueue(node)把 Node 存储到链表中，添加完成之后，通过 AtomicInteger 来统计添加的元素个数，用于后续判断容量。

需要注意的是，这里用到了一个很重要的属性 notFull，它是一个 Condition 对象，用来实现提交控制线程的阻塞和唤醒。如果当前队列中的元素个数 count 等于最大容量，就调用 notFull.await()方法来阻塞生产者线程。

```
while (count.get() == capacity) {
    notFull.await();
}
```

当 c+1<capacity 条件满足时，也就是队列中的元素个数小于队列的最大容量 capacity 时，调用 notFull.signal()方法来唤醒阻塞的生产者线程。

```
if (c + 1 < capacity)
    notFull.signal();
```

除此之外，在 LinkedBlockingQueue 中还定义了一个 notEmpty 的 Condition 对象，很显然它是用来控制消费者线程的阻塞和唤醒的。

```
private final ReentrantLock takeLock = new ReentrantLock();

private final Condition notEmpty = takeLock.newCondition();

private final ReentrantLock putLock = new ReentrantLock();

private final Condition notFull = putLock.newCondition();
```

继续看 enqueue(node)方法，它用于把元素添加到单向链表中，代码如下。

```
private void enqueue(Node<E> node) {
    // assert putLock.isHeldByCurrentThread();
    // assert last.next == null;
    last = last.next = node;
}
```

单向链表中的 last 节点和 node 建立引用关系，并且更新 last 的引用，使其指向最新的 node。需要注意的是，链表的结构在构造方法里已经初始化了。

```
public LinkedBlockingQueue(int capacity) {
    if (capacity <= 0) throw new IllegalArgumentException();
    this.capacity = capacity;
    last = head = new Node<E>(null);
}
```

此时，数据存储结构如图 8-11 所示。

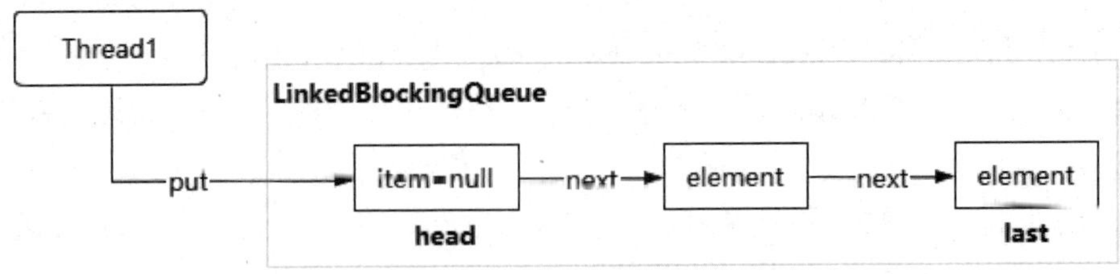

图 8-11　数据存储结构

8.7.2　take()方法说明

take()方法是阻塞获取元素的方法，也就是当队列为空时，会阻塞获取元素的线程，代码如下。

```
public E take() throws InterruptedException {
    E x;
    int c = -1;
    final AtomicInteger count = this.count;
    final ReentrantLock takeLock = this.takeLock;
    takeLock.lockInterruptibly();
    try {
        while (count.get() == 0) {
            notEmpty.await();
        }
        x = dequeue();
        c = count.getAndDecrement();
        if (c > 1)
            notEmpty.signal();
    } finally {
        takeLock.unlock();
    }
    if (c == capacity)
        signalNotFull();
    return x;
}
```

上述代码的主要逻辑如下：

- 通过 count.get()==0 判断元素个数，如果元素个数为 0，则通过 notEmpty.await()方法阻塞消费者线程。
- 调用 dequeue()方法，从链表中获取一个元素，并调用 count.getAndDecrement()方法对元素个数进行原子递减。
- 每次取出数据时，都判断一次元素个数是否大于 1，如果是，则调用 notEmpty.signal()方法唤醒被阻塞的消费者线程。

其中 dequeue()方法的代码如下。

```
private E dequeue() {
    // assert takeLock.isHeldByCurrentThread();
    // assert head.item == null;
    Node<E> h = head;
    Node<E> first = h.next;
    h.next = h;
    head = first;
    E x = first.item;
    first.item = null;
    return x;
}
```

首先获取当前链表的 head 节点，然后拿到 head 节点的下一个节点 first，这就是需要返回给消费者线程的数据所在节点。最后把原来的 head 节点从队列中移除，并把返回给消费者线程的 first 节点作为 head 节点。实现原理如图 8-12 所示。

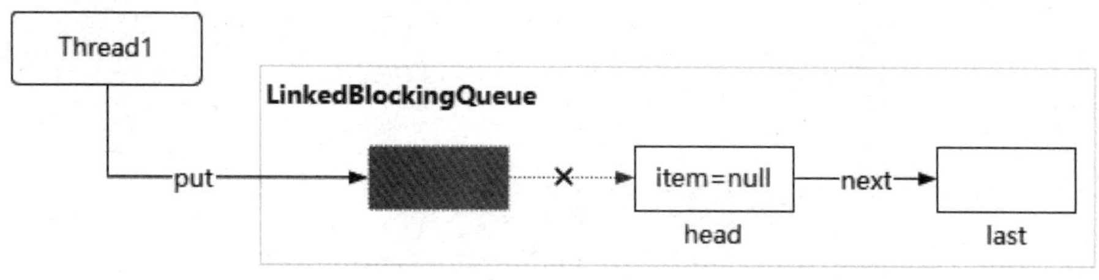

图 8-12　实现原理

8.8 本章小结

至此，关于阻塞队列的使用及原理分析就结束了，内容看起来比较多，主要是因为基于阻塞队列扩展了一些带有一定特性的队列，实际上整体来说不算特别复杂。当然也有一些比较有意思的队列的原理，比如 SynchronousQueue 和 DelayQueue，其本质都是在阻塞队列的基础上提供了满足不同应用场景的功能。

9

第 9 章 深度解读并发安全集合的原理及源码

本章主要介绍 J.U.C 包中的几种并发安全集合：ConcurrentHashMap、ConcurrentLinkedQueue 和 ConcurrentLinkedDeque。所谓并发安全集合，是指相对普通集合来说，能够保证在多线程环境中向集合中添加元素时的线程安全性。本章会重点分析 ConcurrentHashMap，它在实现线程安全性方面对于性能和安全性的合理平衡非常值得各位读者学习。

9.1 并发安全集合 ConcurrentHashMap

ConcurrentHashMap 是 JDK 1.5 引入的一个并发安全且高效的 HashMap，简单来说，我们可以认为它在 HashMap 的基础上增加了线程安全性的保障。实际上，关于 HashMap 的线程安全性问题，各位读者应该有一些了解。在 JDK 1.7 中，HashMap 采用数组+链表的数据结构来存储数据，在多个线程并发执行扩容时，可能造成环形链进而导致死循环和数据丢失；在 JDK 1.8 中，HashMap 采用数组+链表+红黑树的数据结构来存储数据，优化了 JDK 1.7 中数据扩容的方案，解决了死循环和数据丢失的问题，但是在并发场景下调用 put()方法时，有可能会存在数据覆盖的问题。

为了解决线程安全性问题带来的影响，我们可以采用一些具备线程安全性的集合，比如 HashTable，它使用了 synchronized 关键字来保证线程的安全性；还有 Collections.synchronizedMap，它可以把一个线程不安全的 Map，通过 synchronized（互斥锁）的方式来变成安全的。但是这些方法都有一个问题，就是在线程竞争比较激烈的情况下，效率都非常低。原因是它们都是方法层面使用 synchronized 实现的锁机制，会导致所有线程在操作数据时，不管是 put 操作还是 get 操作都需要去竞争同一把锁。

看过前面章节中分析的 Synchronized 读者就应该明白，性能和安全性这两者只能做好平衡，无法两者都达到最好，而 ConcurrentHashMap 在性能和安全性方面的设计和实现都非常巧妙，它既能保证线程的安全性，在性能方面也远远优于 HashTable 等集合。

注意：笔者是基于 JDK 1.8 来分析 ConcurrentHashMap 的，不同 JDK 版本的实现会有差异。

9.2 正确理解 ConcurrentHashMap 的线程安全性

ConcurrentHashMap 本身就是一个 HashMap，因此在实际应用上，只需要考虑当前场景是否存在多线程并发访问同一个 Map 实例，如果存在，则采用 ConcurrentHashMap。需要注意的是，ConcurrentHashMap 的线程安全性，只能保证多线程并发执行时，容器中的数据不会被破坏，对于涉及多个线程的复合操作，ConcurrentHashMap 无法保证业务行为的正确性。

举个例子，假设我们需要通过一个 ConcurrentHashMap 来记录每个用户的访问次数，如果针对指定用户已经有访问次数的记录，则进行递增，否则添加一个新的访问记录，代码如下。

```
private static final ConcurrentMap<String, Long> USER_ACCESS_COUNT = new
ConcurrentHashMap<>(64);
public static void main(String[] args) throws InterruptedException {
    Long accessCount=USER_ACCESS_COUNT.get("mic");
    if(accessCount==null){
        USER_ACCESS_COUNT.put("mic",1L);
    }else{
        USER_ACCESS_COUNT.put("mic",accessCount+1);
    }
}
```

上述代码在多线程并发调用时，会存在线程安全性问题，虽然 ConcurrentHashMap 对于数据操作本身是安全的，但是在上述代码中是一个复合操作，也就是“读—修改—写”，而这三个操作不是原子的，所以当多个线程访问同一个用户 mic 时，很可能会覆盖相互操作的结果，造成记录的次数少于实际次数。

笔者想在这里说明的一点是，虽然 ConcurrentHashMap 是线程安全的，但是对于 ConcurrentHashMap 的复合操作，我们需要特别关注。当然，上述问题其实有很多种解决方案，比如我们针对这个复合操作进行加锁。ConcurrentHashMap 提供了另外一个解决方案，就是使用 ConcurrentMap 接口定义。

ConcurrentMap 是一个支持并发访问的 Map 集合，相当于在原本的 Map 集合上新增了一些方法来扩展原有 Map 的功能，而 ConcurrentHashMap 实现了 ConcurrentMap 接口。

```
public interface ConcurrentMap<K, V> extends Map<K, V> {

    V putIfAbsent(K key, V value);
    boolean remove(Object key, Object value);
    boolean replace(K key, V oldValue, V newValue);
    V replace(K key, V value);
    //此处省略 JDK 1.8 中的默认（default）方法
}
```

ConcurrentMap 接口定义的 4 个方法都满足原子性，可以用在对 ConcurrentHashMap 的复合操作场景中，方法说明如下。

- **putIfAbsent()**：向 ConcurrentHashMap 集合插入数据，如果插入数据的 key 不存在于集合中，则保存当前数据并且返回 null。如果 key 已经存在，则返回存在的 key 对应的 value。
- **remove()**：根据 key 和 value 来删除 ConcurrentHashMap 集合中的元素，该删除操作必须保证 key 和 value 完全匹配，如果匹配成功则返回 true，否则返回 false。
- **replace(K,V,V)**：根据 key 和 oldValue 来替换 ConcurrentHashMap 中已经存在的值，新的值是 newValue，该替换操作必须保证 key 和 oldValue 完全匹配，替换成功则返回 true，否则返回 false。
- **replace(K,V)**：和 replace(k,v,v)不同之处在于，少了对 oldValue 的判断，如果替换成功，则返回替换之前的 value，否则返回 null。

通过 ConcurrentMap 提供的这些方法，我们可以对前面的代码进行如下线程安全性改造。

```java
private static final ConcurrentMap<String, Long> USER_ACCESS_COUNT = new
ConcurrentHashMap<>(64);
public static void main(String[] args) throws InterruptedException {
    while(true) {
        Long accessCount = USER_ACCESS_COUNT.get("mic");
        if (accessCount == null) {
            if(USER_ACCESS_COUNT.putIfAbsent("mic", 1L)==null){
                break;
            }
        } else {
            if(USER_ACCESS_COUNT.replace("mic", accessCount, accessCount + 1)){
                break;
            }
        }
    }
}
```

代码看起来多了一些，主要是改造了原本的 put()方法，针对第一次添加使用 putIfAbsent()方法，对于已经存在的数据的修改使用 replace()方法，由于这两个方法都能保证原子性，所以能够避免多线程并发的影响。同时，增加了一个 while(true)方法，实现一个类似自旋的操作，保证本次操作的成功执行。

另外，在 JDK 1.8 中，ConcurrentMap 引入了一些支持 lambda 表达式的原子操作，源码如下。

```java
public interface ConcurrentMap<K, V> extends Map<K, V> {
    default V computeIfAbsent(K key,Function<? super K, ? extends V> mappingFunction)
    default V computeIfPresent(K key,BiFunction<? super K, ? super V, ? extends V>
remappingFunction)
    default V compute(K key,BiFunction<? super K, ? super V, ? extends V> remappingFunction)
    default V merge(K key, V value,BiFunction<? super V, ? super V, ? extends V>
remappingFunction)
}
```

上述几个方法都是 JDK 1.8 引入的默认方法，下面分节说明这些方法的作用。

9.2.1 computeIfAbsent()方法详解

computeIfAbsent()方法通过判断传入的 key 是否存在来对 ConcurrentMap 集合进行数据初始化

操作。如果存在，则不做任何处理；如果不存在，则调用 mappingFunction 计算出 value 值，然后把 key=value 存入 ConcurrentHashMap 中。由于 mappingFunction 是一个函数式接口，所以它的返回值也会影响存储结果。

- 如果 mappingFunction 返回的 value 不为 null，则存储 key=value。
- 如果 mappingFunction 返回的 value 为 null，由于 ConcurrentHashMap 不允许 value 为 null，所以不会存储，返回 null。

如果 mic 这个用户不存在，则通过下面这段代码会初始化 mic 这个用户的值为 10。

```
USER_ACCESS_COUNT.computeIfAbsent("mic",k->10L);
```

9.2.2 computeIfPresent()方法详解

和 computeIfAbsent()方法的作用相反，computeIfPresent()方法对已经存在的 key 对应的 value 值进行修改。如果 key 不存在，则返回 null；如果 key 存在，则调用 remappingFunction 进行运算，根据返回 value 的情况做出不同的处理。

- 如果 remappingFunction 返回的 value 不为 null，则修改当前 key 的 value 为 remappingFunction 的值。
- 如果 remappingFunction 返回的 value 为 null，则删除当前的 key，相当于调用了 remove(key)方法。
- 如果 remappingFunction 抛出异常，则原本 key 对应的 value 值不会发生变化。

如果我们想对 mic 这个已经存在的用户的 value 进行修改，可以这样使用：

```
USER_ACCESS_COUNT.computeIfPresent("mic",(k,v)->v+1);
```

9.2.3 compute()方法详解

compute()方法相当于 computeIfAbsent()和 computeIfPresent()方法的结合体，它不管 key 是否存在，都会调用 remappingFunction 进行计算。如果 key 存在，则调用 remappingFunction 对 value 进行修改；如果 key 不存在，则调用 remappingFunction 进行初始化。

通过 compute()方法，我们可以把前面演示的那段很长的代码变为一行代码。

```
USER_ACCESS_COUNT.compute("mic",(k,v)->(v==null)?1L:v+1);
```

这行代码的含义是，如果 mic 这个 key 存在，则通过后面的 lambda 表达式对 value 进行 v+1 的修改，否则初始化为 1L。

9.2.4 merge()方法详解

merge 翻译过来的意思是合并，也就是说对 ConcurrentHashMap 中相同 key 的 value 值可以进行合并。merge()方法包含 3 个参数：key、value 和 remappingFunction 函数式接口。它的作用如下。

- 当 ConcurrentHashMap 不存在指定的 key 时，把传入的 value 设置为 key 的值。
- 当 ConcurrentHashMap 中存在指定的 key 时，执行 remappingFunction，主要看 BiFunction<? super V, ? super V, ? extends V>，这里接收的是两个 value，第一个表示当前 key 的 oldValue，第二个表示新传入的 value。使用者可以执行自定义逻辑返回最终结果并设置为 key 的值。它有以下几种使用方式，分别对应不同的使用场景。
    - 如果写为(oldValue，newValue)->newValue，表示把当前 key 的 value 修改为 newValue。
    - 如果写为(oldValue，newValue)->oldValue，表示保留 oldValue，不做修改。
    - 也可以通过(oldValue，newValue)->oldValue+newValue，对新老两个值进行合并。
    - 甚至可以通过(oldValue，newValue)->null，删除当前的 key。

看一个比较简单的“demo”，针对一个集合中相同元素的 key，进行合并，代码如下。

```
public static void main(String[] args) {
    ConcurrentMap<Integer,Integer> cm=new ConcurrentHashMap<>();
    Stream.of(1,2,8,2,5,6,5,8,3,8).forEach(v->{
        cm.merge(v,2,Integer::sum);
    });
    System.out.println(cm);
}
```

9.3 ConcurrentHashMap 的数据结构

在 JDK 1.8 中，ConcurrentHashMap 采用数组+链表+红黑树的方式来实现数据存储，数据结构如图 9-1 所示。

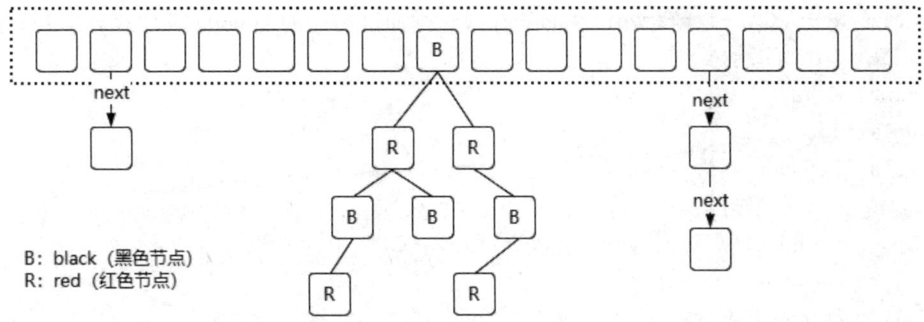

图 9-1　ConcurrentHashMap 的数据结构

相较于 JDK 1.7，它做了如下改进。

- 取消了 segment 分段设计，直接使用 Node 数组来保存数据，并且采用 Node 数组元素作为锁的范围，进一步减小了并发冲突的范围和概率。
- 引入红黑树设计，降低了极端情况下查询某个节点数据的时间复杂度，从 $O_{(n)}$降低到了 $O_{(\log n)}$，提升了查找性能。

ConcurrentHashMap 为了在性能和安全性方面做好平衡，使用了一些比较巧妙的设计，主要体现在以下几个方面。

- 分段锁的设计。
- 多个线程协助实现并发扩容。
- 高低位迁移设计。
- 链表转红黑树及红黑树转链表。
- 降低了锁的粒度。

接下来，我们针对 ConcurrentHashMap 的核心源码做一个全面分析，帮助大家更好地了解 ConcurrentHashMap 的底层实现原理。

9.3.1 ConcurrentHashMap 数据存储相关定义

ConcurrentHashMap 采用 Node 数组来存储数据，该数组默认长度为 16，代码如下。

```
private static final int DEFAULT_CAPACITY = 16;
transient volatile Node<K,V>[] table;
```

Node 表示数组中的一个具体的数据节点，其定义如下。

```
static class Node<K,V> implements Map.Entry<K,V> {
        final int hash;
        final K key;
        volatile V val;
        volatile Node<K,V> next;

        Node(int hash, K key, V val, Node<K,V> next) {
            this.hash = hash;
            this.key = key;
            this.val = val;
            this.next = next;
        }
}
```

Node 实现了 Map.Entry 接口的对象，并且声明了几个成员属性。

- hash，当前 key 对应的 hash 值。
- key/val，表示实际存储的 key 和 value。
- next，如果是链表结构，则表示指向的是下一个 Node 节点的指针。

当链表长度大于等于 8 且 Node 数组长度大于 64 时，链表会转化为红黑树，红黑树的存储采用 TreeNode 来实现，定义如下。

```
static final class TreeNode<K,V> extends Node<K,V> {
        TreeNode<K,V> parent;
        TreeNode<K,V> left;
        TreeNode<K,V> right;
        TreeNode<K,V> prev;
        boolean red;

        TreeNode(int hash, K key, V val, Node<K,V> next,
                 TreeNode<K,V> parent) {
            super(hash, key, val, next);
            this.parent = parent;
        }
    //省略
}
```

9.3.2 Node 数组初始化过程分析

Node 数组的初始化过程是被动的，当我们调用 put()方法或者 Java 8 中 ConcurrentMap 提供的 default()方法时，如果发现 Node 数组没有被初始化，则会调用 initTable()方法完成初始化过程。

```
public V put(K key, V value) {
    return putVal(key, value, false);
}
final V putVal(K key, V value, boolean onlyIfAbsent) {
        if (key == null || value == null) throw new NullPointerException();
        int hash = spread(key.hashCode());
        int binCount = 0;
        for (Node<K,V>[] tab = table;;) {
            Node<K,V> f; int n, i, fh;
            if (tab == null || (n = tab.length) == 0)
                tab = initTable();
            else if ((f = tabAt(tab, i = (n - 1) & hash)) == null) {
                if (casTabAt(tab, i, null,
                             new Node<K,V>(hash, key, value, null)))
                    break;
            }
            //省略
        }
    //省略
}
```

put()方法实际调用 putVal()方法来做数据存储，putVal()方法的逻辑说明如下。

- 根据 key 计算出一个 hash 值。
- 通过没有结束条件的 for 循环实现自旋锁。
- 通过 Node<K,V>[] tab = table 把 Node 数组 table 赋值给一个临时变量 tab，判断 tab 是否为空，如果为空，则调用 initTable()方法进行初始化。

initTable()方法的代码如下。

```
private final Node<K,V>[] initTable() {
    Node<K,V>[] tab; int sc;
    while ((tab = table) == null || tab.length == 0) {
```

```
        if ((sc = sizeCtl) < 0)
            Thread.yield();
        else if (U.compareAndSwapInt(this, SIZECTL, sc, -1)) {
            try {
                if ((tab = table) == null || tab.length == 0) {
                    int n = (sc > 0) ? sc : DEFAULT_CAPACITY;
                    @SuppressWarnings("unchecked")
                    Node<K,V>[] nt = (Node<K,V>[])new Node<?,?>[n];
                    table = tab = nt;
                    sc = n - (n >>> 2);
                }
            } finally {
                sizeCtl = sc;
            }
            break;
        }
    }
    return tab;
}
```

initTable()方法和一般初始化方法不同，因为它需要考虑多线程并发的安全性问题，其实现逻辑如下。

- while ((tab = table) == null || tab.length == 0)循环的退出条件是 table 初始化成功，否则一直循环，这里其实也用到了自旋锁的机制，因为多个线程调用 initTable()方法必然会产生竞争，而在竞争的情况下如果不采用同步锁机制，就只能通过自旋的方式不断重试。
- if ((sc = sizeCtl) < 0)用来判断当前是否已经有其他线程正在进行初始化，如果有，则通过 Thread.yield()把自己变成就绪状态，释放 CPU 资源。
- (U.compareAndSwapInt(this, SIZECTL, sc, -1))用 CAS 原子操作修改 sizeCtl 变量来表示抢占了锁，CAS 有两个返回值，true 表示抢到了锁，false 表示抢占失败，对于抢占失败的线程，继续进入下一次 while 循环重试。这个设计是为了避免出现多个线程同时进行初始化造成数据丢失的问题。
- 再次通过 if ((tab = table) == null || tab.length == 0)判断 tab 是否为空，再次判断的原因是 sizeCtl 不仅只有一种含义，我们可以看到，在 finally()方法中会调用 sizeCtl=sc 重新设置一个扩容阈值，这个值一定是大于 0 的，这意味着有可能存在通过 Thread.yield()让出 CPU 资源的线程再次执行到初始化 table 中。

- 通过 Node<K,V>[] nt = (Node<K,V>[])new Node<?,?>[n];Node 初始化，并且赋值给 ConcurrentHashMap 的全局 Node 数组 table。
- 最后，使用 sc = n - (n >>> 2)计算下次扩容的阈值，阈值的计算是当前数组容量的 0.75 倍，并且重新赋值给 sizeCtl。实际上 sizeCtl 包含几种不同的含义，它的状态流转如图 9-2 所示。
    - sizeCtl=-1，表示当前有线程抢占到了初始化数组的资格，正在初始化数组。
    - sizeCtl=-N，用 sizeCtl 值的二进制低 16 位来记录当前参与扩容的线程数量。
    - sizeCtl=0，表示数组未初始化，并且在 ConcurrentHashMap 构造方法中没有指定初始容量。
    - sizeCtl>0，如果数组已经初始化，那么 sizeCtl 表示扩容的阈值（初始容量*0.75），如果未初始化，则表示数组的初始容量。

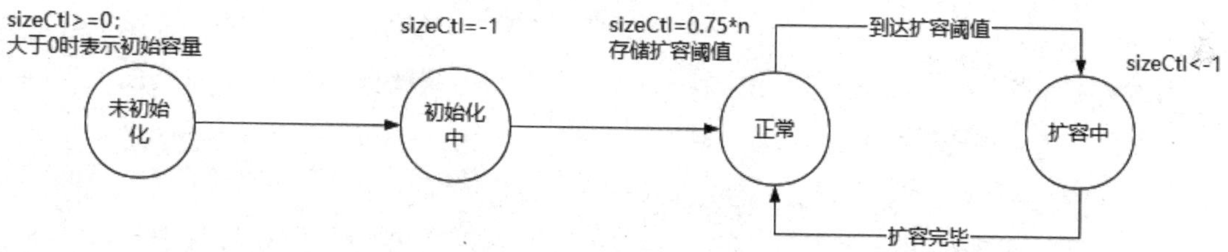

图 9-2　sizeCtl 的状态流转

我们继续回到 putVal()方法的如下部分。

```
final V putVal(K key, V value, boolean onlyIfAbsent) {
    //省略
    else if ((f = tabAt(tab, i = (n - 1) & hash)) == null) {
        if (casTabAt(tab, i, null,
                     new Node<K,V>(hash, key, value, null)))
            break;
    }
    //省略
}
```

通过(n - 1) & hash 来计算当前 key 在 table 数组中对应的下标位置，如果该位置还没有任何值，则把当前的 key/value 封装成 Node，使用 casTabAt()方法修改到指定数组下标位置。casTabAt()方法是一种线程安全的更新机制，如果更新成功，则返回 true，否则返回 false 并继续下一次循环重试。

至此，对于数组初始化的过程就分析完成了，为了更好地理解，笔者基于图形的方式整理了整个初始化过程，如图 9-3 所示。

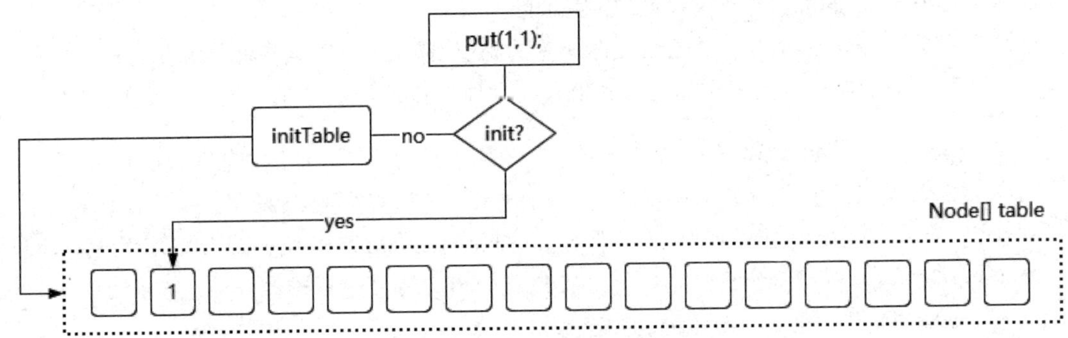

图 9-3　数组初始化过程

注意：扩容因子为什么设置为 0.75 呢？其实这是一种时间和空间成本的折中，在 ConcurrentHashMap 中有一段注释如下。

```
/** However, statistically, under
 * random hash codes, this is not a common problem.  Ideally, the
 * frequency of nodes in bins follows a Poisson distribution
 * (http://en.wikipedia.org/wiki/Poisson_distribution) with a
 * parameter of about 0.5 on average, given the resizing threshold
 * of 0.75, although with a large variance because of resizing
 * granularity. Ignoring variance, the expected occurrences of
 * list size k are (exp(-0.5) * pow(0.5, k) / factorial(k)). The
 * first values are:
 *
 * 0:    0.60653066
 * 1:    0.30326533
 * 2:    0.07581633
 * 3:    0.01263606
 * 4:    0.00157952
 * 5:    0.00015795
 * 6:    0.00001316
 * 7:    0.00000094
 * 8:    0.00000006
 * more: less than 1 in ten million
**/
```

> 在理想情况下，bin 中的节点频率遵循泊松分布，使用 0.75 作为负载因子，hash 膨胀的概率遵循参数约为 0.5 的泊松分布，也就是说可以降低节点在某一个特定桶中出现的概率。
>
> 另外，在注释中可以看到，当链表长度达到 8 时，也就是说 hash 冲突出现 8 次的概率为 0.00000006，几乎是不可能的事情，这也从另外一个层面尽量避免了链表转红黑树的情况出现。

9.3.3　单节点到链表的转化过程分析

使用 put()方法向 ConcurrentHashMap 存入数据时，是基于 Key 使用 hash 函数计算后得到一个指定的数组下标进行数据存储的，这种存储结构我们也称为 hash 表。hash 表本身是一个有限大小的数据结构，所以对于任何 hash 函数，都可能会出现不同元素的 key 得到一个相同的 hash 值从而映射到同一个位置的情况，这种情况我们称为 hash 冲突。解决 hash 冲突有较多成熟的方法，常见的方法是：

- 开放寻址法，ThreadLocal 采用的就是开放寻址法中的线性探索，也就是说如果 *i* 这个位置被占用，那么就探查 *i*+1、*i*+2、*i*+3 的位置。
- 链式寻址法，就是 hash 表的每个位置都连接一个链表，当发生 hash 冲突时，冲突的元素将会被加入这个位置的链表的最后。
- 再 hash 法，就是提供多个不同的 hash 函数，当发生冲突时，使用第二个、第三个等。

ConcurrentHashMap 中解决 hash 冲突的方法是基于链式寻址法的，putVal()方法中解决 hash 冲突的代码如下。

```
final V putVal(K key, V value, boolean onlyIfAbsent) {
    //省略
    else {
        V oldVal = null;
        synchronized (f) {
            if (tabAt(tab, i) == f) {
                if (fh >= 0) {
                    binCount = 1;
                    for (Node<K,V> e = f;; ++binCount) {
                        K ek;
                        if (e.hash == hash &&
                            ((ek = e.key) == key ||
                             (ek != null && key.equals(ek)))) {
```

```
                        oldVal = e.val;
                        if (!onlyIfAbsent)
                            e.val = value;
                        break;
                    }
                    Node<K,V> pred = e;
                    if ((e = e.next) == null) {
                        pred.next = new Node<K,V>(hash, key,
                                                  value, null);
                        break;
                    }
                }
            }
            else if (f instanceof TreeBin) {
                Node<K,V> p;
                binCount = 2;
                if ((p = ((TreeBin<K,V>)f).putTreeVal(hash, key,
                                               value)) != null) {
                    oldVal = p.val;
                    if (!onlyIfAbsent)
                        p.val = value;
                }
            }
        }
    }
    //省略
}
```

这段代码的整体逻辑并不复杂，简单分析如下。

- 使用 synchronized(f)对当前数组位置的节点加锁，这种锁控制在单个数据节点上，16 位长度的数组理论上可以支持 16 个线程并发写入数据。
- 接着，通过 fh >= 0 和 f instanceof TreeBin 判断当前节点是链表还是红黑树，因为针对两种结构，数据的处理方式不同。
- 通过 for (Node<K,V> e = f;; ++binCount)，从链表的头节点开始向下遍历，遍历的每个节点：
    - 如果存在相同的 key（(e.hash == hash &&((ek = e.key) == key ||(ek != null &&

key.equals(ek))))），则修改该 key 的 value。
- ○ 否则，把当前的 key/value 插入链表的最后一个节点。

- 如果当前节点的类型是红黑树，则通过((TreeBin<K,V>)f).putTreeVal(hash, key,value))完成 key/value 的存储或者修改。

综上所述，ConcurrentHashMap 中基于链式寻址法解决 hash 冲突的方法如图 9-4 所示，当调用 put()方法存入一对键值时，如果当前 key 计算得到的数组下标位置已经存在一个 Node，并且该 Node 是链表类型的，则添加到该链表的尾部。

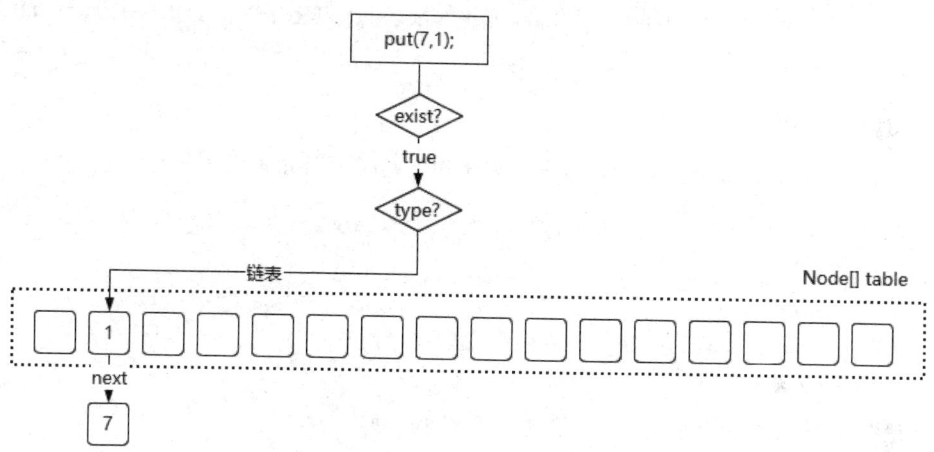

图 9-4　ConcurrentHashMap 解决 hash 冲突的方法

9.3.4　扩容还是转化为红黑树

当链表长度大于或者等于 8 时，ConcurrentHashMap 认为链表已经有点长了，需要考虑优化，有两种方式：

- 对数组进行扩容，当数组长度小于等于 64，并且链表长度大于等于 8（binCount >= TREEIFY_THRESHOLD）时，优先选择对数组进行扩容。
- 把链表转化为红黑树，当数组长度大于 64，并且链表长度大于等于 8 时，会把链表转化为红黑树。

```
final V putVal(K key, V value, boolean onlyIfAbsent) {
    //省略
    if (binCount != 0) {
```

```
        if (binCount >= TREEIFY_THRESHOLD)
            treeifyBin(tab, i);
        if (oldVal != null)
            return oldVal;
        break;
    }
    //省略
}
```

在上述代码中，binCount 表示链表的个数，如果 binCount>=TREEIFY_THRESHOLD（TREEIFY_THRESHOLD 的默认值为 8），则调用 treeifyBin()方法进行后续处理。

9.3.4.1 treeifyBin()方法详解

treeifyBin()方法的主要作用是根据相关阈值来决定是扩容还是把链表转化为红黑树。

```
private final void treeifyBin(Node<K,V>[] tab, int index) {
    Node<K,V> b; int n, sc;
    if (tab != null) {
        if ((n = tab.length) < MIN_TREEIFY_CAPACITY)
            tryPresize(n << 1);
        else if ((b = tabAt(tab, index)) != null && b.hash >= 0) {
            synchronized (b) {
                if (tabAt(tab, index) == b) {
                    TreeNode<K,V> hd = null, tl = null;
                    for (Node<K,V> e = b; e != null; e = e.next) {
                        TreeNode<K,V> p =
                            new TreeNode<K,V>(e.hash, e.key, e.val,
                                              null, null);
                        if ((p.prev = tl) == null)
                            hd = p;
                        else
                            tl.next = p;
                        tl = p;
                    }
                    setTabAt(tab, index, new TreeBin<K,V>(hd));
                }
```

```
            }
        }
    }
}
```

上面这段代码的逻辑说明如下：

- (n = tab.length) < MIN_TREEIFY_CAPACITY 用于判断当前数组的长度是否小于 64，如果是，则调用 tryPresize()方法进行扩容。
- 否则，构建一个 TreeNode 并插入红黑树中。

9.3.4.2 tryPresize()方法详解

tryPresize()方法是用来实现扩容的，代码如下。

```
private final void tryPresize(int size) {
    int c = (size >= (MAXIMUM_CAPACITY >>> 1)) ? MAXIMUM_CAPACITY :        第一部分
    tableSizeFor(size + (size >>> 1) + 1);
    int sc;
    while ((sc = sizeCtl) >= 0) {
        Node<K,V>[] tab = table; int n;
        if (tab == null || (n = tab.length) == 0) {
            n = (sc > c) ? sc : c;
            if (U.compareAndSwapInt(this, SIZECTL, sc, -1)) {
                try {
                    if (table == tab) {
                        @SuppressWarnings("unchecked")
                        Node<K,V>[] nt = (Node<K,V>[])new Node<?,?>[n];     第二部分
                        table = nt;
                        sc = n - (n >>> 2);
                    }
                } finally {
                    sizeCtl = sc;
                }
            }
        }
        else if (c <= sc || n >= MAXIMUM_CAPACITY)        第三部分
            break;
```

```java
        else if (tab == table) {
            int rs = resizeStamp(n);
            if (sc < 0) {
                Node<K,V>[] nt;
                if ((sc >>> RESIZE_STAMP_SHIFT) != rs || sc == rs + 1 ||
                    sc == rs + MAX_RESIZERS || (nt = nextTable) == null ||
                    transferIndex <= 0)
                    break;
                if (U.compareAndSwapInt(this, SIZECTL, sc, sc + 1))
                    transfer(tab, nt);
            }
            else if (U.compareAndSwapInt(this, SIZECTL, sc,
                                         (rs << RESIZE_STAMP_SHIFT) + 2))
                transfer(tab, null);
        }
    }
}
```

第四部分

我们把 tryPresize()方法的代码分为四部分来看（见代码中的标注）。

第一部分

对扩容的大小 size 进行判断。

其中，(size >= (MAXIMUM_CAPACITY >>> 1)) ? MAXIMUM_CAPACITY 用来判断当前要扩容的目标大小 size 的值。如果大小为 MAXIMUM_CAPACITY 的一半，则直接设置扩容大小为 MAXIMUM_CAPACITY，否则通过 tableSizeFor()方法来计算当前 size 的最小的幂次方，也就是说如果当前传入的 size 不等于 2 的 *n* 次幂，那么通过 tableSizeFor()方法就可以整形成离 size 最近的一个幂次方的值。

第二部分

判断 table 是否进行过初始化，这部分代码和前面分析的 initTable()方法一样。这里之所以会有这样一个判断，原因是在 ConcurrentHashMap 的 putAll()方法中，有调用 tryPresize()方法进行初始化的功能。

第三部分

通过(c <= sc || n >= MAXIMUM_CAPACITY)进行扩容判断，判断的逻辑有两个：

- c<=sc，说明 table 数组已经被其他线程完成了扩容，不需要再进行扩容。
- n >= MAXIMUM_CAPACITY，说明 table 数组已经达到了最大容量，无法再扩容了。

第四部分

正式开始执行扩容操作，这部分代码有两个比较核心的逻辑。

- 如果当前已经有其他线程在执行扩容，也就是 sc<0，并且当前线程可以协助扩容，则调用 transfer()方法协助扩容。
- 如果当前没有其他线程在进行扩容，则当前线程成为第一个执行 transfer()方法的线程，两次都调用同一个方法，但是第一次扩容调用 transfer()方法时，第二个参数 nextTab 为 null，nextTab 表示扩容之后的新的 table 数组，如果为 null，表示首次扩容。

在这部分代码中有一些比较有意思的设计，笔者简单说明一下。

- resizeStamp()方法实际上是根据当前数组长度 n 来生成一个和扩容有关的扩容戳，它的具体实现如下。

```
static final int resizeStamp(int n) {
    return Integer.numberOfLeadingZeros(n) | (1 << (RESIZE_STAMP_BITS - 1));
}
```

  其中，**Integer.numberOfLeadingZeros**()方法返回无符号整数 n 最高非 0 位前面的 0 的个数，比如 10 这个数字的二进制是 0000 0000 0000 0000 0000 0000 0000 1010，那么这个方法的返回值就是 28。另外通过(1 << (RESIZE_STAMP_BITS - 1)运算，把前面计算出来的 28 的二进制数据的第 16 位设置为 1。
  因此 resizeStamp 会返回一个 32 位的 ing 类型的值，它的格式是 0000 0000 0000 0000 1xxx xxxx xxxx xxxx。
- 如果是第一次扩容，则通过 U.compareAndSwapInt(this, SIZECTL, sc,(rs << RESIZE_STAMP_SHIFT) + 2)修改 sizeCtl 的值为 rs << RESIZE_STAMP_SHIFT) + 2，表示此时只有一个线程在执行扩容。
  rs << RESIZE_STAMP_SHIFT) + 2 理解起来不难，相当于把上一个步骤返回的扩容戳的二进制数据左移 16 位，原本的二进制数据的低位变成了高位，低位增加 2 表示当前有一个线程正在扩容。
  为了方便理解，举一个具体的例子，假如当前 table 的长度是 16，也就是 n=16。
    - 通过 resizeStamp()方法得到一个二进制数据 0000 0000 0000 0000 1000 0000 0001 1100。

    - 对上述二进制数据左移 16 位并且+2，得到 1000 0000 0001 1100 0000 0000 0000 0010，由于高位是 1，所以转化为十进制一定是一个负数，这也是前面笔者在讲解 sizeCtl 的含义时提到的。

  最终，这个二进制数据包含两部分：

    - 高 16 位 1000 0000 0001 1100 表示扩容标记，由于每次扩容时 n 的值都不同，因此能保证每次扩容时这个标记的唯一性。
    - 低 16 位 0000 0000 0000 0010 表示并行扩容的线程数量。

  之所以要这么设计，最根本的原因是 ConcurrentHashMap 支持并发扩容，也就是允许多个线程同时对一个数组进行扩容（笔者在后续的章节中会详细分析）。这么设计的好处是保证每次扩容时都生成唯一的扩容戳，以及记录并行扩容的线程数量。

- 基于上面两点，我们就明白了为什么 sc < 0 表示有其他线程正在扩容，因为 sc 的值一定是一个负数。当前如果已经有线程正在扩容，而且允许当前线程来协助扩容，会通过 U.compareAndSwapInt(this, SIZECTL, sc, sc + 1)方法来增加一个扩容线程，本质上是在 sizeCtl 的二进制数低位增加 1 来记录一个扩容线程。

至此，ConcurrentHashMap 扩容前置的一些基本操作就分析完了，接下来笔者带着大家一起分析并发扩容的核心代码。

9.4 深度分析 ConcurrentHashMap 中的并发扩容机制

说到扩容，无非就是创建一个扩容目标大小的数组，把原来老数组中的数据迁移到新数组中，这种方式比较适合没有多线程并发的场景，在 ConcurrentHashMap 中并没有那么简单，因为在多线程环境下进行扩容时，会存在其他线程同时往集合中添加元素的情况。

可能有些读者会想，这很简单，把整个扩容过程加一把同步锁，保证扩容过程中不存在其他线程进行操作就可以了。很显然，这种方式对性能的损耗非常大，特别是如果涉及数据量比较多的扩容时，会导致非常多的线程被阻塞。

ConcurrentHashMap 中扩容部分的设计非常巧妙，它使用 CAS 机制实现无锁的并发同步策略，对于同步锁 synchronized，也只把粒度控制到了单个数据节点做数据迁移的范围，且利用多个线程来进行并行扩容，大大提高了数据迁移的效率。

9.4.1　多线程并发扩容原理图解

如图 9-5 所示，我们通过这个简略图来了解一下并发扩容是怎么回事。

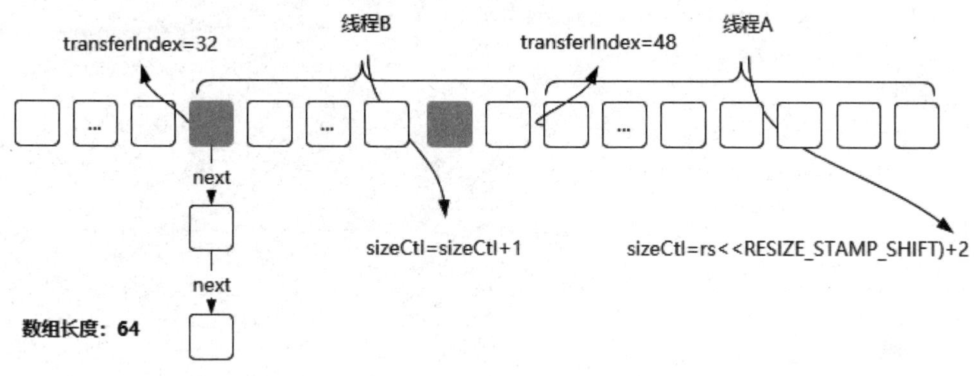

图 9-5　并发扩容原理图

当存在多个线程并发进行扩容及数据迁移时，默认情况下会给每个线程分配一个区间，这个区间的默认长度是 16，每个线程负责自己区间内的数据迁移工作。需要注意的是，在图 9-5 中，有一个 transferIndex 属性，这是一个转移索引，如果当前只有两个线程要对 64 位长度的数组做数据迁移，也就是说每个线程需要做多次迁移，在这个过程中就依赖 transferIndex 来更新每个线程迁移的区间。

9.4.2　详解 ConcurrentHashMap 中的数据迁移

transfer()方法的代码非常多，完整代码可通过“读者服务”获取。

为了更清晰地理解 transfer()方法的代码，我们把它分成五部分来解读。

9.4.2.1　第一部分，创建扩容后的数组

这部分代码主要做两件事情。

- 计算每个线程处理的区间长度，默认是 16。(NCPU > 1) ? (n >>> 3) / NCPU : n) < MIN_TRANSFER_STRIDE 的目的是让每个 CPU 处理的数据区间长度相同，避免出现数据迁移任务分配不均匀的现象。如果数组的长度比较小，则默认一个 CPU 处理的区间长度是 16。
- 初始化一个新的数组 nt，赋值给 nextTab，该数组的长度是原来长度的 n << 1，并且初始化一个 transferIndex，默认值为老的数组长度。

```
private final void transfer(Node<K,V>[] tab, Node<K,V>[] nextTab) {
    int n = tab.length, stride;
    if ((stride = (NCPU > 1) ? (n >>> 3) / NCPU : n) < MIN_TRANSFER_STRIDE)
        stride = MIN_TRANSFER_STRIDE;
    if (nextTab == null) {
        try {
            @SuppressWarnings("unchecked")
            Node<K,V>[] nt = (Node<K,V>[])new Node<?,?>[n << 1];
            nextTab = nt;
        } catch (Throwable ex) {
            sizeCtl = Integer.MAX_VALUE;
            return;
        }
        nextTable = nextTab;
        transferIndex = n;
    }
}
```

9.4.2.2 第二部分，数据迁移区间计算

这部分代码通过 while(advance)循环计算每个线程需要进行数据迁移的数组区间长度。笔者在前面提到过，如果根据数组长度计算出来的每个 CPU 处理的区间长度小于 16，会设置默认的区间长度为 16，假设数组长度是 64，但是只有两个线程在并行做数据迁移，这两个线程就需要执行多次区间迁移。

```
private final void transfer(Node<K,V>[] tab, Node<K,V>[] nextTab) {
    //省略
    int nextn = nextTab.length;
    ForwardingNode<K,V> fwd = new ForwardingNode<K,V>(nextTab);
    boolean advance = true;
    boolean finishing = false;
    for (int i = 0, bound = 0;;) {
        Node<K,V> f; int fh;
        while (advance) {
            int nextIndex, nextBound;
            if (--i >= bound || finishing)
                advance = false;
            else if ((nextIndex = transferIndex) <= 0) {
```

```
                i = -1;
                advance = false;
            }
            else if (U.compareAndSwapInt
                     (this, TRANSFERINDEX, nextIndex,
                      nextBound = (nextIndex > stride ?
                                   nextIndex - stride : 0))) {
                bound = nextBound;
                i = nextIndex - 1;
                advance = false;
            }
        }
        //省略
    }
}
```

上面这段代码中有一些关键的东西需要简单分析一下。

- ForwardingNode表示一个正在被迁移的Node，当原数组中某位置节点的数据完成迁移后，会对该位置设置一个ForwardingNode，表示该位置已经处理过了。
- advance 字段用来判断是否还有待处理的数据迁移工作。
- while 循环中的方法就是用来计算区间长度的，假设当前数组长度是 32 位，需要扩容到 64 位，此时 transferIndex=32，nextn=64，n=32。
    - 第一次循环，i=0，nextIndex=32。进入 U.CompareAndSwapInt，修改 transferIndex 的值，如果 transferIndex==nextIndex，则把 **transferIndex** 修改为 16，nextBound=16。此时 bound=16，i=31，当前线程负责迁移的数组区间为[16,31]。
    - 第二次循环，--i=30，nextIndex=16，transferIndex=16，进入 U.compareAndSwapIndex，修改 transferIndex 的值为 0 ，nextBound=0，bound=0，i=nextIndex-1=15，当前线程负责迁移的数组区间为[0,15]。

每次循环，都通过 if (--i >= bound || finishing)来判断数组区间是否分配完成，也就是说，数组从高往低进行迁移，比如第一次循环，处理的区间是[16,31]，那么就会从 31 位开始往前进行遍历，对每个链表进行数据迁移。

9.4.2.3　第三部分，更新扩容标记

这部分代码主要是判断逻辑，注意两点：

- 如果 i 所在位置的 Node 为空，说明当前没有数据，不需要迁移，直接通过 casTabAt 修改成 fwd 占位即可。
- 如果 i 所在位置的 Node 数据的 hash 值为 MOVED，说明当前节点已经被迁移，继续往下遍历。

```
private final void transfer(Node<K,V>[] tab, Node<K,V>[] nextTab) {
    //省略
    else if ((f = tabAt(tab, i)) == null)
        advance = casTabAt(tab, i, null, fwd);
    else if ((fh = f.hash) == MOVED)
        advance = true;
    //省略
}
```

9.4.2.4 第四部分，开始数据迁移和扩容

这部分代码是真正实现数据迁移的逻辑。

- 首先对当前要迁移的节点 f 增加同步锁 synchronized，避免多线程竞争。
- fh>=0 表示 f 节点为链表或者普通节点，按照链表或者普通节点的方式来进行数据迁移。
- f instanceof TreeBin 表示 f 节点为红黑树，按照红黑树的规则进行数据迁移，这里需要注意的是，数据迁移之后可能会存在红黑树转化成链表的情况，当链表长度小于等于 6 时，红黑树就会转化为链表。

```
private final void transfer(Node<K,V>[] tab, Node<K,V>[] nextTab) {
    //省略
    for (int i = 0, bound = 0;;) {
        //省略
        synchronized (f) {
            if (tabAt(tab, i) == f) {
                Node<K,V> ln, hn;
                if (fh >= 0) {
                    int runBit = fh & n;
                    Node<K,V> lastRun = f;
                    for (Node<K,V> p = f.next; p != null; p = p.next) {
                        int b = p.hash & n;
                        if (b != runBit) {
                            runBit = b;
```

```
                    lastRun = p;
                }
            }
            if (runBit == 0) {
                ln = lastRun;
                hn = null;
            }
            else {
                hn = lastRun;
                ln = null;
            }
            for (Node<K,V> p = f; p != lastRun; p = p.next) {
                int ph = p.hash; K pk = p.key; V pv = p.val;
                if ((ph & n) == 0)
                    ln = new Node<K,V>(ph, pk, pv, ln);
                else
                    hn = new Node<K,V>(ph, pk, pv, hn);
            }
            setTabAt(nextTab, i, ln);
            setTabAt(nextTab, i + n, hn);
            setTabAt(tab, i, fwd);
            advance = true;
        }
        else if (f instanceof TreeBin) {
            //如果当前节点是红黑树，则按照红黑树的处理逻辑进行迁移
        }
    }
}
}
}
```

上述代码中其实也包含一个比较有意思的设计，用到了高低位整体迁移的方式来提升迁移效率。在分析上述代码之前，我们先来了解一下什么是高低位迁移。假设存在如图 9-6 所示的数据存储结构，在数组下标为 4 的位置，存在一条由链表组成的节点，其中节点上这些数字表示的是 key 对应的 hash 值。

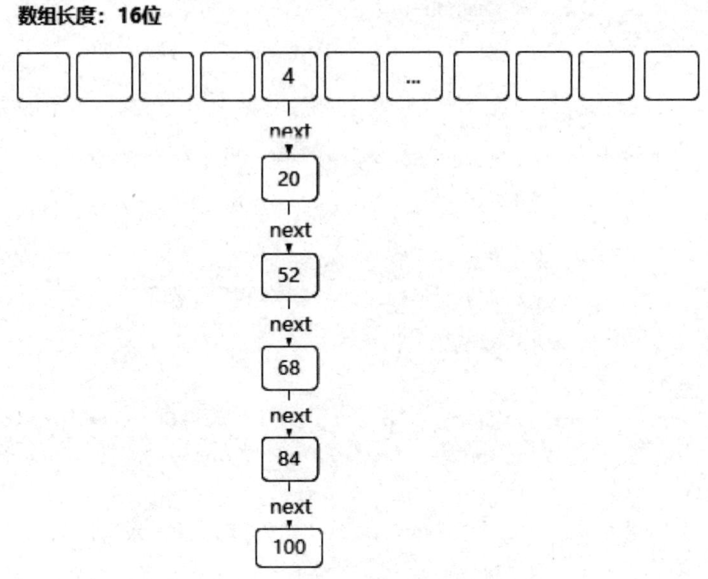

图 9-6　待迁移的数据存储结构

上述这些 hash 值（4、20、52、68、84、100）是怎么计算并且放在数组下标 4 的位置的呢？我们回到 putVal()方法可以看到，当前 key 是通过方法 tabAt(tab, i = (n - 1) & hash)去数组中查找的，关键的逻辑是(n-1)&hash。

```
final V putVal(K key, V value, boolean onlyIfAbsent) {
    //省略
    int hash = spread(key.hashCode());
    int binCount = 0;
    for (Node<K,V>[] tab = table;;) {
        Node<K,V> f; int n, i, fh;
        if (tab == null || (n = tab.length) == 0)
            tab = initTable();
        else if ((f = tabAt(tab, i = (n - 1) & hash)) == null) { //查找逻辑
            if (casTabAt(tab, i, null,
                         new Node<K,V>(hash, key, value, null)))
                break;
        }
        //省略
    }
```

```
    //省略
}
```

我们仔细观察(n-1)&hash，它有一个动态变化的因素 n（数组长度），也就是说，随着 n 的变化，原本存储在数组下标 4 位置的 key，在扩容之后下标位置也会变化。

举例来说，在如图 9-6 所示的链表中，4、20、52、68、84、100 这些 hash 值在数组长度为 16 位的情况下，通过(n-1)&hash 得到的下标位置都是 4。但是当数组长度扩容到 32 位时，再通过(n-1)&hash 来计算，发现 20、52、84 这三个 hash 值对应的下标位置都变成了 20，4、68、100 对应的数组下标位置仍然是 4。这就意味着，由一个链表组成的节点中，有可能一部分节点在扩容后不需要迁移，一部分节点在扩容后需要迁移。

所谓的高低位迁移，表示的就是上述这种情况，低位表示不需要迁移的元素、高位表示需要迁移的元素。

继续回到高低位迁移逻辑中，这里有一个比较有意思的设计，通过一定的规则计算出两条链：ln（低位链）和 hn（高位链），然后把这两条链一次性迁移到新的数组中，这减少了数据迁移次数。

```
if (tabAt(tab, i) == f) {
    Node<K,V> ln, hn;
    if (fh >= 0) {
        int runBit = fh & n;
        Node<K,V> lastRun = f;
        for (Node<K,V> p = f.next; p != null; p = p.next) {
            int b = p.hash & n;
            if (b != runBit) {
                runBit = b;
                lastRun = p;
            }
        }
        if (runBit == 0) {
            ln = lastRun;
            hn = null;
        }
        else {
            hn = lastRun;
```

```
            ln = null;
        }
        for (Node<K,V> p = f; p != lastRun; p = p.next) {
            int ph = p.hash; K pk = p.key; V pv = p.val;
            if ((ph & n) == 0)
                ln = new Node<K,V>(ph, pk, pv, ln);
            else
                hn = new Node<K,V>(ph, pk, pv, hn);
        }
        setTabAt(nextTab, i, ln);
        setTabAt(nextTab, i + n, hn);
        setTabAt(tab, i, fwd);
        advance = true;
    }
```

这里主要分析一下高低位链的计算方法。

- 通过 for 循环遍历当前链表，计算出当前链表最后一个需要迁移或者不需要迁移的节点位置。遍历每一个节点，通过 p.hash&n 计算一个值，这个值等于 0，表示需要迁移的数据，大于 0，表示不需要迁移的数据。

```
for (Node<K,V> p = f.next; p != null; p = p.next) {
    int b = p.hash & n;
    if (b != runBit) {
        runBit = b;
        lastRun = p;
    }
}
```

为了帮助大家更好地理解，我们把如图 9-6 所示的链表通过上面的代码运行后，得到如图 9-7 所示的效果，runBit 针对头部节点计算得到的值是 0，根据不断循环计算最终找到最后高位或者低位的位置所在的节点是 100。

需要注意，这里说的最后一位不是指真正意义上的最后一位，而是指节点中后续不存在高低位变化的节点的最早一个节点。假设在图 9-7 中 100 这个节点后面还存在 runBit=0 的节点，此时返回的 lastRun 仍然是 100 对应的节点。之所以这么设计是因为后续如果不存在需要迁移的节点，那么它本身就是一个链表，不需要再次遍历处理，这样可以减少遍历次数。

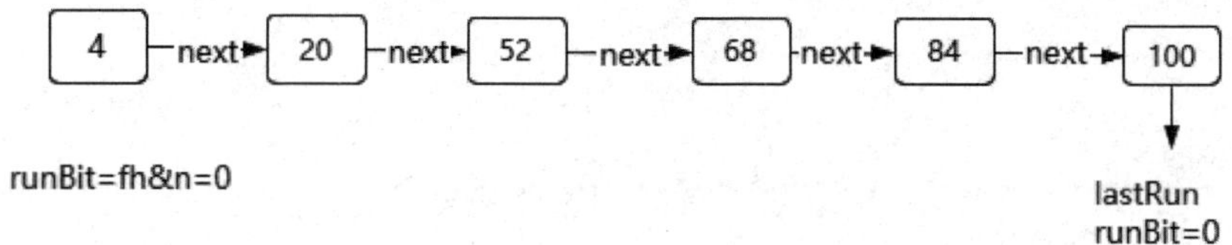

图 9-7　计算高低位节点

- 通过 runBit 进行判断，当前链表中最后一个节点属于高位还是低位，如果 runBit==0，表示属于低位，则把 lastRun 赋值给 ln（低位链），否则赋值给 hn（高位链）。

```
if (runBit == 0) {
    ln = lastRun;
    hn = null;
}
else {
    hn = lastRun;
    ln = null;
}
```

此时，ln=lastRun=hash 值 100 对应的节点，hn=null。

- 再一次遍历整个链表，把原本的链表构建出高低链。

```
for (Node<K,V> p = f; p != lastRun; p = p.next) {
    int ph = p.hash; K pk = p.key; V pv = p.val;
    if ((ph & n) == 0)
        ln = new Node<K,V>(ph, pk, pv, ln);
    else
        hn = new Node<K,V>(ph, pk, pv, hn);
}
```

高低位拆分情况如图 9-8 所示。

- 最后，把低位链设置到扩容后的数组的 i 位置，高位链设置到 i+n 的位置。

```
setTabAt(nextTab, i, ln);
setTabAt(nextTab, i + n, hn);
setTabAt(tab, i, fwd);
advance = true;
```

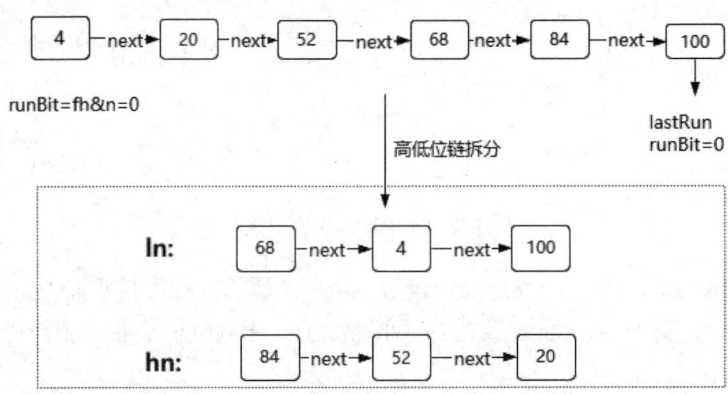

图 9-8 高低位拆分情况

至此，就完成了扩容及基于链表结构的数据迁移工作，迁移过程如图 9-9 所示。

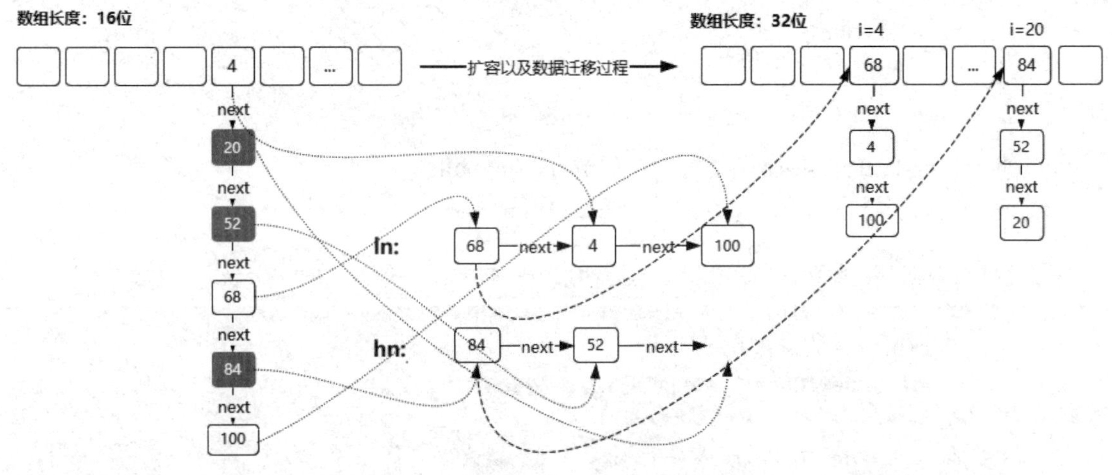

图 9-9 高低位迁移过程

9.4.2.5 第五部分，完成迁移后的判断

在 transfer()方法中还有一部分代码，用来判断是否完成扩容，并进行扩容完成之后的处理，代码如下。

```
if (i < 0 || i >= n || i + n >= nextn) {
    int sc;
    if (finishing) {
```

```
        nextTable = null;
        table = nextTab;
        sizeCtl = (n << 1) - (n >>> 1);
        return;
    }
    if (U.compareAndSwapInt(this, SIZECTL, sc = sizeCtl, sc - 1)) {
        if ((sc - 2) != resizeStamp(n) << RESIZE_STAMP_SHIFT)
            return;
        finishing = advance = true;
        i = n;
    }
}
```

这部分代码有两个逻辑：

- 如果数据迁移工作完成了，则把扩容后的数组赋值给 table。
- 如果还未完成，说明还有其他线程正在执行中，所以当前线程通过 U.compareAndSwapInt(this, SIZECTL, sc = sizeCtl, sc - 1)修改并发扩容的线程数量（这部分代码在前面章节中分析过，sizeCtl 低 16 位会记录并发扩容线程数量），如果(sc - 2) != resizeStamp(n) << RESIZE_STAMP_SHIFT，则说明没有线程在协助扩容，也就是说扩容结束了。

9.5　分段锁设计提高统计元素数量的性能

我们知道，当调用完 put()方法后，ConcurrentHashMap 必须增加当前元素的个数，以方便在 size()方法中获得存储的数据大小，代码实现如下。

```
final V putVal(K key, V value, boolean onlyIfAbsent) {
    //省略
    addCount(1L, binCount);
    return null;
}
```

请大家思考一个问题，在常规的集合中，我们只需要一个全局 int 类型的字段保存元素个数即可，每次添加一个元素，就对这个 size 变量+1。但是在 ConcurrentHashMap 集合中，需要保证对于该变量修改的线程的安全性，怎么设计呢？难道又用锁来实现？很显然，通过前面的分析，使用同步锁带来的性能开销太大，所以不适合。因此，在 ConcurrentHashMap 中，采用的是自旋锁和分段锁的设计。

9.5.1 size 计数的基本原理分析

在 ConcurrentHashMap 中，采用两种方式来保存元素的个数。

- 当线程竞争不激烈时，直接使用 baseCount+1 来增加元素个数。
- 当线程竞争比较激烈时，构建一个 CounterCell 数组，默认长度是 2，然后通过随机算法选择一个 CounterCell，针对该 CounterCell 中的 value 进行保存。

```
private transient volatile long baseCount;
private transient volatile CounterCell[] counterCells;
```

元素个数累加的整体流程如图 9-10 所示。

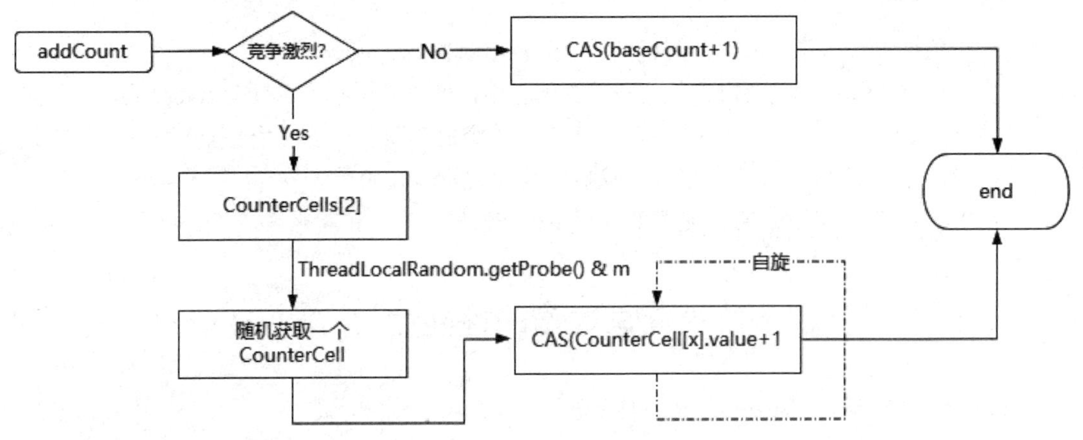

图 9-10　元素个数累加的整体流程

9.5.2 addCount()方法详解

addCount()方法的完整代码如下，从整体结构来看，包含两部分。

- 对 ConcurrentHashMap 中元素的个数进行累加。
- 通过 check>=0 来判断是否需要扩容，这部分代码在前面分析 tranfer()方法时讲过，不再赘述。

```
private final void addCount(long x, int check) {
    CounterCell[] as; long b, s;
```

```
    if ((as = counterCells) != null ||
        !U.compareAndSwapLong(this, BASECOUNT, b = baseCount, s = b + x)) {
        CounterCell a; long v; int m;
        boolean uncontended = true;
        if (as == null || (m = as.length - 1) < 0 ||
            (a = as[ThreadLocalRandom.getProbe() & m]) == null ||
            !(uncontended =
              U.compareAndSwapLong(a, CELLVALUE, v = a.value, v + x))) {
            fullAddCount(x, uncontended);
            return;
        }
        if (check <= 1)
            return;
        s = sumCount();
    }  //本行之前为增加元素个数部分的代码
    if (check >= 0) {
        Node<K,V>[] tab, nt; int n, sc;
        while (s >= (long)(sc = sizeCtl) && (tab = table) != null &&
               (n = tab.length) < MAXIMUM_CAPACITY) {
            int rs = resizeStamp(n);
            if (sc < 0) {
                if ((sc >>> RESIZE_STAMP_SHIFT) != rs || sc == rs + 1 ||
                    sc == rs + MAX_RESIZERS || (nt = nextTable) == null ||
                    transferIndex <= 0)
                    break;
                if (U.compareAndSwapInt(this, SIZECTL, sc, sc + 1))
                    transfer(tab, nt);
            }
            else if (U.compareAndSwapInt(this, SIZECTL, sc,
                                         (rs << RESIZE_STAMP_SHIFT) + 2))
                transfer(tab, null);
            s = sumCount();
        }
    }
}
```

我们重点来分析一下增加元素个数的代码。

- 在 if 判断中，第一步就是通过 U.compareAndSwapLong(this, BASECOUNT, b = baseCount, s = b + x)修改全局成员变量 baseCount 来进行累加。这个方法在有线程竞争的情况下会返回 false。
- 如果第一步执行失败，则尝试使用 CounterCell 进行累加。
    - 在 if 判断中通过 as=counterCells 把当前用来记录元素个数的全局变量 counterCells 赋值给 as。
    - 在第二个 if 判断中有几个具体的判断逻辑，这些判断逻辑中任何一个为 true，都会调用 fullAddCount()方法实现元素个数累加。
        - ✓ as==null，说明 CounterCell 数组还未初始化。
        - ✓ (m = as.length - 1) < 0，这个判断也说明 CounterCell 数组未被初始化。
        - ✓ (a = as[ThreadLocalRandom.getProbe() & m]) == null，说明 CounterCell 数组已经创建了，但是通过探针 hash 定位发现在数组中没有对象实例，说明这个数组中还存在没有 CounterCell 实例对象的情况。
        - ✓ U.compareAndSwapLong(a, CELLVALUE, v = a.value, v + x)，执行到这个判断逻辑，说明当前 CounterCell 数组每个位置都有一个 CounterCell 实例对象，直接通过 CAS 操作针对上一个步骤获得的 CounterCell 的 value 值进行累加，如果失败，则说明存在竞争。
- sumCount()方法返回总的元素个数，实际上应该就是 CounterCell 数组的元素个数和 baseCount 两者累加计算的结果。

细心的读者不难发现，在 if 判断中，首先执行(as = counterCells) != null，然后尝试对 baseCount 做累加。这里有一个概率的问题，如果一个集合发生过并发，后续发生并发的可能性会更大，这种思想在并发编程及很多应用场景中都有体现。

9.5.3 fullAddCount()方法分析

fullAddCount()方法的主要功能有如下几个。

- 如果 CounterCell 数组还未初始化，则先初始化。
- 如果已经初始化，则随机找到其中一个值进行累加更新。
- 如果线程竞争加剧，则尝试对 CounterCell 数组进行扩容。

接下来，笔者分别针对这三部分进行分析。

9.5.3.1　第一部分，初始化 CounterCell 数组

CounterCell 数组的初始化不难理解。

- cellsBusy == 0 && counterCells == as &&U.compareAndSwapInt(this, CELLSBUSY, 0, 1)，通过 cellsBusy 字段来表示抢占到锁，通过 CAS 修改 cellsBusy=1 来表示占有状态。
- CounterCell[] rs = new CounterCell[2]，构造一个长度为 2 的 CounterCell 数组。
- rs[h & 1] = new CounterCell(x)，把当前增加的元素个数 x 保存到 rs[h&1]的位置。
- counterCells = rs，把 rs 赋值给全局对象 counterCells。

```
private final void fullAddCount(long x, boolean wasUncontended) {
    //省略
   for (;;) {
       CounterCell[] as; CounterCell a; int n; long v;
       if ((as = counterCells) != null && (n = as.length) > 0) {
           //省略
       }
       else if (cellsBusy == 0 && counterCells == as &&
                U.compareAndSwapInt(this, CELLSBUSY, 0, 1)) {
           boolean init = false;
           try {                           // Initialize table
               if (counterCells == as) {
                   CounterCell[] rs = new CounterCell[2];
                   rs[h & 1] = new CounterCell(x);
                   counterCells = rs;
                   init = true;
               }
           } finally {
               cellsBusy = 0;
           }
           if (init)
               break;
       }
   }
}
```

9.5.3.2 第二部分，增加元素个数

CounterCell 数组初始化后，存在两种情况。

第一种情况是通过(a = as[(n - 1) & h]) == null 计算得到某个数组下标存在 null 对象，直接把当前要增加的元素个数 x 保存到数组中的某一个对象中即可。

- (as = counterCells) != null && (n = as.length) > 0，表示 counterCells 数组已经完成了初始化。
- CounterCell r = new CounterCell(x)，先创建一个 CounterCell 对象，把 x 保存进去。
- U.compareAndSwapInt(this, CELLSBUSY, 0, 1)，当前线程占用锁。
- rs[j] = r，把新构建的保存了元素个数 x 的 CounterCell 对象保存到 rs[j]的位置。

```
private final void fullAddCount(long x, boolean wasUncontended) {
    //省略
   for (;;) {
       CounterCell[] as; CounterCell a; int n; long v;
       if ((as = counterCells) != null && (n = as.length) > 0) {
           if ((a = as[(n - 1) & h]) == null) {
               if (cellsBusy == 0) {
                   CounterCell r = new CounterCell(x);
                   if (cellsBusy == 0 &&
                       U.compareAndSwapInt(this, CELLSBUSY, 0, 1)) {
                       boolean created = false;
                       try {
                           CounterCell[] rs; int m, j;
                           if ((rs = counterCells) != null &&
                               (m = rs.length) > 0 &&
                               rs[j = (m - 1) & h] == null) {
                               rs[j] = r;
                               created = true;
                           }
                       } finally {
                           cellsBusy = 0;
                       }
                       if (created)
                           break;
                       continue;
                   }
```

```
            }
            collide = false;
        }
        //省略
    }
    //省略
  }
}
```

第二种情况，就是直接通过 U.compareAndSwapLong(a, CELLVALUE, v = a.value, v + x)操作，对 CounterCell 数组指定位置的元素进行累加。

```
private final void fullAddCount(long x, boolean wasUncontended) {
    //省略
   for (;;) {
      //由于指定下标位置的 cell 值不为空，直接通过 CAS 进行原子累加，如果成功，则直接退出
      else if (U.compareAndSwapLong(a, CELLVALUE, v = a.value, v + x))//
          break;
   }
  //省略
}
```

9.5.3.3 第三部分，CounterCell 数组扩容

如果竞争比较激烈，则会有多次自旋（也就是线程无法满足上述的判断条件），就会触发 CounterCell 数组的扩容。

- cellsBusy == 0 &&U.compareAndSwapInt(this, CELLSBUSY, 0, 1)，抢占锁。
- CounterCell[] rs = new CounterCell[n << 1]，在原有的基础上扩容一倍，再通过 for 循环进行数据迁移。
- counterCells = rs，把扩容后的对象赋值给 counterCells。

```
private final void fullAddCount(long x, boolean wasUncontended) {
    //省略
    else if (cellsBusy == 0 &&
             U.compareAndSwapInt(this, CELLSBUSY, 0, 1)) {
        try {
            if (counterCells == as) {// Expand table unless stale
```

```
                //扩容一倍，2变成4
                CounterCell[] rs = new CounterCell[n << 1];
                for (int i = 0; i < n; ++i)
                    rs[i] = as[i];
                counterCells = rs;
            }
        } finally {
            cellsBusy = 0;//恢复标识
        }
        collide = false;
        continue;//继续下一次自旋
    }
    //省略
}
```

9.5.3.4 size()方法如何实现数据统计

基于前面的分析，基本上我们也能猜测出 size()方法的整体实现，无非就是把 baseCount 和 CounterCell 数组中保存的 value 进行累加。接下来我们看一下 size()方法的定义。

```
public int size() {
    long n = sumCount();
    return ((n < 0L) ? 0 :
            (n > (long)Integer.MAX_VALUE) ? Integer.MAX_VALUE :
            (int)n);
}
final long sumCount() {
    CounterCell[] as = counterCells; CounterCell a;
    long sum = baseCount;
    if (as != null) {
        for (int i = 0; i < as.length; ++i) {
            if ((a = as[i]) != null)
                sum += a.value;
        }
    }
    return sum;
}
```

主要是 sumCount()方法，实现原理和我们猜想的一致。

- 先得到 baseCount 的值，保存到 sum 字段中。
- 遍历 CounterCell 数组，把每个 value 进行累加。

> 我们发现，size()方法在计算总的元素个数时，并没有加锁，所以 size()方法返回的元素个数不一定代表总的容量。

9.6　详解红黑树的实现原理

我们知道在 ConcurrentHashMap 中，数据存储结构包括链表和红黑树，前面的内容全部是基于链表的结构来分析的，接下来我们简单分析一下红黑树。

9.6.1　什么是红黑树

红黑树是一种特殊的平衡二叉树，平衡二叉树具备的特征是：二叉树左子树和右子树的高度差的绝对值不超过 1。

为了更好地理解平衡二叉树，我们先来了解一下二叉搜索树（Binary Search Tree)。二叉搜索树的特征是：如果二叉树的左子树不为空，则左子树所有节点的值均小于它的根节点的值；如果二叉树的右子树不为空，则右子树所有节点的值均大于它的根节点的值。如图 9-11 所示，这就是一棵符合平衡二叉搜索树特征的二叉树。

从理论上来说，二叉搜索树的时间复杂度为 $O_{(\log n)}$，在极端情况下，会出现如图 9-12 所示的情况。如果插入的元素都大于根节点的值时，相当于二叉树变成了链表，这时对于数据的查询、插入、删除等操作的时间复杂度变成了 $O_{(n)}$。

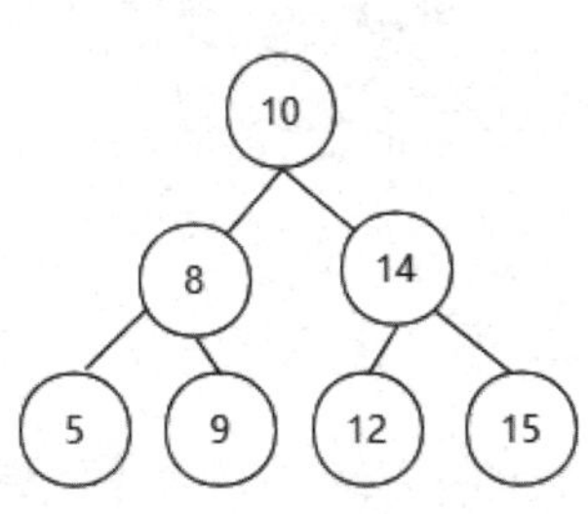

图 9-11　二叉搜索树

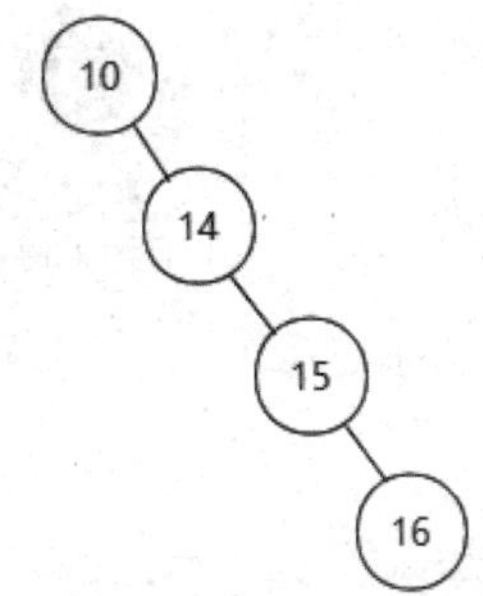

图 9-12　极端情况下变成链表

出现这种情况的原因是二叉搜索树没有一种机制来实现自动平衡。而平衡二叉树在极端的情况下，仍然能够保持绝对平衡，也就是左子树和右子树的高度差的绝对值不超过 1。在插入和删除元素时，只要存在不满足条件的情况，为了满足绝对平衡，就需要通过旋转来保持平衡，这个平衡过程比较耗时。为了在二叉树的平衡方面及性能方面做好权衡，Java 引入了红黑树，它相当于适当放宽了平衡的要求，所以它又被称为特殊的平衡二叉树。

9.6.2 红黑树的平衡规则

红黑树既然是一种特殊的平衡二叉树，它必然有一种规则来实现平衡，一棵红黑树必须满足以下五个特征：

- 红黑树的每个节点颜色只能是红色或者黑色。
- 根节点的颜色是黑色。
- 如果当前节点的颜色是红色，那么它的子节点的颜色必须是黑色。
- 所有叶子节点（包括 NIL 节点，NIL 节点表示叶子节点为空的节点）的颜色都是黑色。
- 从任一节点到其每个叶子节点的所有简单路径都包含相同数目的黑色节点。

如图 9-13 所示，是一棵完整的红黑树示例。

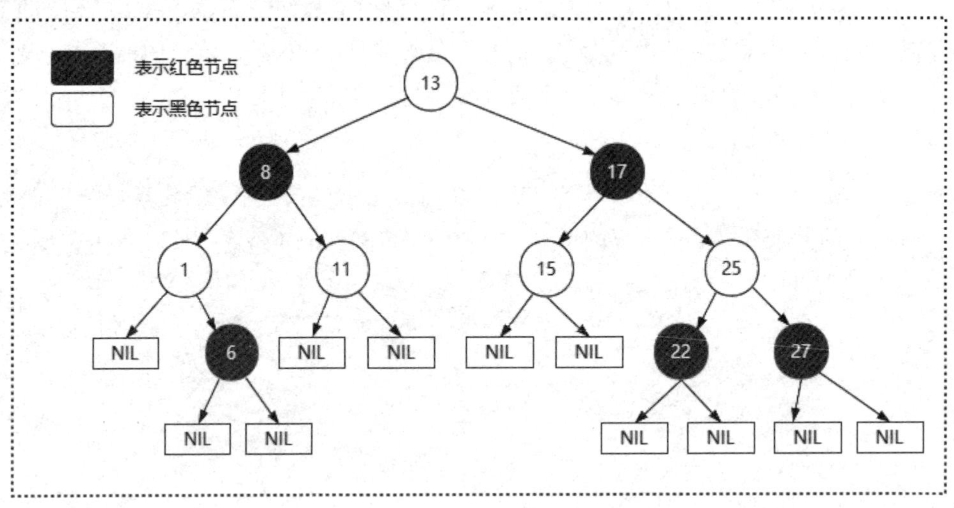

图 9-13　完整的红黑树示例

当我们对一棵红黑树进行修改、插入、删除操作时，有可能破坏红黑树原本的规则，要想发生这一系列操作后仍然满足红黑树原本的规则，就需要进行左旋、右旋、着色等操作。

9.6.2.1　左旋

以某个节点作为旋转节点（支点），其右子节点变为旋转节点的父节点，右子节点对应的左子节点变为旋转节点的右子节点，右子节点对应的右子节点保持不变，旋转节点的左子节点保持不变。

如图 9-14 所示，以 13 节点作为旋转节点进行左旋，13 节点对应的右子节点 17 变成了父节点，17 节点的左子节点 15 变成了旋转节点 13 的右子节点，17 节点的右子节点 25 保持不变，旋转节点 13 对应的左子节点 8 保持不变。

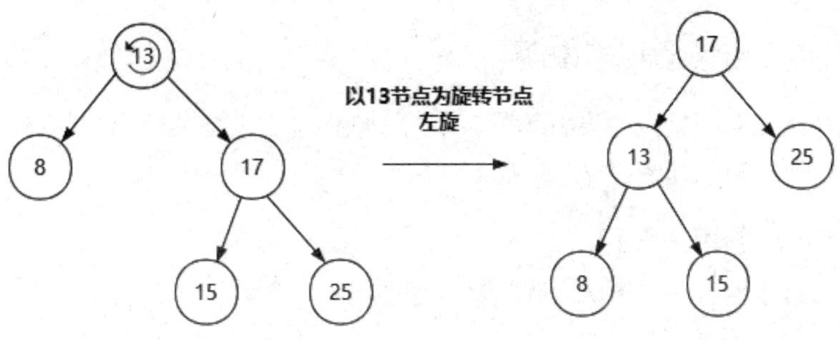

图 9-14　左旋

9.6.2.2　右旋

以某个节点作为旋转节点（支点），其左子节点变为旋转节点的父节点，左子节点对应的右子节点变为旋转节点的左子节点，左子节点对应的左子节点保持不变，旋转节点的右子节点保持不变。

如图 9-15 所示，以 13 节点作为旋转节点进行右旋，13 节点对应的左子节点 8 变成了父节点，8 节点的右子节点变成了旋转节点 13 的左子节点，8 节点对应的左子节点保持不变，旋转节点 13 对应的右子节点 17 保持不变。

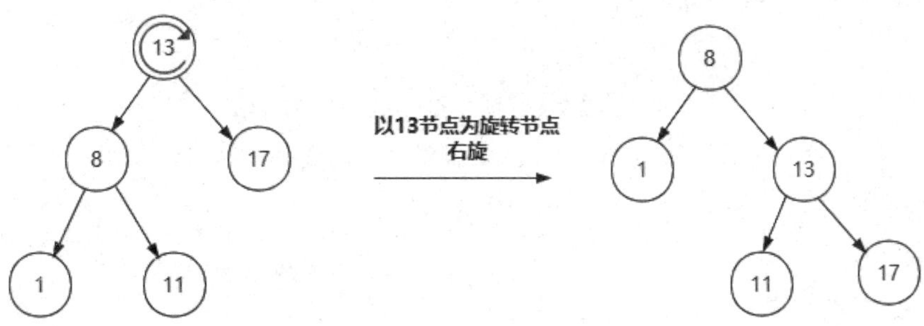

图 9-15　右旋

9.6.2.3 变色

节点的颜色由红色变成黑色或者由黑色变成红色，保持红黑树的平衡。变色操作发生在红黑树的插入或者删除操作之后。

向红黑树插入新的节点时，新节点的颜色一般会设置为红色（原因是红色节点破坏红黑树的基本原则的可能性较小），可能会破坏红黑树的部分特性，比如每个红色节点的两个子节点都是黑色节点，通过节点变色可以解决这些问题。

9.6.3 红黑树的平衡场景规则说明

当向红黑树中添加元素时，如果破坏了原本的平衡，那么就需要做自平衡操作，针对不同的场景，有相应的处理规则，具体情况分析如下。

9.6.3.1 场景一，红黑树为空树

如果当前红黑树还没有任何节点，那么插入的节点就作为红黑树的根节点，并且把节点设置为黑色。

9.6.3.2 场景二，插入节点的父节点为黑色

如果插入节点的父节点为黑色，新添加的节点为红色，直接添加即可，不需要做自平衡操作。（这也就是新添加的节点要设置为红色的原因，它破坏红黑树基本原则的可能性小，也就减少了自平衡操作）。

9.6.3.3 场景三，插入节点的父节点为红色

插入的新节点为红色，如果父节点也为红色（**需要注意这里有一个潜在的逻辑：如果当前新添加的节点的父节点为红色，意味着该父节点一定不是根节点，因为红黑树的根节点必须为黑色，所以插入的节点一定存在祖父节点**），违反了“如果当前的节点为红色，那么它的子节点必须为黑色”规则，因此需要进行自平衡操作，这时要看叔叔节点的状态。

- 叔叔节点为红色，说明父节点和叔叔节点都已经无法协助实现平衡了，所以直接把父节点和叔叔节点都设置为黑色，然后把祖父节点设置为红色（针对祖父节点变色之后的平衡，处理逻辑也是一样的，我们可以认为祖父节点是新添加的一个红色节点，然后由此往上不断地进行平衡）。
- 叔叔节点为黑色，说明叔叔节点还有空间来协助新的节点实现平衡，分为以下几种情况。
    - 当前新的节点是**左子节点**：

  - ✓ 新节点的父节点是**左子节点**，把新节点的父节点设置为黑色，把祖父节点设置为红色，以祖父节点为旋转节点进行右旋。
  - ✓ 新节点的父节点是**右子节点**，以新节点的父节点作为旋转节点进行右旋，把祖父节点设置为红色，把新节点设置为黑色，最后以祖父节点作为旋转节点进行左旋。

- ○ 当前新的节点是**右子节点：**
  - ✓ 新节点的父节点是**左子节点**，以新节点的父节点作为旋转节点进行左旋，再把新添加的节点设置为黑色，把祖父节点设置为红色，最后以祖父节点作为旋转节点进行右旋。
  - ✓ 新节点的父节点是**右子节点**，把新节点的父节点设置为黑色，把祖父节点设置为红色，以祖父节点作为旋转节点进行左旋。

对于上述场景，规则有点多，看起来比较绕，实际上并不是特别复杂，笔者再做一个简单的总结。

- 节点的矫正从当前插入节点的位置开始，将当前节点这棵小树（祖父节点以下）调整平衡后，继续往上调整，直到平衡。
- 父节点和叔叔节点都为红色，就直接把这两个节点全部设置为黑色，然后把祖父节点设置为红色，相当于把不平衡的问题抛给了祖父节点，如果祖父节点因为这个变化导致不平衡，那么重复这个过程继续进行调整。
- 父节点为红色，叔叔节点为黑色，如果当前节点跟父节点左右长度不一致，则旋转父节点使其变为一致，之后再旋转祖父节点。

9.6.4　红黑树插入元素平衡图解

为了更好地理解上述规则，下面我们针对红黑树添加元素时存在的各类场景进行分析。

9.6.4.1　父节点为红色，叔叔节点为红色

如图 9-16 所示，往红黑树中添加一个节点 N（可能是左子节点、也可能是右子节点），并且新添加的节点的父节点 P 和 U 都是红色节点。

此时不满足红黑树的规则“如果当前节点为红色，那么它的子节点必须为黑色”，按照前面描述的平衡方法：

- 把新节点的父节点 P 和叔叔节点 U 设置为黑色，把祖父节点 P 设置为红色。

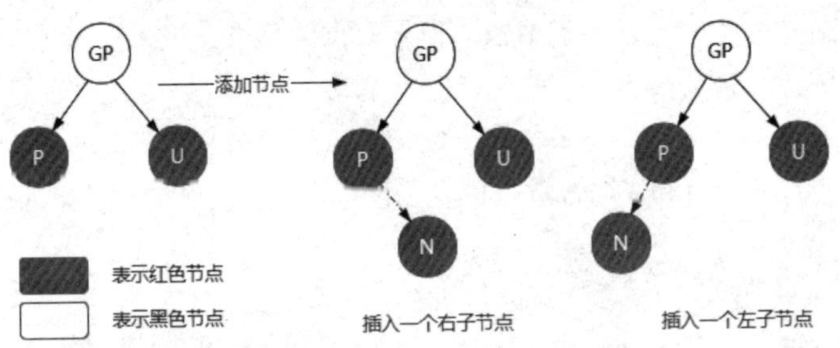

图 9-16　父节点为红色，叔叔节点为红色

- 由于祖父节点是根节点，需要满足根节点必须是黑色的要求，所以把祖父节点 GP 设置为黑色。如果 GP 不是根节点，那么我们可以认为 GP 是一个新添加的红色节点，继续往上进行平衡调整。

如图 9-17 所示，左边是平衡之前的结构，右边是平衡之后的结构。

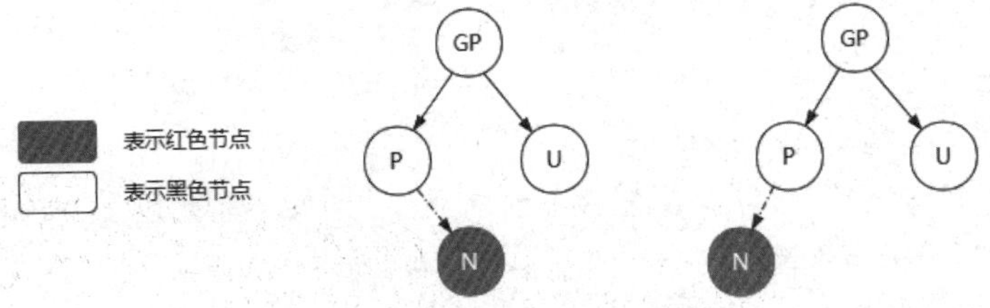

图 9-17　添加节点的平衡过程

9.6.4.2　父节点为红色，叔叔节点为黑色

这种场景又分为四种细分场景。

细分场景一：父亲是左子节点，新节点是右子节点。如图 9-18 所示，新插入节点 N 为右子节点，父节点 P 为祖父节点 GP 的左子节点，叔叔节点为 U。

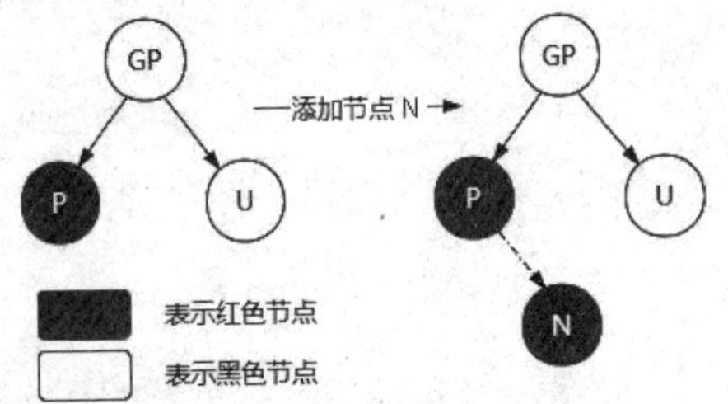

图 9-18　父亲是左子节点，新节点是右子节点

针对上述情况，处理过程如下，如图 9-19 所示。

- 以新节点 N 的父节点 P 作为旋转节点左旋。
- 把新节点 N 设置为黑色。
- 把祖父节点 GP 设置为红色。
- 以祖父节点 GP 作为旋转节点进行右旋。

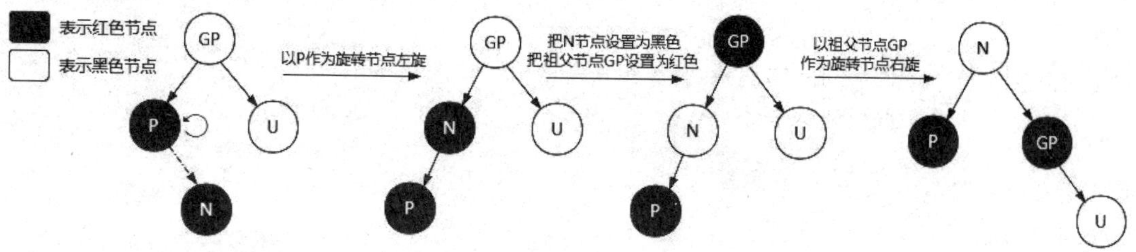

图 9-19　添加右子节点的平衡过程

细分场景二：父节点是左子节点，新节点是左子节点。如图 9-20 所示，新插入节点 N 为左子节点，父节点 P 为祖父节点 GP 的左子节点，叔叔节点是 U。

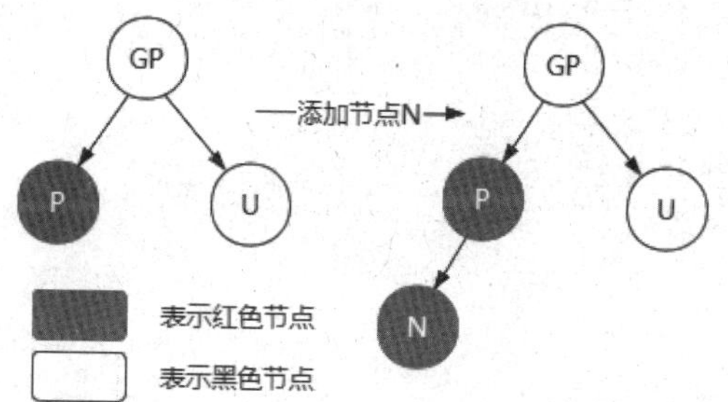

图 9-20　父亲是左子节点，新节点是左子节点

针对上述情况，处理过程如下，如图 9-21 所示。

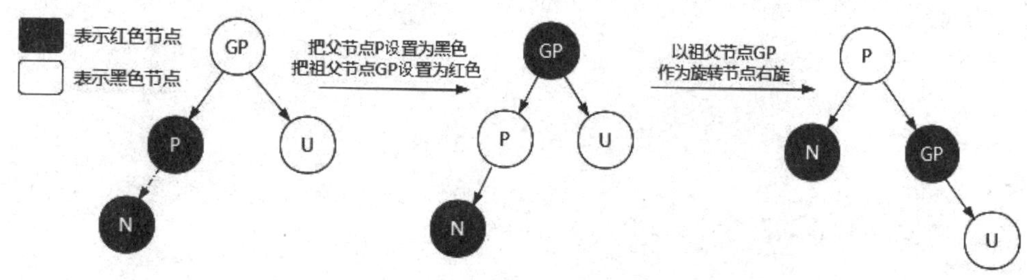

图 9-21　添加左子节点的平衡过程

- 把新节点 N 的父节点 P 设置为黑色。
- 把祖父节点 GP 设置为红色。
- 以祖父节点 GP 为旋转节点进行右旋。

细分情况三：父节点是右子节点，新节点是右子节点。如图 9-22 所示，新增节点 N 为右子节点，父节点 P 为祖父节点 GP 的右子节点，叔叔节点是 U。

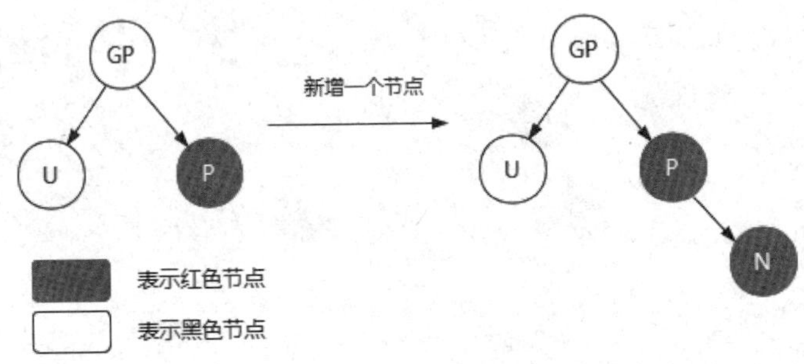

图 9-22　父亲是右子节点，新节点是右子节点

针对上述情况，处理过程如下，如图 9-23 所示。

- 把新节点 N 的父节点 P 设置为黑色。
- 把祖父节点 GP 设置为红色。
- 以祖父节点 GP 作为旋转节点进行左旋。

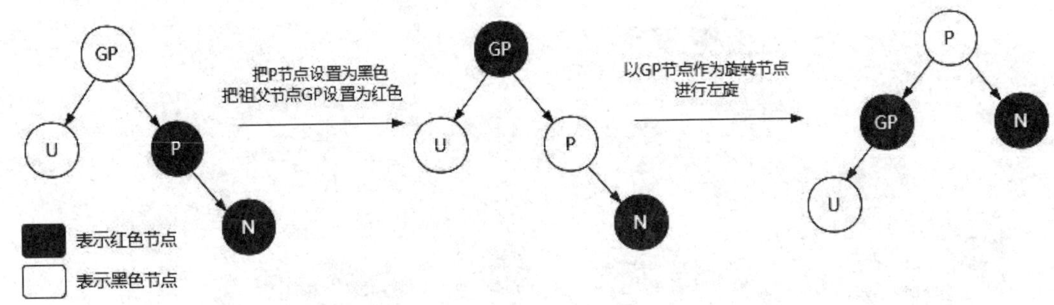

图 9-23　添加右子节点的平衡过程

细分情况四：父节点是右子节点，新节点是左子节点。如图 9-24 所示，新增节点 N 为左子节点，父节点 P 是祖父节点 GP 的右子节点，叔叔节点是 U。

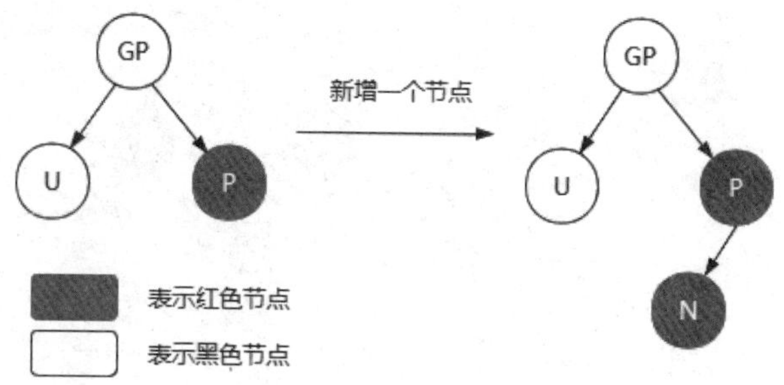

图 9-24　父亲是右子节点，新节点是左子节点

针对上述情况，处理过程如下，如图 9-25 所示。

- 以新节点 N 的父节点作为旋转节点进行右旋。
- 把祖父节点 GP 设置为红色，把新节点 N 设置为黑色。
- 以祖父节点 GP 作为旋转节点进行左旋。

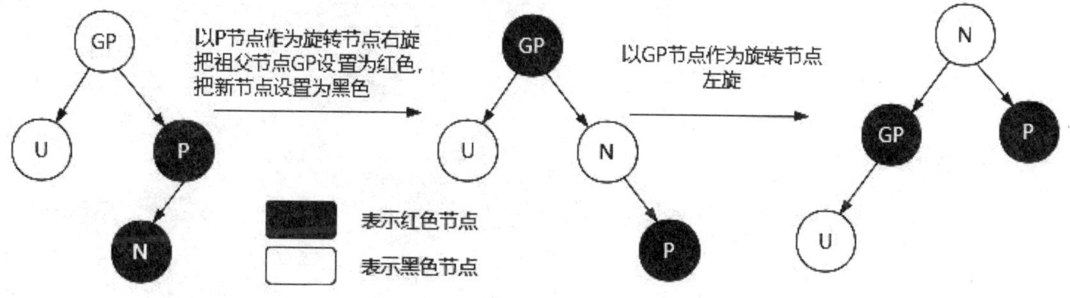

图 9-25　添加左子节点的平衡过程

9.6.5　红黑树规则实战解析

结合前面分析的场景与规则，我们通过一个具体的案例来真正理解红黑树的构建过程。

假设有这样一些数字：20、8、29、2、13、11、12、7，需要添加到红黑树中，我们来看一下怎么结合前面的规则来做平衡。

第一步，完成前面三个数字 20、8、29 的添加，如图 9-26 所示。

- 先添加 20 这个红色节点，由于 20 是根节点，所以设置为黑色。
- 分别添加 8 和 29 这两个红色节点，此时处于平衡状态，不需要调整。

图 9-26 添加前三个节点

第二步，继续添加节点 2，如图 9-27 所示。

- 添加红色节点 2。
- 此时父节点和叔叔节点均为红色，直接将这两个节点置为黑色即可。
- 由于 20 是根节点，所以它不需要修改颜色。

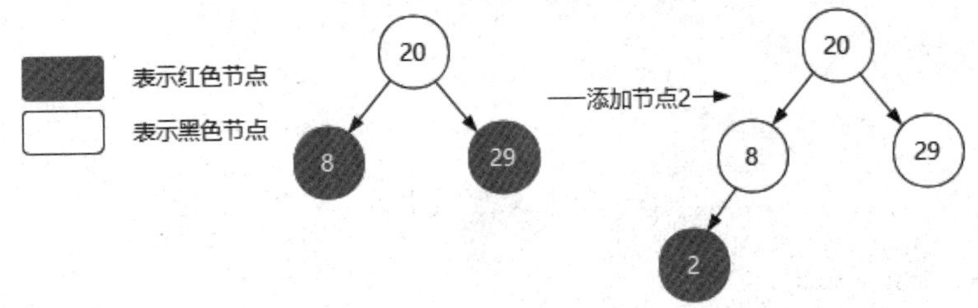

图 9-27 添加节点 2

第三步，添加节点 13，如图 9-28 所示，添加完成后，此时红黑树处于平衡状态，不需要做变化。

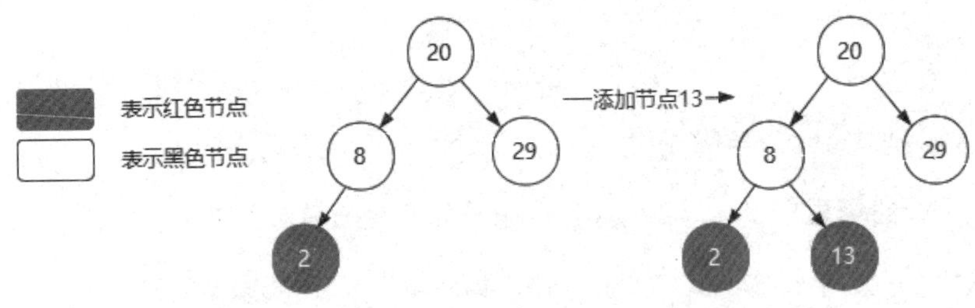

图 9-28 添加节点 3

第四步，添加节点 11，如图 9-29 所示。

- 添加节点 11，成为节点 13 的左子节点。
- 此时节点 11 的父节点和叔叔节点都为红色，直接将其设置为黑色。

- 把祖父节点 8 设置为红色。

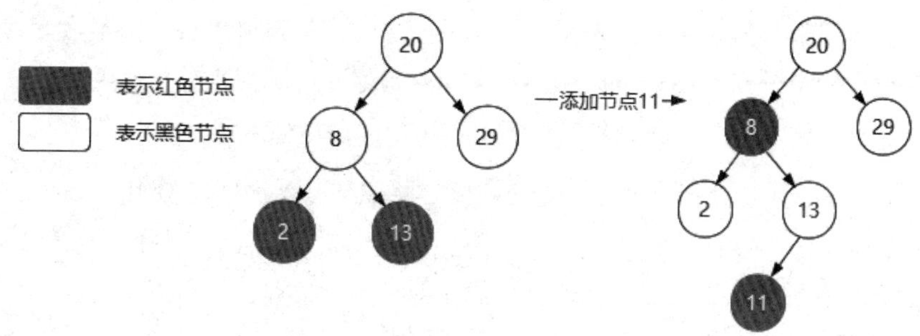

图 9-29　添加节点 11

第五步，添加节点 12，如图 9-30 所示。

- 添加红色节点 12，成为节点 11 的右子节点。
- 此时满足场景：父节点 11 为红色，叔叔节点（NIL 节点）为黑色，父节点为左子节点，新添加节点为右子节点，操作步骤如下。
    - 以节点 12 的父节点 11 为旋转节点进行左旋，左旋之后，相当于节点 12 变成了节点 11 的父节点。
    - 把新添加的节点 12 设置为黑色，把祖父节点 13 设置为红色。
    - 以祖父节点 13 作为旋转节点进行右旋。

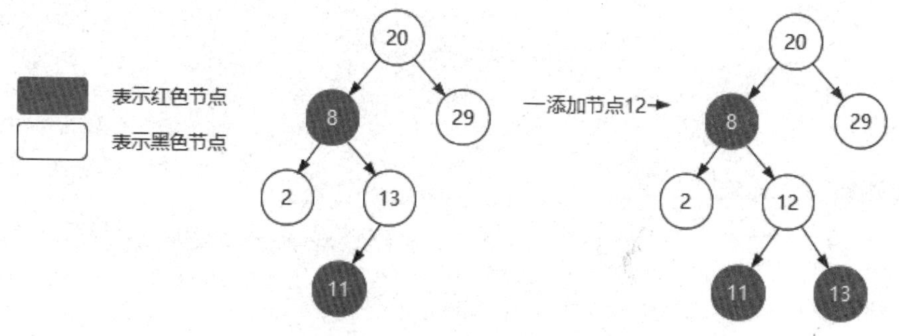

图 9-30　添加节点 12

至此，我们就完成了对红黑树中关于添加元素后进行自平衡的操作分析，读者朋友可以自己根据上述规则模拟训练一遍，以加深理解。

9.6.6 红黑树中删除元素的平衡规则

前面详细分析了红黑树中添加元素涉及的自平衡方法。除添加元素外，删除元素也会破坏平衡，因此也需要进行自平衡。相对于添加操作来说，删除操作所带来的平衡破坏涉及的情况更复杂一些，接下来我们就来了解一下删除操作涉及的场景及自平衡方法。

我们来思考一下，在红黑树中删除一个节点需要考虑什么？如图 9-31 所示，如果我们把 D 节点删除，那么必须要从下面的子节点中找到一个替换 D 节点的节点，否则 P 节点和 L 及 R 节点的链接会断开。因此，我们需要查找一个可替换的后继节点，把被删除节点和替换节点的值进行交换，也可以认为被删除节点移动到了原本替换节点的位置，完成交换之后，再把该节点删除即可。

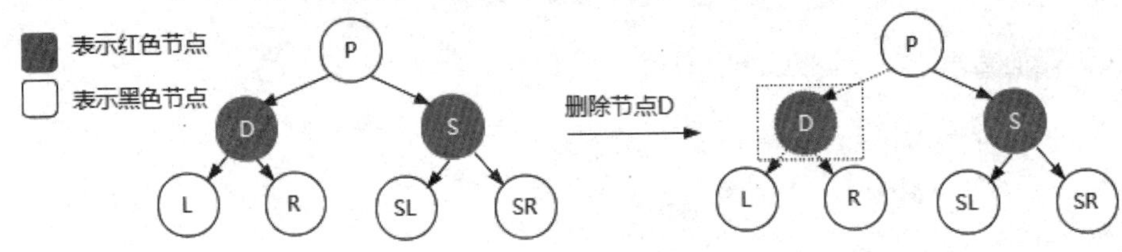

图 9-31 删除红黑树中的节点

被删除节点的子节点又存在几种不同状态及颜色，这些都会影响自平衡方法，我们可以从被删除节点是否存在子节点来考虑具体的解决方案。

- 被删除节点没有子节点。
- 被删除节点有一个子节点。
- 被删除节点有两个子节点，使用后继节点替换被删除节点，然后转化为上述两种情况处理。

下面针对上述情况做详细的分析。

9.6.6.1 被删除节点没有子节点

在被删除节点没有子节点的情况下，只需要考虑被删除节点本身的颜色即可。

- 如果是红色，直接删除即可，不会破坏红黑树的规则。
- 如果是黑色，处理方式稍微复杂一些，因为黑色节点被删除之后，意味着该节点的路径中黑色节点数量会减一，而且也没办法修改子节点的颜色来达到平衡，因此只能自底向上进行自平衡。

如图 9-32 所示，先约定一些节点名称，以方便后续进行说明。

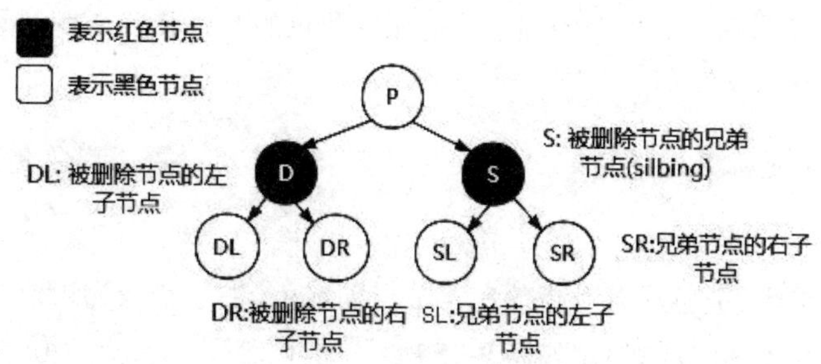

图 9-32　节点名称约定

下面通过两种不同的场景来进行逐一分析。

场景一：被删除节点为黑色，且该节点是父节点的左子节点。

- 兄弟节点为红色，那么根据红黑树的特性可以得出它一定有两个黑色子节点。如图 9-33 所示，假设要删除 D 节点，此时 D 节点的兄弟节点 S 为红色，具体的调整方法为：
    - 把兄弟节点 S 设置为黑色，把 P 节点设置为红色。
    - 以 P 节点为旋转节点左旋。

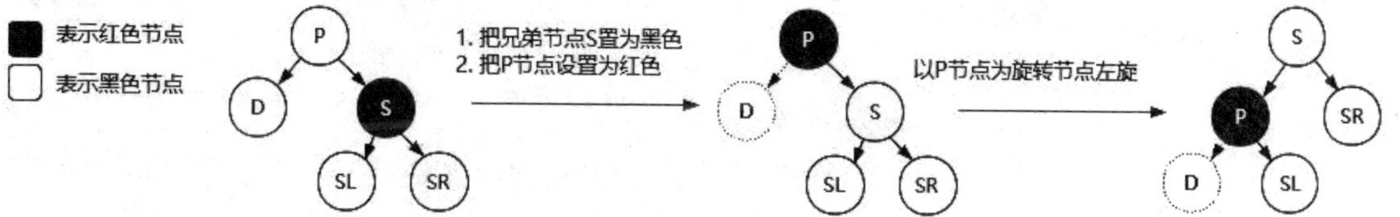

图 9-33　场景一：兄弟节点为红色

- 兄弟节点为黑色，并且兄弟节点的右子节点为红色。如图 9-34 所示，假设要删除 D 节点，此时兄弟节点 S 为黑色，右子节点 SR 为红色，具体的调整方法为：

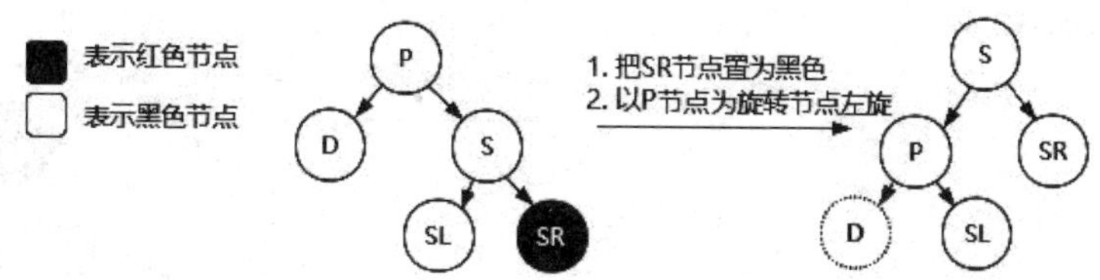

图 9-34　场景一：兄弟节点为黑色，并且兄弟节点的右子节点为红色

◦ 把 S 节点设置为父节点 P 的颜色，把兄弟节点的右子节点 SR 设置为黑色。
◦ 以 P 节点作为旋转节点左旋。

P 节点的任务是弥补左子树缺少的黑色节点，SR 节点设置成黑色是为了保持黑色节点数量相同。

- 兄弟节点为黑色，并且兄弟节点的左子节点为红色，右子节点为黑色（只可能为 NIl 节点，否则不满足红黑树的规则）。如图 9-35 所示，假设删除 D 节点，此时兄弟节点 S 为黑色，左子节点 SR 为红色，具体的调整方法为：

  ◦ 把 S 节点设置成红色、SL 节点设置成黑色。
  ◦ 以 S 节点为旋转节点进行右旋，右旋之后就变成了"兄弟节点为黑色，并且兄弟节点的右子节点为红色"的情况。
  ◦ 以 P 节点为旋转节点左旋，把 S 节点设置为黑色。

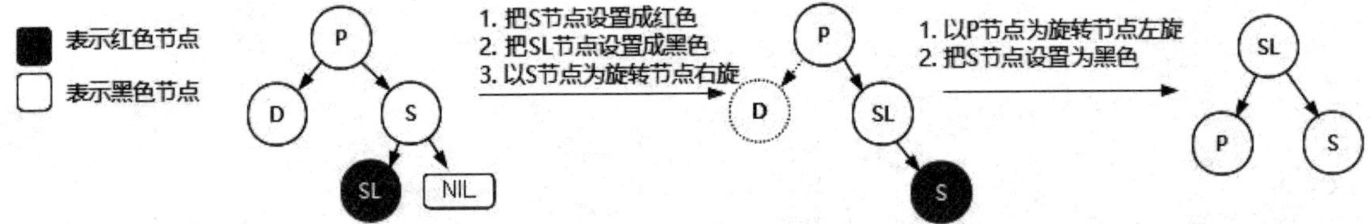

图 9-35　场景一：兄弟节点为黑色，并且兄弟节点的左子节点为红色，右子节点为黑色

- 兄弟节点为黑色，并且兄弟节点的左右子节点都为黑色。如图 9-36 所示，假设删除 D 节点，此时兄弟节点 S 为黑色，左子节点 SL 和 SR 皆为黑色，具体的调整方法为：

  ◦ 在这种情况下，把兄弟节点 S 设置为红色即可。
  ◦ 通过第一步的修改，会使得 P 节点所在的这棵树少一个黑色节点，所以后续需要对 P 节点向上进行平衡处理。

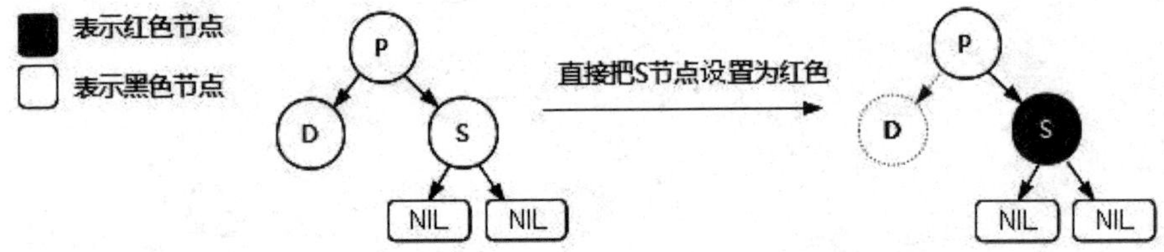

图 9-36　场景一：兄弟节点为黑色，并且兄弟节点的左右子节点都为黑色

场景二：被删除节点为黑色，且该节点是父节点的右子节点。

- 兄弟节点为红色，根据红黑树的特性可以得出它一定有两个黑色子节点。如图 9-37 所示，假设删除 D 节点，此时 D 节点的兄弟节点 S 为红色，具体的调整方法为：
  - 把兄弟节点 S 设置为黑色，把 P 节点设置为红色。
  - 以 P 节点为旋转节点右旋。

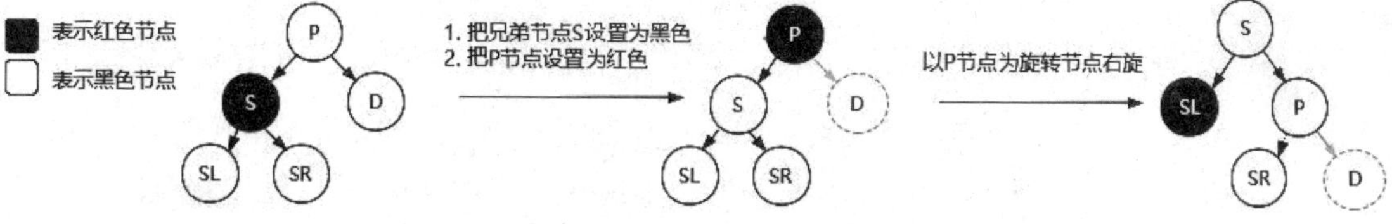

图 9-37　场景二：兄弟节点为红色

- 兄弟节点为黑色，并且兄弟节点的左子节点为红色。如图 9-38 所示，假设删除 D 节点，此时 D 节点的兄弟节点 S 为黑色，S 节点的左子节点 SL 为红色，具体的调整方法为：
  - 把 S 节点设置为父节点 P 的颜色，兄弟节点的左子节点 SL 设置为黑色。
  - 以 P 节点为旋转节点右旋。

P 节点的任务是弥补左子树缺少的黑色，SR 节点设置成黑色是为了保持相同的黑色节点数量。

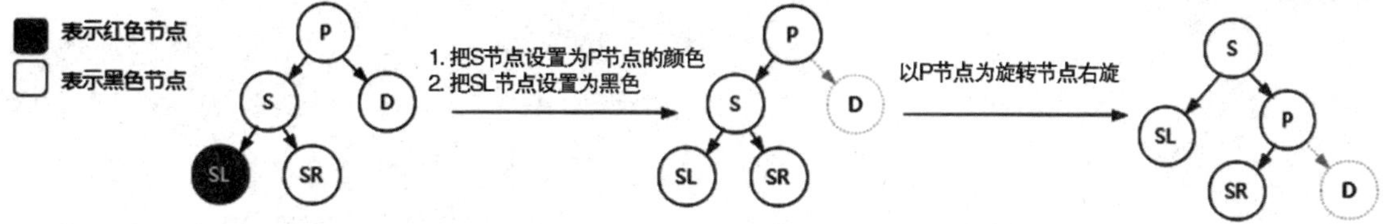

图 9-38　场景二：兄弟节点为黑色，并且兄弟节点的左子节点为红色

- 兄弟节点为黑色，并且兄弟节点的右子节点为红色。如图 9-39 所示，假设删除 D 节点，此时兄弟节点 S 为黑色，右子节点 SR 为红色，具体的调整方法为：
  - 把 S 节点设置为红色、SR 节点设置为黑色。
  - 以 S 节点为自旋节点左旋，左旋之后就变成了上面“兄弟节点为黑色，并且兄弟节点的左子节点为红色”的情况。
  - 以 P 节点作为旋转节点右旋，把 S 节点设置为黑色。

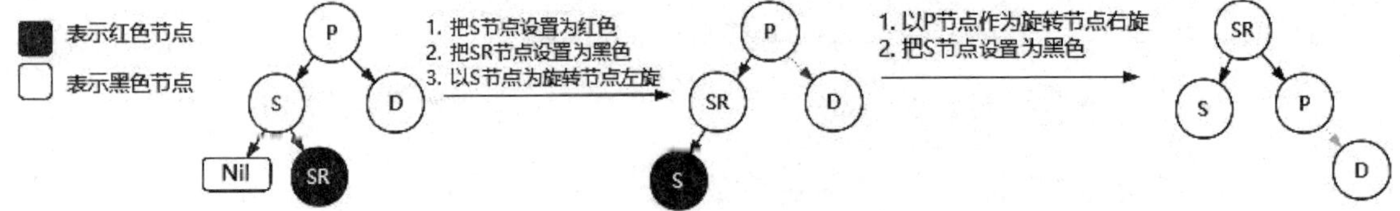

图 9-39 场景二：兄弟节点为黑色，并且兄弟节点的右子节点为红色

- 如图 9-40 所示，兄弟节点为黑色，且兄弟节点的左右子节点都为黑色节点。
  - 在这种情况下，把兄弟节点 S 设置成红色即可。
  - 通过第一步的修改，会使得节点 P 所在的树少一个黑色节点，所以后续需要对 P 节点向上进行平衡处理。

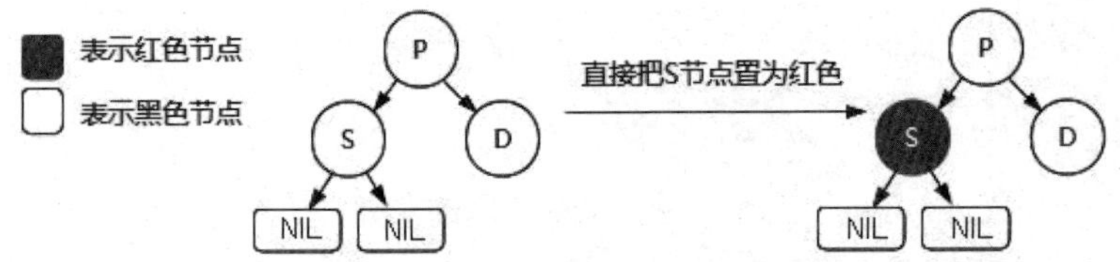

图 9-40 场景二：兄弟节点为黑色，并且兄弟节点的左右子节点都为黑色

9.6.6.2 被删除节点有一个子节点

这种情况比较简单，首先大家要明白，在被删除的节点有一个子节点的情况下，被删除的节点一定为黑色，其子节点为红色，因为按照红黑树的规则不可能存在两个连续的红色节点，所以可以直接用被删除节点的子节点来接替被删除的节点，再将其设置为黑色。

如图 9-41 所示，当我们删除节点 15 时，因为它只有一个红色的右子节点，所以可以直接删除，整个红黑树仍然处于平衡状态。

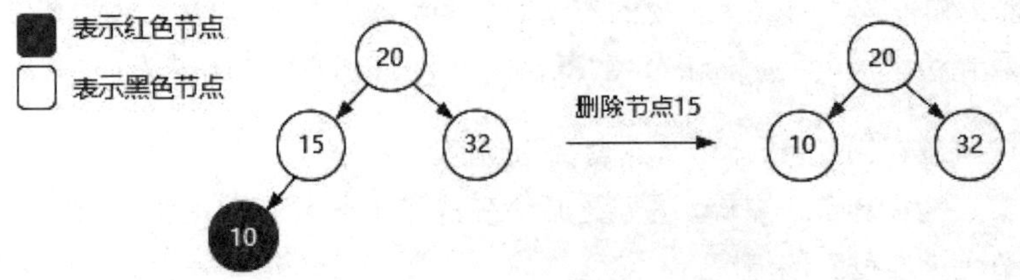

图 9-41 被删除的节点有一个子节点

9.6.6.3　被删除节点有两个子节点

假设有一个被删除的 N 节点，先找到 N 节点的后继节点 D，然后交换 N 和 D 的值，再对 N 节点进行删除。最后我们发现，把 N 节点删除之后，又变成了上面的两种情况，也就是看被删除的节点是否存在子节点，再根据子节点的情况进行相关的处理。

如图 9-42 所示，假设 12 是要被删除的节点，那么找到节点 12 的后继节点 8（左子树中最大的节点），两者进行交换，然后把节点 12 删除。被删除的节点 12 必定有少于两个非叶子的子节点。由于只是交换了值，并没有修改颜色，所以本身不违反任何红黑树的规则。通过这样的方式，就把当前问题简化成了如何删除最多只有一个子节点的问题。

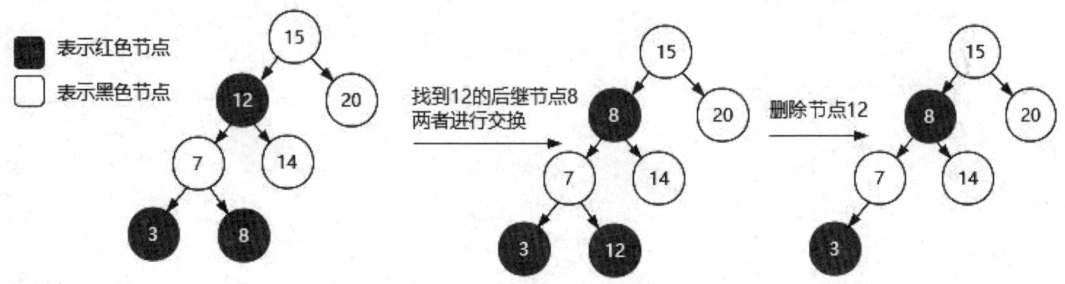

图 9-42　被删除的节点有两个子节点

整体来说，在删除节点时，只有被删除的节点为黑色的情况下，处理会复杂一些，但其实也不算难，各位读者有时间可以自行推演一遍，来加深对红黑树的理解。

至此，红黑树这种数据结构就分析完了。

9.7　ConcurrentHashMap 中红黑树的使用

前面我们分析过，ConcurrentHashMap 中的 putVal()方法中存在一个链表转红黑树的逻辑。

```
final V putVal(K key, V value, boolean onlyIfAbsent) {
    //省略
    if (binCount != 0) {
        if (binCount >= TREEIFY_THRESHOLD)
            treeifyBin(tab, i);
        if (oldVal != null)
            return oldVal;
```

```
        break;
    }
    //省略
}
```

当满足 binCount >= TREEIFY_THRESHOLD 时，调用 treeifyBin()进行红黑树转化，代码如下。

```
private final void treeifyBin(Node<K,V>[] tab, int index) {
   //省略
    else if ((b = tabAt(tab, index)) != null && b.hash >= 0) {
        synchronized (b) {
            if (tabAt(tab, index) == b) {
                TreeNode<K,V> hd = null, tl = null;
                for (Node<K,V> e = b; e != null; e = e.next) {
                    TreeNode<K,V> p =
                        new TreeNode<K,V>(e.hash, e.key, e.val,
                                          null, null);
                    if ((p.prev = tl) == null)
                        hd = p;
                    else
                        tl.next = p;
                    tl = p;
                }
                setTabAt(tab, index, new TreeBin<K,V>(hd));
            }
        }
    }
    //省略
}
```

上面这段代码的逻辑如下。

- 先用 synchronized 加锁，保证线程的安全性。
- 通过 for 循环遍历整个链表，并把链表中每个节点的数据重新封装成 TreeNode 对象，组装成双向链表。
- 把构建的双向链表 hd 作为构造参数传递给 TreeBin，TreeBin 会完成红黑树的构建。

ConcurrentHashMap 中红黑树用 TreeNode 来表示，它继承自 Node 类，代码如下。

```
static final class TreeNode<K,V> extends Node<K,V> {
    TreeNode<K,V> parent;
    TreeNode<K,V> left;
    TreeNode<K,V> right;
    TreeNode<K,V> prev;
    boolean red;

    TreeNode(int hash, K key, V val, Node<K,V> next,
            TreeNode<K,V> parent) {
        super(hash, key, val, next);
        this.parent = parent;
    }
}
```

9.7.1 TreeBin 的基本介绍

TreeBin 主要提供了红黑树的一系列功能实现，并且实现了读写锁。

```
static final class TreeBin<K,V> extends Node<K,V> {
        TreeNode<K,V> root;
        volatile TreeNode<K,V> first;
        volatile Thread waiter;
        volatile int lockState;
        static final int WRITER = 1;
        static final int WAITER = 2;
        static final int READER = 4;
}
```

TreeBin 中几个成员变量的含义说明如下。

- root，　红黑树根节点。
- first，链表结构头节点。
- waiter，保存最近一个抢占写锁的线程（如果有值，则说明 lockState 是读锁状态）。
- lockState，表示锁的状态，分别有三种状态。
  - WRITER=1，写锁状态。
  - WAITER=2，等待获取写锁状态。
  - READER=4，读锁状态。

TreeBin 中提供的一些比较重要的方法如下。

- TreeBin(TreeNode<K,V> b)，将以 b 为头节点的链表转换为红黑树。
- lockRoot()，对红黑树的根节点加写锁。
- unlockRoot()，释放写锁。
- find(int h, Object k)，根据 key 获取指定的节点，它是 get()方法的实现。

9.7.2 链表转化成红黑树

treeifyBin()方法在进行链表转化时，先构建了一个双向链表，接着调用 TreeBin()方法转化为红黑树：

- 如果当前红黑树为空，则初始化红黑树根节点。
- 如果红黑树不为空，则按照平衡二叉树的基本逻辑进行插入。
- 通过 balanceInsertion()方法进行自平衡。

TreeBin()方法的完整代码可通过"读者服务"获取，我们来把它拆分成三部分进行分析。

第一部分，初始化红黑树，实现逻辑如下。

- 遍历链表 b。
- x.left = x.right = null，把新添加的节点的左右子节点设置为 null。
- r 表示红黑树的根节点，r==null 表示红黑树为空，将 x 节点设置为红黑树的根节点。
- x.red=false，把 x 节点设置为黑色。

```
TreeBin(TreeNode<K,V> b) {
    super(TREEBIN, null, null, null);
    this.first = b;
    TreeNode<K,V> r = null;
    for (TreeNode<K,V> x = b, next; x != null; x = next) {
        next = (TreeNode<K,V>)x.next;
        x.left = x.right = null;
        if (r == null) {
            x.parent = null;
            x.red = false;
            r = x;
        }
```

```
        //省略
    }
    //省略
}
```

第二部分，将元素添加到已有的红黑树中。

向已经存在的红黑树中添加元素，首先需要根据平衡二叉树的原则将当前节点插入合适的位置。**如果二叉树的左子树不为空，则左子树上所有节点的值均小于它的根节点的值；如果二叉树的右子树不为空，则右子树的所有节点的值均大于它的根节点的值。**

- 计算 dir 的值。
  - -1 表示插入的节点的 hash 值大于当前节点的值。
  - 1 表示插入的节点的 hash 值小于当前节点的值。
- 如果插入的节点的 hash 值和当前节点的 hash 值相等，则先调用 comparableClassFor()方法判断节点的key是否实现了Comparable接口，如果kc　!= null，则通过compareComparables()方法进行比较，如果返回 0，继续调用 tieBreakOrder()方法来比较，dir 只能返回-1 或 1。
- 根据 dir 的结果来决定当前节点是左子节点还是右子节点。

```
TreeBin(TreeNode<K,V> b) {
    //省略
    for (TreeNode<K,V> p = r;;) {
        int dir, ph;
        K pk = p.key;
        if ((ph = p.hash) > h)
            dir = -1;
        else if (ph < h)
            dir = 1;
        else if ((kc == null &&
                  (kc = comparableClassFor(k)) == null) ||
                 (dir = compareComparables(kc, k, pk)) == 0)
            dir = tieBreakOrder(k, pk);
        TreeNode<K,V> xp = p;
        if ((p = (dir <= 0) ? p.left : p.right) == null) {
            x.parent = xp;
            if (dir <= 0)
```

```
            xp.left = x;
        else
            xp.right = x;
        r = balanceInsertion(r, x);
        break;
      }
   }
   //省略
}
```

9.7.3 自平衡

调用 balanceInsertion()方法来针对插入元素的场景实现红黑树的自平衡。

```
static <K,V> TreeNode<K,V> balanceInsertion(TreeNode<K,V> root,
                                            TreeNode<K,V> x) {
    x.red = true;
    for (TreeNode<K,V> xp, xpp, xppl, xppr;;) {
        if ((xp = x.parent) == null) {
            x.red = false;
            return x;
        }
        else if (!xp.red || (xpp = xp.parent) == null)
            return root;
        if (xp == (xppl = xpp.left)) {
            if ((xppr = xpp.right) != null && xppr.red) {
                xppr.red = false;
                xp.red = false;
                xpp.red = true;
                x = xpp;
            }
            else {
                if (x == xp.right) {
                    root = rotateLeft(root, x = xp);
                    xpp = (xp = x.parent) == null ? null : xp.parent;
                }
                if (xp != null) {
```

```
                    xp.red = false;
                    if (xpp != null) {
                        xpp.red = true;
                        root = rotateRight(root, xpp);
                    }
                }
            }
        }
        else {
            if (xppl != null && xppl.red) {
                xppl.red = false;
                xp.red = false;
                xpp.red = true;
                x = xpp;
            }
            else {
                if (x == xp.left) {
                    root = rotateRight(root, x = xp);
                    xpp = (xp = x.parent) == null ? null : xp.parent;
                }
                if (xp != null) {
                    xp.red = false;
                    if (xpp != null) {
                        xpp.red = true;
                        root = rotateLeft(root, xpp);
                    }
                }
            }
        }
    }
}
```

由于前面已经分析过了原理，笔者这里只简单地说明一下它的实现逻辑。

- x.red = true，所有添加的节点默认为红色。
- (xp = x.parent) == null，根节点为空，直接将 x 节点设置为黑色。
- !xp.red || (xpp = xp.parent) == null，x 节点的父节点为黑色，或者 x 节点的祖父节点为空，直接返回，不需要处理。

- xp == (xppl = xpp.left)，x 节点的父节点 xp 是祖父节点 xpp 的左子节点。
  - (xppr = xpp.right) != null && xppr.red，x 节点的叔叔节点存在且为红色，直接修改父节点和叔叔节点的颜色。
  - 如果叔叔节点不存在，或者叔叔节点存在且为黑色，则通过 x == xp.right 来判断 x 节点是父节点的右子节点还是左子节点，最终决定旋转方向。
- x 节点的父节点 xp 是祖父节点 xpp 的右子节点，处理逻辑类似。

ConcurrentHashMap 中关于红黑树的原理就分析到这里，还有一些没有分析到的，比如红黑树的删除涉及的自平衡、红黑树的查找等，实现原理都是类似的，笔者在这里不做过多的赘述。

9.7.4 ConcurrentHashMap 总结

整体来说，ConcurrentHashMap 是一个包含很多好的设计思想的工具，其中的设计思想在很多地方都可以用到，比如：

- 数据结构的合理使用。
- 锁粒度的控制，提升并发性能。
- 分段锁实现数据的统计。
- 多线程并发扩容机制。
- 高低位迁移方法。
- sizeCtl 状态机的设计。

其中的精巧设计需要各位读者慢慢品读，只有真正理解其设计理念，才能将其更好地运用到实战中。

9.8 Java 中其他并发安全集合

在 Java 中，除了 ConcurrentHashMap 这种并发安全的 HashMap 集合，还有一些并发安全集合。

- ConcurrentLinkedQueue，基于链表结构实现的并发安全的队列。
- ConcurrentLinkedDeque，基于双向链表实现的并发安全的双端队列。
- ConcurrentSkipListMap，线程安全的、基于跳表实现且有序的哈希表。

9.8.1 ConcurrentLinkedQueue

ConcurrentLinkedQueue 是一种并发安全且非阻塞的链表队列，对于链表结构，想必各位读者已经非常了解了，它采用先进先出的规则来对节点排序。每次添加元素时，都会添加到队列的尾部，当需要获取元素时，会直接返回队列头部的元素。

ConcurrentLinkedQueue 的数据存储结构及实现原理如图 9-43 所示，当添加一个元素时，首先会建立一个初始化的 head 节点，然后将 head 节点指向添加元素的节点，建立引用关系。再继续添加元素时，直接在队列尾部添加，修改原本 tail 的指针使其指向新添加的节点，并将新添加的节点设置为 tail。

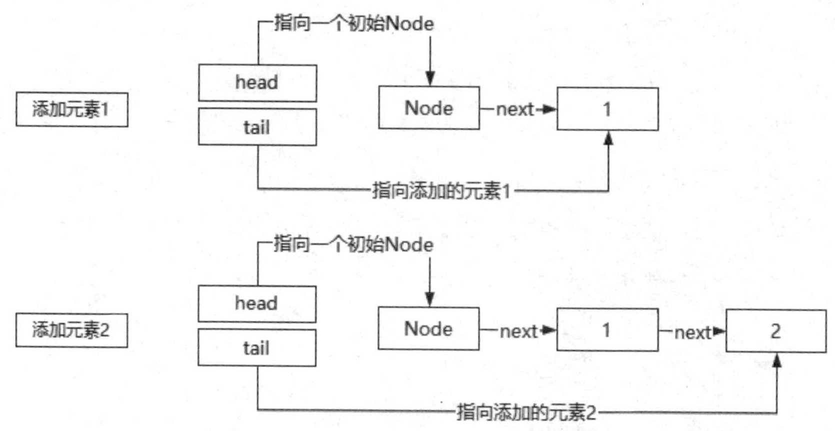

图 9-43　ConcurrentLinkedQueue 的数据存储结构及实现原理

ConcurrentLinkedQueue 采用了 CAS 机制来保证在多线程环境下添加元素时的线程安全性。下面这段代码是摘自 ConcurrentLinkedQueue 中添加元素的方法 offer()，在添加新的元素到链表中时，采用的是 p.casNext(null, newNode)，用到了 CAS 机制。在前面的章节中详细讲解过 CAS 机制，不清楚的读者可以再去了解一下。

```
public boolean offer(E e) {
    checkNotNull(e);
    final Node<E> newNode = new Node<E>(e);

    for (Node<E> t = tail, p = t;;) {
        Node<E> q = p.next;
        if (q == null) {
            if (p.casNext(null, newNode)) {
                if (p != t) //跳跃两个节点再更新
                    casTail(t, newNode);
```

```
                return true;
            }
        }
        else if (p == q)
            p = (t != (t = tail)) ? t : head;
        else
            p = (p != t && t != (t = tail)) ? t : q;
    }
}
```

在上述代码中，更新 tail 节点时，并不是实时更新的，而是跳跃两个节点再更新。这里采用的是一种松弛阈值设计，可以减少 CAS 指令的执行次数，从而降低 CAS 操作带来的性能影响。

如图 9-44 所示，所谓松弛阈值设计，就是在添加或者获取元素的过程中涉及更新 head 或者 tail 节点时，不实时更新，而是等跳跃两个节点之后再更新 head 或者 tail。

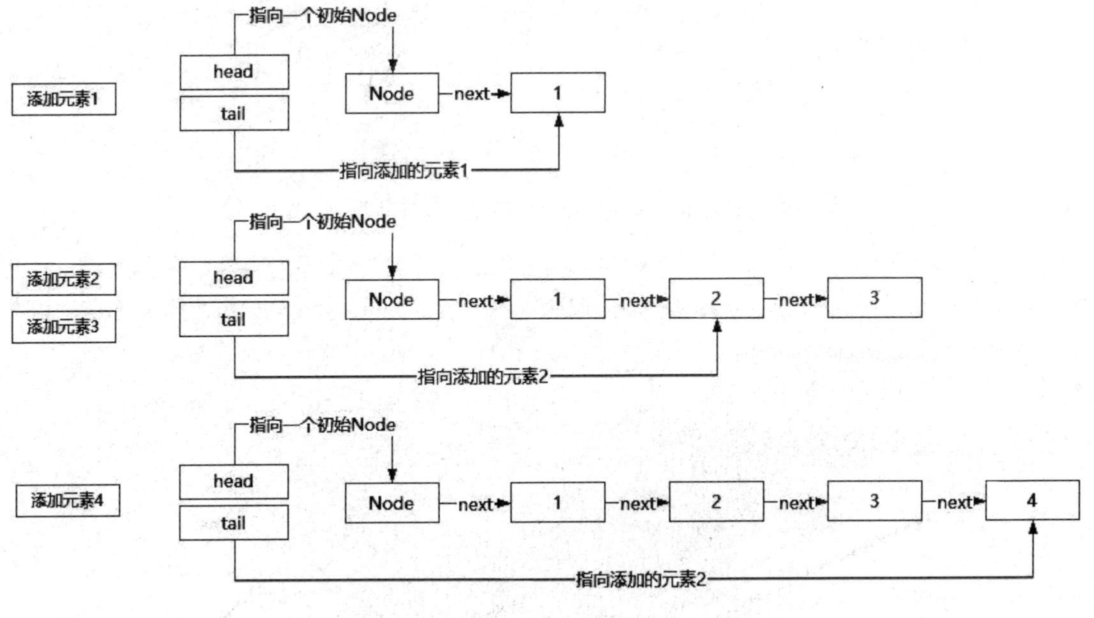

图 9-44　ConcurrentLinkedQueue 实现原理

9.8.2　ConcurrentLinkedDeque

ConcurrentLinkedDeque 是一种基于双向链表的非阻塞队列，对于数据的操作，可以支持 FIFO、

LIFO。ConcurrentLinkedDeque 的基本原理和 ConcurrentLinkedQueue 类似，也采用了松弛阈值设计，跳跃两个节点更新 head 或者 tail。

如图 9-45 所示，head 和 tail 分别指向队列头部和队列尾部，每个 Node 代表一个元素，Node 节点之间建立双向引用关系。在向队列中添加元素时，也采用 CAS 机制来实现自旋锁以保证线程的安全性。

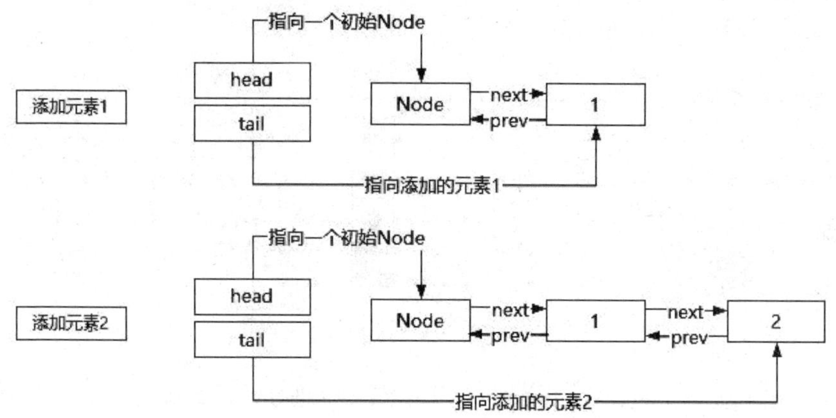

图 9-45　ConcurrentLinkedDeque 存储结构

9.8.3　ConcurrentSkipListMap

ConcurrentSkipListMap 是一个并发安全的、有序的、基于跳表实现的 Map。这个集合我们用得非常少，一般情况下我们会用 ConcurrentHashMap。当然，相比 ConcurrentHashMap 来说，它有一些优势：

- ConcurrentSkipListMap 中的 key 是有序的。
- ConcurrentSkipListMap 支持更高的并发，ConcurrentSkipListMap 的读写时间复杂度是 $O_{(\log n)}$，也就是说性能和线程数量没有关系，在数据量一定的情况下，并发的线程数量越多，它的优势越明显。但是在数据量较大的情况下，还是建议采用 ConcurrentHashMap。

9.9　深度分析数据结构：跳表

在 ConcurrentSkipListMap 集合中，底层应用了跳表这种数据结构，下面我们来详细了解一下什么是跳表。

9.9.1 什么是跳表

跳表全名叫跳跃列表，它可以让存储了 N 个元素的有序序列查找和插入操作的平均时间复杂度都是 $O_{(\log n)}$。

如图 9-46 所示，是一个跳表示意图，底部的数字表示有序数据序列，每一行就是一个稀疏子序列链表，箭头表示指针。跳表维护了多个层次的链表，并且与前一层链表元素数量相比，每一层链表中的元素的数量都在递减。

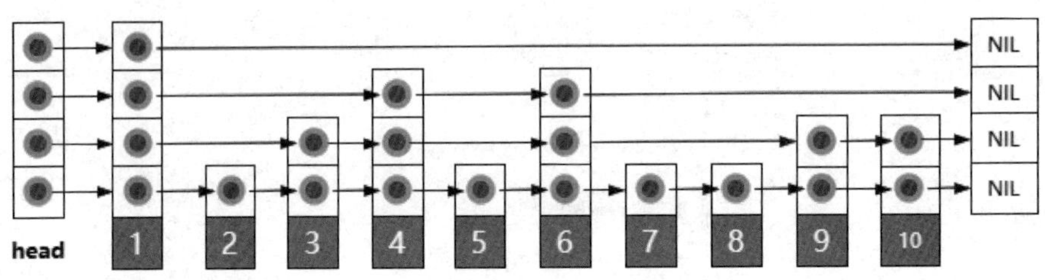

图 9-46　跳表

跳表之所以能够实现快速查找和插入，在于从跳表中进行元素查找时，首先从顶部的稀疏子序列开始，由上往下进行，直到需要的元素在当前层的两个相邻元素之间。这时继续往下一层跳跃，然后重复刚刚的查找，直到找到需要查找的元素为止。

9.9.2 跳表的特性

简单总结一下跳表的特性：

- 由很多层构成，一个元素要添加到哪一层是按照一定的概率产生的。
- 每一层都是一个有序链表，默认为升序，也可以根据 Comparator 自定义排序规则。
- 底层是一个普通的有序链表，这个链表中包含跳表中的所有元素。
- 每个节点包含两个指针，一个指向同一个链表中的下一个元素，另一个指向下一层的元素。
- 如果一个元素出现在了 level-x 层的链表中，那么它在 level-x 下层的链表中也都会出现。

通过上述特征来看，其实我们可以认为跳表的核心是，在底层的有序链表中，通过更高层的稀疏序列实现下层链表的“快速通道”。

9.9.3 跳表的基本操作

下面我们通过对跳表的基本操作的分析，来更进一步地理解跳表这种数据结构。

9.9.3.1　插入元素

向跳表中插入元素的操作如下：

- 确定该元素需要插入的层数 L，这是随机生成的。
- 找到需要插入元素的位置。
- 在 Level 1 到 Level L 各个层的指定位置，都需要插入该元素。

如图 9-47 所示，是一个 3 层的跳表，其中最下面一层是包含跳表所有元素的单向链表，上面维护了多个层次的稀疏序列链表，其实这种结构有点类似于对原始的单向链表构建了多个索引。当我们向该跳表中添加元素时，从最上层开始进行比较，通过逐层判断来决定添加元素的位置。

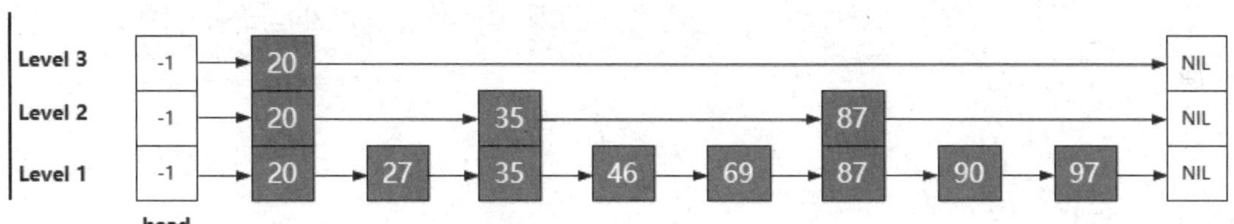

图 9-47　跳表结构

如图 9-48 所示，假设我们需要添加一个元素 95，Level=2，具体操作如下。

- 从最上层链表的 head 节点开始查找小于等于 95 的值。
- 如果最上层没有匹配的值，则跳跃到下一层继续匹配，不断往下直到最终找到匹配的值。
- 由于得到的层数是 2，所以从 Level 1 到 Level 2 这两层的链表都需要添加该元素，也就是更新这两层链表的指针使其指向新添加的节点。

注意：如果 Level 大于当前已存在的层数，则添加新的层。

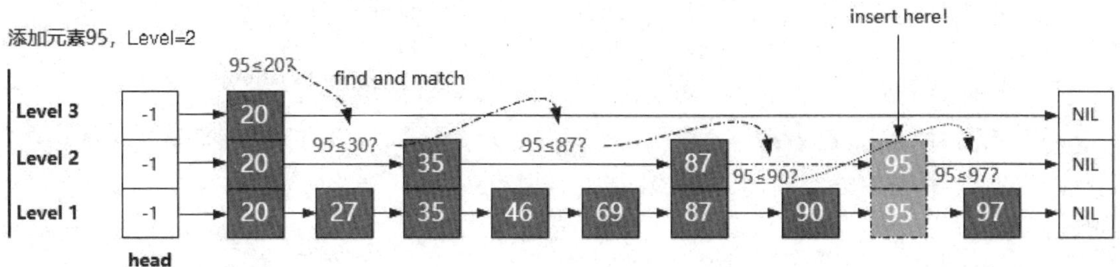

图 9-48　向跳表中添加元素

9.9.3.2 删除元素

跳表中元素的删除操作比较简单，也是从上往下进行逐一检索，找到被删除的节点，然后删除每一层的相同节点即可。如果某一层链表被删除之后只剩下一个节点，那么就需要把这一层都删除。

如图 9-49 所示，在跳表中删除 35，由上往下匹配，在 Level2 找到 35 这个节点，直接将这个节点及下层中的节点都删除，最后重建每一层的链接关系即可。

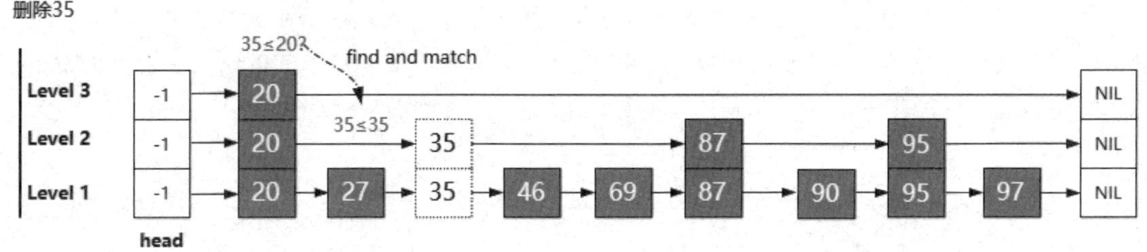

图 9-49　从跳表中删除元素

9.9.3.3 查找元素

查找元素的操作就不用多说了，因为删除或者插入元素时都需要先查找。

实际上通过上面这两个案例我们可以发现，每一层的序列链表相当于最下层原始链表的索引，并且每一层的节点是根据随机数来生成的，所以当需要从跳表中查找数据时，可以很好地缩小查找的数据匹配范围，减少匹配的次数，从而提升效率。跳表在很多地方都有用到，比如 Redis 里面的有序集合，以及 Lucene 等。

9.10 本章小结

本章讲解的内容比较多，主要包含常见并发安全集合 ConcurrentHashMap 的设计思想、数据结构与算法、源码及原理等，这些内容都值得我们深入学习。在实际开发中，遇到类似的问题时，我们可以参考这些思想来设计自己的解决方案。比如 ConcurrentHashMap 中的元素个数累加，有点类似热点账户的概念，都是高并发修改同一个属性，ConcurrentHashMap 采用数组的方式实现分段锁来降低单点并发的思想，和解决热点账户问题时设立多个子账户的解决方案类似。

另外，本章重点分析了红黑树、跳表这两种数据结构，红黑树相对来说较为复杂，需要大家平时多积累。虽然平时大家可能接触不多，但是数据结构的设计本身也是为了解决特定问题，同样可以在很多问题上为我们提供很好的借鉴思路。

10

第 10 章 站在架构的角度思考线程池的设计及原理

在 Java 中，使用线程来开发支持多任务并行的程序是非常方便的，只需要继承 Thread 类或者实现 Runnable 接口即可。但是，在实际应用中不建议大家直接“new”一个线程去处理任务，因为线程会消耗 CPU 资源，当在一个进程中创建大量的线程时，不仅不会提升程序的性能，反而会影响任务的执行效率。同时，线程的频繁创建和销毁，会因为分配内存和回收内存而占用 CPU 资源，从而影响性能。为了解决这些问题，Java 引入了线程池技术。

线程池实际上运用的是一种池化技术，所谓池化技术就是提前创建好大量的“资源”保存在某个容器中，在需要使用时，可以直接从该容器中获取对应的资源进行处理，用完之后回收以便下次继续使用。

池化技术是一种比较常见的设计思想，在请求量较大时能够很好地优化应用的性能，减少频繁创建和销毁资源的性能开销。常见的池化技术实现有：线程池、数据库连接池、对象池、内存池等，从这些实现中可以发现，需要用到池化技术的场景对应的资源都比较“费时且昂贵”。

以线程池为例，线程的创建涉及内存的分配、CPU 资源的使用等，并且涉及系统调用从用户态到内核态的转化，这些都是比较耗时的操作。当这些操作频率非常高时，我们可以通过池化技术来避免一些问题，从而提升程序的性能。

10.1 线程池的优势

合理地使用线程池，可以带来很多好处：

- 减少频繁创建和销毁线程的性能开销。
- 重复利用线程，避免对每个任务都创建线程，可以提高响应速度。
- 合理设置线程池的大小，可以避免因为线程池过大影响性能。

10.2 Java 中提供的线程池

在 Java.Util.Concurrent 包中，专门提供了与线程池有关的 API，我们可以通过两种方式来创建线程池。

- ThreadPoolExecutor，线程池的具体实现类。
- Executors，提供了一系列工厂方法，用来创建不同类型的线程池，返回的线程池类型为 ExecutorService 接口。

Executors 工厂类最终创建的线程池实例实际是 ThreadPoolExecutor 类，Executors 提供的线程池创建方法如下。

- newFixedThreadPool()，创建一个有固定线程数量的线程池。
- newWorkStealingPool()，创建一个 Fork/Join 的线程池，这在前面的章节中讲过。
- newSingleThreadExecutor()，创建只有一个线程的线程池，也就是说这个线程池只有一个核心线程。
- newCachedThreadPool()，创建一个可缓存线程的线程池，该线程池不限制线程的数量，它会根据任务数量产生对应数量的线程，并且这些线程创建后会缓存起来，可以重复使用，直到任务数量降低之后被释放。
- newScheduledThreadPool()，创建一个有固定线程数量的线程池，并且允许延期执行，以及按照周期反复执行，类似于定时调度机制。

10.2.1　线程池的使用

线程池的应用比较简单，以 newFixedThreadPool()方法为例，代码如下。

```
public class ThreadPoolExample{
    public static void main( String[] args ){
        ExecutorService executorService= Executors.newFixedThreadPool(4);
        for (int i = 0; i < 10; i++) {
            //把一个实现了 Runnable 接口的任务给线程池执行
            executorService.execute(new Task());
        }
        executorService.shutdown(); //关闭线程池
    }

    static class Task implements Runnable{
        @Override
        public void run() {
            System.out.println(Thread.currentThread().getName()+" - 开始执行任务");
            try {
                Thread.sleep(new Random().nextInt(1000));
            } catch (InterruptedException e) {
                e.printStackTrace();
            }
            System.out.println(Thread.currentThread().getName()+" - 执行完成");
        }
    }
}
```

上述代码构建了一个固定线程数为 4 的线程池，接着通过 execute()方法传递一个 Task 去执行（这个 Task 必须实现 Runnable 接口）。在执行时，线程池最终会调用 Task 类中的 run()方法。

下面是上述代码运行之后的结果，可以看出，虽然代码层面循环了 10 次，但实际上只创建了 4 个线程，然后重复使用这 4 个线程来执行 Task。

```
pool-1-thread-2 - 开始执行任务
pool-1-thread-1 - 开始执行任务
pool-1-thread-3 - 开始执行任务
pool-1-thread-4 - 开始执行任务
pool-1-thread-4 - 执行完成
```

```
pool-1-thread-4 - 开始执行任务
pool-1-thread-3 - 执行完成
pool-1-thread-3 - 开始执行任务
pool-1-thread-1 - 执行完成
pool-1-thread-1 - 开始执行任务
pool-1-thread-2 - 执行完成
pool-1-thread-2 - 开始执行任务
pool-1-thread-3 - 执行完成
pool-1-thread-3 - 开始执行任务
pool-1-thread-4 - 执行完成
pool-1-thread-4 - 开始执行任务
pool-1-thread-2 - 执行完成
pool-1-thread-1 - 执行完成
pool-1-thread-3 - 执行完成
pool-1-thread-4 - 执行完成
```

10.2.2 ThreadPoolExecutor

前面提到的5种线程池的实现，除了newWorkStealingPool()方法，其他都是基于ThreadPoolExecutor类来构建的，ThreadPoolExecutor类的构造方法定义如下。

```
public ThreadPoolExecutor(int corePoolSize,
                          int maximumPoolSize,
                          long keepAliveTime,
                          TimeUnit unit,
                          BlockingQueue<Runnable> workQueue,
                          ThreadFactory threadFactory,
                          RejectedExecutionHandler handler) {
    if (corePoolSize < 0 ||
        maximumPoolSize <= 0 ||
        maximumPoolSize < corePoolSize ||
        keepAliveTime < 0)
        throw new IllegalArgumentException();
    if (workQueue == null || threadFactory == null || handler == null)
        throw new NullPointerException();
    this.acc = System.getSecurityManager() == null ?
        null :
```

```
        AccessController.getContext();
    this.corePoolSize = corePoolSize;
    this.maximumPoolSize = maximumPoolSize;
    this.workQueue = workQueue;
    this.keepAliveTime = unit.toNanos(keepAliveTime);
    this.threadFactory = threadFactory;
    this.handler = handler;
}
```

针对 ThreadPoolExecutor 类的构造方法中的参数说明如下。

- corePoolSize，核心线程数。
- maximumPoolSize，最大线程数。
- keepAliveTime，线程存活时间。
- unit，线程存活时间单位。
- workQueue，阻塞队列，用来存放待处理的任务。
- threadFactory，线程工厂，用来创建线程池中的工作线程。
- handler，拒绝策略，当线程池处于满负荷状态时，无法处理后续进来的任务，便会采用拒绝策略。

这些参数的具体作用，会在后续的章节中详细分析，接下来我们看一下前面提到的 Java 中默认提供的线程池的实现。

10.2.2.1　newFixedThreadPool()方法

newFixedThreadPool()方法的代码如下。

```
public static ExecutorService newFixedThreadPool(int nThreads) {
    return new ThreadPoolExecutor(nThreads, nThreads,
                                  0L, TimeUnit.MILLISECONDS,
                                  new LinkedBlockingQueue<Runnable>());
}
```

newFixedThreadPool()方法提供的是一个有固定线程数量的线程池，也就是说，线程池中最多创建 nThreads 个线程，所以在构建 ThreadPoolExecutor 时，核心线程数和最大线程数的值都是 nThreads。在某些需要限制线程数量的场景中，可以采用 newFixedThreadPool()方法。

10.2.2.2　newSingleThreadExecutor()方法

newSingleThreadExecutor()方法的代码如下。

```java
public static ExecutorService newSingleThreadExecutor() {
    return new FinalizableDelegatedExecutorService
        (new ThreadPoolExecutor(1, 1,
                                0L, TimeUnit.MILLISECONDS,
                                new LinkedBlockingQueue<Runnable>()));
}
```

newSingleThreadExecutor()方法提供只有一个线程的线程池，也就意味着所有任务只会由一个线程来执行，因此可以保证任务执行的顺序。

10.2.2.3 newCachedThreadPool()方法

newCachedThreadPool()方法的代码如下。

```java
public static ExecutorService newCachedThreadPool() {
    return new ThreadPoolExecutor(0, Integer.MAX_VALUE,
                                  60L, TimeUnit.SECONDS,
                                  new SynchronousQueue<Runnable>());
}
```

newCachedThreadPool()方法提供一个可以缓存的线程池，从 ThreadPoolExecutor 类的构造参数可以看出，核心线程数为 0，最大线程数为 Integer.MAX_VALUE，并且阻塞队列采用的是 SynchronousQueue（前面我们说过 SynchronousQueue 是一个没有存储容器的阻塞队列，一个生产者对其进行的插入操作在消费者消费之前会阻塞，反过来也是如此），所以当提交一个任务到线程池时，线程池会分配一个线程来处理这个任务。

当任务量较多时，newCachedThreadPool()方法会创建多个线程来进行处理，当任务量开始下降时，并不会立马回收这些新创建的线程，而是会缓存起来，60 秒之后会回收处于空闲状态的线程。因此 newCachedThreadPool()方法适合处理突发流量。

10.2.2.4 newScheduledThreadPool()方法

newScheduledThreadPool()方法的代码如下。

```java
public static ScheduledExecutorService newScheduledThreadPool(int corePoolSize) {
    return new ScheduledThreadPoolExecutor(corePoolSize);
}
//ScheduledThreadPoolExecutor 类的定义如下
public class ScheduledThreadPoolExecutor
        extends ThreadPoolExecutor
        implements ScheduledExecutorService {
```

```java
    public ScheduledThreadPoolExecutor(int corePoolSize) {
        super(corePoolSize, Integer.MAX_VALUE, 0, NANOSECONDS,
              new DelayedWorkQueue());
    }
}
```

newScheduledThreadPool()方法创建一个定时或者周期性执行的任务，其中 corePoolSize 表示核心线程数，最大线程数为 Integer.MAX_VALUE。它比较适合用来实现定时任务，比如心跳检测、定时轮询等。

在下面的代码中，使用 newScheduledThreadPool()方法构建了一个延期 3 秒执行的任务，相比普通线程池来说，多了一个延期执行的功能。

```java
public class ScheduleExample {
    public static void main(String[] args) {
        ScheduledExecutorService scheduledExecutorService= Executors.newScheduledThreadPool(3);
        scheduledExecutorService.schedule(()->{
            System.out.println("延迟 3s 执行的任务");
        },3, TimeUnit.SECONDS);
    }
}
```

上面这个案例用到了 schedule()方法，其定义如下，其中 command 表示要执行的任务、delay 表示延迟执行任务的时间、unit 表示延迟执行时间的单位。

```java
public ScheduledFuture<?> schedule(Runnable command,
                                   long delay, TimeUnit unit);
```

除此之外，还有如下两个常用的封装方法。

- scheduleAtFixedRate()，表示在 initialDelay 之后，开始周期执行任务 command，间隔周期为 period，时间单位为 unit。如果任务执行时长大于间隔时长，那么上一个任务结束之后立刻执行下一个任务，相当于连续执行。

```java
public ScheduledFuture<?> scheduleAtFixedRate(Runnable command,
                                              long initialDelay,
                                              long period,
                                              TimeUnit unit);
```

- scheduleWithFixedDelay()，表示在 initialDelay 之后，开始周期执行任务 command，间隔周期为 delay，时间单位为 unit。不管任务执行时间长短，下一个任务必须在上一个任务执行完成之后，等待固定间隔时间才执行。

```
public ScheduledFuture<?> scheduleWithFixedDelay(Runnable command,
                                                 long initialDelay,
                                                 long delay,
                                                 TimeUnit unit);
```

10.3 Executor 框架详解

前面章节中讲的线程池体系其实都属于 Java 5 之后引入的 Executor 框架。所谓 Executor 框架，是在并发编程中引入的一些线程启动、调度、管理的 API，通过这个框架可以很好地分离线程的工作任务和线程的执行过程，以及简化线程的基本操作。

Executor 框架的核心类关系如图 10-1 所示。

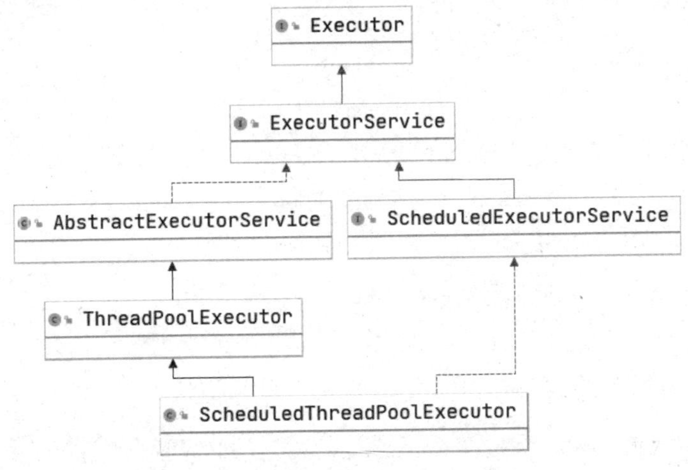

图 10-1　Executor 框架的核心类关系

从图 10-1 可以看出，ThreadPoolExecutor 线程池实现了 Executor 和 ExecutorService 接口，下面简单说明一下相关接口和类的意义。

- Executor 接口，定义了一个任务执行器，提供了一个抽象方法 execute()来接收一个 Runnable 实现类，很显然，它是把线程任务的定义和线程任务的执行分开的核心，也就是由传统的 new Thread(new Task()).start 的方式变成了 executor.execute(new Task())。

```
public interface Executor {
```

```
    void execute(Runnable command);
}
```

- ExecutorService 接口，扩展了 Executor 接口的定义，增加了线程池的生命周期管理，提供了带有返回值的线程的调度方式（这里采用的是 Future/Callable 的方式）。

```
public interface ExecutorService extends Executor {
    void shutdown();
    List<Runnable> shutdownNow();
    boolean isShutdown();
    boolean isTerminated();
    boolean awaitTermination(long timeout, TimeUnit unit)
        throws InterruptedException;
    <T> Future<T> submit(Callable<T> task);
    <T> Future<T> submit(Runnable task, T result);
    Future<?> submit(Runnable task);
}
```

  - shutdown()，安全地关闭线程池。调用 shutdown()方法之后，ExecutorService 接口会暂停接收新的任务，并且等到已经接收到的任务执行完成之后再关闭 ExecutorService 接口。
  - shutdownNow()，强制关闭，不管任务是否完成。
  - isShutdown()，调用 shutdown()方法或者 shutdownNow()方法后，该方法会返回 true。
  - isTerminated()，调用 shutdown()方法或者 shutdownNow()后，需要等到已经提交到线程池中的任务完成后，也就是线程池中的所有线程都停止之后，该方法返回 true，否则返回 false。
  - awaitTermination()，阻塞主线程一段时间，等待线程池终止（timeout 和 unit 分别表示超时时间和超时时间单位）。如果等待指定时间之后发现线程池的状态为已经关闭，则直接返回 true，否则返回 false。它比较适合搭配 shutdown()方法使用，因为 shutdown()为安全关闭方法，如果线程池中的某个工作任务一直被阻塞，就会导致这个线程池一直无法关闭，有了这个方法，我们可以设置一个安全等待时间，超过这个时间无法关闭，就可以强制关闭。

```
public class ShutdownExample {

    public static void main(String[] args) throws InterruptedException {
        ExecutorService executorService= Executors.newSingleThreadExecutor();
```

```
        executorService.shutdown();
        //如果等待 60s 之后，线程池还没有关闭，则强制关闭
        if(!executorService.awaitTermination(60, TimeUnit.SECONDS)){
            executorService.shutdownNow();
        }
    }
}
```

- submit()，提交一个实现了 Callable 接口的任务，返回一个 Future 对象，它是一个能够获得线程执行结果的对象，我们可以通过 future.get()方法来获得返回值。如果任务还没执行结束，future.get()方法会阻塞。

- ThreadPoolExecutor 类，线程池的具体实现类，后续会详细分析。
- ScheduledExecutorService 接口，扩展了 ExecutorService 接口，增加了周期执行任务的功能，具体功能前面讲解过。
- ScheduledThreadPoolExecutor 类，ScheduledExecutorService 的实现类，也就是定时调度执行的具体实现，后续会详细讲解。

了解 Executor 框架之后，大家对于线程池的理解应该会更加深刻，实际上整个体系不算复杂，并且从类关系图来说，是非常清晰的。Executor 框架的核心思想在于将线程中任务的定义和任务的执行进行分离，使得线程的管理更方便，线程的复用性更高。

10.4 线程池的设计猜想

从笔者的角度来说，技术的实现和我们平时做业务的开发实现在思想层面是一样的，无非就是我们需要通过技术来达到某个目标。所以在了解线程池之前，我们不妨设想一下，如果让我们用池化技术来实现一个线程池，那么应该如何设计呢？会涉及哪些技术呢？

10.4.1 线程池的需求分析

对于任何一个功能，我们首先要做的就是需求分析，然后根据需求分析针对具体的问题提出解决方案。对于线程池来说，它的核心需求是实现线程的复用。粗略来看，这个功能好像并不复杂，但是仔细想想，线程的复用还是相对比较复杂的。我们可以逐步分析和思考，找到核心问题并且提出解决方案。

对于线程来说，本身的调度和执行并不由我们控制，并且线程是当 Thread 中的 run()方法执行

结束后自动销毁完成回收的。针对下面这段代码，大家想想，要让这个线程可以重复使用，如何实现？

```
public class ThreadExample extends Thread{
    @Override
    public void run(){
        //线程执行的任务
    }
}
```

不难想到，只要 run()方法中的代码一直在运行，是不是就可以保证线程的重复使用呢？于是，我们在 run()方法中增加一个 while(true)循环，代码如下。

```
public class ThreadExample extends Thread{
    @Override
    public void run(){
        while(true){
          //线程执行的任务
        }
    }
}
```

可是，问题又来了，线程虽然能够不被销毁，但是线程一直在不断运行，它会占用 CPU 资源，这种方式显然是不合适的。我们可以继续思考一下线程池的原理，当我们通过 execute(task)方法执行一个任务时，最终是由线程池中的线程去获取这个任务进行处理的。在这个过程中我们发现，线程池中的线程的运行机制是：有任务过来的时候执行任务，没有任务的时候不需要做无效的运转，也就是让线程在没有任务的时候阻塞，这样就不会占用 CPU 资源了。

因此，我们对于线程池中的线程复用的要求是：有任务过来时，线程池中的线程会处理这个任务，如果没有任务，就让线程池中的线程阻塞。这个场景，像极了我们在阻塞队列中说到的生产者/消费者模型。

经过一大段分析之后，我们发现解决问题的本质方法就是要构建一个生产者/消费者模型。

10.4.2　生产者/消费者模型的设计

生产者/消费者模型在线程池中如何工作呢？

我们知道，所有通过 execute(task)方法提交任务到线程池中的线程都是生产者，这是毫无疑问的。那么接下来，线程池收到这个任务之后，它应该会分配线程来执行，我们可以假设代码实现如下。

```
public class WorkThread extends Thread{
    @Override
    public void run(){
        while(true){
            Task task=blockingQueued.take(); //从阻塞队列中获取任务
        }
    }
}
```

blockingQueued.take()方法的作用是从阻塞队列中获取任务，当队列中没有元素时，当前WorkThread 会被阻塞在 take()方法中，直到生产者往阻塞队列中添加一个具体的任务时，才会被唤醒。结合前面我们分析的线程池 ThreadPoolExecutor 的构造方法，就能够想明白，为什么线程池中需要引入阻塞队列。 如图 10-2 所示，我们把前面猜想的结果用一个图形表示，生产者表示提交任务到线程池中的角色，可以看到，生产者插入元素到阻塞队列采用的是 offer()方法，原因是我们不能让生产者阻塞。在线程池中有4个线程，全部都从阻塞队列中通过take()方法获取任务，只要有任务，这 4 个线程就开始忙碌，一旦没有任务，这 4 个线程就被阻塞。

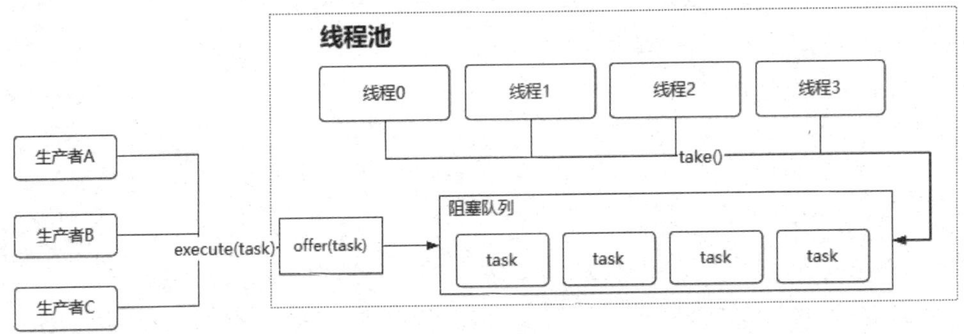

图 10-2　线程池中生产者/消费者模型设计猜想

10.4.3　任务拒绝策略

作为一个成熟的开发者，我们对需求的方方面面都要考虑清楚，所以对于前面的猜想，我们不妨再深度思考一下。

我们知道队列是有长度的，如果生产者的请求非常多，是否可能造成阻塞队列满了的情况呢？

各位读者如果真正理解了，会发现这个生产者/消费者模型其实和分布式消息队列中的生产者/消费者模型类似，而在分布式队列的场景中，如果队列中消息堆积过多，解决方法无非两种：

- 降低生产者生产消息的频率，也就是对生产者限流。
- 提高消费者的消费能力，也就是增加多个消费者节点。

在技术领域，思想都是相通的，上述思想在线程池中也可以使用，如果队列满了，也同样有两种处理方法：

- 增加线程池中的线程数量。
- 采用拒绝策略拒绝处理不了的任务。

那么按照常规的技术思维，我们会怎么做呢？

首先，队列满了之后，一定会先考虑扩容，也就是增加线程数量。其次，扩容之后，如果生产者的请求量仍然很大，就只能采取拒绝策略来处理了。如图 10-3 所示，是引入了这两个机制之后，对于整个线程池的设计猜想。

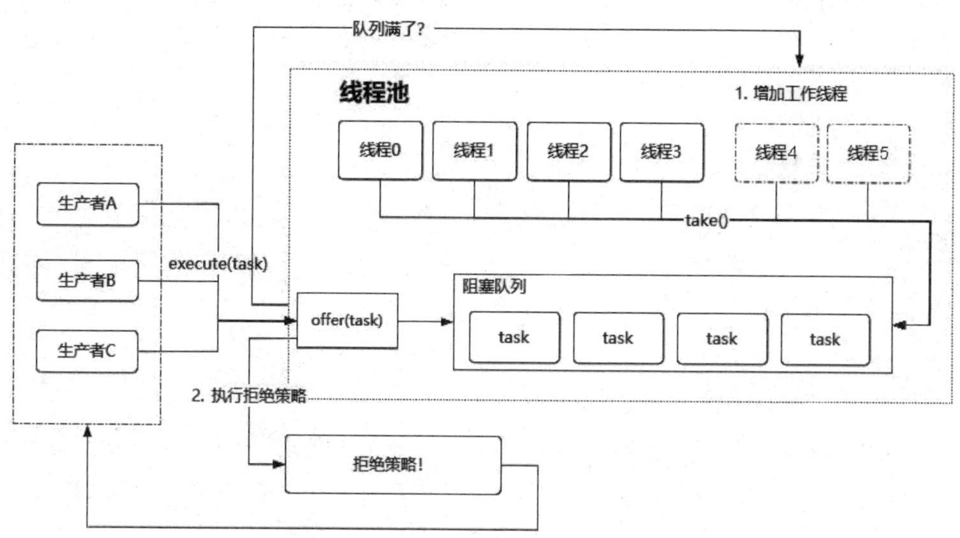

图 10-3 引入扩容和拒绝策略之后的设计猜想

对于图 10-3 来说，不难想到，最开始初始化的 4 个线程，应该就是核心线程数量；动态新增的线程，应该是最大线程数量的限制；而拒绝策略，应该就是 ThreadPoolExecutor 类的构造方法中的 RejectedExecutionHandler。

你看，整个需求分析推演到这一步，线程池的全貌基本上就出现了，而且在整个推演过程中，各位读者需要知道很重要的两点：

- 技术思想是通用的，无论在什么层面上。
- 技术体系很重要，当你遇到技术问题需要解决方案时，你应该有相应的技术体系来支撑你做决策。

10.4.4 非核心线程的回收

我们再来思考一下还有什么地方需要完善的。在上一节中，引入了线程扩容机制解决请求任务过多的问题，当任务处理完成之后，生产者的请求任务量开始减少。线程池就不需要这么多线程来处理任务了，大家想想，这时候这些新增的线程是否需要回收呢？

最理想的方式是任务繁忙的时候，增加工作线程，当任务忙完之后，这些增加的线程直接回收。那么问题又来了，怎么回收线程呢？

线程的回收无非就是让线程跳出 while 循环，然后当 run()方法的任务执行完毕之后，线程自动销毁。我们需要做的是，找到跳出循环的条件。这个条件也不难找，就是当工作线程从阻塞队列中获取任务时，如果等待一段时间之后还没有拿到任务，说明当前线程池处于空闲状态，这也就意味着这个线程就没必要再等了，直接退出即可。

对于这个解决方案，我们自然能够想到，在阻塞队列中提供一个 poll(timeout,unit)方法，这个方法的作用是：当队列中没有元素时，会阻塞一段时间，阻塞时长和单位分别是 timeout 和 unit，当达到指定时间后如果仍然没有返回元素，则直接返回 null。

在 ThreadPoolExecutor 类的构造方法中，有两个参数：keepAliveTime 和 unit，对应的就是空闲线程的存活时间和单位。

10.4.5 线程池设计总结

通过对线程池的需求分析及解决方案的思考，线程池的整个模型就被推演出来了。笔者希望通过这样的推演方法改变大家的技术认知，同时让大家能够更好地理解线程池的设计。实际上，对于任何一项技术来说，都可以用这种方式去思考，不管推演过程是不是对的，在一定程度上它都能改变你的思维方式，同时也让你了解自己的技术沉淀。

10.5 从实现原理了解线程池

ThreadPoolExecutor 是 Doug Lea 在 JDK 1.5 中引入的线程池的具体实现，核心设计思想和前面我们的设计猜想基本一致。如图 10-4 所示，是当我们提交一个任务时，线程池的执行流程示意图。

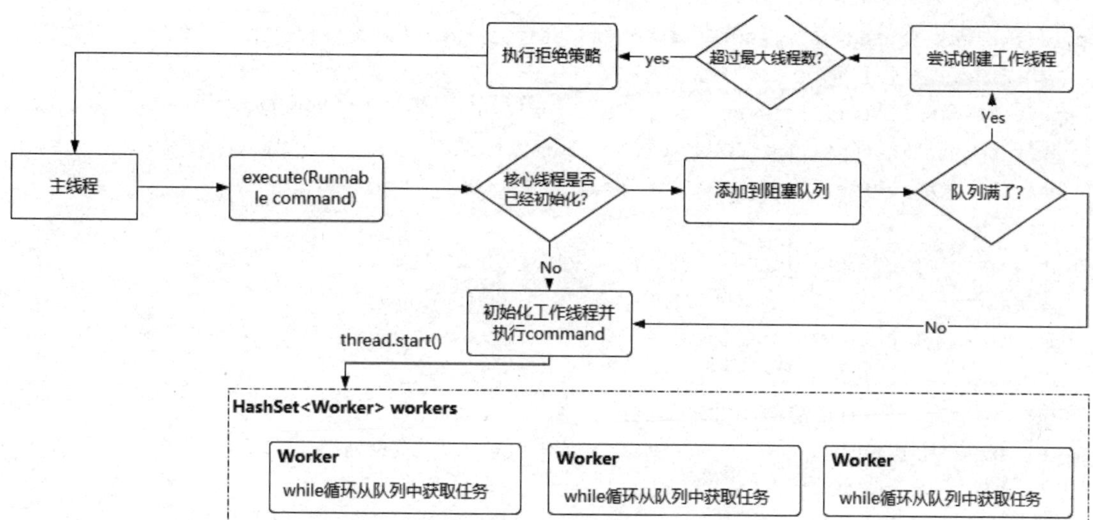

图 10-4　线程池的执行流程示意图

ThreadPoolExecutor 线程池的具体实现流程如下：

- 调用 execute(Runnable command)往线程池中提交一个任务后，线程池首先会判断核心线程是否已经初始化（因为线程池默认是被动初始化的，当然在创建线程池的时候可以完成核心线程的初始化，可以通过 ThreadPoolExecutor 类的构造方法中提供的 prestartCoreThread() 方法完成），如果核心线程没有初始化，则创建一个工作线程并启动，这个线程启动后会从阻塞队列中获取任务并执行。
- 把 command 任务通过 offer()方法添加到线程池的阻塞队列 workQueue 中。
- 如果队列满了，则尝试创建非核心工作线程并启动，这些非核心工作线程也会从阻塞队列 workQueue 中获取任务并执行，相当于提升了线程池的处理能力。
- 如果线程池中总的工作线程数达到阈值，则执行拒绝策略。

10.6　线程池核心源码剖析

在本节中，我们从源码层面来分析 ThreadPoolExecutor 线程池。读者可以根据前面的线程池的设计猜想及线程池的实现原理，带着思考去分析源码，这样可以更好地理解源码的设计。

首先，我们来看线程池的定义及相关成员变量说明。

```
public class ThreadPoolExecutor extends AbstractExecutorService {
  //用来存储线程状态和线程数量的原子变量
  private final AtomicInteger ctl = new AtomicInteger(ctlOf(RUNNING, 0));
  private static final int COUNT_BITS = Integer.SIZE - 3;
  private static final int CAPACITY   = (1 << COUNT_BITS) - 1;
  //线程状态
  private static final int RUNNING    = -1 << COUNT_BITS;
  private static final int SHUTDOWN   =  0 << COUNT_BITS;
  private static final int STOP       =  1 << COUNT_BITS;
  private static final int TIDYING    =  2 << COUNT_BITS;
  private static final int TERMINATED =  3 << COUNT_BITS;
  private final BlockingQueue<Runnable> workQueue; //阻塞队列
  //重入锁
  private final ReentrantLock mainLock = new ReentrantLock();
  //存储工作线程的集合
  private final HashSet<Worker> workers = new HashSet<Worker>();
  private final Condition termination = mainLock.newCondition();
  private int largestPoolSize; //记录线程池在整个生命周期中出现过的最大线程个数
  private long completedTaskCount; //已完成任务数
  private volatile ThreadFactory threadFactory; //线程工厂，用来创建工作线程
  private volatile RejectedExecutionHandler handler; //线程拒绝策略
  private volatile long keepAliveTime; //空闲线程存活时间
  private volatile boolean allowCoreThreadTimeOut; //是否允许核心线程
  private volatile int corePoolSize; //核心线程数
  private volatile int maximumPoolSize; //最大线程数
}
```

在上述线程池的参数定义中，我们下一节重点讲一下 ctl 这个变量。

10.6.1 线程状态和数量存储

ctl 初始化了线程状态和线程数量，初始状态为 RUNNING，线程数量为 0。读者可能会有疑问，一个 Integer 变量怎么能够存储状态和线程数量呢？

```
private final AtomicInteger ctl = new AtomicInteger(ctlOf(RUNNING, 0));
```

原理很简单，这里用到了位运算。我们知道一个 int 类型的数会占用 4 个字节，也就是 32 位。线程池采用一个 32 位的整数来存储线程状态和线程数量，其中高 3 位表示线程状态，低 29 位表示线程数量，如图 10-5 所示。

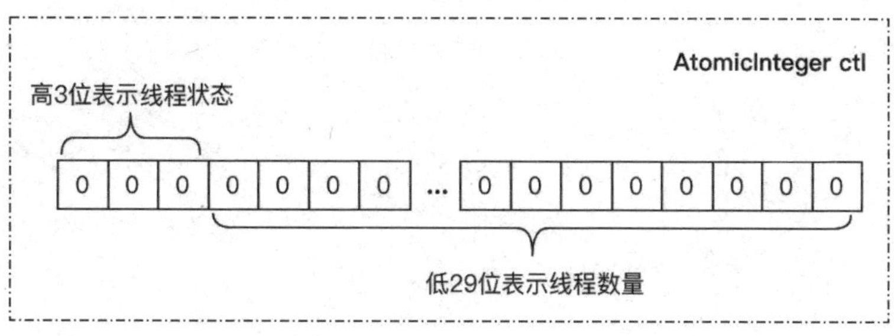

图 10-5　ctl 中线程状态和线程数量的表示

我们继续往下分析如下代码。

```
private static final int COUNT_BITS = Integer.SIZE - 3;
private static final int CAPACITY   = (1 << COUNT_BITS) - 1;
```

- COUNT_BITS 表示用来统计数量的位数，Integer.SIZE-3=29，表示用 29 位来表示线程数量。
- CAPACITY 表示线程池容量，大小为 (1<<29)-1，也就是表示一个线程池最多能够创建的线程数量。
    - 1 的二进制表示是 0000 0000 0000 0000 0000 0000 0000 0001。
    - 左移 29 位后为 0010 0000 0000 0000 0000 0000 0000 0000。
    - 再减一后得到这样一个二进制数：0001 1111 1111 1111 1111 1111 1111 1111。这意味着，一个线程池最大的线程数量转换为 10 进制为 536870911，完全能满足实际需求。

接下来我们继续了解线程池的状态，从下面的代码中可以看出线程池的状态一共有 5 种，从代码的注释中可以看到，基于位运算的方式，用一个整形变量的高三位分别表示不同的状态。

```
//-1 的二进制各个位上全部是 1，因为负数涉及符号位，负数通过原码->反码->补码得到
//所以 RUNNING =-1<<29 = 1110 0000 0000 0000 0000 0000 0000 0000
private static final int RUNNING    = -1 << COUNT_BITS;
//0 的二进制也是 0，0<<29 = 0000 0000 0000 0000 0000 0000 0000 0000
private static final int SHUTDOWN   =  0 << COUNT_BITS;
//STOP 的状态表示 1<<29 =0010 0000 0000 0000 0000 0000 0000 0000
private static final int STOP       =  1 << COUNT_BITS;
```

```
//TIDYING 的状态表示 2<<29 = 0100 0000 0000 0000 0000 0000 0000 0000
private static final int TIDYING    =  2 << COUNT_BITS;
//TERMINATED 的状态表示 3<<29= 0110 0000 0000 0000 0000 0000 0000 0000
private static final int TERMINATED =  3 << COUNT_BITS;
```

了解了状态和数量的表示之后，再来看一下获得线程状态和线程数量的内部方法。

```
private static int runStateOf(int c)     { return c & ~CAPACITY; }
private static int workerCountOf(int c)  { return c & CAPACITY; }
private static int ctlOf(int rs, int wc) { return rs | wc; }
```

- runStateOf()：从 c 这个整形变量中获取线程状态。
    - 先通过对 CAPACITY 的非操作，得到二进制 1110 0000 0000 0000 0000 0000 0000 0000。
    - 再通过与运算，得到 c 的高三位，也就是线程状态。
- workerCountOf()：得到当前的线程数量。
    - CAPACITY 的二进制值是 0001 1111 1111 1111 1111 1111 1111 1111。
    - 通过与运算，去掉高三位，保留后面 29 位，从而得到线程数量。
- ctlOf()：用来更新线程池中 ctl 的值，也就是线程状态和线程数量。

注意： 在很多底层技术中都用到了二进制，比如涉及通过位来做存储的技术 BitMap、Protobuf 中的数据压缩算法等。所以笔者这里简单说明一下二进制的常见操作方法，以方便读者对前面内容的理解。

或运算（|），参与运算的两个数只要有一个为 1，则值为 1，比如 0|0=0，0|1=1，1|0=1，1|1=1。

与运算（&），参与运算的两个数同时为 1，则值为 1，比如 0&0=0，0&1=0，1&0=0，1&1=1。

非运算（~），对一个二进制数取反，也就是 0 变成 1，1 变成 0。

异或运算（^)，参与运算的两个数，相同为 0，不同为 1，比如 0&0=0，0&1=1，1&0=1，1&1=0。

10.6.2 线程池的状态机及变更

线程池有 5 种状态，这 5 种状态是如何触发又是如何变更的呢？如图 10-6 所示，是线程池中状态的流转流程图。

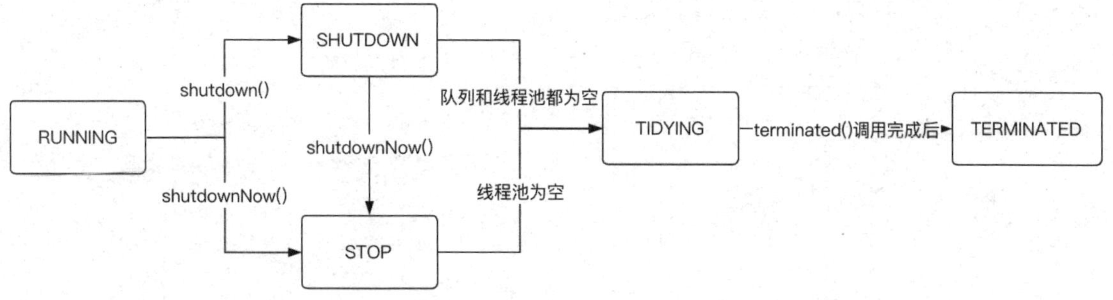

图 10-6 线程池中状态的流转流程图

线程的状态说明如下。

- RUNNING，运行状态，可以接收新的任务并处理，可以处理阻塞队列中的任务。
- SHUTDOWN，关闭状态，不接收新的任务，但是可以继续处理阻塞队列中的任务。
- STOP，停止状态，不接收新的任务，不处理阻塞队列中的任务，同时会中断正在处理的任务。
- TIDYING，过渡状态，该状态意味着所有的任务都执行完了，并且线程池中已经没有有效的工作线程。该状态下会调用 terminated()方法进入 TERMINATED 状态。
- TERMINATED，终止状态，terminated()方法调用完成以后的状态。

10.6.3 从 execute()方法分析线程池源码

使用线程池执行一个任务是基于 execute(Runnable command)方法完成的，因此我们直接从这个方法开始了解线程池的源码。execute()方法的代码如下。

```
public void execute(Runnable command) {
        if (command == null)
            throw new NullPointerException();
        int c = ctl.get();
        if (workerCountOf(c) < corePoolSize) {
            if (addWorker(command, true))
                return;
            c = ctl.get();
        }
        if (isRunning(c) && workQueue.offer(command)) {
```

```
        int recheck = ctl.get();
        if (! isRunning(recheck) && remove(command))
            reject(command);
        else if (workerCountOf(recheck) == 0)
            addWorker(null, false);
    }
    else if (!addWorker(command, false))
        reject(command);
}
```

上述代码的主要逻辑如下。

- if (workerCountOf(c) < corePoolSize)，根据 ctl 当前的值来判断当前线程数量是否小于核心线程数量，主要解决线程池中核心线程未初始化的问题。
    - 如果为 true，则调用 addWorker(command, true)创建一个线程并启动，同时把当前任务 command 传递进去直接执行。
    - 如果为 false，则说明核心线程已经初始化了。
- 如果核心线程已经初始化，则直接通过 workQueue.offer(command)把任务提交到阻塞队列中。
- 如果添加到阻塞队列失败，也就是队列已经满了，调用 addWorker(command, false)创建非核心线程，如果这个方法调用失败，说明当前线程池中的工作线程已经达到了最大线程数量，调用 reject(command)执行拒绝策略。

基于上述分析我们发现，核心是 addWorker()方法，这个方法会创建一个工作线程并启动，这个启动的工作线程会不断从 workQueue 中获取任务来执行。

10.6.3.1 addWorker()

addWorker()方法有两个参数，firstTask 表示要执行的任务，boolean 类型的 core 表示是否是核心线程，这个值决定了创建工作线程时比较的值是 corePoolSize 还是 maxmumPoolSize。该方法的完整代码请通过“读者服务”获取。

为了更好地理解，笔者将代码拆分成三部分来分析。

第一部分，判断是否需要创建新的 Worker。

```
private boolean addWorker(Runnable firstTask, boolean core) {
  retry:
```

```
  for (;;) {
    int c = ctl.get();
    int rs = runStateOf(c);
    if (rs >= SHUTDOWN &&
        ! (rs == SHUTDOWN &&
           firstTask == null &&
           ! workQueue.isEmpty()))
      return false;
    //省略
  }
  //省略
}
```

这部分代码有点难理解，简单来说，只要满足以下几个条件，就不创建新的工作线程。

- 线程池状态大于等于SHUTDOWN，也就是SHUTDOWN、STOP、TIDYING、TERMINATED，这很好理解，如果线程池处于这些状态，不会接收新的任务。
- （rs == SHUTDOWN &&firstTask == null &&! workQueue.isEmpty())比较复杂：
    - 如果为 true，也就是线程池处于 SHUTDOWN 状态，firstTask=null，并且 workQueue 不为空，说明此时线程池调用了 shutdown()方法，但是还有任务没有执行，相当于我们可以通过传递一个空的任务来创建工作线程，提高处理效率。
    - 如果为 false，也就是上述三个条件都不同时满足，不创建新的工作线程。因为 rs==SHUTDOWN&&firstTask==null，说明如果当前线程池处于 SHUTDOWN 状态，但是又有一个任务过来，此时线程池是拒绝的。再加上如果队列还是空的，就更加没必要创建工作线程了。

第二部分，记录线程数量。

```
private boolean addWorker(Runnable firstTask, boolean core) {
  retry:
  for (;;) {
    int c = ctl.get();
    int rs = runStateOf(c);
    //省略
    for (;;) {
      int wc = workerCountOf(c);
```

```
      if (wc >= CAPACITY ||
          wc >= (core ? corePoolSize : maximumPoolSize))
        return false;
      if (compareAndIncrementWorkerCount(c))
        break retry;
      c = ctl.get();
      if (runStateOf(c) != rs)
        continue retry;
    }
    //省略
  }
  //省略
}
```

这部分代码相对来说比较简单。

- 先判断工作线程数量是否超过阈值，如果超过，则直接拒绝创建工作线程。
  - wc>=CAPACITY，说明工作线程数量超过最大容量。
  - wc>= (core ? corePoolSize : maximumPoolSize)，说明工作线程数量超过指定阈值。
- compareAndIncrementWorkerCount，通过 CAS 结合 for(;;)实现自旋锁来完成工作线程数量的更新。

第三部分，创建并启动工作线程。

```
private boolean addWorker(Runnable firstTask, boolean core) {
  //省略
  boolean workerStarted = false;
  boolean workerAdded = false;
  Worker w = null;
  try {
    w = new Worker(firstTask);
    final Thread t = w.thread;
    if (t != null) {
      final ReentrantLock mainLock = this.mainLock;
      mainLock.lock();
      try {
        int rs = runStateOf(ctl.get());
```

```
            if (rs < SHUTDOWN ||
                (rs == SHUTDOWN && firstTask == null)) {
                if (t.isAlive())
                    throw new IllegalThreadStateException();
                workers.add(w); //把 w 加到 HashSet<Worker> workers 集合
                int s = workers.size();
                if (s > largestPoolSize)//记录线程池曾经达到过的最大线程数量
                    largestPoolSize = s;
                workerAdded = true;
            }
        } finally {
            mainLock.unlock();
        }
        if (workerAdded) {
            t.start();//启动线程
            workerStarted = true;
        }
    }
} finally {
    if (! workerStarted)
        addWorkerFailed(w);
}
//省略
}
```

上述代码是 addWorker()方法的核心部分，用于构建工作线程并运行，说明如下。

- w = new Worker(firstTask)，初始化一个 Worker 并把 firstTask 传进去，在 Worker 初始化后，会同步创建一个新的线程。
- mainLock.lock()，增加全局锁，因为线程池在关闭时会抢占这把锁，这里加锁可以避免在创建工作线程时其他线程把当前线程池关闭。
- rs < SHUTDOWN ||(rs == SHUTDOWN && firstTask == null)，这个判断逻辑前面说过，只有两种情况允许添加工作线程：
    - rs<SHUTDOWN，表示线程池处于 RUNNING 状态。
    - (rs == SHUTDOWN && firstTask == null)，表示线程池处于 SHUTDOWN 状态，但是当前没有任务提交过来。

- 通过 t.start()方法启动工作线程。
- 在 finally 中，如果工作线程启动失败，则需要把前面增加的工作线程删除，并且回退前面增加的工作线程个数。

10.6.3.2 Worker

Worker 是 ThreadPoolExecutor 类中具体的工作线程，它是一个内部类，比较有意思的是，它继承了 AbstractQueuedSynchronizer 类，在前面的章节中我们了解过这个类，它提供了共享锁和独占锁的实现，在这里又起到什么作用呢？在后面的内容中笔者会详细分析。

```
private final class Worker
  extends AbstractQueuedSynchronizer
  implements Runnable{
  private static final long serialVersionUID = 6138294804551838833L;

  final Thread thread;
  Runnable firstTask;
  volatile long completedTasks;

  Worker(Runnable firstTask) {
    setState(-1);
    this.firstTask = firstTask;
    this.thread = getThreadFactory().newThread(this);
  }
  /** Delegates main run loop to outer runWorker  */
  public void run() {
    runWorker(this);
  }
```

下面分析一下 Worker 类的重要信息：

- 首先，它实现了 Runnable 接口，这意味着它是一个线程。
- 其次，在 Worker 类的构造方法中，通过 getThreadFactory().newThread(this)创建了一个线程，并且线程的引用指向的是当前实例。所以在 addWorker()方法中通过 t.start()方法启动线程时，实际上触发的是 Worker 中的 run()方法。
- 最后，我们发现在 run()方法中会调用 runWorker(this)方法。

10.8.3.3　runWorker()

runWorker()是工作线程启动之后执行的方法，代码如下。

```
final void runWorker(Worker w) {
  Thread wt = Thread.currentThread();
  Runnable task = w.firstTask;
  w.firstTask = null;
  w.unlock();
  boolean completedAbruptly = true;
  try {
    while (task != null || (task = getTask()) != null) {
      w.lock();
      //判断是否要中断线程
      if ((runStateAtLeast(ctl.get(), STOP) ||
           (Thread.interrupted() &&
            runStateAtLeast(ctl.get(), STOP))) &&
          !wt.isInterrupted())
        wt.interrupt();
      try {
          task.run();
        //省略
      }
      //省略
    }
    completedAbruptly = false;
  } finally {
    processWorkerExit(w, completedAbruptly);
  }
}
```

runWorker()方法的主要功能就是不断从阻塞队列中获取任务并执行，核心逻辑分析如下。

- while (task != null || (task = getTask()) != null)，表示只要 task 不为空，就一直循环。其中 getTask()方法封装了从阻塞队列中获取任务的逻辑。
- 因为 Worker 继承了 AbstractQueuedSynchronizer 类，实现了独占锁功能，所以 w.lock()表示当前 Worker 要开始执行任务了，当调用 shutdown()方法时，该线程无法被中断。

- (runStateAtLeast(ctl.get(), STOP) || (Thread.interrupted() && runStateAtLeast(ctl.get(), STOP))) &&!wt.isInterrupted()，用来判断是否应该中断线程。
  - 如果线程池已经处于 STOP 状态（runStateAtLeast(ctl.get(), STOP)），并且当前线程没有被中断，说明这个线程是可以被中断的，则调用 wt.interrupt()中断线程。
  - 如果线程池处于 STOP 状态（runStateAtLeast(ctl.get(), STOP)），并且当前线程已经被中断（Thread.interrupted()），同样调用 wt.interrupt()中断线程。

注意： 当触发线程中断时，原本被阻塞在阻塞队列中的线程会被唤醒，唤醒之后根据条件决定是否要回收当前线程，具体逻辑在 getTask()方法中会详细分析。

- task.run()，通过调用 run()方法执行任务，因为传入线程池中的 Task 最终是由线程池中的工作线程来执行的。这就是笔者在前面说的，任务的定义和任务的执行分离的实现。

10.6.3.4 getTask()

getTask()方法用来从阻塞队列中获取任务，getTask()方法会返回一个 Runnable 对象，它表示 execute()方法通过 workQueue.offer()提交到阻塞队列中的任务。

```
private Runnable getTask() {
  boolean timedOut = false;
  for (;;) {//自旋
    int c = ctl.get();
    int rs = runStateOf(c);
    //如果线程池处于非 RUNNING 状态，并且如果是 STOP 状态或者队列为空，则直接返回 null
    if (rs >= SHUTDOWN && (rs >= STOP || workQueue.isEmpty())) {
      decrementWorkerCount();
      return null;
    }
    int wc = workerCountOf(c);
    boolean timed = allowCoreThreadTimeOut || wc > corePoolSize;
    if ((wc > maximumPoolSize || (timed && timedOut))
        && (wc > 1 || workQueue.isEmpty())) {
      if (compareAndDecrementWorkerCount(c))
        return null;
      continue;
    }
    try {
```

```
        Runnable r = timed ?
          workQueue.poll(keepAliveTime, TimeUnit.NANOSECONDS) :
        workQueue.take();
        if (r != null)
          return r;
        timedOut = true;
      } catch (InterruptedException retry) {
        timedOut = false;
      }
    }
  }
```

上述代码的核心逻辑其实就三个。

- 通过 workQueue.take()方法从阻塞队列中获取任务，并返回到 runWorker()方法去执行。
- 通过条件判断来决定当前线程是否应该被回收，也就是返回值为 null 时，导致 runWorker()方法的 while 循环条件结束，从而使得线程执行结束并被自动销毁。出现以下情况会使得 getTask()方法返回 null：
  - rs >= SHUTDOWN && (rs >= STOP || workQueue.isEmpty())，线程池处于非 RUNNING 状态且阻塞队列为空，直接返回 null。（前面我们说过，线程处于 SHUTDOWN 状态时，还会处理未完成的任务，所以后面的判断条件是 rs>=STOP，至于 workQueue.isEmpty()，表示队列中没有待处理的任务，因此也需要回收。）
  - (wc > maximumPoolSize || (timed && timedOut))&& (wc > 1 || workQueue.isEmpty())，比较长，简单来说就是如果工作线程数量超过最大线程数量并且队列为空，则回收当前工作线程。具体的判断逻辑分析如下：
    - ✓ 工作线程数量大于最大线程数量，即 wc > maximumPoolSize（出现这种情况可能是通过 setMaximumPoolSize 把最大线程数量调小了）。
    - ✓ (timed && timedOut))，前者表示是否存在允许核心线程超时回收的配置（allowCoreThreadTimeOut || wc > corePoolSize，是否允许核心线程回收，或者当前线程数量大于核心线程数量，核心线程回收开关可以通过调用 allowCoreThread- TimeOut()方法设置），后者表示是否已经存在超时的情况。
  - workQueue.poll(keepAliveTime, TimeUnit.NANOSECONDS)，如果当前线程从阻塞队列中等待 keepAliveTime 之后还没有获取到任务，表示当前队列处于空闲状态，则设置 timeOut=true，直接进入下一轮循环，触发线程回收程序。

- workQueue.take()捕获一个 InterruptedException 异常，当触发 interrupt()方法时，会唤醒阻塞在 take()方法上的线程，重新进入下一轮循环，继续按照上面的几个判断逻辑来决定工作线程是否被回收。

再回到 runWorker()方法中，当 while 循环中的 task=getTask()返回 null 时，会结束 while 循环，进入 finally 来处理工作线程的回收。

```
final void runWorker(Worker w) {
  //省略
  try {
    while (task != null || (task = getTask()) != null) {
      //省略
    }
  }finally {
    processWorkerExit(w, completedAbruptly);
  }
}
```

10.6.3.5 processWorkerExit()

我们知道，线程的回收只需要让 run()方法的任务执行结束即可，那么 processWorkerExit()方法的作用是什么呢？其实也不难猜到，无非就是线程回收之后的操作。

```
private void processWorkerExit(Worker w, boolean completedAbruptly) {
  //非正常流程调用方法时，需要通过 decrementWorkerCount()方法对工作线程数量进行递减
  if (completedAbruptly)
    decrementWorkerCount();

  final ReentrantLock mainLock = this.mainLock;
  mainLock.lock();
  try {
    completedTaskCount += w.completedTasks;
    workers.remove(w);
  } finally {
    mainLock.unlock();
  }

  tryTerminate();
```

```
    int c = ctl.get();
    if (runStateLessThan(c, STOP)) {
      if (!completedAbruptly) {
        int min = allowCoreThreadTimeOut ? 0 : corePoolSize;
        if (min == 0 && ! workQueue.isEmpty())
          min = 1;
        if (workerCountOf(c) >= min)
          return;
      }
      addWorker(null, false);
    }
}
```

上述代码的核心逻辑分析如下：

- workers.remove(w)，把当前线程从集合中移除，同时通过 completedTaskCount += w.completedTasks 记录总的完成任务数。
- tryTerminate()，尝试结束线程池。
- runStateLessThan(c, STOP)，如果线程池还处于 RUNNING 或者 SHUTDOWN 状态，则需要通过以下条件来判断是否需要再增加一个工作线程来处理线程池中的任务。
    - 用户执行的任务发生了异常。如果出现异常，意味着 completedAbruptly=true。
    - 工作线程数量小于线程池的最小线程数量。也就是 workerCountOf(c) >= min，其中 min 代表的是核心线程数量。
    - 阻塞队列不为空但是没有任何工作线程，即 min == 0 && ! workQueue.isEmpty()。

10.6.3.6　线程池拒绝策略分析

在队列和工作线程都满了的情况下，后续的任务只能通过拒绝策略来完成降级处理。如图 10-7 所示，是默认的拒绝策略类关系图。

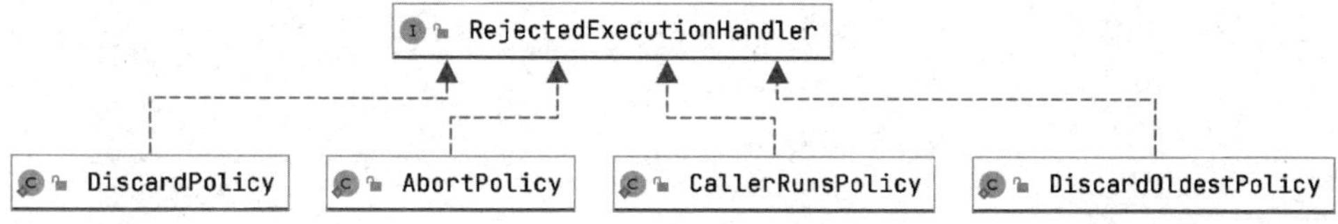

图 10-7　默认的拒绝策略类关系图

下面分别说明一下这 4 种拒绝策略的实现。

AbortPolicy

这是 ThreadPoolExecutor 默认使用的拒绝策略，这种策略比较简单粗暴，直接抛出一个 RejectedExecutionException 异常。

这种策略适合用在一些关键业务上，如果这些业务不能承载更大的并发量，则可及时通过异常发现问题并做出相关处理。

```
public static class AbortPolicy implements RejectedExecutionHandler {

  public AbortPolicy() { }

  public void rejectedExecution(Runnable r, ThreadPoolExecutor e) {
    throw new RejectedExecutionException("Task " + r.toString() +
                                         " rejected from " +
                                         e.toString());
  }
}
```

CallerRunsPolicy

只要线程池没有被执行 shutdown()方法，就由提交任务的线程通过执行 r.run()方法直接以普通方法执行任务。

这种策略相当于保证了所有的任务都必须执行完成。

```
public static class CallerRunsPolicy implements RejectedExecutionHandler {

  public CallerRunsPolicy() { }

  public void rejectedExecution(Runnable r, ThreadPoolExecutor e) {
    if (!e.isShutdown()) {
      r.run();
    }
  }
}
```

DiscardPolicy

直接把任务丢弃，不做任何处理。这种策略使得系统无法发现具体的问题，建议用在一些不重要的业务上。

```
public static class DiscardPolicy implements RejectedExecutionHandler {

  public DiscardPolicy() { }

  public void rejectedExecution(Runnable r, ThreadPoolExecutor e) {
  }
}
```

DiscardOldestPolicy

如果线程池没有调用 shutdown()方法，则通过 e.getQueue().poll()把队列头部等待最久的任务丢弃，然后把当前任务通过 execute()方法提交到阻塞队列中。

```
public static class DiscardOldestPolicy implements RejectedExecutionHandler {

  public DiscardOldestPolicy() { }

  public void rejectedExecution(Runnable r, ThreadPoolExecutor e) {
    if (!e.isShutdown()) {
      e.getQueue().poll();
      e.execute(r);
    }
  }
}
```

在实际应用中，拒绝策略是根据当前任务的重要程度来决定的。另外，如果上面这 4 种策略都不满足需求，我们也可以自己定义一种策略，只需要实现 RejectedExecutionHandler 接口即可。

到目前为止，线程池中比较核心的源码基本分析完了，如工作线程的创建、任务的获取、工作线程的回收、线程池状态变化等，其他未分析到的源码相对来说比较简单，各位读者可以根据需要自行分析。

10.7　合理设置线程池参数

在构建线程池时，如何设置 corePoolSize、MaximumPoolSize 及 workQueue 的长度和类型呢？

这些参数设置非常重要，因为它们本质上就是对于系统资源的管理，比如线程数量阈值设置过大，可能会创建大量的工作线程造成不必要的上下文切换开销，而且线程数量的设置还需要考虑到 CPU 核心数。如果设置得过小，就有可能频繁触发线程池的拒绝策略，影响业务的正常运行。

对于阻塞队列来说，队列的长度影响也非常大，如果阻塞队列为无界队列，就会导致线程池中的非核心线程无法被创建，这意味着最大线程数量的设置是失效的，会造成大量任务堆积在阻塞队列中。如果这些任务涉及上下游请求，就会造成大量请求超时失败。

10.7.1 线程池大小的合理设置

很多读者希望能够给出一个具体的公式来确定线程池大小，如图 1-8 所示，笔者参考了《Java 并发编程实战》一书中给出的模型，其中：

- N_{cpu} 表示 CPU 的数量，可以通过 Runtime.getRuntime().availableProcessors()获得。
- U_{cpu} 表示期望的 CPU 的使用率。
- W/C表示等待时间与计算时间的比例。
- $N_{threads}$ 表示线程数量的计算公式。

$$N_{\text{threads}} = N_{\text{cpu}} \times U_{\text{cpu}} \times (1 + W/C)$$

图 10-8 线程数量配置的计算公式

假设 CPU 利用率是 100%，那么 $N_{threads}=N_{cpu}\times(1+W/C)$，也就意味着$W/C$的值越大，那么线程数量越多，反之线程数量越少。

我们还要看当前线程池中要执行的任务是属于 I/O 密集型还是 CPU 密集型。

I/O 密集型：就是线程频繁需要和磁盘或者远程网络通信，这种场景中磁盘的耗时和网络通信的耗时较大，意味着线程处于阻塞期间，不会占用 CPU 资源，所以线程数量设置超过 CPU 核心数并不会造成问题。

CPU 密集型：就是对 CPU 的利用率较高的场景，比如循环、递归、逻辑运算等，这种情况下线程数量设置越少，就越能减少 CPU 的上下文频繁切换。

有一种建议如下，其中 N 表示 CPU 的核心数量。

- CPU 密集型，线程池大小设置为 N+1。
- IO 密集型，线程池大小设置为 2N+1。

其实这种设置线程池大小的方式和前面的那个公式的方式本质上是一样的，也就是线程的执行时间越长，就可以设置越多的线程。另外，之所以需要+1，是因为这样设置以后，线程在某个时刻发生一个页错误或者因为其他原因暂停时，刚好有一个额外的线程可以确保 CPU 周期不会中断。

上述的公式和理论，在方向上是完全正确的，但是在实际应用中，最佳的设置要基于这个参考值和实际业务场景来动态调整。

10.7.2　动态设置线程池参数

动态调整线程池的大小比较简单，在 ThreadPoolExecutor 类中提供了 setMaximumPoolSize() 和 setCorePoolSize()方法来设置最大线程数量和核心线程数量。

10.7.2.1　setMaximumPoolSize()

setMaximumPoolSize()方法用来设置最大线程数量，代码如下。

```
public void setMaximumPoolSize(int maximumPoolSize) {
  if (maximumPoolSize <= 0 || maximumPoolSize < corePoolSize)
    throw new IllegalArgumentException();
  this.maximumPoolSize = maximumPoolSize;
  if (workerCountOf(ctl.get()) > maximumPoolSize)
    interruptIdleWorkers();
}
```

该方法比较简单，直接把传入的新的 maximumPoolSize 赋值给全局变量 this.maximumPoolSize 即可。因为新设置的 maximumPoolSize 有可能小于原来的 old_maximumPoolSize，所以增加了一个判断条件 workerCountOf(ctl.get()) > maximumPoolSize，如果该条件为 true，则需要调用 interruptIdleWorkers()方法中断处于空闲状态的工作线程。

10.7.2.2　setCorePoolSize()

setCorePoolSize()方法用于设置核心线程数量，代码如下。

```
public void setCorePoolSize(int corePoolSize) {
  if (corePoolSize < 0)
    throw new IllegalArgumentException();
  int delta = corePoolSize - this.corePoolSize;
  this.corePoolSize = corePoolSize;
  if (workerCountOf(ctl.get()) > corePoolSize)
    interruptIdleWorkers();
```

```
    else if (delta > 0) {
      int k = Math.min(delta, workQueue.size());
      while (k-- > 0 && addWorker(null, true)) {
        if (workQueue.isEmpty())
          break;
      }
    }
}
```

其逻辑如下。

- 通过 this.corePoolSize = corePoolSize 用传入的 corePoolSize 覆盖原来的值。
- 修改 corePoolSize 之后，新的值可能小于 old_corePoolSize，也可能大于 old_corePoolSize。
  - 如果小于 old_corePoolSize，意味着当前线程池中的核心工作线程数量可能多于 new_corePoolSize，则调用 interruptIdleWorkers()方法中断空闲线程。
  - 如果大于 old_corePoolSize，也就是 delta>0，意味着需要添加新的核心工作线程，并通过 while 循环来初始化工作线程。如果 workQueue 为空，则不需要再初始化，等待 execute()方法被动初始化。

10.7.2.3 动态设置线程数量实例

下面的代码演示了线程池中核心线程数量和最大线程数量修改之前和修改之后的变化。

```
public class ThreadPoolExample {

  private static ThreadPoolExecutor threadPoolExecutor =
    new ThreadPoolExecutor(2, 6, 60, TimeUnit.SECONDS, new LinkedBlockingQueue<>(20));

  public static void executeTask(){
    for (int i = 0; i < 20; i++) {
      threadPoolExecutor.execute(()->{
        try {
          Thread.sleep(5000);
        } catch (InterruptedException e) {
          e.printStackTrace();
        }
      });
```

```
    }
    printPollStatus("before");
    threadPoolExecutor.setCorePoolSize(7);
    threadPoolExecutor.setMaximumPoolSize(14);
    printPollStatus("after");
  }
  public static void printPollStatus(String name){
    System.out.println("=============="+name+"===============");
    LinkedBlockingQueue queue=(LinkedBlockingQueue)threadPoolExecutor.getQueue();
    System.out.println("核心线程数量："+threadPoolExecutor.getCorePoolSize() +
                     "最大线程数量："+threadPoolExecutor.getMaximumPoolSize()+
                     "队列中任务个数："+queue.size());
  }
  public static void main(String[] args) {
    executeTask();
  }
}
==============before===============
核心线程数量：2 最大线程数量：6 队列中任务个数：18
==============after===============
核心线程数量：7 最大线程数量：14 队列中任务个数：14
```

10.7.2.4　动态设置队列大小

当遇到请求数过多但是队列设置太小时，想要动态调整队列大小怎么做呢？

在 ThreadPoolExecutor 中并没有提供队列长度修改方法，即便是阻塞队列，也没有提供动态设置大小的方法。以 LinkedBlockingQueue 为例，它的成员变量 capacity 是被 final 修饰的，只能在构造方法中初始化，因此也没办法动态设置 capacity 的大小。

```
private final int capacity;
```

那怎么办呢？各位读者可以自行思考一下。

其实我们可以直接把 LinkedBlockingQueue 复制一份，然后提供一个修改 setCapacity 的方法。我们把 LinkedBlockingQueue 复制出来，创建一个新的类 ResizeLinkedBlockingQueue，并且提供如下方法：

```
public void setCapacity(int capacity){
```

```
    int oldCapacity=this.capacity;
    this.capacity=capacity;
    int size=count.get();
    if(capacity>size&&size>=oldCapacity){
      signalNotFull();
    }
}
```

认真看过前面关于阻塞队列的内容的读者应该知道，阻塞队列的容量设置其实只需要修改 capacity，它只作为线程阻塞、唤醒的一个判断阈值。在上述代码中，我们做了两件事：

- 对 capacity 重新赋值。
- 修改之后，如果 capacity 大于 oldCapacity 并且大于当前队列中的元素个数，可以调用 signalNotFull 唤醒阻塞的生产者。

对 ThreadPoolExample 中的代码改造如下，引入 ResizeLinkedBlockingQueue 后，通过 setCapacity()方法重置容量，从结果可以看出，达到了我们预期的目标。

```
public class ThreadPoolExample {

    private static ThreadPoolExecutor threadPoolExecutor =
            new ThreadPoolExecutor(2, 6, 60, TimeUnit.SECONDS,
                    new ResizeLinkedBlockingQueue<>(20));
    public static void executeTask(){
        //省略
        printPollStatus("before");
        threadPoolExecutor.setCorePoolSize(7);
        threadPoolExecutor.setMaximumPoolSize(14);
        ResizeLinkedBlockingQueue
rlb=(ResizeLinkedBlockingQueue)threadPoolExecutor.getQueue();
        rlb.setCapacity(60);
        printPollStatus("after");
    }
    public static void printPollStatus(String name){
        System.out.println("=============="+name+"===============");
        ResizeLinkedBlockingQueue
queue=(ResizeLinkedBlockingQueue)threadPoolExecutor.getQueue();
```

```
        System.out.println("核心线程数量："+threadPoolExecutor.getCorePoolSize() +
                "最大线程数量："+threadPoolExecutor.getMaximumPoolSize()+
                "队列容量："+(queue.size()+queue.remainingCapacity()));
    }
    public static void main(String[] args) {
        executeTask();
    }
}
==============before===============
核心线程数量：2 最大线程数量：6 队列容量：20
==============after===============
核心线程数量：7 最大线程数量：14 队列容量：60
```

在实际应用中，通过上述方法修改线程池的核心参数还不够灵活，我们还可以更进一步，把相关参数写到配置中心，通过配置中心动态修改及推送来实现线程池参数的变更，降低线程池核心参数的维护成本。

10.8　线程池的监控

线程池的监控很重要，动态参数调整其实还得依赖线程池的监控数据，收到数据反馈之后才能做出调整决策。线程池本身的运行过程对于我们来说像一个黑盒，如果我们没办法了解线程池的运行状态，出现问题时没有办法及时判断和处理。

对于监控来说，核心就是要拿到关键指标数据，然后进行上报，只要能实时拿到这些关键指标数据，就可以轻松实现监控及预警功能。

ThreadPoolExecutor 中提供了以下方法来获取线程池中的指标数据。

- getCorePoolSize()，获取核心线程数量。
- getMaximumPoolSize()，获取最大线程数量。
- getQueue()，获取线程池中的阻塞队列，并通过阻塞队列中的方法获取队列长度、元素个数等。
- getPoolSize()，获取线程池中的工作线程数量（包括核心线程数量和非核心线程数量）。
- getActiveCount()，获取活跃线程数量，也就是正在执行任务的线程。
- getLargestPoolSize()，获取线程池曾经达到过的最大工作线程数量。

- getTaskCount()，获取历史上已完成及正在执行的总的任务数量。

除此之外，ThreadPoolExecutor 中还提供了一些未实现的钩子方法，我们可以通过重写这些方法来实现更多指标数据的获取。

- beforeExecute()，在 Worker 线程执行任务之前会调用的方法。
- afterExecute()，在 Worker 线程执行任务之后会调用的方法。
- terminated()，在线程池变更到 TERMINATED 状态之前调用的方法。

比如，我们可以在 beforeExecute()方法中记录当前任务开始执行的时间，再用 afterExecute()方法来计算任务执行的耗时，包括最大耗时、最小耗时和平均耗时等。

10.8.1　线程池监控的基本原理

我们可以通过 Spring Boot 提供的 Actuator，自定义一个 Endpoint 来发布线程池的指标数据，实现线程池监控功能。当然，除了 Endpoint，还可以通过 JMX 的方式来暴露线程池的指标数据。不管通过什么方法，核心都是要有一个地方可以看到这些数据。

了解 Spring Boot 应用监控的读者应该知道，通过 Endpoint 发布指标数据后，可以采用一些主流的开源监控工具来进行采集和展示。如图 10-9 所示，假设在 Spring Boot 应用中发布了一个获取线程池指标信息的Endpoint，那么我们可以采用Prometheus 定时抓取目标服务器上的Metric 数据，Prometheus 会将采集到的数据通过 Retrieval 分发给 TSDB 进行存储。这些数据可以通过 Prometheus 自带的 UI 进行展示，也可以使用 Grafana 图表工具通过 PromQL 语句来查询并进行渲染。最后采用 AlertManager 组件来触发预警功能。

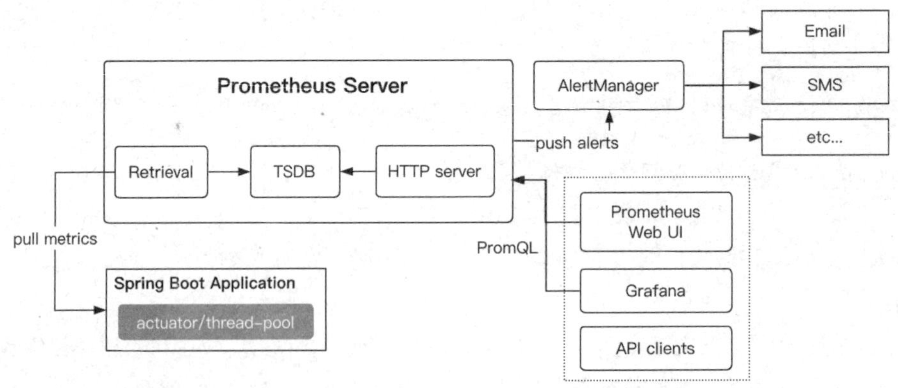

图 10-9　线程池指标监控

图 10-9 中所涉及的工具都是比较流行的开源监控组件，大家可以自行根据官方教程配置，这里重点讲解如何自定义 Endpoint 来发布线程池的 Metric 数据。

10.8.2 在 Spring Boot 应用中发布线程池信息

对于线程池的监控，笔者开发了一个相对较完整的小程序，主要涉及几个功能：

- 可以通过配置文件来构建线程池。
- 扩展了 ThreadPoolExecutor 的实现。
- 可以发布一个自定义的 Endpoint。

该小程序包含的类及功能说明如下。

- ThreadPoolExecutorForMonitor，扩展 ThreadPoolExecutor 的实现类。
- ThreadPoolConfigurationProperties，绑定 application.properties 的配置属性。
- ThreadPoolForMonitorManager，线程池管理类，实现线程池的初始化。
- ThreadPoolProperties，线程池基本属性。
- ResizeLinkedBlockingQueue，这个类直接复制了 LinkedBlockingQueue，提供了 setCapacity() 方法，前面讲解到过。
- ThreadPoolEndpoint，自定义 Endpoint。

10.8.2.1 ThreadPoolExecutorForMonitor

ThreadPoolExecutorForMonitor 类继承了 ThreadPoolExecutor 类，实现了 beforeExecute()和afterExecute()方法，在原有线程池的基础上新增了最短执行时间、最长执行时间和平均执行耗时属性。

```
public class ThreadPoolExecutorForMonitor extends ThreadPoolExecutor {

  private static final RejectedExecutionHandler defaultHandler = new AbortPolicy();

  private static final String defaultPoolName="Default-Task";

  private static ThreadFactory threadFactory=new MonitorThreadFactory(defaultPoolName);

  public ThreadPoolExecutorForMonitor(int corePoolSize, int maximumPoolSize, long
keepAliveTime, TimeUnit unit, BlockingQueue<Runnable> workQueue) {
    super(corePoolSize, maximumPoolSize, keepAliveTime, unit,
workQueue,threadFactory,defaultHandler);
```

```
}
public ThreadPoolExecutorForMonitor(int corePoolSize, int maximumPoolSize, long
keepAliveTime, TimeUnit unit, BlockingQueue<Runnable> workQueue,String poolName) {
   super(corePoolSize, maximumPoolSize, keepAliveTime, unit, workQueue,new
MonitorThreadFactory(poolName),defaultHandler);
}
public ThreadPoolExecutorForMonitor(int corePoolSize, int maximumPoolSize, long
keepAliveTime, TimeUnit unit, BlockingQueue<Runnable> workQueue,ThreadFactory
threadFactory,RejectedExecutionHandler handler,String poolName) {
   super(corePoolSize, maximumPoolSize, keepAliveTime, unit,
workQueue,threadFactory,handler);
}

//最短执行时间
private long minCostTime;
//最长执行时间
private long maxCostTime;
//总的耗时
private AtomicLong totalCostTime=new AtomicLong();

private ThreadLocal<Long> startTimeThreadLocal=new ThreadLocal<>();

@Override
public void shutdown() {
  super.shutdown();
}

@Override
protected void beforeExecute(Thread t, Runnable r) {
  startTimeThreadLocal.set(System.currentTimeMillis());
  super.beforeExecute(t, r);
}

@Override
protected void afterExecute(Runnable r, Throwable t) {
  long costTime=System.currentTimeMillis()-startTimeThreadLocal.get();
```

```
    startTimeThreadLocal.remove();
    maxCostTime=maxCostTime>costTime?maxCostTime:costTime;
    if(getCompletedTaskCount()==0){
      minCostTime=costTime;
    }
    minCostTime=minCostTime<costTime?minCostTime:costTime;
    totalCostTime.addAndGet(costTime);
    super.afterExecute(r, t);
  }

  public long getMinCostTime() {
    return minCostTime;
  }

  public long getMaxCostTime() {
    return maxCostTime;
  }

  public long getAverageCostTime(){  //平均耗时
    if(getCompletedTaskCount()==0||totalCostTime.get()==0){
      return 0;
    }
    return totalCostTime.get()/getCompletedTaskCount();
  }

  @Override
  protected void terminated() {
    super.terminated();
  }

  static class MonitorThreadFactory implements ThreadFactory {
    private static final AtomicInteger poolNumber = new AtomicInteger(1);
    private final ThreadGroup group;
    private final AtomicInteger threadNumber = new AtomicInteger(1);
    private final String namePrefix;
```

```
    MonitorThreadFactory(String poolName) {
      SecurityManager s = System.getSecurityManager();
      group = (s != null) ? s.getThreadGroup() :
      Thread.currentThread().getThreadGroup();
      namePrefix = poolName+"-pool-" +
        poolNumber.getAndIncrement() +
        "-thread-";
    }

    public Thread newThread(Runnable r) {
      Thread t = new Thread(group, r,
                            namePrefix + threadNumber.getAndIncrement(),
                            0);
      if (t.isDaemon())
        t.setDaemon(false);
      if (t.getPriority() != Thread.NORM_PRIORITY)
        t.setPriority(Thread.NORM_PRIORITY);
      return t;
    }
  }
}
```

10.8.2.2 ThreadPoolConfigurationProperties

ThreadPoolConfigurationProperties 类提供了获取 application.properties 配置文件属性的功能。

```
@ConfigurationProperties(prefix = "monitor.threadpool")
@Data
public class ThreadPoolConfigurationProperties {

    private List<ThreadPoolProperties>  executors=new ArrayList<>();

}
```

线程池的核心属性声明如下。

```
@Data
public class ThreadPoolProperties {
```

```
    private String poolName;
    private int corePoolSize;
    private int maxmumPoolSize=Runtime.getRuntime().availableProcessors();
    private long keepAliveTime=60;
    private TimeUnit unit= TimeUnit.SECONDS;
    private int queueCapacity=Integer.MAX_VALUE;
}
```

上述配置类要生效，需要通过@EnableConfigurationProperties 开启，我们可以在 main()方法中开启，代码如下。

```
@EnableConfigurationProperties(ThreadPoolConfigurationProperties.class)
@SpringBootApplication
public class ThreadPoolApplication {

    public static void main(String[] args) {
        SpringApplication.run(ThreadPoolApplication.class, args);
    }
}
```

10.8.2.3 application.properties

配置类创建好之后，我们就可以在 application.properties 中通过如下方式来构建线程池了。

```
monitor.threadpool.executors[0].pool-name=first-monitor-thread-pool
monitor.threadpool.executors[0].core-pool-size=4
monitor.threadpool.executors[0].maxmum-pool-size=8
monitor.threadpool.executors[0].queue-capacity=100

monitor.threadpool.executors[1].pool-name=second-monitor-thread-pool
monitor.threadpool.executors[1].core-pool-size=2
monitor.threadpool.executors[1].maxmum-pool-size=4
monitor.threadpool.executors[1].queue-capacity=40
```

10.8.2.4 ThreadPoolForMonitorManager

ThreadPoolForMonitorManager 类用来实现线程池的管理和初始化，初始化是根据 application.properties 中配置的属性来实现的。

- 从配置类中获得线程池的基本配置。

- 根据配置信息构建 ThreadPoolExecutorForMonitor 实例。
- 把实例信息保存到集合中。

```
@Component
public class ThreadPoolForMonitorManager {

  @Autowired
  ThreadPoolConfigurationProperties poolConfigurationProperties;

  private final ConcurrentMap<String,ThreadPoolExecutorForMonitor>
threadPoolExecutorForMonitorConcurrentMap=new ConcurrentHashMap<>();

  @PostConstruct
  public void init(){
    poolConfigurationProperties.getExecutors().forEach(threadPoolProperties -> {

if(!threadPoolExecutorForMonitorConcurrentMap.containsKey(threadPoolProperties.getPoo
lName())){
        ThreadPoolExecutorForMonitor executorForMonitor=new
ThreadPoolExecutorForMonitor(
          threadPoolProperties.getCorePoolSize(),
          threadPoolProperties.getMaxmumPoolSize(),
          threadPoolProperties.getKeepAliveTime(),
          threadPoolProperties.getUnit(),
          new ResizeLinkedBlockingQueue<>(threadPoolProperties.getQueueCapacity()),
          threadPoolProperties.getPoolName());

threadPoolExecutorForMonitorConcurrentMap.put(threadPoolProperties.getPoolName(),exec
utorForMonitor);
      }
    });
  }

  public ThreadPoolExecutorForMonitor getThreadPoolExecutor(String poolName){
    ThreadPoolExecutorForMonitor
threadPoolExecutorForMonitor=threadPoolExecutorForMonitorConcurrentMap.get(poolName);
```

```
    if(threadPoolExecutorForMonitor==null){
      throw new RuntimeException("找不到名字为"+poolName+"的线程池");
    }
    return threadPoolExecutorForMonitor;
  }

  public ConcurrentMap<String,ThreadPoolExecutorForMonitor>
getThreadPoolExecutorForMonitorConcurrentMap(){
    return this.threadPoolExecutorForMonitorConcurrentMap;
  }
}
```

10.8.2.5　ThreadPoolEndpoint

ThreadPoolEndpoint 类使用 Spring-Boot-Actuator 发布 Endpoint，用来暴露当前应用中所有线程池的 Metric 数据。

读者如果不清楚在 Spring Boot 中如何自定义 Endpoint，可以直接去 Spring 官方文档中查看，比较简单。

```
@Configuration
@Endpoint(id="thread-pool")
public class ThreadPoolEndpoint {
  @Autowired
  private ThreadPoolForMonitorManager threadPoolForMonitorManager;

  @ReadOperation
  public Map<String,Object> threadPoolsMetric(){
    Map<String,Object> metricMap=new HashMap<>();
    List<Map> threadPools=new ArrayList<>();

threadPoolForMonitorManager.getThreadPoolExecutorForMonitorConcurrentMap().forEach((k
,v)->{
      ThreadPoolExecutorForMonitor tpe=(ThreadPoolExecutorForMonitor) v;
      Map<String,Object> poolInfo=new HashMap<>();
      poolInfo.put("thread.pool.name",k);
      poolInfo.put("thread.pool.core.size",tpe.getCorePoolSize());
      poolInfo.put("thread.pool.largest.size",tpe.getLargestPoolSize());
```

```
    poolInfo.put("thread.pool.max.size",tpe.getMaximumPoolSize());
    poolInfo.put("thread.pool.thread.count",tpe.getPoolSize());
    poolInfo.put("thread.pool.max.costTime",tpe.getMaxCostTime());
    poolInfo.put("thread.pool.average.costTime",tpe.getAverageCostTime());
    poolInfo.put("thread.pool.min.costTime",tpe.getMinCostTime());
    poolInfo.put("thread.pool.active.count",tpe.getActiveCount());
    poolInfo.put("thread.pool.completed.taskCount",tpe.getCompletedTaskCount());
    poolInfo.put("thread.pool.queue.name",tpe.getQueue().getClass().getName());

poolInfo.put("thread.pool.rejected.name",tpe.getRejectedExecutionHandler().getClass()
.getName());
    poolInfo.put("thread.pool.task.count",tpe.getTaskCount());
    threadPools.add(poolInfo);
  });
  metricMap.put("threadPools",threadPools);
  return metricMap;
 }
}
```

如果上述自定义 Endpoint 需要被访问，还要在 application.properties 文件中进行如下配置。

```
management.endpoints.web.exposure.include=thread-pool
```

10.8.2.6 TestController

TestController 类提供使用线程池的方法，用来查看在调用之前和调用之后通过 Endpoint 获取 Metric 数据的变化。

```
@RestController
public class TestController {

  private final String poolName="first-monitor-thread-pool";
  @Autowired
  ThreadPoolForMonitorManager threadPoolForMonitorManager;

  @GetMapping("/execute")
  public String doExecute(){
    ThreadPoolExecutorForMonitor
tpe=threadPoolForMonitorManager.getThreadPoolExecutor(poolName);
```

```
    for (int i = 0; i < 100; i++) {
      tpe.execute(()->{
        try {
          Thread.sleep(new Random().nextInt(4000));
        } catch (InterruptedException e) {
          e.printStackTrace();
        }
      });
    }
    return "success";
  }
}
```

10.8.2.7　效果演示

访问自定义 Endpoint（http://ip:8080/actuator/thread-pool），就可以看到如下数据。我们可以把这个 Endpoint 配置到 Prometheus 中，Prometheus 会定时抓取这些指标数据进行存储并展示，从而完成线程池的整体监控。


```
{
    "threadPools":[
        {
            "thread.pool.queue.name":"com.concurrent.demo.ResizeLinkedBlockingQueue",
            "thread.pool.core.size":2,
            "thread.pool.min.costTime":0,
            "thread.pool.completed.taskCount":0,
            "thread.pool.max.costTime":0,
            "thread.pool.task.count":0,
            "thread.pool.name":"second-monitor-thread-pool",
            "thread.pool.largest.size":0,
            "thread.pool.rejected.name":"java.util.concurrent.ThreadPoolExecutor$AbortPolicy",
            "thread.pool.active.count":0,
            "thread.pool.thread.count":0,
            "thread.pool.average.costTime":0,
            "thread.pool.max.size":4
        },
        {
            "thread.pool.queue.name":"com.concurrent.demo.ResizeLinkedBlockingQueue",
```

```
            "thread.pool.core.size":4,
            "thread.pool.min.costTime":65,
            "thread.pool.completed.taskCount":115,
            "thread.pool.max.costTime":3964,
            "thread.pool.task.count":200,
            "thread.pool.name":"first-monitor-thread-pool",
            "thread.pool.largest.size":4,
            "thread.pool.rejected.name":"java.util.concurrent.ThreadPoolExecutor$AbortPolicy",
            "thread.pool.active.count":4,
            "thread.pool.thread.count":4,
            "thread.pool.average.costTime":1955,
            "thread.pool.max.size":8
        }
    ]
}
```

10.9 本章小结

线程池的整体实现并不算太复杂，但是其中涉及的一些思想和理论是值得我们学习和借鉴的，如基于阻塞队列的生产者/消费者模型的实现、动态扩容的思想、通过 AQS 来实现安全关闭线程池、降级方案（拒绝策略）、位运算等，实际上越底层的实现，反而包含越多技术思想和理论。

在实际使用中，如果是新手，不建议直接用 Executors 中提供的工厂方法，因为线程池中的核心参数直接决定了 CPU 和内存资源的分配，建议自己扩展 ThreadPoolExecutor 类，也可以直接实例化 ThreadPoolExecutor 对象。

11

第 11 章 Java 并发编程中的异步编程特性

通过前面的内容我们知道，如果需要异步执行某个任务，可以使用线程来实现。但是我们希望线程执行完成之后能够获得执行结果，怎么实现呢？

在 JDK 1.5 中，引入了 Future 的概念，它可以结合 Callable 接口来获得线程异步执行完成后的返回值，但是它在使用上存在一定的局限性（后面会做详细介绍）。所以在 JDK 1.8 中，引入了 CompletableFuture 组件，它在 Future 的基础上提供了更加丰富和完善的功能。本章详细介绍 Future/Callable 的使用方法和原理，以及 CompletableFuture 的实际应用及原理。

11.1 了解 Future/Callable

Future/Callable 实现了一个异步执行并带有返回结果的功能，其中 Future 表示获取一个异步执行的结果，而 Callable 表示一个异步执行的任务，它会产生一个结果并给到 Future。为了方便理解，先通过一段代码简单了解一下。

```
public class FutureCallableExample {
    static class CalculationCallable implements Callable<Integer>{
        private int x;
        private int y;

        public CalculationCallable(int x, int y) {
            this.x = x;
            this.y = y;
        }
        @Override
        public Integer call() throws Exception {
            System.out.println("begin call:"+new Date());
            TimeUnit.SECONDS.sleep(2); //模拟任务执行的耗时
            return x+y;
        }
    }
    public static void main(String[] args) throws ExecutionException,
InterruptedException {
        CalculationCallable calculationCallable=new CalculationCallable(1,2);
        FutureTask<Integer> futureTask=new FutureTask<>(calculationCallable);
        new Thread(futureTask).start();
        System.out.println("begin execute futuretask:"+new Date());
        Integer rs=futureTask.get();
        System.out.println("result:"+rs+"");
        System.out.println("end execute futuretask:"+new Date());
    }
}
```

上述代码说明如下。

- 首先，定义一个 CalculationCallable 类，实现 Callable 接口，并且重写 call()方法，它的功能有点类似于 Runnable 接口，相当于 Callable 接口定义了一个具有返回值的任务。
- 然后，用 FutureTask 声明一个带有返回值的任务，把 CalculationCallable 作为构造参数传递进去。FutureTask 实现了 Future 和 Runnable 接口，我们知道线程执行完成之后是不可能获得一个返回值的，而 Future 之所以能够获得返回值，一定是在线程执行过程中和执行结束之后做了相关处理，FutureTask 就是用来获得线程执行结果的。

- 接着，把 FutureTask 作为一个任务，让线程去执行，不难猜测，FutureTask 既然实现了 Runnable 接口，又把实现了 Callable 接口的任务传递进去了，那么就意味着在 FutureTask 的 run()方法中会调用 Callable 接口的实现，最终在获得返回值之后保存到某个属性中。
- 最后，使用 futureTask.get()来获得返回值，这个 get()方法是一个阻塞方法，当线程还没有执行完之前，主线程会阻塞在 get()方法中，直到 FutureTask 执行结束主线程才被唤醒。

11.2　Future/Callable 的实现原理

有了前面这么多线程基础知识的铺垫，相信大家基本上能够猜测到一些 Future/Callable 的实现原理。

如图 11-1 所示，是 FutureTask 的类关系图，这个类关系图非常清晰，Runnable 接口是一个线程的实现，Future 接口提供了获取线程执行结果的功能，然后 RunnableFuture 同时实现了 Future 和 Runnable 接口，并提供了一个抽象的 run()方法，最终的实现类是 FutureTask，FutureTask 重写了 run()方法，原理是在 run()方法中把 Callable 接口的运行结果保存起来，并通过 Future 接口提供的方法来获取保存的结果。

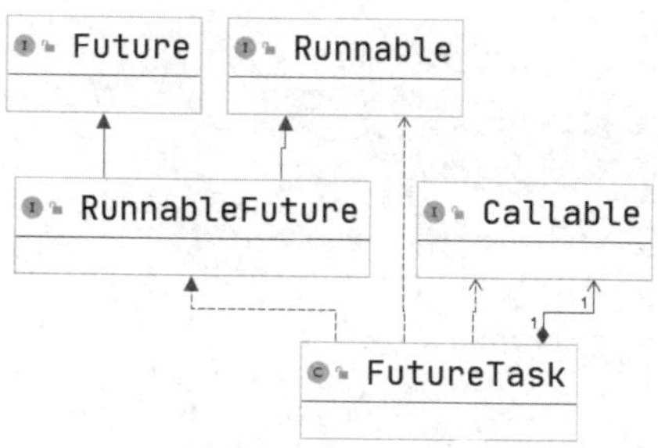

图 11-1　Future 的类关系图

从图 11-1 来看，感觉 Future 接口的实现应该比较简单。假设我们自己要基于这个类关系图来实现源码，应该考虑哪些要素呢？我们来推演一下整个过程。

- FutureTask 本身是一个线程，通过 new Thread(new FutureTask()).start 来启动，必然会执行 run()方法。
- 但是 run()方法本身是没有返回值的，所以我们猜测，返回值是由 Callable 接口的抽象方法 call()提供的，那是不是意味着调用 FutureTask 中的 run()方法，实际上会再调用 Callable

接口中的 call()方法呢？如果是这样，把 CalculationCallable 作为构造参数传递给 FutureTask 实例的代码我们就能理解了。

```
CalculationCallable calculationCallable=new CalculationCallable(1,2);
FutureTask<Integer> futureTask=new FutureTask<>(calculationCallable);
```

- 继续分析，当在 run()方法中调用 call()方法来执行任务时，假设 call()方法执行任务需要比较长的时间，那么如何通过 future.get()获得返回值呢？也就是说，如果要能够正确地获得返回值，意味着 future.get()必须阻塞，直到 call()方法执行结束。
- 涉及线程阻塞和唤醒，需要有一个队列来保存阻塞的线程，基于前面 AQS 部分的内容，还需要用到 LockSupport 来阻塞和唤醒线程。

下面我们来分析一下 FutureTask 的核心属性和源码，看看是否和我们猜想的实现一致。

11.2.1 FutureTask 的核心属性

FutureTask 的类定义如下。

```
public class FutureTask<V> implements RunnableFuture<V> {
    private volatile int state;
    private static final int NEW          = 0;
    private static final int COMPLETING   = 1;
    private static final int NORMAL       = 2;
    private static final int EXCEPTIONAL  = 3;
    private static final int CANCELLED    = 4;
    private static final int INTERRUPTING = 5;
    private static final int INTERRUPTED  = 6;

    private Callable<V> callable;
    private Object outcome;
    private volatile Thread runner;
    private volatile WaitNode waiters;
}
```

FutureTask 有 5 个核心属性：

- state，它代表任务在运行过程中的状态，伴随着任务的执行，状态会不断变化，这里一共包含 7 种状态，状态变更如下。

    ◦ NEW（初始状态）→ COMPLETING（正在设置任务结果）→ NORMAL，这是任务正常执行完毕时状态的变更流程。
    ◦ NEW（初始状态）→ COMPLETING（正在设置任务结果）→ EXCEPTIONAL（任务执行过程中发生异常）。
    ◦ NEW（初始状态）→ CANCELLED（任务被取消），调用 future.cancel()。
    ◦ NEW（初始状态）→ INTERRUPTING（正在中断执行任务的线程）→ INTERRUPTED（任务被中断）。
- callable，当前要执行的任务。
- outcome，任务的执行结果，最终通过 future.get()获取的值。
- runner，当前执行 callable 任务的线程。
- waiter，它是一个单向链表，用来保存所有等待任务执行结束的线程。

11.2.2 FutureTask.run()

使用线程来运行 FutureTask 任务时，会回调 run()方法，代码如下。

```
public void run() {
    if (state != NEW ||
        !UNSAFE.compareAndSwapObject(this, runnerOffset,
                                     null, Thread.currentThread()))
        return;
    try {
        Callable<V> c = callable;
        if (c != null && state == NEW) {
            V result;
            boolean ran;
            try {
                result = c.call();
                ran = true;
            } catch (Throwable ex) {
                result = null;
                ran = false;
                setException(ex);
            }
            if (ran)
```

```
                set(result);
            }
        } finally {
            //省略
        }
}
```

上述代码的实现逻辑如下。

- 首先判断当前状态是否为 NEW，并使用 CAS 操作把 runner 属性设置为当前线程。如果 state!=NEW 或者 CAS 操作失败，说明已经有其他线程正在执行当前任务了，直接返回。
- 拿到通过构造方法传入的 Callable 实现类，然后调用 callable 中的 call()方法获得执行结果。
- 调用 set(result)把执行结果保存到 outcome 属性。

set()方法的代码如下。

```
protected void set(V v) {
    if (UNSAFE.compareAndSwapInt(this, stateOffset, NEW, COMPLETING)) {
        outcome = v;
        UNSAFE.putOrderedInt(this, stateOffset, NORMAL);
        finishCompletion();
    }
}
```

把调用 call()方法获取的结果保存到 outcome，并修改任务执行状态为 NORMAL，最后调用 finishCompletion()方法，至于这个方法的作用，各位读者可以猜测一下，我们在后面会讲到。

11.2.3 FutureTask.get()

接下来我们分析一下 get()方法，代码如下。

```
public V get() throws InterruptedException, ExecutionException {
    int s = state;
    if (s <= COMPLETING)
        s = awaitDone(false, 0L);
    return report(s);
}
```

get()方法的逻辑很简单，如果当前状态不是 COMPLETING，就调用 awaitDone()方法让当前线程等待，直到任务执行完成。需要注意的是，awaitDone()方法的返回值表示任务的状态。当任务进入终止状态后，调用 report(s)方法，根据状态类型来决定是返回运行结果还是抛出异常。

我们先来看等待任务完成的 awaitDone()方法，当有线程调用 future.get()时，如果 call()方法中的任务还未完成，就调用该方法来阻塞当前线程，代码如下。

```
private int awaitDone(boolean timed, long nanos)
    throws InterruptedException {
    //阻塞超时时间，timed 表示是否传递阻塞时间的参数(get 有一个重载方法 get(long,TimeUnit))，
如果没有，则为 0L
    final long deadline = timed ? System.nanoTime() + nanos : 0L;
    WaitNode q = null;
    boolean queued = false;
    for (;;) {//自旋锁
        //如果检测到线程被中断，则把加入等待队列中的线程移除
        if (Thread.interrupted()) {
            removeWaiter(q);
            //抛出中断异常
            throw new InterruptedException();
        }
        int s = state;
        //如果任务已经进入终止状态，直接返回任务状态
        if (s > COMPLETING) {
            if (q != null)
                q.thread = null;
            return s;
        }
        //如果任务正在设置执行结果，通过 Thread.yield()让出当前线程的 CPU 资源
        else if (s == COMPLETING)
            Thread.yield();
        else if (q == null)
            q = new WaitNode();
        else if (!queued)
            queued = UNSAFE.compareAndSwapObject(this, waitersOffset,
                                                 q.next = waiters, q);
        else if (timed) {
            nanos = deadline - System.nanoTime();
```

```
            if (nanos <= 0L) {
                removeWaiter(q);
                return state;
            }
            LockSupport.parkNanos(this, nanos);
        }
        else
            LockSupport.park(this);
    }
}
```

上述代码的逻辑判断比较多，我们先不看那些判断，直接关注如下核心代码。

```
//省略
for(;;){
    //省略
    else if (q == null)
        q = new WaitNode();
    else if (!queued)
        queued = UNSAFE.compareAndSwapObject(this, waitersOffset,
                                             q.next = waiters, q);
    //省略
}
```

代码中用到了 for(;;)，我们基本上能够猜到，它一定用到了 CAS 机制来解决多线程竞争问题。其核心就是把当前线程构建的 WaitNode 加入单向链表中。

- 第一次执行时，q == null 为 true，所以通过 q=new WaitNode()初始化了一个节点，WaitNode 中保存了调用 future.get()的线程。

```
static final class WaitNode {
    volatile Thread thread;
    volatile WaitNode next;
    WaitNode() { thread = Thread.currentThread(); }
}
```

- 初始化完成后，进入第二次循环，执行 queued = UNSAFE.compareAndSwapObject(this, waitersOffset,q.next = waiters, q)，其实就是通过 CAS 机制把新建的 q 节点添加到 waiters

链表的头节点之前，这和之前讲的 AQS 不太一样。这种写法比较难理解，我们把它拆解如下：

- q.next=waiters。
- waiter=q。

队列构建完成后，会构建如图 11-2 所示的 waiters 单向链表，这种数据结构称为 Treiber Stack 结构。

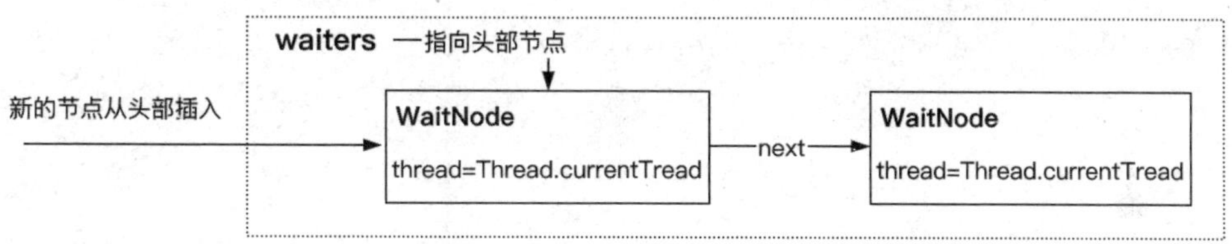

图 11-2　waiters 单向链表

最后，如果加入队列之后任务还没有执行完成，则执行如下代码。

```
//省略
else if (timed) {
    nanos = deadline - System.nanoTime();
    if (nanos <= 0L) {
        removeWaiter(q);
        return state;
    }
    LockSupport.parkNanos(this, nanos);
}
else
    LockSupport.park(this);
//省略
```

上述代码的逻辑如下。

- 如果设置了超时时间，则使用 LockSupport.parkNanos(this,nanos)方法阻塞线程并设置阻塞时长。
- 如果没有设置超时时间，则使用 LockSupport.park(this)方法阻塞当前线程。

这个被阻塞的线程什么时候被唤醒呢？有如下两种情况。

- 任务执行完成后，在 set()方法中调用 finishCompletion()方法。
- 线程被中断，在 awaitDone()方法中执行中断检测 if (Thread.interrupted())。

11.2.4 finishCompletion()

当 Callable 任务执行完成后，在 set()方法中调用 finishCompletion()方法完成阻塞线程的唤醒。

```
private void finishCompletion() {
    // assert state > COMPLETING;
    for (WaitNode q; (q = waiters) != null;) {
        if (UNSAFE.compareAndSwapObject(this, waitersOffset, q, null)) {
            for (;;) {
                Thread t = q.thread;
                if (t != null) {
                    q.thread = null;
                    LockSupport.unpark(t);
                }
                WaitNode next = q.next;
                if (next == null)
                    break;
                q.next = null;
                q = next;
            }
            break;
        }
    }
    done();
    callable = null;
}
```

通过前面的分析我们知道，waiters 表示的是由所有阻塞线程构建的 Treiber Stack 结构，其中 waiters 指向的是栈顶节点。在上述代码中，为了完成阻塞线程的唤醒，做了两个处理。

- 通过 UNSAFE.compareAndSwapObject(this, waitersOffset, q, null)把 waiters 的值设置为空，设置为空相当于清空了整个栈。由于这里会存在线程竞争，所以用到了自旋锁。
- 再次使用 for(;;)循环，从栈顶进行节点遍历，可以看出循环内部就是一个普通的链表操作。接着针对线程不为空的节点，使用 LockSupport.unpark(t)唤醒阻塞的线程，直到遍历完所有节点后退出循环。

至此，FutureTask 的核心源码就分析完了，完整的实现原理如图 11-3 所示。

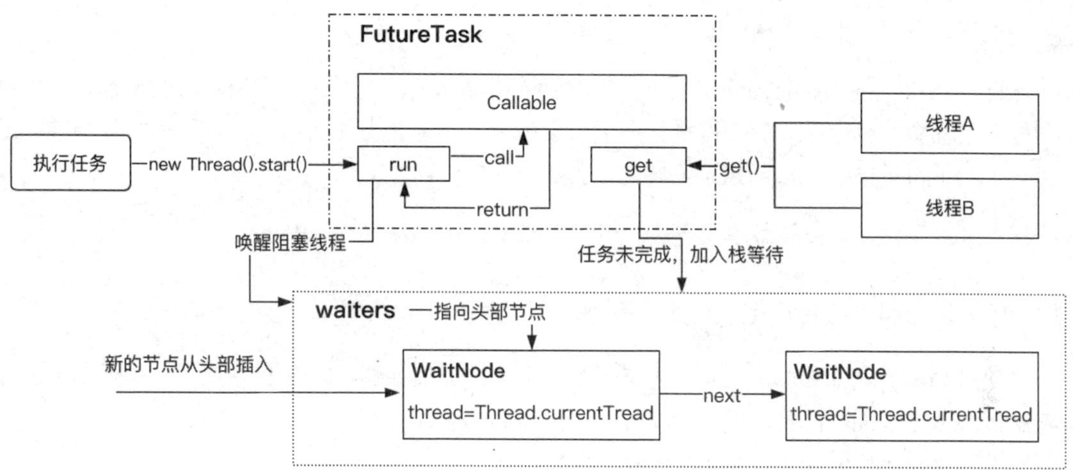

图 11-3　FutureTask 完整的实现原理

简单总结一下，FutureTask 实现了 Runnable 和 Future 接口，它表示一个带有状态及执行结果的任务，而任务执行结果的获取是基于阻塞的方式来实现的，也就是在 call()方法没有返回结果之前，其他线程调用 future.get()去获取结果时，FutureTask 会构建一个 Treiber 栈结构，把当前线程存储到栈顶并通过 LockSupport 来阻塞，直到 call()方法返回后把结果设置到 outcome 中，并唤醒被阻塞的线程。

我们前面说过 Future 有一定的局限性：

- 在获取异步执行结果时，要么调用 get()方法阻塞等待返回结果。要么通过轮询调用 future.isDone()来判断任务执行状态，再调用 get()方法获取结果，这会耗费 CPU 资源。
- Future 没有提供通知机制，我们没办法知道 Future 什么时候执行完成。

11.3　Java 8 新特性之 CompletableFuture

其实很多语言和框架，都采用回调的方式来实现异步编程，比如 Netty，扩展了 Java 的 Future 接口，提供了 AddListener 等多种扩展方法。Google Guava 也提供了通用的扩展 Future：ListenableFuture、SettableFuture 等。Scala 也提供了功能强大的 Future/Promise 异步编程模式。Java 本身的类库，也意识到了问题，在 Java 8 中新增了 CompletableFuture 类。

CompletableFuture 针对 Future 做了改进，也就是在异步任务执行完成后，主线程如果需要依赖该任务执行结果继续后面的操作，不需再等待，而是可以直接传入一个回调对象，当异步任务执行完成后，自动调用该回调对象，相当于实现了异步回调通知功能。

除此之外，CompletableFuture 还提供了非常强大的功能，比如对于回调对象的执行，可以放到非任务线程中，也能用任务线程执行；提供了函数式编程能力，简化了异步编程的复杂性；提供了多个 CompletableFuture 的组合与转化功能。

接下来，我们先从类关系图及方法的声明来初步了解 CompletableFuture。

11.3.1 CompletableFuture 类关系图

在使用 CompletableFuture 之前，先来了解一下它的类关系图，如图 11-4 所示。从类关系图可以看到，CompletableFuture 实现了 Future 和 CompletionStage 两个接口，我们知道，其中 Future 接口提供了获取任务执行结果及任务执行状态的功能。

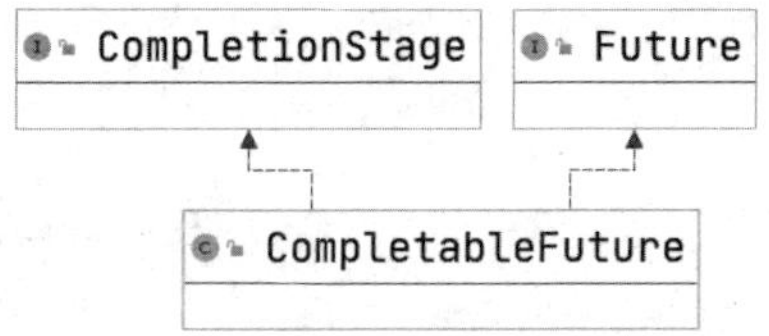

图 11-4 CompletableFuture 类关系图

CompletionStage 是一个新的设计，它表示任务执行的一个阶段，这个接口定义了非常多的方法，如 thenApply()、thenAccept()等，通过这些方法可以实现多个任务之间的时序关系，如串行、并行、聚合。

整体来说，CompletableFuture 既提供了 Future 阻塞式获取结果和任务状态的功能，也提供了 CompletionStage 任务执行之后触发回调及多个任务聚合的功能。

11.3.2 CompletableFuture 方法说明

CompletableFuture 提供了 4 个静态方法来构建一个异步事件，如下所示。

- supplyAsync(Supplier supplier)，带有返回值的异步执行方法，传入一个函数式接口，返回一个新的 CompletableFuture 对象。默认使用 ForkJoinPool.commonPool()作为线程池执行异步任务。

- supplyAsync(Supplier supplier, Executor executor)，带有返回值的异步执行方法，多了一个 Executor 参数，表示使用自定义线程池来执行任务。
- runAsync(Runnable runnable)，不带返回值的异步执行方法，传入一个 Runnable 参数，返回一个新的 CompletableFuture 对象。默认使用 ForkjoinPool.commonPool()作为线程池执行异步任务。
- runAsync(Runnable runnable,Executor executor)，不带返回值的异步执行方法，多了一个 Executor 参数，表示使用自定义线程池来执行任务。

需要说明的是，由于传递进去的任务需要异步执行，在前面讲 Future 的时候我们自己构建了一个线程来执行，在 CompletableFuture 中，也需要一个线程来异步执行，这里默认使用 ForkJoinPool. commonPool()提供的线程池来执行任务，我们也可以自己构建一个线程池来执行任务，所以在上面的 4 个方法中，才会分别存在一个需要传入线程池参数的重载方法。

11.3.2.1　runAsync()和 SupplyAsync()

下面通过两个简单的案例来演示两种构建异步事件的方法。

runAsync()

```
CompletableFuture cf=CompletableFuture.runAsync(()->{
    System.out.println(Thread.currentThread().getName()+":异步执行一个任务");
});
cf.get();
```

注意，这里我们还是用 get()这个阻塞方法来等待执行完成，暂时还没体现出 CompletableFuture 的优势。由于 runAsync()方法是没有返回值的，所以 get()方法返回的是 null。

输出结果如下，可以看到，默认采用 ForkJoinPool.commonPool 线程池来执行该任务。

```
ForkJoinPool.commonPool-worker-9:异步执行一个任务
```

supplyAsync()

```
public class CompletableFutureExample {

    public static void main(String[] args) throws ExecutionException, InterruptedException {
        CompletableFuture cf=CompletableFuture.supplyAsync(()->{
            return "supplyAsync-Future";
        });
```

```
        System.out.println(cf.get());
    }
}
```

supplyAsync()方法具有返回值，所以 get()方法会返回 supplyAsync-Future。

11.3.2.2 allOf()和 anyOf()

CompletableFuture 中还有另外两个特殊的静态方法：

- allOf(CompletableFuture<?>... cfs)，接收多个 CompletableFuture 无返回值任务，当所有的 CompletableFuture 任务执行结束后，返回一个新的 CompletableFuture 对象。
- anyOf(CompletableFuture<?>... cfs)，接收多个 CompletableFuture 带有返回值任务，当任何一个 CompletableFuture 任务执行完成后，返回一个新的 CompletableFuture 对象。

整体来说，allOf()方法相当于实现了等待多个 CompletableFuture 任务执行结束后再返回的功能，并且接收的 CompletableFuture 是通过 runAsync()方法构建的任务，之所以这么设计原因也很简单，当多个 CompletableFuture 都具有返回值时，通过 get()方法得到的结果无法知道是哪个任务的。

anyOf()方法实现了等待多个 CompletableFuture 中任何一个任务执行结束便返回的功能。接收的 CompletableFuture 是通过 supplyAsync()方法构建的任务。

下面通过两个例子来说明一下这两个方法的使用。

allOf()

```
@Slf4j
public class CompletableFutureExample {
    public static void main(String[] args) throws ExecutionException,
InterruptedException {
        CompletableFuture<Void> v1=CompletableFuture.runAsync(()->{
            log.info("no return value for v1");
        });
        CompletableFuture<Void> v2=CompletableFuture.runAsync(()->{
            log.info("no return value for v2");
        });
        CompletableFuture.allOf(v1,v2).join();
    }
}
```

代码不难理解，先定义了两个 CompletableFuture 任务，再使用 allOf()方法把这两个任务传递进去，这意味着要等待两个任务全部执行完成再继续执行其他任务。需要注意的是，这里我们用了 join()方法，它相当于实现了阻塞的功能，也就是表示当前主线程需要等待 allOf()方法中所有任务完成后再继续执行。除此之外，使用 get()方法也能达到同样的目的，代码如下。

```
CompletableFuture.allOf(v1,v2).get();
```

anyOf()

```
@Slf4j
public class CompletableFutureExample {

    public static void main(String[] args) throws ExecutionException, 
InterruptedException {
        CompletableFuture<String> v1=CompletableFuture.supplyAsync(()->{
            return "no return value for v1";
        });
        CompletableFuture<String> v2=CompletableFuture.supplyAsync(()->{
            return "no return value for v2";
        });
        CompletableFuture.anyOf(v1,v2).thenAccept(value->log.info(value.toString())).join();
    }
}
```

上述代码中定义了两个带有返回值的 CompletableFuture 任务，并作为参数传递到 anyOf()方法中，这意味着只要这两个任务其中任何一个执行完成，就立刻返回。在 anyOf()方法后同样也需要用到 join()方法。

另外，thenAccept()是 CompletionStage 中提供的方法，这个方法用来获取前面的 anyOf()方法中的执行结果来做更进一步的处理，其中 value 就是 anyOf()方法中执行完成的任务的返回结果，类似于一种回调机制，具体在后面的内容中会详细说明。

最后，在 CompletableFuture 中还有一个静态方法 completedFuture(U value)，它的功能比较简单，就是返回一个指定结果 value 的 CompletableFuture 对象。

```
CompletableFuture df=CompletableFuture.completedFuture("value");
```

11.3.3 主动获取执行结果

CompletableFuture 实现了 Future 接口，所以它可以像 Future 那样主动通过阻塞或者轮询的方式来获得执行结果。

- get()，基于阻塞的方式获取异步任务执行结果。
- get(long timeout, TimeUnit unit)，通过带有超时时间的阻塞方式获取异步任务执行结果。
- join()，和 get()方法的作用相同，唯一不同在于 get()方法允许被中断，也就是会抛出 InterruptedException，但是 join()方法不允许被中断。
- getNow(T valueIfAbsent)，这个方法有点特殊，如果当前任务已经执行完成，则返回执行结果，否则返回传递进去的参数 valueIfAbsent。

在 CompletableFuture 中还有一个比较有意思的方法 complete(T value)，它表示完成计算，也就是把 value 设置为 CompletableFuture 的返回值并且唤醒在上述方法中阻塞的线程。

为了更直观地理解 complete()方法的作用，我们使用下面这段代码演示 complete()方法的使用方法。

```
@Slf4j
public class CompleteMethodExample {

    static class ClientThread implements Runnable{
        private CompletableFuture completableFuture;
        public ClientThread(CompletableFuture completableFuture) {
            this.completableFuture = completableFuture;
        }
        @SneakyThrows
        @Override
        public void run() {
            log.info(Thread.currentThread().getName()+":"+completableFuture.get());
        }
    }
    public static void main(String[] args) {
        CompletableFuture cf=new CompletableFuture();
        new Thread(new ClientThread(cf)).start();
        new Thread(new ClientThread(cf)).start();
        log.info("两个客户端线程被 get 阻塞");
        cf.complete("finish");//唤醒
    }
}
```

上述这段代码中构建了两个线程，在线程中使用 completableFuture.get()获取返回值，此时 CompletableFuture 并没有使用前面提到的 runAsync()等方法构建异步任务，所以 get()方法必然会阻塞。接着在代码中使用 complete("finish")来完成任务的计算，并且返回的结果是 finish。由于此时 ComplctableFuture 有了返回值，因此被阻塞的两个 ClientThread 会被唤醒。从使用方法来看，complete()方法相当于实现了线程之间的数据通信功能。

另外，还有一个 completeExceptionally(Throwable ex)方法，它可以传递一个异常信息来结束异步任务，而 get()方法如果收到这个异常信息，则会把指定的异常抛出来。

11.4　CompletionStage 方法及作用说明

前面提到，CompletionStage 表示任务执行的一个阶段，每个异步任务都会返回一个新的 CompletionStage 对象，我们可以针对多个 CompletionStage 对象进行串行、并行或者聚合来进行下一阶段的操作。简单来说，就是实现异步任务执行后的自动回调功能。

举个例子，有这样一个场景，首先需要调用一个远程方法获得结果，然后把返回结果保存到数据库，代码如下。

```
@Slf4j
public class CompletionStageExample {

   public static void main(String[] args) {
      CompletionStage<String> cf=
            CompletableFuture.supplyAsync(()->"remote result");
      cf.thenAccept(result->{
         log.info("第一个异步任务的返回值："+result);
         log.info("把 result 保存到数据库");
      });
   }
}
```

上述代码中，首先定义了一个异步任务，这个异步任务用伪代码表示远程调用加载结果，并返回一个新的 CompletionStage 实例，接着调用 thenAccept()方法把第一步的执行结果保存到数据库中。可以看到一个和 Future 明显不一样的地方，就是 thenAccept()方法中传入的回调对象，是第一个异步任务执行完成后自动触发的，不需要像 Future 那样去阻塞当前线程等待返回结果。甚至还可以使用 thenAcceptAsync()方法，让保存到数据库的任务使用独立的线程池运行。

11.4.1 方法分类概述

在 CompletionStage 中，除了上面提到的 thenAccept()方法，还提供了 38 个方法来实现多个 CompletionStage 任务的聚合、并行等功能。

```
public <U> CompletionStage<U> thenApply(Function<? super T,? extends U> fn);
public <U> CompletionStage<U> thenApplyAsync(Function<? super T,? extends U> fn);
public <U> CompletionStage<U> thenApplyAsync(Function<? super T,? extends U> fn,Executor
executor);
public CompletionStage<Void> thenAccept(Consumer<? super T> action);
public CompletionStage<Void> thenRun(Runnable action);
public <U,V> CompletionStage<V> thenCombine(CompletionStage<? extends U>
other,BiFunction<? super T,? super U,? extends V> fn);
public <U> CompletionStage<U> handle(BiFunction<? super T, Throwable, ? extends U> fn);
//省略
```

方法看起来比较多，其实我们可以按照功能进行如下分类。

- 纯消费类型的方法。
- 有返回值类型的方法。
- 不消费也不返回新值的方法。
- 组合类型的方法。

11.4.1.1 纯消费类型的方法

纯消费类型的方法将上一个异步任务的结果作为当前方法的参数进行下一步计算，它的特点是不返回新的计算值。这类方法都包含 Accept 关键字。CompletionStage 中有 9 个包含 Accept 关键字的方法，这 9 个方法又可以分为 3 类：依赖单个 CompletionStage 任务完成，依赖两个 CompletionStage 任务都完成，依赖两个 CompletionStage 任务中的任何一个完成。

依赖单个 CompletionStage 任务完成

```
//当前线程同步执行
public CompletionStage<Void> thenAccept(Consumer<? super T> action);
//使用 ForkJoinPool.commonPool 线程池执行 action
public CompletionStage<Void> thenAcceptAsync(Consumer<? super T> action);
//使用自定义线程池执行 action
```

```
public CompletionStage<Void> thenAcceptAsync(Consumer<? super T> action,Executor
executor);
```

这 3 个方法使用上一个任务的执行结果作为参数来执行当前的 action。其中，接收的参数是一个函数式接口 Consumer，它表示一个待执行的任务，返回值是 CompletionStage，表示没有返回值。

这 3 个方法的使用方法如下，当 cf 实例的任务执行完成后，回调 thenAcceptAsync 传递的回调函数，其中 result 表示 cf 异步任务的返回结果。

```
@Slf4j
public class CompletionStageExample {
    public static void main(String[] args) throws IOException, ExecutionException,
InterruptedException {
        CompletableFuture<String> cf=
            CompletableFuture.supplyAsync(()->"thenAccept message");
        cf.thenAcceptAsync((result)->{
            log.info(Thread.currentThread().getName()+"第一个异步任务的返回值：
"+result);
        });
    }
}
```

依赖两个 CompletionStage 任务都完成

```
public <U> CompletionStage<Void> thenAcceptBoth(CompletionStage<? extends U>
other,BiConsumer<? super T, ? super U> action);
public <U> CompletionStage<Void> thenAcceptBothAsync(CompletionStage<? extends U>
other,BiConsumer<? super T, ? super U> action);
public <U> CompletionStage<Void> thenAcceptBothAsync(CompletionStage<? extends U>
other,BiConsumer<? super T, ? super U> action,Executor executor);
```

thenAcceptBoth()及相关方法提供了与 thenAccept()方法类似的功能，不同点在于它多了一个 CompletionStage 参数，表示当两个 CompletionStage 任务都完成后，执行后面的 action。注意，这个 action 可以接收两个参数，这两个参数分别表示两个任务的返回值。

简单来说，thenAcceptBoth()方法相当于实现了两个异步任务的组合，使用方法如下。

```
@Slf4j
public class ThenAcceptBothExample {
    public static void main(String[] args) {
```

```
        CompletableFuture<String> task1=CompletableFuture.supplyAsync(()->"AcceptBoth");
        CompletableFuture<String> task2=CompletableFuture.supplyAsync(()->"message");
        task1.thenAcceptBoth(task2,(r1,r2)->{
            log.info("result:"+(r1+" "+r2));
        });
    }
}
```

上述代码还可以采用 Fluent 风格来简化。

```
CompletableFuture.supplyAsync(()->"AcceptBoth").thenAcceptBoth(CompletableFuture.supp
lyAsync(()->"message"),(r1,r2)->{
    log.info("result:"+(r1+" "+r2));
});
```

当 task1 和 task2 都执行完成之后，得到两个任务的返回值：AcceptBoth 和 message，接着开始执行 action，这个 action 会接收前面两个任务的执行结果 r1 和 r2，并进行后续的任务处理，这里打印的结果应该是“result:AcceptBoth message”。

依赖两个 CompletionStage 任务中的任何一个完成

```
public CompletionStage<Void> acceptEither(CompletionStage<? extends T> other,Consumer<?
super T> action);
public CompletionStage<Void> acceptEitherAsync(CompletionStage<? extends T>
other,Consumer<? super T> action);
public CompletionStage<Void> acceptEitherAsync(CompletionStage<? extends T>
other,Consumer<? super T> action,Executor executor);
```

acceptEither()和 thenAcceptBoth()方法几乎一样，它同样接收两个 CompletionStage 任务，但是只需要保证其中一个 CompletionStage 任务完成，就会回调后续的任务 action。这两个任务谁先完成就会获得谁的返回值，作为参数传递给后续的任务 action。

11.4.1.2 有返回值类型的方法

有返回值类型的方法就是用上一个异步任务的执行结果进行下一步计算，并且会产生一个新的有返回值的 CompletionStage 对象。

在 CompletionStage 中，定义了 9 个带有返回值类型的方法，同样也可以分为 3 类：依赖单个 CompletionStage 任务完成，依赖两个 CompletionStage 任务都完成，依赖两个 CompletionStage 任务中的任何一个完成。

依赖单个 CompletionStage 任务完成

```
public <U> CompletionStage<U> thenApply(Function<? super T,? extends U> fn);
public <U> CompletionStage<U> thenApplyAsync(Function<? super T,? extends U> fn);
public <U> CompletionStage<U> thenApplyAsync(Function<? super T,? extends U> fn,Executor executor);
```

thenApply()这一组方法的功能是等上一个 CompletionStage 任务执行完成后，把执行结果传递给函数 fn，将函数 fn 作为一个新的任务执行并返回一个新的带有返回值的 CompletionStage。其中以 Async 结尾的方法表示函数 fn 这个任务采用单独的线程池来执行。

依赖两个 CompletionStage 任务都完成

```
public <U,V> CompletionStage<V> thenCombine(CompletionStage<? extends U>
other,BiFunction<? super T,? super U,? extends V> fn);
public <U,V> CompletionStage<V> thenCombineAsync(CompletionStage<? extends U>
other,BiFunction<? super T,? super U,? extends V> fn);
public <U,V> CompletionStage<V> thenCombineAsync(CompletionStage<? extends U>
other,BiFunction<? super T,? super U,? extends V> fn,Executor executor);
```

thenCombine()这一组方法的功能类似于 thenAcceptBoth()方法，它表示两个 CompletionStage 并行执行结束后，把两个任务的结果传递给函数 fn，函数 fn 执行后返回一个带有返回值的 CompletionStage，使用方法如下。

```
@Slf4j
public class ThenApplyExample {

   public static void main(String[] args) throws ExecutionException,
InterruptedException {
      CompletableFuture cf=CompletableFuture.supplyAsync(() ->
"Combine").thenCombineAsync(CompletableFuture.supplyAsync(() -> "message"), (r1, r2) -> {
         log.info("result:"+(r1+" "+r2));
         return r1 + r2;
      });
      System.out.println(cf.get());
   }
}
```

依赖两个 CompletionStage 任务中的任何一个完成

```
public <U> CompletionStage<U> applyToEither(CompletionStage<? extends T> other,Function<? super T, U> fn);
public <U> CompletionStage<U> applyToEitherAsync(CompletionStage<? extends T> other,Function<? super T, U> fn);
public <U> CompletionStage<U> applyToEitherAsync(CompletionStage<? extends T> other,Function<? super T, U> fn,Executor executor);
```

applyToEither()方法表示两个 CompletionStage 任务中任意一个 CompletionStage 任务完成后，都执行后面的函数 fn，函数 fn 的返回值会作为新的 CompletionStage 的计算结果。

11.4.1.3 不消费也不返回新值的方法

不消费也不返回新值的方法不依赖上一个阶段的执行结果，只要上一个阶段完成，就执行指定的任务，并且也不会产生新的结果。这类方法都包含 Run 关键字。在 CompletionStage 中包含 9 个这类方法，分为 3 类：依赖单个 CompletionStage 任务完成后执行、依赖两个 CompletionStage 任务完成后执行、依赖两个 CompletionStage 任务中任一任务完成后执行。

依赖单个 CompletionStage 任务完成后执行

```
public CompletionStage<Void> thenRun(Runnable action);
public CompletionStage<Void> thenRunAsync(Runnable action);
public CompletionStage<Void> thenRunAsync(Runnable action,Executor executor);
```

thenRun()方法，只需要上一个阶段的任务执行完成后，立刻执行指定的 action。thenRunAsync()表示采用 ForkjoinPool.commonPool()线程池来执行 action。

依赖两个 CompletionStage 任务完成后执行

```
public CompletionStage<Void> runAfterBoth(CompletionStage<?> other,Runnable action);
public CompletionStage<Void> runAfterBothAsync(CompletionStage<?> other,Runnable action);
public CompletionStage<Void> runAfterBothAsync(CompletionStage<?> other,Runnable action,Executor executor);
```

runAfterBoth()方法接收一个 CompletionStage 任务，该方法要保证两个 CompletionStage 任务都完成，再执行指定的 action。

依赖两个 CompletionStage 任务中任一任务完成后执行

```
public CompletionStage<Void> runAfterEither(CompletionStage<?> other,Runnable action);
```

```java
public CompletionStage<Void> runAfterEitherAsync(CompletionStage<?> other,Runnable action);
public CompletionStage<Void> runAfterEitherAsync(CompletionStage<?> other,Runnable action,Executor executor);
```

runAfterEither()方法接收一个 CompletionStage 任务，它只需要保证两个任务中任一任务执行完成，即可执行指定的 action。

该类方法的使用方法如下，由于 runAfterBoth()方法既没有依赖上一个 CompletionStage 任务的返回结果，自己本身也没有返回值，所以最后输出的结果是 null。

```java
@Slf4j
public class RunAfterBothExample {

    public static void main(String[] args) throws ExecutionException, InterruptedException {
        CompletableFuture cf=CompletableFuture.supplyAsync(()->"Both").runAfterBoth
(CompletableFuture.supplyAsync(()->"Message"),()->{
            log.info("Done");
        });
        log.info("result:"+cf.get());
    }
}
```

11.4.1.4　组合类型的方法

```java
public <U> CompletionStage<U> thenCompose(Function<? super T, ? extends CompletionStage<U>> fn);
public <U> CompletionStage<U> thenComposeAsync(Function<? super T, ? extends CompletionStage<U>> fn);
public <U> CompletionStage<U> thenComposeAsync(Function<? super T, ? extends CompletionStage<U>> fn,Executor executor);
```

thenCompose()是多任务组合方法，它的作用是把两个 CompletionStage 任务进行组合达到串行执行的目的，也就是把第一个任务的执行结果作为参数传递给第二个任务执行，它有点类似于前面提到的 thenCombine()方法，最大的不同在于 thenCompose()方法中的任务存在先后关系，而 thenCombine()中两个任务是并行执行的。

thenCompose()方法的使用和前面的方法类似，示例代码如下。

```
@Slf4j
public class ThenComposeExample {
    public static void main(String[] args) throws ExecutionException,
InterruptedException {
        CompletableFuture cf=CompletableFuture.supplyAsync(()->"Compose Message")
                .thenCompose(r->CompletableFuture.supplyAsync(()->r.toUpperCase()));
        log.info("result:"+cf.get());
    }
}
```

上述代码中，使用 supplyAsync()方法构建了一个异步带返回值的任务，返回值为 Compose Message，接着使用 thenCompose()方法组合另外一个任务，并把前面任务的返回值 r 作为参数传递给第二个任务，在第二个任务中同样使用 supplyAsync()方法构建了一个新的任务并返回一个新的 CompletionStage 实例。

11.4.2 CompletionStage 异常处理方法

在 11.4.1 节中提到的方法，都是 CompletionStage 任务正常执行时的处理方法，如果依赖的前一个任务出现异常，会导致后续任务无法正常执行。

举例来说，在下面的这段代码中，如果前置任务 cf 出现异常，则会影响后置的任务执行。

```
@Slf4j
public class RunAfterBothExample {

    public static void main(String[] args) throws ExecutionException, InterruptedException {
        CompletableFuture cf=CompletableFuture.supplyAsync(()-> {
            throw new RuntimeException("occur exception");
        }).runAfterBoth(CompletableFuture.supplyAsync(()->"Message"),()->{
            log.info("Done");
        });
        log.info("result:"+cf.get());
    }
}
```

实际上，在 CompletionStage 中提供了异常处理的相关方法，也就是说如果前置 CompletionStage 任务出现异常，不会使整个任务流全部失败。具体来说，提供了以下 3 类处理方法。

- 以 whenComplete 前缀开头的方法。
- 以 handle 前缀开头的方法。
- exceptionally()。

11.4.2.1　whenComplete

以 whenComplete 前缀开头的方法表示当任务执行完成后会触发的方法，它的特点是，不论前置的 CompletionStage 任务是正常执行结束还是出现异常，都能够触发特定的 action，主要方法如下。

```
public CompletableFuture<T> whenComplete(BiConsumer<? super T, ? super Throwable>
action);
public CompletableFuture<T> whenCompleteAsync(BiConsumer<? super T, ? super Throwable>
action);
public CompletableFuture<T> whenCompleteAsync(BiConsumer<? super T, ? super Throwable>
action, Executor executor);
```

可以看到，这类方法接收一个函数式接口 BiConsumer<? super T, ? super Throwable>，接收两个参数，一个是前置任务正常执行的返回结果，另一个是前置任务抛出的异常对象，如果前置任务出现异常，则第二个参数就不为空。

注意，这几个方法都返回一个 CompletableFuture，由于接收的 action 是一个消费类型的函数式接口，因此当 action 执行完成后，它要么返回前置任务的执行结果，要么返回异常，不会使原始结果产生变化。

另外，和前面的方法一样，方法以 Async 结尾，表示使用单独的线程池来执行 action，否则使用执行当前任务的线程来执行 action。

```
@Slf4j
public class WhenCompleteExample {

   public static void main(String[] args) throws ExecutionException,
InterruptedException {
       CompletableFuture<String> cf=CompletableFuture.supplyAsync(()->{throw new
RuntimeException("Occur Exception");});
       CompletableFuture<String> rx=cf.whenComplete((r,th)->{
           if(th!=null){
               log.error("前置任务出现异常");
           }else{
```

```
                log.error("前置任务正常");
            }
        });
        log.info(rx.get());
    }
}
```

上述代码中，演示了 whenComplete 类方法的使用方法，从使用方法来看，有点类似于一个前置任务处理结果正常与否的判断，保证业务流程执行的完整性，最终通过 rx.get()还是会把前置 CompletionStage 的异常抛出。

11.4.2.2 handle

以 handle 前缀开头的方法表示前置任务执行完成后，不管前置任务执行状态是正常还是异常，都会执行其中的函数 fn，它和 whenComplete 类方法的作用几乎一致，不同点在于，这类方法是有返回值类型的方法。

```
public <U> CompletionStage<U> handle(BiFunction<? super T, Throwable, ? extends U> fn);
public <U> CompletionStage<U> handleAsync(BiFunction<? super T, Throwable, ? extends U> fn);
public <U> CompletionStage<U> handleAsync(BiFunction<? super T, Throwable, ? extends U>
fn,Executor executor);
```

handle 类方法接收一个 BiFunction 类型的函数式接口，这个接口接收前置任务的两个参数，一个是正常的执行结果，另一个是异常对象。当前置任务执行结束或者抛出异常时，会触发函数 fn 的调用，返回一个新的 CompletionStage 对象并产生一个新的结果。

同样，以 Async 结尾的方法表示采用单独的线程池来执行函数 fn，否则，采用当前主线程来执行函数 fn。

下面简单演示了 handle 类方法的使用方法。

```
@Slf4j
public class HandleExample {
    public static void main(String[] args) throws ExecutionException,
InterruptedException {
        CompletableFuture cf=CompletableFuture
            .supplyAsync(()->{throw new RuntimeException("Occur Exception");})
            .handleAsync((r,th)->{
                return th!=null?"出现异常":r;
```

```
        });
        log.info((String) cf.get());
    }
}
```

从上述代码可以看出，前置任务抛出一个异常，handleAsync()方法接收异常结果，可以根据异常情况来决定后续处理逻辑，还可以生成新的 CompletionStage 对象并产生一个新的结果。

整体来看，handle 类方法相当于 whenComplete 类方法和有返回值类型的方法的组合实现。

11.4.2.3　exceptionally()

前面提到了前置任务正常完成和异常完成的处理方式，在 CompletionStage 中还提供了一个只针对前一个任务出现异常时的处理方法，定义如下。

```
public CompletionStage<T> exceptionally(Function<Throwable, ? extends T> fn);
```

exceptionally()方法接收一个函数 fn，当上一个 CompletionStage 出现异常时，会把该异常作为参数传递给函数 fn。该方法有一个 CompletionStage 的返回值，说明当前方法可以在接收到上一个阶段的异常时进行进一步处理，返回一个新的 CompletionStage 对象实例。

它的具体使用方式如下。

```
@Slf4j
public class ExceptionallyExample {

  public static void main(String[] args) throws ExecutionException, InterruptedException {
    CompletableFuture cf=CompletableFuture.supplyAsync(()->{throw new RuntimeException
("Occur Exception");}).exceptionally(e->{
      log.error("{}",e);
      return "ExceptionallyExample";
    });
    System.out.println(cf.get());
  }
}
```

上述代码中，第一个任务出现异常，调用 exceptionally()方法后，会收到前置任务的异常，然后返回一个新的执行结果。

11.4.3 方法类型总结

前面提到这么多方法，其实整体来说就三大类，多个任务串行执行、多个任务并行执行、多个任务聚合（And 和 Or）。实际上这些方法可以用来描述 CompletionStage 任务之间的时序关系，本质上相当于一种回调机制。相对 Future 来说，CompletableFuture 提供了更加强大和完善的异步编程模型。

11.5 CompletableFuture 综合实战

在本节中通过一个案例来演示一下 CompletableFuture 的使用。

以一个商品查询为例，在微服务架构中，一个商品信息查询会涉及商品基本信息查询、商品评论查询、商品库存查询，每个查询都涉及不同的微服务的调用，如果使用异步编程的方式，应该如何实现呢？

当前演示的案例项目是采用 Spring Boot 构建的，其中涉及如下类。

- Goods，商品实体对象。
- 独立微服务：
    - GoodsService，商品基本信息服务。
    - RepoService，商品库存信息服务。
    - CommentService，商品评论信息服务。
- GoodsController，Web 请求。

注意： 为了尽量减少和本书中无关内容的引入，下面的代码简化了远程通信模块，直接采用本地调用方式来模拟远程通信。

11.5.1 商品实体对象

商品实例对象类 Goods 定义如下。

```
@Getter
@Data
public class Goods {
    private Integer id;
```

```
    //商品名称
    private String name;
    //价格
    private BigDecimal price;
    //库存
    private Integer repo;
    //购买人数
    private Integer buyerNum;
    //评价
    private List<String> comment;

    public Goods(Integer id, String name, BigDecimal price) {
        this.id = id;
        this.name = name;
        this.price = price;
    }
}
```

11.5.2　模拟微服务请求实现类

商品评价信息服务类 CommentService 定义如下。

```
@Service
public class CommentService {
    /**
     * 返回指定商品的评论
     * @return
     */
    public List<String> getCommentsByGoodsId(Integer goodsId){
        return Arrays.asList("好","一般","很好");
    }
}
```

商品基本信息查询服务类 GoodsService 定义如下。

```
@Service
public class GoodsService {
```

```
    /**
     * 查询商品信息
     * @return
     */
    public List<Goods> queryGoods() {
        return Arrays.asList(
            new Goods(1,"电脑",new BigDecimal(5000)),
            new Goods(2,"手机",new BigDecimal(3000)),
            new Goods(3,"书",new BigDecimal(99)),
            new Goods(4,"杯子",new BigDecimal(18)));
    }
}
```

商品库存查询服务类 RepoService 定义如下。

```
@Service
public class RepoService {

    /**
     * 查询指定商品库存
     * @param goodsId
     * @return
     */
    public Integer getRepoByGoodsId(Integer goodsId){
        return new Random().nextInt(1000);
    }
}
```

11.5.3 Web 请求

GoodsController 类提供 HTTP 接口服务，用来访问商品详细信息，代码如下。

```
@RestController
public class GoodsController {
    @Autowired
    GoodsService goodsService;
    @Autowired
    CommentService commentService;
```

```
    @Autowired
    RepoService repoService;

    @GetMapping("/goods")
    public List<Goods> goods() throws ExecutionException, InterruptedException {
        CompletableFuture<List<Goods>> goodsFuture=CompletableFuture
            .supplyAsync(()->goodsService.queryGoods());
        CompletableFuture cf=goodsFuture.thenApplyAsync(goods->{
            goods.stream().map(good1->CompletableFuture.supplyAsync(()->{
                good1.setRepo(repoService.getRepoByGoodsId(good1.getId()));
                return good1;
            }).thenCompose(good2->CompletableFuture.supplyAsync(()->{
                good2.setComment(commentService.getCommentsByGoodsId(good2.getId()));
                return good2;
            }))).toArray(size->new CompletableFuture[size]);
            return goods;
        });
        return (List<Goods>) cf.handleAsync((goods, th)->th!=null?"系统繁忙":goods).get();
    }
}
```

其功能说明如下。

- 使用 supplyAsync()方法来构建一个 CompletableFuture 任务，这个任务负责查询所有商品的基本信息。
- 接着通过 thenApplyAsync()方法来连接另外一个任务，也就是当第一个查询商品基本信息的 CompletionStage 任务执行结束后，通过异步线程执行第二个任务。
- 在第二个任务中，使用了 thenCompose()方法来组合两个 CompletionStage 任务，完成商品评论和商品库存信息的补充。
- 最终采用 handleAsync()方法返回执行结果，这里用 handleAsync()方法的目的是避免将前置任务的异常直接抛给前端。

总的来说，了解了 CompletionStage 中不同类型的方法之后，就可以随心所欲地在实际业务场景中使用了，建议各位读者根据自己的实际业务场景来判断是否有必要使用，然后根据需求尝试合理地应用，从而更好地理解 CompletableFuture。

接下来，我们了解一下 CompletableFuture 的实现原理。

11.6 CompletableFuture 实现原理分析

前面讲了很多关于 CompletableFuture 的内容，本质上都在说明 CompletableFuture 是如何实现任务执行完成后的主动通知（异步回调）功能的，这种异步回调通知的设计在很多技术中都有实现，比如 RxJava、WebFlux、NIO 中的 epoll 模型等，最终的目的是简化开发及提升程序的处理性能。

我们再来看一下 CompletableFuture 的类关系图，如图 11-5 所示，CompletableFuture 实现了 Future 和 CompletionStage 接口，其中 CompletionStage 为 CompletableFuture 提供了非常丰富的异步回调接口，CompletableFuture 可以使用这些接口来实现复杂的异步计算工作。

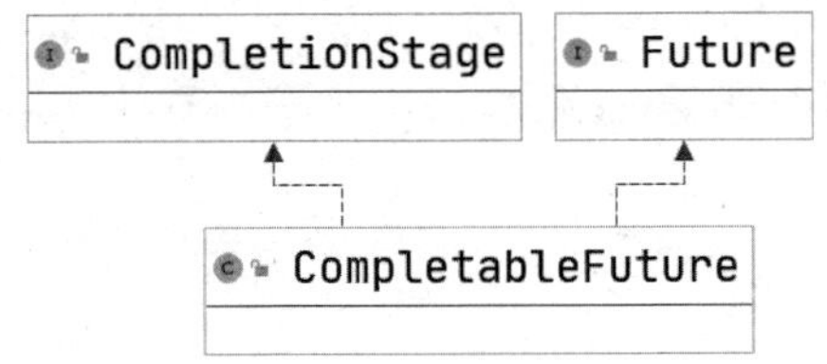

图 11-5　CompletableFuture 的类关系图

CompletableFuture 是如何实现异步回调功能的呢？我们再看一下使用 CompletableFuture 回调的例子，代码如下。

```
@Slf4j
public class CompletionStageExample {

    public static void main(String[] args) throws IOException, ExecutionException,
InterruptedException {
        CompletableFuture<Void> cf=
                CompletableFuture.supplyAsync(()->"thenAccept
message").thenAcceptAsync((result)->{
            log.info(Thread.currentThread().getName()+"第一个异步任务的返回值:
"+result);
        });
        cf.get();
    }
}
```

其中构建了两个 CompletionStage 任务。

- 第一个任务是返回 thenAccept message 字符串。
- 第二个任务是打印第一个任务的返回值。

这两个任务建立了串行执行的关系，也就是第二个 CompletionStage 任务相当于第一个任务执行结束后的异步回调，并且多个 CompletionStage 任务可以使用链式风格串联。那么，在 CompletableFuture 中是如何存储 CompletionStage 和多个任务节点的链接关系，以及如何实现任务回调触发的呢？

为了搞清楚，我们先来看一下 CompletableFuture 的定义。

```
public class CompletableFuture<T> implements Future<T>, CompletionStage<T> {
    volatile Object result;
    volatile Completion stack;
}
```

CompletableFuture 的成员变量只有两个。

- result，表示 CompletableFuture 的返回结果或者一个异常的封装对象 AltResult。
- stack，表示依赖操作栈的栈顶，简单来说就是在链式调用中传递的任务都会被压入这个 stack 中。

我们重点看一下 stack，它是一个 Treiber Stack 结构，存储了 Completion 类的对象，Completion 类的定义如下。

```
abstract static class Completion extends ForkJoinTask<Void>
    implements Runnable, AsynchronousCompletionTask {
    volatile Completion next;
    abstract boolean isLive();

    public final void run()                { tryFire(ASYNC); }
    public final boolean exec()            { tryFire(ASYNC); return true; }
    public final Void getRawResult()       { return null; }
    public final void setRawResult(Void v) {}
}
```

> Treiber Stack 是在 R. Kent Treiber 1986 年的论文 *Systems Programming: Coping with Parallelism* 中首次出现的一个概念，它是一种基于 CAS 机制实现的无锁并发栈。

Completion 表示一个具体的执行任务，也就是每个回调任务都会封装成 Completion，然后放入 Treiber Stack 中。而 Completion 中的 next 保存了栈中的下一个回调任务。从上述代码可以看到，Completion 继承了 ForkJoinTask 类并且实现了 Runnable 接口，说明该任务可以使用 ForkJoinPool 执行，也可以通过普通线程来执行。

下面详细分析一下 Completion，因为它代表了具体的回调任务类型。

11.6.1 Completion 说明

Completion 有不同的子类实现，实际上就是为了满足 CompletionStage 中不同方法类型的场景需求。实现类说明如下。

- UniCompletion，表示单个 CompletionStage 任务输入的实现，涉及的方法如下。
    - thenRun(Runnable action)
    - thenApply(Function<? super T,? extends U> fn)
    - ……
- CoCompletion，针对两个 CompletionStage 中的第二个任务输入实现，涉及的方法如下。
    - applyToEither(CompletionStage<? extends T> other, Function<? super T, U> fn)
    - thenCombine(CompletionStage<? extends U> other,BiFunction<? super T,? super U,? extends V> fn)
    - ……
- Signaller，针对不输入和不返回的操作提供方法提供的信号器，涉及的方法如下。
    - get()。
    - join()。
    - ……

总的来说，针对通过上面提到的部分方法构建的任务，都会采用 UniCompletion、CoCompletion 等实现类来包装并添加到 Treiber Stack 结构中。在后续的分析中，我们只需要了解其中一种 Completion 的实现即可，其他的实现原理是相同的。

下一节我们来了解一下 CompletableFuture 中基于任务链路构建的 Completion 栈的结构。

11.6.2　图解 Completion 的栈结构

假设我们使用下面这段代码来创建一个 CompletableFuture 任务，那么 CompletableFuture 中是如何存储这些回调任务的呢？

```
@Slf4j
public class CompletionStackExample {

    public static void main(String[] args) {
        CompletableFuture<String> baseFuture=CompletableFuture.completedFuture("Base Future");
        baseFuture.thenApply(r->"Then Apply");
        baseFuture.thenAccept(r->log.info(r)).thenAccept(Void->log.info("void"));
        baseFuture.thenApply(r->"Apply Message").thenAccept(r->log.info("result:"+r));
        log.info("finish:{}",baseFuture.get());
    }
}
```

下面通过一系列图形来进行分析，首先分析如下代码。

```
CompletableFuture<String> baseFuture=CompletableFuture.completedFuture("Base Future");
baseFuture.thenApply(r->"Then Apply");
```

这段代码初始化之后，会创建如图 11-6 所示的结构，此时 Completion 的对象类型是 UniCompletion，因为 thenApply()方法只接收一个任务。

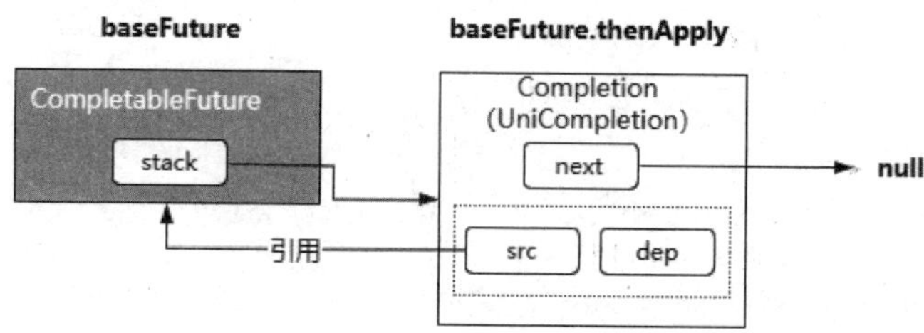

图 11-6　第一阶段，Completion Stack 结构

接着看如下代码，在 baseFuture 中基于 thenAccept()方法继续添加了一个回调。

```
baseFuture.thenAccept(r->log.info(r)).thenAccept(Void->log.info("void"));
```

这段代码执行完成后，会创建如图 11-7 所示的结构。

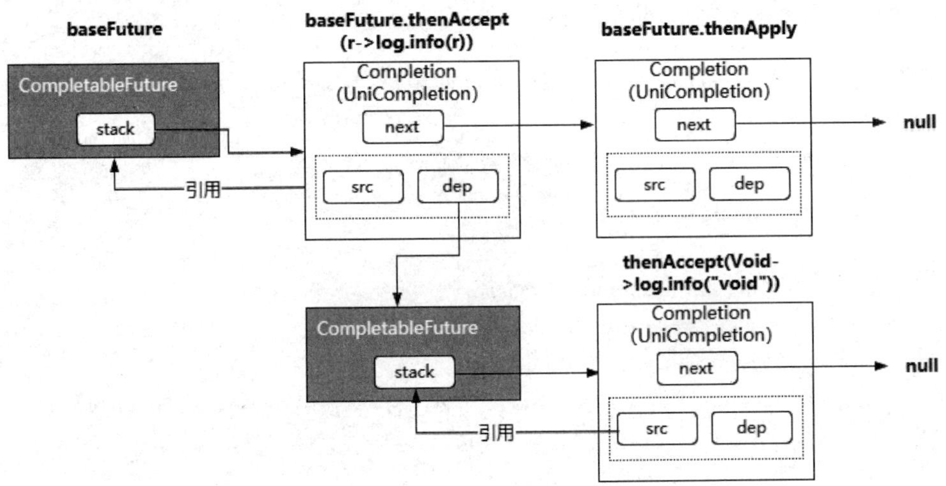

图 11-7　第二阶段，Completion Stack 结构

Completion Stack 经过第二阶段后就变得很复杂了，简单说明如下。

- 先执行 baseFuture.thenAccept(r->log.info(r))，在 baseFuture 上继续增加了一个回调，因此把这个回调压入栈顶。
- 上一步会产生一个新的 CompletableFuture，由于这个 CompletableFuture 是在前置的 Completion 中产生的，因此在 Completion 中会有一个 dep 属性来指向这个新的对象实例。
- 接着在新的 CompletableFuture 中又调用了 thenAccept()方法来构建一个回调任务，所以这里又会形成一个新的 Treiber Stack 结构。

继续分析下面的代码。

```
baseFuture.thenApply(r->"Apply Message").thenAccept(r->log.info("result:"+r));
```

仍然是在 baseFuture 上使用 thenApply()方法创建了一个带返回值的回调，这个回调同样会创建一个 CompletableFuture 实例，并在该实例中继续使用 thenAccept()方法添加回调，代码执行完成后，Completion Stack 结构如图 11-8 所示。

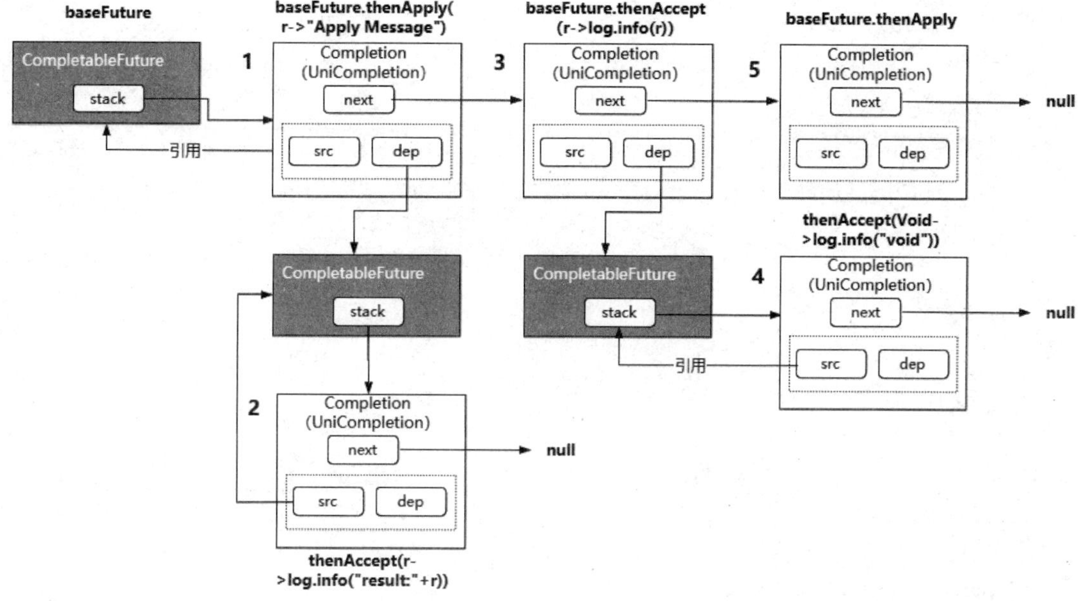

图 11-8　第三阶段，Completion Stack 结构

当我们调用 log.info("finish:{}",baseFuture.get())获取 baseFuture 的执行结果后，构建的 Completion Stack 结构就会逐层执行，执行步骤如下。

1. 从 baseFuture 中取出第一个 Competion（如图 11-8 所示中数字 1 指向的位置）对象，执行并出栈。
2. 取出 baseFuture 中 dep 属性指向的 CompletableFuture 对象中存储的 stack 结构，也就是图 11-8 中数字 2 指向的 Completion 实例，执行并出栈，该栈结构中只有一个 Completion 实例，执行完成后回到 baseFuture。
3. 取出 baseFuture 中 stack 结构的下一个 Completion，在如图 11-8 所示中数字 3 指向的 Completion 实例，执行并出栈，此时该 Completion 中 dep 属性存在一个 CompletableFuture 实例，因此继续执行该实例中的 stack 结构中的 Completion 任务，也就是图 11-8 中数字 4 指向的位置。
4. 取出 baseFuture 中 stack 结构的下一个 Completion，如图 11-8 所示数字 5 指向的位置，执行并出栈。

至此，CompletableFuture 中如何存储链式构建的回调任务，以及这些回调任务的执行流程就分析完了。总的来说，核心有两点。

- CompletableFuture 中的回调任务，是基于 Completion 来实现的，并且针对 CompletionStage 中不同类型的方法实现，Completion 也有针对性的子类来处理，Completion 表示一个具体的回调任务。
- 这些 Completion 采用了一种 Treiber Stack 结构来存储，由于每个 Completion 都可能会产生新的 CompletableFuture，所以整个结构看起来像一棵很深的树。

最终由栈顶逐个出栈来执行，并且，如果当前出栈的 Completion 存在一个子 Completion Stack 结构，那么优先执行这一条链路的 Completion 任务。

11.7 核心源码分析

了解了 CompletableFuture 的基本原理后，在本节中我们分析一下 CompletableFuture 的核心源码，主要分析以下几部分。

- CompletableFuture 静态任务创建。
- 在构建回调任务时，Treiber Stack 是如何构建的。
- get()方法阻塞获取任务处理结果时，如何实现线程阻塞和唤醒。
- 当前置任务执行完成后，Treiber Stack 的执行流程。

11.7.1 CompletableFuture 静态任务创建

下面这段代码是使用 supplyAsync()方法来创建一个 CompletableFutre 对象的方法。

```
public static <U> CompletableFuture<U> supplyAsync(Supplier<U> supplier) {
    return asyncSupplyStage(asyncPool, supplier);
}
static <U> CompletableFuture<U> asyncSupplyStage(Executor e,Supplier<U> f) {
    if (f == null) throw new NullPointerException();
    CompletableFuture<U> d = new CompletableFuture<U>();
    e.execute(new AsyncSupply<U>(d, f));
    return d;
}
```

在 asyncSupplyStage()方法中，使用线程池来执行一个 AsyncSupply()方法构建的任务（这里默认情况下使用 ForkJoinPool.commonPool()方法来执行，通过前面的章节我们知道，ForkJoinPool 是用来执行 ForkJoinTask 的，而 ForkJoinTask 代表 ForkJoinPool 里面具体要执行的任务）。

```
static final class AsyncSupply<T> extends ForkJoinTask<Void>
    implements Runnable, AsynchronousCompletionTask {
    CompletableFuture<T> dep; Supplier<T> fn;
    AsyncSupply(CompletableFuture<T> dep, Supplier<T> fn) {
        this.dep = dep; this.fn = fn;
    }
    public final Void getRawResult() { return null; }
    public final void setRawResult(Void v) {}
    public final boolean exec() { run(); return true; }

    public void run() {
        CompletableFuture<T> d; Supplier<T> f;
        if ((d = dep) != null && (f = fn) != null) {
            dep = null; fn = null;
            if (d.result == null) {
                try {
                    d.completeValue(f.get());
                } catch (Throwable ex) {
                    d.completeThrowable(ex);
                }
            }
            d.postComplete();
        }
    }
}
```

当线程池执行 AsyncSupply()方法时，会调用 run()方法来执行具体的任务。可以从上述代码中看到，在 run()方法中，会直接使用 f.get()来获得 Supplier 这个函数式接口中的执行结果，并且使用 completeValue()方法把执行结果设置到 CompletableFuture 的 result 字段中。

completeValue()方法的代码如下，这里采用 CAS 机制来保证数据修改的原子性。

```
final boolean completeValue(T t) {
    return UNSAFE.compareAndSwapObject(this, RESULT, null,
                                       (t == null) ? NIL : t);
}
```

如果 f.get()抛出异常，则调用 completeThrowable()方法把异常结构包装成 AltResult 对象并保存到 result 字段中。

```
final boolean completeThrowable(Throwable x) {
    return UNSAFE.compareAndSwapObject(this, RESULT, null,
                                        encodeThrowable(x));
}
static AltResult encodeThrowable(Throwable x) {
    return new AltResult((x instanceof CompletionException) ? x :
                         new CompletionException(x));
}
```

AltResult 是 CompletableFuture 的一个内部类，当 CompletableFuture 中的任务出现异常时，会返回一个 AltResult 对象。

最后调用 postComplete()方法表示执行完成，相当于它会执行 Completion Stack 中的所有回调任务。

11.7.2 Completion Stack 构建

当使用 CompletionStage 来构建链式回调任务时，会构建一个 Completion Stack，也就是把回调任务包装成一个 Completion 对象，压入 Stack 中。

下面以 thenAccept()方法为例来整体分析一下构建过程，代码如下。

```
public <U> CompletableFuture<U> thenApply(
    Function<? super T,? extends U> fn) {
    return uniApplyStage(null, fn);
}
private <V> CompletableFuture<V> uniApplyStage(
    Executor e, Function<? super T,? extends V> f) {
    if (f == null) throw new NullPointerException();
    //创建一个新的 CompletableFuture 对象
    CompletableFuture<V> d =  new CompletableFuture<V>();
    if (e != null || !d.uniApply(this, f, null)) {
        UniApply<T,V> c = new UniApply<T,V>(e, d, this, f);
        push(c);
        c.tryFire(SYNC);
    }
    return d;
}
```

在 uniApplyStage()方法中，首先会把回调任务 d(dep)、源任务 this(src)及回调任务 f 包装成一个 UniAccept 对象。再通过 push()方法压入当前回调方法对应的源任务 CompletableFuture 中 stack 的栈顶。上述代码执行完成后，就会构建出如图 11-9 所示的结构，UniApply 的父类是 UniCompletion。

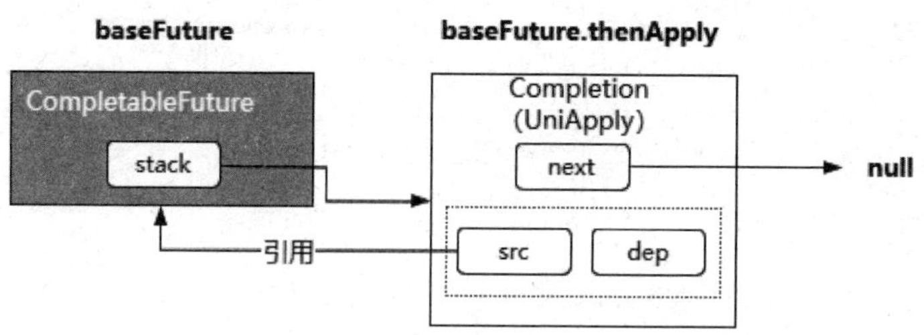

图 11-9　Completion Stack

最后调用 tryFire(SYNC)方法来尝试执行任务，其参数表示 Model 类型（包含 SYNC、ASYNC、NESTED），不同 Model 类型处理逻辑不同，在下文中会详细分析。

其中，d.uniApply(this, f, null)会判断源 CompletableFuture 任务是否完成，如果已完成，则不需要有入栈这个操作，代码如下。

```
final <S> boolean uniApply(CompletableFuture<S> a,
                           Function<? super S,? extends T> f,
                           UniApply<S,T> c) {
    Object r; Throwable x;
    //如果任务还未完成（result==null），直接返回 false
    if (a == null || (r = a.result) == null || f == null)
        return false;
    tryComplete: if (result == null) {
        //判断 result 是否为异常类型，如果存在异常，使用 completeThrowable 完成任务，并返回 true
        if (r instanceof AltResult) {
            if ((x = ((AltResult)r).ex) != null) {
                completeThrowable(x, r);
                break tryComplete;
            }
            r = null;
        }
        //进入这里，说明 result 不为空
        try {
            if (c != null && !c.claim())
                return false;
            //把上一个 CompletableFuture 的执行结果 s 作为参数传给当前回调任务
```

```
            @SuppressWarnings("unchecked") S s = (S) r;
            completeValue(f.apply(s));
        } catch (Throwable ex) {
            completeThrowable(ex);
        }
    }
    return true;
}
```

uniApply()方法中部分逻辑的分析都已经在源码中标注了，重点说明如下。

- c.claim()，会判断当前回调任务 c 是否采用异步模式，如果 e!=null 表示采用异步模式执行，则使用线程池来执行该任务。

```
final boolean claim() {
    Executor e = executor;
    if (compareAndSetForkJoinTaskTag((short)0, (short)1)) {
        if (e == null)
            return true;
        executor = null;
        e.execute(this);//由线程池执行当前任务
    }
    return false;
}
```

- completeValue(f.apply(s))，s 表示前置 CompletableFuture 任务的返回结果，把结果作为参数传给当前的回调任务，并通过 completeValue 把当前回调任务的执行结果赋值到 CompletableFuture 的 result 字段中。

11.7.3 简述 UniCompletion

uniApplyStage()方法会把当前回调任务构建成一个 UniApply 对象进行包装，代码如下。

```
static final class UniApply<T,V> extends UniCompletion<T,V> {
    Function<? super T,? extends V> fn;
    UniApply(Executor executor, CompletableFuture<V> dep,
             CompletableFuture<T> src,
             Function<? super T,? extends V> fn) {
        super(executor, dep, src); this.fn = fn;
    }
```

```
    //尝试执行当前 CompletableFuture 中的 Completion 链
    final CompletableFuture<V> tryFire(int mode) {
        CompletableFuture<V> d; CompletableFuture<T> a;
        if ((d = dep) == null ||
            !d.uniApply(a = src, fn, mode > 0 ? null : this))
            return null;
        dep = null; src = null; fn = null;
        return d.postFire(a, mode);
    }
}
```

UniApply 类继承自 UniCompletion，是 Completion 中针对单个 CompletionStage 任务输入的封装对象，也就是针对 thenAccept()等方法传递的回调任务，会使用 UniCompletion 下的具体子类来包装。针对不同类型的方法，UniCompletion 提供了对应的实现类，如图 11-10 所示，展示了部分 UniCompletion 的实现类。

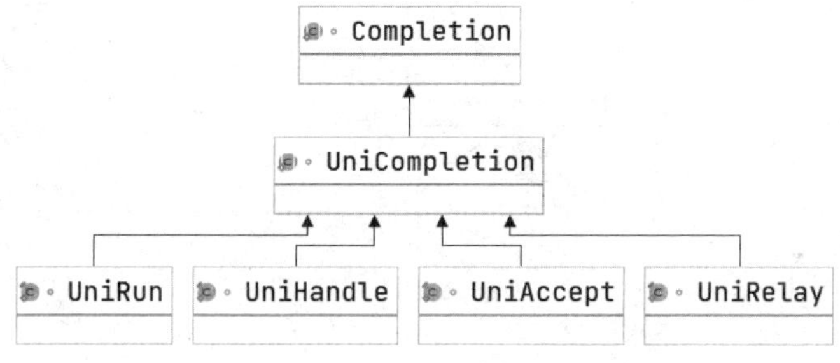

图 11-10　UniCompletion 类关系图

UniCompletion 类的定义如下，它主要针对单个 CompletionStage 输入任务提供了 2 个模板方法，一个是用来判断当前回调任务是否应该用异步线程来执行，另一个用来判断任务的存活状态（是否执行完成）。

```
abstract static class UniCompletion<T,V> extends Completion {
    Executor executor;                  //是否使用异步线程来执行当前任务
    CompletableFuture<V> dep;           //指当前任务构建的 CompletableFuture 对象，通过它来
连接当前任务后置的回调方法
    CompletableFuture<T> src;           //指向源 CompletableFuture 任务
    UniCompletion(Executor executor, CompletableFuture<V> dep,
                  CompletableFuture<T> src) {
        this.executor = executor; this.dep = dep; this.src = src;
    }
```

```
    //判断是否采用单独的线程池来执行
    final boolean claim() {
        //省略
    }
    //判断任务是否存活
    final boolean isLive() { return dep != null; }
}
```

11.7.4 任务执行流程

前面对于源码的分析，可能看起来会比较散乱，因为这里涉及很多异步和回调逻辑。笔者针对上述源码分析整理了一张流程图，如图 11-11 所示。

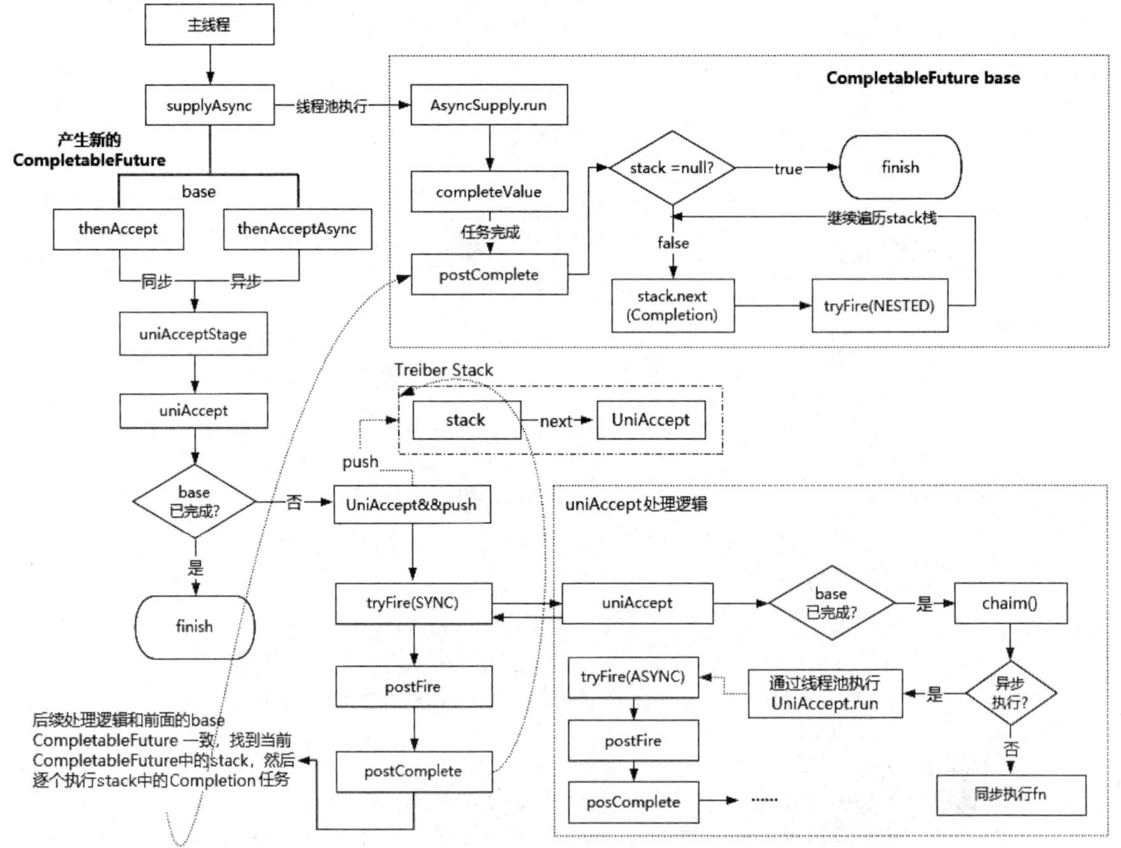

图 11-11 Completion 任务执行流程图

从图中可以看到，CompletableFuture 中任务执行完成后，会通过 postComplete()方法来完成后置逻辑，而这个后置逻辑就是把当前 CompletableFuture 中对应 stack 中存储的 Completion 逐项执行，该方法的定义如下。

```
final void postComplete() {
    CompletableFuture<?> f = this; Completion h;
    //stack 不为空，则不断循环从 stack 中出栈
    while ((h = f.stack) != null ||
            (f != this && (h = (f = this).stack) != null)) {
        CompletableFuture<?> d; Completion t;
        if (f.casStack(h, t = h.next)) {//通过 CAS 机制逐个取出 stack 中的任务并重置 stack
            if (t != null) {
                //表示 h.tryFire()返回了另外一个 CompletableFuture
                if (f != this) {
                    pushStack(h);
                    continue;
                }
                h.next = null;
            }//执行指定 Completion 的 tryFire()方法
            f = (d = h.tryFire(NESTED)) == null ? this : d;
        }
    }
}
```

postComplete()方法用来触发 stack 中所有可执行的回调任务（Completion），该方法主要就是遍历整个 stack，并通过当前 Completion 任务的 tryFire()方法来尝试执行。

11.7.5　获取任务执行结果

我们用 get()方法或者 join()方法来获取 CompletableFuture 的执行结果，方法定义如下。

```
public T get() throws InterruptedException, ExecutionException {
    Object r;
    return reportGet((r = result) == null ? waitingGet(true) : r);
}
public T join() {
    Object r;
```

```
    return reportJoin((r = result) == null ? waitingGet(false) : r);
}
```

当任务还没执行结束 result==null，调用 waitingGet()方法，通过阻塞操作等待执行结果。

```
private Object waitingGet(boolean interruptible) {
    Signaller q = null;
    boolean queued = false;
    int spins = -1;
    Object r;
    while ((r = result) == null) {
        if (spins < 0)
            spins = (Runtime.getRuntime().availableProcessors() > 1) ?
            1 << 8 : 0;
        else if (spins > 0) {
            if (ThreadLocalRandom.nextSecondarySeed() >= 0)
                --spins;
        }
        else if (q == null)
            q = new Signaller(interruptible, 0L, 0L);
        else if (!queued)
            queued = tryPushStack(q);
        else if (interruptible && q.interruptControl < 0) {
            q.thread = null;
            cleanStack();
            return null;
        }
        else if (q.thread != null && result == null) {
            try {
                ForkJoinPool.managedBlock(q);
            } catch (InterruptedException ie) {
                q.interruptControl = -1;
            }
        }
    }
    //省略
    postComplete();
```

```
    return r;
}
```

waitingGet()方法使用了自旋锁，以及阻塞等待的方式来实现任务结果的获取。先来看 waitingGet()方法中的下面这段代码。

```
if (spins < 0)
    spins = (Runtime.getRuntime().availableProcessors() > 1) ?
    1 << 8 : 0;
else if (spins > 0) {
    if (ThreadLocalRandom.nextSecondarySeed() >= 0)
        --spins;
}
```

这是一个自旋的实现，spins 表示自旋的标记，有 3 个值：

- -1，表示自旋未启动。
- 0，表示自旋已结束。
- 大于 0，表示自旋进行中。

上述代码中，实际上就是计算 spins 的值，然后不断循环，直到 spins 为 0 再开始往下执行，通过这种无效循环来实现自旋是为了避免线程阻塞带来的性能开销。其中：

- spins = (Runtime.getRuntime().availableProcessors() > 1)表示当前如果是多核 CPU，那么 spins 的值为 1<<8，为 256。
- ThreadLocalRandom.nextSecondarySeed() >= 0 表示采用多线程随机数生成一个值，如果大于等于 0，就对 spins 做递减。

当 spins 的值为 0 时，表示自旋结束，接着继续往下执行，代码如下。

```
else if (q == null)
    q = new Signaller(interruptible, 0L, 0L);
else if (!queued)
    queued = tryPushStack(q);
//省略
else if (q.thread != null && result == null) {
    try {
        ForkJoinPool.managedBlock(q);
```

```
    } catch (InterruptedException ie) {
        q.interruptControl = -1;
    }
}
```

- 第一次循环，通过 q = new Signaller(interruptible, 0L, 0L)创建一个阻塞对象。
- 第二次循环，调用 tryPushStack 添加到 stack 中。需要注意 Signaller 是 Completion 对象的子类，所以同样可以作为一个任务加入 stack 中。
- 第三次循环，发现 result 还是空，则调用 ForkJoinPool.managedBlock 来阻塞当前线程。

Signaller 类是提供了阻塞能力的 Completion 任务，部分代码如下。

```
static final class Signaller extends Completion
    implements ForkJoinPool.ManagedBlocker {
   //省略
    final CompletableFuture<?> tryFire(int ignore) {
        Thread w;
        if ((w = thread) != null) {
            thread = null;
            LockSupport.unpark(w);
        }
        return null;
    }
    public boolean isReleasable() {
       //省略
    }
    public boolean block() {
        if (isReleasable())
            return true;
        else if (deadline == 0L)
            LockSupport.park(this);
        else if (nanos > 0L)
            LockSupport.parkNanos(this, nanos);
        return isReleasable();
    }
    final boolean isLive() { return thread != null; }
}
```

Signaller 中提供了 block()阻塞方法，基于 LockSupport.park()来实现，在 awaitingGet()方法中调用 ForkJoinPool.managedBlock()来阻塞当前线程，实际上调用的就是 Signaller 中的 block()方法。

在 tryFire()方法中，会调用 LockSupport.unpark()来解除阻塞，该方法在前面的章节中分析过，当前置任务执行完成后，会在 postComplete()方法中调用该方法。

11.8　本章小结

CommpletableFuture 在很多中间件中都有应用，比如 Dubbo、Nacos、Redisson 等，因此各位读者对于这种基础组件必须有一个清晰的了解。

在本章中，笔者沿着 Future 的使用和原理，逐步讲解到 CompletableFuture，希望能够通过这样一种方式帮助读者对 CmpletableFuture 有更加体系化的了解。整体分析下来我们发现，CompletableFuture 的核心在于 CompletionStage，它提供了最基础的异步回调机制，也就是主线程不需要通过阻塞方式来等待异步任务的执行结果，而是当异步任务执行完成后主动通知来触发执行下一个任务。另外，CompletionStage 全部采用函数式接口的方式来实现，我们在使用过程中，可以更加简洁地添加任务回调。不仅如此，我们还可以通过链式的方式来对多个 CompletionStage 进行组合，使用更加灵活和便捷。

在本章的最后部分，重点分析了 CompletableFuture 中的部分核心源码，主要涉及多个回调任务（Completion）的存储方式，以及任务执行的过程，然后通过一个完整的流程图来说明了整个执行过程，读者可以根据这个流程图再详细看一遍源码，以加深理解。

反侵权盗版声明

电子工业出版社依法对本作品享有专有出版权。任何未经权利人书面许可，复制、销售或通过信息网络传播本作品的行为；歪曲、篡改、剽窃本作品的行为，均违反《中华人民共和国著作权法》，其行为人应承担相应的民事责任和行政责任，构成犯罪的，将被依法追究刑事责任。

为了维护市场秩序，保护权利人的合法权益，我社将依法查处和打击侵权盗版的单位和个人。欢迎社会各界人士积极举报侵权盗版行为，本社将奖励举报有功人员，并保证举报人的信息不被泄露。

举报电话：(010)88254396；(010)88258888

传　　真：(010)88254397

E-mail： dbqq@phei.com.cn

通信地址：北京市万寿路173信箱　电子工业出版社总编办公室

邮　　编：100036